普通高等教育“十二五”规划教材

高职高专畜牧兽医类专业教材系列

兽医生物制品

唐艳林　裴春生　主编

科学出版社

北　京

内 容 简 介

本书共16个项目，包括绪论、兽医生物制品的生产技术、质量检验、使用和管理。生产技术包括保护剂、灭活剂和免疫佐剂，兽医生物制品的菌（毒）种，细菌性疫苗的生产技术，病毒性组织疫苗生产技术，病毒性细胞疫苗生产技术，治疗用生物制品生产技术，诊断用生物制品生产技术，微生态制剂、生物制品制造新技术，生产用主要设备；质量检验内容包括质量检验技术；使用和管理内容包括兽药生产质量管理规范、免疫监测技术，生物制品的保存、运输与使用，常用兽医生物制品使用说明。

本书可供高职高专兽药生产与营销、畜牧兽医、动物防疫与检疫及相关专业学生使用，还可作为中等职业技术学校及从事兽医生物制品教学的相关教师和畜牧养殖行业人员的参考用书。

图书在版编目（CIP）数据

兽医生物制品/唐艳林，裴春生主编. —北京：科学出版社，2012

（普通高等教育“十二五”规划教材・高职高专畜牧兽医类专业教材系列）

ISBN 978-7-03-035061-9

Ⅰ. ①兽… Ⅱ. ①唐… ②裴… Ⅲ. ①兽医学-生物制品-高等职业教育-教材 Ⅳ. ①S859.79

中国版本图书馆CIP数据核字（2012）第147151号

责任编辑：张 斌 / 责任校对：刘玉靖

责任印制：吕春珉 / 封面设计：东方人华平面设计部

科学出版社 出版

北京东黄城根北街16号

邮政编码：100717

http：//www.sciencep.com

新科印刷有限公司 印刷

科学出版社发行 各地新华书店经销

*

2012年7月第 一 版 开本：787×1092 1/16

2021年8月第七次印刷 印张：21 1/2

字数：510 000

定价：48.00元

（如有印装质量问题，我社负责调换〈新科〉）

销售部电话 010-62136131 编辑部电话 010-62137026（VP04）

本书编写人员

主　编　唐艳林　裴春生

副主编　袁万哲　闫永平　苗丽娟　王振辉　宋桂才

编　者　（按姓氏笔画排序）

王振辉	吉林农业科技学院
闫永平	保定职业技术学院
李长艳	吉林正业生物制品有限责任公司
宋桂才	山东省青岛宝依特生物制药有限公司
宋永利	吉林农业科技学院
吴　斌	吉林农业科技学院
苗丽娟	吉林农业科技学院
赵爱国	吉林正业生物制品有限责任公司
赵晓静	保定职业技术学院
袁万哲	河北农业大学
唐艳林	吉林农业科技学院
梁玉嬉	吉林省吉林市江南动物园
裴春生	辽宁农业职业技术学院

主　审　王雅华　辽宁农业职业技术学院

　　　　　梁文昌　山东滨州华宏生物制品有限责任公司

前　言

FOREWORD

本书是根据教育部《关于大力发展职业教育的决定》和《关于加强高职高专教育教材建设的若干意见》等文件精神编写的。

兽医生物制品在动物疫病的免疫预防、诊断和治疗方面具有极其重要的作用。为了适应畜牧业集约化、规模化发展的需要，许多高等职业院校的动物医学、动物科学、畜牧兽医、动物防疫与检疫、动物药品生产与检验、兽药生产营销、动物养殖与疾病防治和生物技术等专业相继开设了兽医生物制品课程。为适应我国兽医生物制品行业的快速发展，满足行业岗位需求变化和实现生物制品行业人才培养目标的需要，需要与企业岗位对接的教材。

本书的编写在体系和内容方面力求体现以下特色：把培养学生能力、拓宽专业知识、增强适用性放在首位。按"岗位需求"构建相应的内容，突出能力培养为本位，注重学生职业综合能力的培养、专业技术能力的培养和发展需求。邀请了同行有经验教师及行业内企业专家共同编写。针对兽医生物制品企业生产、检验、使用及管理四大岗位群，从生产制造、质量检验、使用和管理三方面着手编写。

各部分内容既相对独立，又能有机的结合在一起，可满足不同岗位人员的需求。同时，本书内容以"基本"和"新"为原则，注重专业基础知识和基本理论的介绍，保证专业知识体系完整的基础上，又适当拓宽知识面，达到让学生了解目前兽医生物制品发展状况的目的。在教学中教师可根据实际需要和教学时数，有针对性地选择讲授。

本书编写分工如下：项目一、三、八由唐艳林编写；项目二由王振辉、吴斌编写；项目四由唐艳林、赵晓静编写；项目五、六由裴春生、王振辉编写；项目七由袁万哲、王振辉编写；项目九由阎永平编写；项目十由袁万哲编写；项目十一由唐艳林、赵爱国编写；项目十二由裴春生、唐艳林编写；项目十三由李长艳、梁玉嬉、宋桂才编写；项目十四由苗丽娟编写；项目十五由阎永平编写；项目十六由苗丽娟、唐艳林、宋永利编写。

本书编写过程中，学习和引用了同行和相关专业书籍的部分资料，在这里向支持本书编写工作的所有单位及参考文献的作者一并表示谢意。

由于编者水平有限，经验不足，书中错误、缺点和不足之处，敬请专家、读者赐教和指正。

编　者

2012年1月

目　录

CONTENTS

项目一 绪论

【学习目标】

(1) 掌握兽医生物制品的概念、分类。

(2) 基本掌握兽医生物制品的命名原则。

【技能目标】

(1) 能解释兽医生物制品的分类及其作用。

(2) 能解释活疫苗与灭活疫苗、多价疫苗与多联疫苗的区别。

兽医生物制品是用天然或人工改造的微生物、寄生虫及代谢产物或免疫应答产物为原材料，采用生物学、分子生物学或生物化学等相应技术制成的一类物质，用于免疫预防、治疗或诊断相应的动物疫病或寄生虫病。

任务一 兽医生物制品的分类和命名原则

一、兽医生物制品的分类

兽医生物制品品种繁多，按生物制品的性质、用途和制造方法将其分为以下几类。

(一) 疫苗

疫苗是由特定细菌、病毒、立克次氏体、螺旋体、支原体等微生物以及寄生虫制成的主动免疫制品，包括细菌性疫苗、病毒性疫苗和寄生虫疫苗。

1. 按疫苗抗原的性质和制备工艺分类

根据疫苗抗原的性质和制备工艺，疫苗可分为活疫苗、死疫苗和基因疫苗三类。

1) 活疫苗

可在免疫动物体内繁殖；能刺激机体产生全面的系统免疫反应和局部免疫反应；

免疫力持久，有利于清除局部野毒；产量高，生产成本低。但该疫苗残毒在自然界动物体内传递后有毒力增强和返祖危险；有不同抗原的干扰现象；要求在低温、冷暗条件下运输和储存。它包括传统的弱毒疫苗、基因缺失疫苗、基因工程活载体疫苗及病毒抗体复合物疫苗等。

（1）弱毒疫苗：由微生物自然强毒株通过物理、化学或生物处理，并经连续传代和筛选，培养而成的丧失或减弱对原宿主动物致病力，但仍保存良好免疫原性和遗传特性的毒株；或从自然界筛选具有良好免疫原性的自然弱毒株，经培养增殖后制备的疫苗。如猪瘟活疫苗、鸡新城疫低等毒力活疫苗、猪败血性链球菌病活疫苗等。

（2）基因缺失疫苗：通过基因工程技术，将强毒株毒力相关基因切除构建的活疫苗。由于这种基因变化一般不是点突变，返突变概率小，安全性好，免疫力坚实，免疫期长，如猪伪狂犬病基因缺失疫苗。

（3）基因工程活载体疫苗：用基因工程技术将致病性微生物的免疫保护基因插入到载体病毒或细菌（通常为疫苗的菌、毒株）的非必需区，构建成重组病毒（或细菌），经培养后制备的疫苗。该类疫苗不仅具有活疫苗和死疫苗的优点，对病毒或细菌以及插入基因相关病原体的侵染均有保护力。同时，一个载体可表达多个免疫基因，可获得多价或多联疫苗。如以鸡痘病毒为载体的鸡马立克氏病、鸡新城疫、鸡痘三联活载体疫苗。

（4）病毒抗体复合物疫苗：该类疫苗由特异性高免血清或抗体与适当比例的相应病毒组成。如鸡传染性法氏囊病毒-抗体复合物疫苗。

2）死疫苗

不能在免疫动物体内繁殖，比较安全，不发生全身性毒副作用，无毒力返祖现象；有利于制备多价或多联等混合疫苗；制品稳定，受外界环境影响小，因为其含有防腐剂，不易有杂菌生长，易于保存运输。但该类制品免疫剂量大，生产成本高，需多次免疫。该类疫苗只能诱导机体产生体液免疫和免疫记忆，因此常需要用佐剂或携带系来增强其免疫效果。它包括完整病原体灭活疫苗、化学合成亚单位疫苗、基因工程亚单位疫苗及抗独特型抗体疫苗等。

（1）灭活疫苗：由完整病毒（或细菌）经灭活剂灭活后制成，其关键是病原体灭活。既使病原体充分死亡，丧失感染性或毒性，又要保持其免疫原性。如牛多杀性巴氏杆菌病灭活疫苗。

（2）化学合成亚单位疫苗：病原体经物理或化学处理，除去其无效的毒性物质，提取其有效抗原部分制备的一类疫苗。病原体的免疫原性结构成分包含多数细菌的荚膜和鞭毛、多数病毒的囊膜和衣壳蛋白，以及有些寄生虫虫体的分泌和代谢产物，经提取纯化，或根据这些有效免疫成分分子组成，通过化学合成，制成不同的亚单位疫苗。该类疫苗具有明确的生物化学特性、免疫活性和无遗传性的物质。如肺炎球菌囊膜多价多糖疫苗、流感血凝素疫苗及牛和犬的巴贝斯虫病疫苗等。

（3）基因工程亚单位疫苗：将病原体免疫保护基因克隆于原核或真核表达系统，实现体外高效表达，获得重组免疫保护蛋白所制造的一类疫苗。如口蹄疫基因工程亚单位疫苗、预防仔猪和犊牛下痢的大肠杆菌菌毛基因工程重组亚单位疫苗。

（4）抗独特型疫苗：根据免疫网络学说原理，利用第一抗体分子中的独特抗原决定

簇所制备的具有抗原的“内影像”结构的第二抗体，该抗体具有模拟抗原的特性，刺激机体产生与抗原特异性抗体具有同等免疫效应的抗体，故称之为抗独特型疫苗。它诱导机体产生体液免疫和细胞免疫，主要适用于目前不能培养或很难培养的病毒，以及直接用病原体制备疫苗有危险的疫病。抗独特型疫苗可预防某些传染病、寄生虫病和肿瘤性疾病。如在肿瘤治疗上，抗独特型疫苗产生的抗体可以模拟抗原代替肿瘤起作用。

3）基因疫苗

基因疫苗又称DNA疫苗或核酸疫苗，其不能在机体增殖，但它可被细胞吸纳，并在细胞内指导合成疫苗抗原。它不仅可以诱导机体产生保护性抗体，而且可以同时激发机体产生细胞免疫反应，尤其是细胞毒T淋巴细胞反应。该类疫苗具备所有类型疫苗的优点，有很大的应用前景。如猪繁殖与呼吸综合征核酸疫苗。

2. 按疫苗抗原的种类和数量分类

按疫苗抗原的种类和数量可分为单（价）疫苗、多价疫苗和多联（混合）疫苗。

1）单（价）疫苗

利用同一种微生物菌（毒）株或同一种微生物中的单一血清型菌（毒）株增殖培养物制备的疫苗称单（价）苗。单价苗仅对多种血清型微生物所致疾病中对应血清有保护作用，而不能使免疫动物获得完全的保护。如猪肺疫氢氧化铝胶灭活疫苗，由B血清型猪源多杀性巴氏杆菌强毒株灭活后制造而成，对由A型多杀性巴氏杆菌引起的猪肺疫则无免疫作用。

2）多价疫苗

用同一种微生物中若干种血清型菌（毒）株的增殖培养物制备的疫苗。如口蹄疫A、O型鼠化弱毒疫苗。

3）混合型疫苗

混合型疫苗也称多联疫苗。利用不同微生物增殖培养物，按免疫原理方法组合而成。如猪瘟-猪丹毒-猪肺疫三联活疫苗。

（二）类毒素

细菌生长繁殖过程中产生的外毒素，经化学药品（甲醛）处理后，成为无毒性而保持免疫原性的生物制剂，接种动物后能产生自动免疫，也可用于注射动物制备抗毒素血清。如破伤风类毒素。

（三）诊断制品

利用微生物、寄生虫及其代谢产物，或动物血液、组织，根据免疫学和分子生物学原理制备，可用于诊断疾病、群体检疫、监测免疫状态和鉴定病原微生物等的一类生物制剂，包括诊断抗原、诊断抗体和标记抗体。多数诊断制品属于体外试验诊断用品，如布鲁氏菌补体结合反应抗原；少数属于体内试验用品，如鼻疽菌素。随着免疫化学和分子技术的发展，多数诊断制剂更加纯化并制成标记抗原、抗体和基因探针，从而大大提高了特异性和敏感性，且可组合成诊断试剂盒，使用十分方便。

（四）抗血清、抗体制剂

用于治疗或紧急预防动物传染病的抗血清、抗体，属于被动免疫制品。通常通过给适当动物以反复多次注射特定的病原微生物或其代谢产物，促使动物不断产生免疫应答，提取其血清、卵黄或乳汁中对应的特异性抗体而制成。如抗猪瘟血清、破伤风抗毒素和IBD卵黄抗体等。近年来，国外用奶牛研制成功了猪大肠杆菌牛乳抗体。

（五）微生态制剂

微生态制剂又称益生素、活菌制剂或生菌剂。口服治疗畜禽正常菌群失调引起的下痢。临床用作饲料添加剂。在防治多种动物的胃肠道疾病方面，解决了临床上一些抗菌药物起不到治疗作用的难题。兽用微生态制剂主要分两类：一是兽用，多采用乳酸杆菌、双歧杆菌、蜡状芽孢杆菌等活菌制剂，用于防治畜、禽、鱼的消化道、泌尿道疾病；二是微生物饲料添加剂，多以乳酸杆菌和蜡样芽孢杆菌为主，用于猪、牛、鸡、兔等禽畜的育肥、抗病，可代替抗生素，减少有毒物质在体内的残留量。

（六）免疫调节剂

通过刺激机体，提高特异性和非特异性免疫力的免疫制品。免疫增强剂的来源有：微生物类，如乳酸菌、酵母细胞壁等，主要使用于体液的网状内皮系统；生物因子类，如胸腺因子、植物多糖、转移因子等，主要刺激T、B细胞分化、发育；人工合成类，如左旋咪唑、脂质体等，使受抑制的吞噬细胞和淋巴细胞恢复功能或增加巨嗜细胞的吞噬功能；天然物质类，如蜂胶、中草药等，增加巨嗜细胞的吞噬功能；微量因子类，如硒、维生素E等，通过抗氧化作用改善机体的免疫功能。

二、兽医生物制品命名原则

（一）基本命名原则

兽用生物制品的通用名采用规范的汉字进行命名，标注微生物的群、型、亚型、株名和毒素的群、型、亚型等时，可以使用字母、数字或其他符号。采用的病名、微生物名、毒素名等应为其最新命名或学名。采用的译名应符合国家有关规定。按照下列原则进行命名后，通用名中重复内容应删除。

（二）兽用疫苗的命名

兽用疫苗的通用名一般采用“病名＋制品种类”的形式命名。例如：马传染性贫血活疫苗、猪萎缩性鼻炎灭活疫苗。在某些情形下，不能采用上述一般命名方法进行命名，此时，可视具体情况，按照下列有关原则进行命名。

（1）通用名中涉及微生物的型（血清型、亚型、毒素型、生物型等）时，采用“微生物名＋X型（亚型）＋制品种类”的形式命名。例如：牛口蹄疫病毒O型灭活疫苗。

（2）由属于相同种的两个或两个以上型（血清型、毒素型、生物型或亚型等）的

微生物制成的一种疫苗，采用“微生物名＋若干型名＋X价＋制品种类”的形式命名。例如：牛口蹄疫病毒O型、A型二价灭活疫苗。

（3）疫苗中含有两种或两种以上微生物，其中一种或多种微生物含有两个或两个以上型（血清型或毒素型等），采用“微生物名1＋微生物名2（型别1＋型别2）＋X联＋制品种类”的形式命名。例如：鸡新城疫病毒、副鸡嗜血杆菌（A型、C型）二联灭活疫苗。

（4）对用转基因微生物制备的疫苗，采用“微生物名（或毒素等抗原名）＋修饰词＋制品种类＋（株名）”的形式命名。例如：猪伪狂犬病病毒基因缺失活疫苗（C株）。

（5）对类毒素疫苗，采用“微生物名＋类毒素”的形式命名。例如：破伤风类毒素。

（6）一种疫苗应用于两种或两种以上动物，采用“动物＋病名（微生物名等）＋制品种类”的形式命名。例如：猪、牛多杀性巴氏杆菌病灭活疫苗。

（7）当按照上述原则获得的通用名不足以与已有同类制品或与将来可能注册的同类制品相区分时可以按照顺序在通用名中标明动物种名、株名（一般标注在制品种类后，通用名中含有两个或两个以上株名时，则分别标注在各自的微生物名后，加括号）、剂型（标注在制品种类前）、佐剂（标注在制品种类前）、保护剂（标注在制品种类前）、特殊工艺（标注在制品种类前）、特殊原材料（标注在制品种类后，加括号）、特定使用途径（标注在制品种类前）中的一项或几项，但应尽可能减少此类内容。例如：犬狂犬病灭活疫苗（ERA株）；鸡新城疫病毒（LaSota株）、鸡传染性支气管炎病毒（M41株）二联灭活疫苗；鸡马立克氏病冻结活疫苗（HVT FC-126株）；鸡多杀性巴氏杆菌病蜂胶佐剂灭活疫苗（G190株）；鸡新城疫耐热保护剂活疫苗（LaSota株）；牛流行热亚单位疫苗；犬狂犬病口服活疫苗；猪胸膜肺炎放线杆菌1、4、7型三价油佐剂灭活疫苗。

（三）用于预防或治疗的抗血清、抗体的命名

（1）对于抗血清，采用“微生物名＋抗血清”的形式命名。例如，多杀性巴氏杆菌抗血清。

（2）对于抗体，采用“微生物名＋抗体”的形式命名，必要时，在抗体前标明特殊生产工艺和来源。例如：鸡传染性法氏囊病病毒纯化卵黄抗体。

（四）活菌制剂的命名

（1）对含有一种细菌的活菌制剂，采用“微生物名＋活菌制剂”的形式命名，必要时，在活菌制剂后标明菌株名。例如，蜡样芽孢杆菌活菌制剂（SA38株）。

（2）对含有两种或两种以上细菌的活菌制剂，采用“若干微生物名＋复合活菌制剂”的形式命名。必要时，在活菌制剂后标明菌株名。例如：嗜酸乳杆菌、粪链球菌、蜡样芽孢杆菌复合活菌制剂等。

（五）诊断制品的命名

1. 诊断制品的通用名

一般采用“病名＋试验名称＋制品种类”的形式，这里的制品种类包括抗原、抗

原与阴阳性血清等。例如，猪支原体肺炎微量间接血凝试验抗原、布鲁氏菌病试管凝集试验抗原与阴阳性血清等。

2. 通用名中涉及微生物特征（群、亚群、型、亚型、生物型、抗原种类）时

采用“微生物名＋型别＋试验名称＋制品种类”的形式命名。例如，禽流感病毒H5亚型血凝抑制试验抗原与阴、阳性血清。

3. 对抗体检测试剂盒的命名

采用“微生物名＋试验名称＋抗体检测试剂盒”的形式。例如，猪瘟病毒ELISA抗体检测试剂盒。

4. 对抗原检测试剂盒的命名

采用“微生物名＋试验名称＋检测试剂盒”的形式。例如，鸡传染性法氏囊病病毒夹心ELISA检测试剂盒。

5. 特殊抗原、抗体检测试剂盒命名

如果检测的对象为特殊的抗原或抗体，可在微生物名后适当增加说明。例如，锥虫循环抗原ELISA检测试剂盒。

6. 对试纸条的命名

采用“微生物名＋检测试纸条”的形式，如用于检测抗体，则在微生物名后加“抗体”二字。例如，传染性法氏囊病病毒抗体检测试纸条。

7. 对不能标明或无须标明试验方法的诊断制品的命名

可在上述原则的基础上适当简化。例如，猪瘟病毒酶标抗体。

（六）其他兽用生物制品的命名

对细胞因子、干扰素等，参考通行学术名进行命名，必要时增加动物品种、特殊生产工艺等。例如，猪白细胞干扰素（冻干型）。

任务二 兽医生物制品的历史及发展前景

一、兽医生物制品发展的历史

我国早在宋真宗时代（997～1022）就有峨眉山真人用天花病人的痂皮接种儿童鼻内或皮肤划痕预防天花的记载，此后又传到了日本和美国等国家。

18世纪末，英国Edwar Jener首先用牛痘痘浆或痘痂接种儿童预防天花，创造了第一个生物制品——牛痘疫苗。其后，法国Louis Pasteur又相继发明了禽霍乱、猪丹

毒、炭疽和狂犬病等疫苗，开辟了现代生物制品的新纪元。

1889 年，Behring 等从白喉杆菌培养物滤液中分离到白喉菌素，免疫小鼠和家禽后，在其血清中发现存在中和白喉菌素的物质，创制了抗毒素血清。

在诊断制品方面，1891 年，R. Koch 首次自结核杆菌菌体中提取到一种特异过敏素物质，后来其被命名为结核菌素。

20 世纪早期，Ramon、Freund 及 Schmidt 先后使用明矾、氢氧化铝胶和矿物油作为佐剂，对兽医生物制品发展起到了重要的促进作用。

1931 年，Woodruff 和 Goodpasture 用鸡胚增殖鸡痘病毒，1949 年 Enders 用非神经组织增殖脊髓灰质炎病毒相继成功，为利用鸡胚和组织细胞培养技术研制生物制品开辟了新的道路。这段时期，疫苗产品逐渐增加，质量不断改进，肉汤培养物逐渐被液体深层悬浮物所取代，半合成及全合成培养基开始应用。微生物选育工作得到重视，动物免疫效力试验方法逐渐完善，疫苗检测逐渐走向规范化。

20 世纪 60 年代后，随着微生物和免疫学的发展，疫苗逐渐形成规模化生产。1975 年，Kohler 和 Milstein 创建子淋巴细胞杂交瘤技术，从而单克隆抗体的研制得到蓬勃发展。近年来，分子生物学技术的发展，开创了研制重组疫苗的新方法。

二、我国兽医生物制品发展状况

1949 年前，我国经济和科学文化落后，畜牧业和养殖业不发达，研制的兽用生物制品品种少，生产数量低，无法对付众多疫病的流行。

1949 年后，我国兽用生物制品得到迅速发展。20 世纪 50 年代，牛瘟疫苗及其抗血清的广泛使用，弱毒菌毒株的选育成为当时兽医生物制品的研究热点。20 世纪 60～70 年代，牛肺疫兔化弱毒疫苗研制成功，畜禽巴氏杆菌、猪丹毒和布鲁氏菌病疫苗均制造出多种新剂型。马传贫驴白细胞活疫苗填补了国内外空白。猪瘟、猪丹毒、猪肺疫三联活疫苗成为我国第一个病毒加细菌的猪用联合活疫苗。

20 世纪 80 年代以来，兽医生物制品研究发展迅速。在禽用生物制品方面，鸡新城疫活疫苗开始用 SPF 鸡胚制造。鸡马立克氏病火鸡疱疹病毒疫苗开始使用 SPF 鸡胚成纤维细胞生产，并研制成功鸡马立克氏病二价活疫苗（Z4＋SB-1）和 CVI988 活细胞疫苗。还研制成功了鸡传染性法氏囊病、传染性支气管炎、新城疫、传染性喉气管炎、小鹅瘟、鸭瘟和鸡毒支原体等多种疫病单联、二联和三联活疫苗及鸡减蛋综合征和传染性鼻炎等多种灭活疫苗。在其他动物方面，猪瘟疫苗生产技术进一步得到改进，研制了猪伪狂犬病、猪传染性胃肠炎、猪流行性腹泻、细小病毒感染、猪日本流行性乙型脑炎及兔出血症等疫病灭活疫苗。还出现了羊五联疫苗和六联疫苗及犬五联疫苗等多价多联疫苗。以基因工程技术研制成功的猪大肠埃希氏菌病 K88 和 LTB 双价基因工程疫苗及猪伪狂犬病基因缺失疫苗代表着第三代疫苗的研究方向。在寄生虫病疫苗方面，研制成功了鸡球虫病三价活疫苗及猪囊虫病灭活疫苗等。以蜡样芽孢杆菌、枯草杆菌和嗜酸乳杆菌为代表的微生态制剂、猪用白细胞干扰素、鸡治疗用 IBD 抗体及鱼嗜水气单胞菌和草鱼出血热等灭活疫苗拓宽了兽医生物制品的领域。此外，以免疫学和分子生物学为基础的诊断技术和制品，在我国动物疫病的流行病学调查、免疫监测、临床诊断及进出口检疫等方面逐渐发挥作用，如 ND 抗原和抗体 ELISA 检测试剂盒，IBD 抗体 ELISA 检测试剂盒及猪旋毛虫病 ELISA 检测试剂盒等。PCR 等分子诊断技术逐渐被用于鸡 MD、猪瘟及猪繁殖与呼吸综合征等病毒的强弱毒株的鉴定等。

三、我国兽医生物制品发展前景

兽医生物制品的发展和应用带来的经济效益和社会效益是显而易见的。特别是随着规模化、集约化和产业化养殖业的兴起，兽用生物制品应用和发展前景十分广阔。

（一）疫苗的研制

目前，常规方法制备的疫苗仍占主导地位。近年来，随着我国畜牧业的不断发展，畜禽品种和数量有了很大幅度的增加。与此同时，我国畜禽疾病的种类和发生频率也大大增加，一方面旧的疫病未能控制并不断出现新的变异（毒力增强或抗原性改变），另一方面一些新病又在不断增加。给我国的畜禽业造成了巨大的经济损失。传统疫苗产品的改进和新疫苗的研制和应用潜力巨大。

1. 改进传统疫病疫苗的品种和结构，提高免疫效果

1）不同血清型或亚型疫苗的研制

由于鸡 MD、IBD、IB 等传统疾病病毒的毒力增强和抗原变异，导致超强毒和变异毒株的出现，用目前的疫苗预防接种难以起到很好的免疫保护作用，常常造成免疫失败。因此，应根据疾病流行特点，研制新一代更有效的不同血清型或亚型的疫苗，如抗 MD 和 IBD 超强毒攻击的疫苗，抗 IBD 和 IB 变异株攻击的疫苗。

2）多联多价高效灭活疫苗的研制

由于畜禽疾病种类繁多，迫切需要研究开发多联（价）疫苗，联合疫苗可以减少免疫次数，达到一针防多病的目的，特别是对于抗原性和致病力容易变化的传染病疫苗，如禽流感、传染性法氏囊病及猪传染性胸膜肺炎等。许多纯化技术的广泛应用，已有多组成疫苗和偶联疫苗问世，免疫效果得到改进。国外多价疫苗已成为主流，国内多联多价疫苗的研制和生产有很大的增长空间。

3）新型细菌疫苗、寄生虫病疫苗的研制

为了有效解决动物体内药物残留的问题，保证食品安全和公共卫生，迫切需要安全有效的细菌疫苗、寄生虫病疫苗用于预防疾病，以避免使用大量的药物，减少耐药菌株的产生及药物治疗对细菌性活疫苗免疫效力的影响，如奶牛乳房炎疫苗、鸡沙门氏菌病疫苗和鸡球虫病疫苗等。

4）鱼类疫苗的研制

现在实际生产使用的鱼用疫苗仅有数种，数十种鱼用疫苗仍处于研究开发阶段，因此寻找其免疫保护性抗原和改进疫苗使用途径及方法，如将疫苗制成在胃内不易被消化和变性的囊状物，仍是今后鱼用疫苗的主要研究方向。

5）宠物疫苗的研制

随着人们生活水平的提高，宠物饲养量越来越大。因此，宠物疫苗的市场空间比较大，

特别是犬多联疫苗（如犬瘟热-狂犬病-犬肝炎-犬副流感-犬腺病毒）等。目前国内商品化的宠物疫苗很少，主要是进口产品，价格昂贵，在国内，宠物疫苗市场正是方兴未艾。

2. 研制开发新型疫病的疫苗，满足市场需要

近些年来，一些严重危害养殖业的新的传染病，如鸡传染性贫血、高致病性禽流感、高致病性蓝耳病以及断奶仔猪多系统衰竭综合征（圆环病毒感染）等一些新病在我国发生和流行，已给我国养殖业造成了巨大的经济损失。应根据各种疾病的流行特点和免疫机理研制出安全有效的疫苗，以有效的防制这些疾病和更多的新病。此外，像网状内皮组织增生病、禽淋巴细胞白血病（特别是以侵害肉鸡为主的J型白血病）等应尽快研制相应制品，满足市场需要。

3. 现代分子生物学技术为基础的兽用新型疫苗的研制

随着科学技术的不断进步，分子生物学、分子免疫学、分子遗传学的研究不断取得进展，重组DNA技术应用于疫苗研究和生产是疫苗发展史上的一次重大革命，20世纪90年代发展起来的核酸疫苗为口蹄疫、鸡新城疫、禽流感、猪繁殖呼吸综合征等疫苗的研制开创了极有希望的前景。利用基因工程技术开发研制的新一代兽用疫苗将不断投放市场，这些疫苗以基因工程疫苗为主体，包括亚单位疫苗、合成肽苗、基因缺失疫苗、活载体疫苗、核酸疫苗及转基因植物疫苗。对一些传统疫苗难以控制的疫病来说，新型疫苗的研制及应用尤为重要。

4. 非传染病疫苗和治疗性疫苗的研制

借助疫苗的分子设计原理，疫苗的研发已扩展到治疗性疫苗、肿瘤疫苗和生理调控疫苗等。

（二）新型佐剂、免疫增强剂、活疫苗耐热保护剂的研究

开发优良的免疫佐剂和免疫增强剂是提高传统疫苗和基因工程疫苗免疫效力必不可少的，特别是基因工程疫苗，因其免疫原性相对较弱，更需要辅以佐剂。新型佐剂主要有脂质体、MF59佐剂、免疫刺激复合物佐剂和油佐剂，其中油佐剂被广泛地用于畜禽灭活疫苗的制备。

耐热冻干保护剂是冻干活疫苗质量好坏的关键技术，为国内、国外研究的热点和难点。耐热冻干保护剂的配制及冻干充分考虑了活疫苗在较高温度和较长保存时间情况下，冻干物质可能发生的物理和化学变化对疫苗存活的影响，因而其保护性能（尤其在较高温度环境里）要比传统保护剂更为优良，使活疫苗在储存、运输、使用等方面更方便，更经济。

（三）诊断制品的研制

1. 利用单克隆抗体技术制备诊断试剂

以杂交瘤技术生产的鼠原单克隆抗体滴度高、特异性强，可以检测某些常规血清

学方法难以检测的病原或抗体。

2. 以分子生物学为基础的诊断试剂的开发

包括DNA探针、聚合酶链反应（PCR）等高度灵敏的检测方法，这些方法快速、简便、敏感、特异，是传染病诊断的发展方向。

3. 利用合成肽制备的诊断试剂

利用合成肽制成牛羊和猪口蹄疫结构蛋白和非结构蛋白ELISA试剂盒，应用于试验检测，可以区别免疫动物和自然感染动物的抗体。

这些新型诊断技术将进一步简单化、实用化和商品化，在动物疫病的诊断、病原鉴定和疫苗免疫效果检测中会发挥越来越大的作用。

（四）卵黄抗体的研制

卵黄抗体（IgY）又称卵黄免疫球蛋白，IgY以其性质稳定、特异性强、制备简单、成本低、可规模化生产而备受关注。目前已有大量添加IgY的产品如发酵酸奶、功能性食品、卫生消毒产品及化妆品等上市销售。IgY应用于医疗诊断及治疗，通过临床验证也显示出良好效果。如用于琼脂扩散试验、乳胶凝集试验、荧光免疫试验、ELISA、免疫组化、胶体金标记等免疫学试验以检测病毒、细菌、寄生虫感染。

用卵黄抗体治疗疾病，可克服饲料中添加抗生素或某些化学合成药物所引起的残留和耐药性问题，具有安全、高效且无公害特点，是理想的兽医临床药物。卵黄抗体在仔猪腹泻等胃肠道疾病与奶牛乳房炎等非肠道疾病的防治上均显示出良好效果。IgY口服免疫疗法可提供有效的被动免疫保护，防止由细菌或病毒引起的胃肠道或非肠道感染。近年来，使用特异性IgY代替抗生素来防治家畜疾病的研究发展迅速，应用前景十分广阔。

在免疫预防方面，疫苗本身保护率有限外，母源抗体对活疫苗的抑制、病毒变异株的存在及野毒对场地的广泛污染等均有可能造成免疫失败。临床实践经验表明，采用高免卵黄抗体来防治疫病有很好的效果，可有效控制与防治严重流行地区某些传染病的发生。

（五）微生态制剂的研制

微生态制剂是近年来发展迅速的一类新制品。应用微生态制剂调节畜禽机体正常菌群，有利于畜禽健康，特别是对防治动物胃肠道疾病，可解决临床上一些抗生素和其他抗菌药物达不到治疗目的的难题。同时，应用微生态制剂作饲料添加剂，对畜禽可起到保健与促生长作用，并减少因滥用药物而产生的耐药菌株和药物残留。研制开发微生态制剂将成为新的热点。加强微生态制剂的研究，开发有生物安全的新型基因工程细菌微生态制剂，也是保证畜禽健康的又一新课题。

复习思考题

(1) 名词解释：兽医生物制品、疫苗、弱毒疫苗、病毒抗体复合物疫苗、灭活疫苗、抗独特型疫苗、单价疫苗、多价疫苗、混合疫苗、类毒素、微生态制剂、免疫调节剂

(2) 举例说明兽医生物制品的分类。

(3) 疫苗如何进行分类？疫苗按抗原的性质和制备工艺可分为哪几类？各自有什么特点？

(4) 简述兽医生物制品的命名原则。

(5) 结合我国兽医生物制品的现状，试述我国兽医生物制品的发展趋势。

项目二 灭活剂、保护剂与免疫佐剂

【学习目标】

（1）掌握灭活剂的种类、灭活机理、影响因素。

（2）掌握保护剂的概念、种类、作用机理、影响因素。

（3）掌握佐剂的概念、作用机理、类型、配制方法。

【技能目标】

（1）能够对甲醛溶液进行配制使用和测定。

（2）会油相、水相的配制和乳化。

生物制品在真空冷冻干燥过程中要加入冻干保护剂，以使制品保持较高的生物学活性；在灭活疫苗的制造过程中要加入灭活剂灭活，并加入佐剂来增强其免疫原性。

任务一 灭活及灭活剂的应用

兽医生物制品生产中的灭活，是指破坏微生物的生物学活性、繁殖能力、致病性和毒力，但尽可能不影响其免疫原性，被灭活的微生物主要用于生产灭活疫苗。免疫血清学技术的灭活是指破坏诊断血清或待检血清中的补体活性，以避免补体对诊断试验的干扰作用。由于所要灭活的抗原种类不同，对生物制品的灭活要选择合适的灭活方法和灭活剂。

灭活方法分为物理灭活和化学灭活。

一、物理灭活

传统的物理灭活一般常用热、超声波、紫外线等灭活方法杀死微生物或消除其毒性。热灭活最早由 Smith 等研制猪霍乱灭活菌苗时提出，该方法简单易行，但易造成菌体蛋白质变性，免疫原性受到影响。超声波裂解细胞灭活应放在水浴中间断进行。紫外线灭活效果不够彻底，曾发生过经紫外线灭活的强毒重新活化的例子。所以上述方法在兽医生物制品生产中基本不用。现代物理学灭活方法逐渐被人们所重视，根据蛋白质和病毒粒子在高压力作用后，蛋白质亚基和病毒各部分的配置发生改变而丧失其感染性，而病毒的各部分之间的共价键并未发生改变，其免疫原性不受影响的原理，已有静水压高压灭活病毒苗的问世。

射线辐照是一种良好的病原体灭活技术。^{60}Coγ 利用强力 γ 射线彻底摧毁病原体的遗传因子，起到杀死病原体但不破坏病原体的抗原组分的作用。^{60}Coγ 射线不仅对核酸具有损伤作用，对蛋白质成分也有一定的影响。研究结果表明，^{60}Coγ 射线辐照所产生的单态氧和自由基对蛋白质具有较大的损伤作用。冻干状态下的蛋白制品由于所含水分少，经电离辐射后所产生自由基少，对蛋白制品的损伤也会减弱。此外，^{60}Coγ 射线对病毒的杀灭作用与病毒的结构有密切的关系，单链病毒对电离辐射的灭活作用比双链病毒敏感约 10 倍，这是因为单链核酸的任何部分的电离都可引起核酸分子断裂，而双链核酸只在两链相近的部位都被电离时，整个分子才会断裂。体积较大的病毒比体积较小的病毒对电离更敏感，生活在细胞系统中的病毒具有最大的抗辐射性。

γ 射线灭活应根据被照射物的容量大小选择照射距离和照射强度。一般情况下，20～50 kGy 剂量的 γ 射线辐照几乎能灭活所有的病毒。

^{60}Co 照射是目前已常用的射线照射灭活方法，但应用时应根据被照射物的容量大小选择照射物与钴源的距离和剂量。根据试验用 60000mL 大玻瓶装 6000mL 血清或血液，当吸收^{60}Co 量达 2.00 万 Gy/h 能完全杀死芽孢杆菌，1.50 万 Gy/h 可使非芽孢菌完全灭活。含鸡新城疫病毒的鸡胚尿囊液，吸收^{60}Co 剂量达 0.50 万 Gy/h，病毒可完全被灭活。猪瘟病毒强毒吸收量达到 3.00 万 Gy/h 时完全失去致病力。被^{60}Co 照射处理的血清用于细胞培养，与未照射的血清比较，病毒培养效果一致；被照射处理的裂解全血，不影响巴氏杆菌及禽霍乱菌的生长，制出的菌苗免疫效力良好。但由于^{60}Co 照射灭活的方法受设施所限。生物制品生产、研究大都应用灭活剂进行化学灭活。

二、化学灭活

化学灭活是利用化学药品或酶使微生物、活性物质的一些结构发生改变，从而丧失生命力、感染性、毒性或活性。化学灭活效果确实、方法简便而最为常用。在特定条件下，物理灭活与化学灭活也可联合用于某些生物制品的灭活。

（一）常用灭活剂的灭活机理与应用

甲醛溶液是最传统且应用最广泛的灭活剂。近年来科研工作者还筛选出一些较甲醛溶液更优良的灭活剂应用于生物制品的灭活。

1. 甲醛溶液

甲醛的水溶液别名福尔马林。常用的甲醛溶液约含 37%甲醛，有辛辣窒息味，对眼、鼻黏膜有强烈刺激性。低温下久存易变浑浊，形成沉淀，会降低活性。《兽用生物制品规程》（2000 年版）规定：含梭菌芽孢杆菌的制品中残余甲醛含量不得超过 0.5%的甲醛溶液量（40%甲醛），其他制品中不应超过 0.2%甲醛溶液量。规程中的 26 种灭活疫苗，均以甲醛溶液作为灭活剂。

甲醛溶液的灭活作用主要是还原作用，它能与微生物蛋白质的氨基酸结合，形成具有其他性质的化合物因而扰乱微生物的代谢，对核酸有烷化作用，破坏生命的基本结构，导致微生物死亡。高浓度时可以杀灭微生物，适当的低浓度可打断微生物的生命链，使其丧失增殖力或毒性，保存其抗原性和免疫原性。

针对不同类型的微生物，使用甲醛灭活的浓度一般为：需氧细菌 0.1%～0.2%，厌氧菌 0.4%～0.5%，病毒 0.05%～0.4%（多数为 0.1%～0.3%）。无论是杀菌或脱毒，使用甲醛溶液或其他灭活剂，其浓度及处理时间都要根据试验结果来确定。通常以用低浓度、处理时间短而又能达到彻底灭活目的为原则，必要时可在灭活后加入硫代硫酸钠，以中断其反应。

2. 烷化剂

烷化剂是含有烷基的分子中去掉一个氢原子基团的化合物，它能与另一种化合物作用，将烷基引入，形成烷基取代物。这类灭活剂能破坏病毒的核酸芯髓，使病毒完全丧失感染力，而又不损害其蛋白衣壳，从而保留其保护性抗原。常用的烷化剂类灭活剂有乙酰基乙烯亚胺、二乙烯亚胺、盐酸聚六亚甲基胍和缩水甘油醛。

1）*N*-乙酰乙烯亚胺（AEI）

本品为淡黄色透明液体，有轻微氨臭味，能与水或醇任意混合。pH 为 7.0～8.5，最适保存温度－79℃，在 0～4℃可保存 1 年，在－20℃可保存 2 年。AEI 本身性质很不稳定，在常温下发生分子聚合，外观颜色及流动性均发生变化，从而导致灭活作用的改变。AEI 对人体有毒性且生产制作工艺复杂，在运输和保存过程中不甚方便。AEI 用于口蹄疫病毒和细小病毒等病毒的灭活效果很好。在口蹄疫病毒培养液中加入最终浓度为 0.05%，30℃、8h 后，达到灭活目的。加入最终浓度为 2%的硫代硫酸钠，即可中断灭活剂的灭活作用。

2）二乙烯亚胺（BEI）

本品为粉状固体，性质稳定，运输和保存方便，配制方法简单。市购商品为 0.2%的 BEI 溶液，在 0～4℃可保存 1 个月，按 1/10（体积分数）（终浓度为 0.02%）加入口蹄疫病毒悬液中，37℃时对口蹄疫病毒 A_{24} 毒株的灭活速率为每小时 10 log10 左右。当灭活结束时，加入 2%硫代硫酸钠中断灭活。

3）盐酸聚六亚甲基胍（PHMG）

本品为白色无定形粉末或树脂状聚合物，无特殊气味，易溶于水，水溶液无色至淡黄色、无味，不燃不爆，分解温度大于 400℃，有极强的杀灭细菌和病毒的能力。PHMG 具有使用浓度低、作用速度快，性质稳定，易溶于水的特点，常温下使用具有广谱高效，长期抑制作用，毒性低，使用安全等优点，有着极广泛的用途。但聚六亚甲基双胍价格较贵，不易于推广应用。

近年来，国内外关于 PHMG 的应用研究，主要是在皮肤黏膜消毒、一般物体表面消毒，湖水、冷却塔、喷泉等除藻，以及石油开采等领域。PHMG 作为疫苗的灭活剂应用具有相当的潜力。

4）缩水甘油醛（GDA）

本品易挥发，水溶液含量为15～31mg/mL。保存于0～4℃ 3个月含量逐渐下降，约6个月失效；20℃只能保存10d。1964年，Martinsen将GDA用作生物制品灭活剂，对大肠杆菌、噬菌体、新城疫病毒和口蹄疫病毒等有灭活作用。GDA的灭活效果优于甲醛。其作用机理是环氧烷基与病毒蛋白或核酸发生反应。法国梅里厄研究所曾用本品生产牛和猪的口蹄疫灭活苗。

3. 苯酚

本品为无色结晶或白色熔块，有特殊气味，有毒及腐蚀性，暴露在空气中和阳光下易变红色，在碱性条件下更易促进这种变化。当不含水及甲酚时，在4℃凝固，43℃溶解。一般商品含有杂质，使熔点升高；与80%水混合能溶化。易溶于乙醇、乙醚、氯仿、甘油及二硫化碳，不溶于石油醚。需密封避光保存。本品对微生物的灭活机制是使其蛋白质变性和抑制特异酶系统（如脱氢酶和氧化酶等），从而使其失去活性。生物制品的常用量为0.3%～0.5%。如狂犬病毒可用苯酚灭活。

4. 结晶紫

本品为绿色带有金属光泽结晶或深绿色结晶状粉末，易溶于醇，能溶于氯仿，不溶于水和醚。对微生物的灭活机制与其他碱性染料一样，主要是其阳离子与微生物蛋白质带阴电的羟基形成弱电性化合物，妨碍微生物的正常代谢，也可能扰乱微生物的氧化还原作用，使电势太高不适于微生物的增殖而灭活。如猪瘟结晶紫疫苗、猪水泡病结晶紫疫苗、鸡白痢染色抗原等即采用结晶紫灭活。

5. β-丙酰内酯

本品为无色有刺激气味的液体，潮气进入时缓缓分解成羟基丙酸，其水溶液迅速全部分解，无残留。水溶液有效期为10℃保存18h，25℃保存3.5h，50℃保存20min，密封于玻璃瓶中5℃保存较为稳定。水中溶解度37%，能与丙酮、醚和氯仿任意混合。对皮肤、黏膜及眼有强刺激性，其液体对动物有致癌性。本品是一种良好的病毒灭活剂。病毒灭活后，能保持良好的免疫原性，主要用于狂犬病灭活疫苗的制备。

除以上灭活剂外，近年来还有人使用非离子型去污剂直接裂解病毒。

（二）影响灭活作用的因素

1. 灭活剂特异性

某些灭活剂只对一部分微生物有明显的灭活作用，而对另一些微生物则效力很差。如酚类能抑制和杀灭大部分细菌的繁殖体，5%石炭酸溶液于数小时内能杀死细菌的芽孢。真菌和病毒对酚类不太敏感。阳离子表面活性剂抗菌谱广，效力快，对组织无刺激性，能杀死多种革兰氏阳性菌和阴性菌，但对绿脓杆菌和细菌芽孢作用弱，其水溶液不能杀死结核杆菌。因此在选择灭活剂时，应考虑其特异性，即应考虑其对微生物的作用范围。如甲醛溶液灭活口蹄疫病毒17d后仍可分离出有活性的核酸，且使小鼠致死，而用乙酰乙烯亚胺则直接作用于核酸，达到完全灭活。

2. 微生物种类与特性

不同种类的微生物如细菌、病毒、真菌以及革兰氏阳性菌与革兰氏阴性菌对各类灭活剂的敏感性并不完全相同；细菌的繁殖体及其芽孢对化学药物的抵抗力不同；生长期和静止期的细菌对灭活剂的敏感程度亦有差别。此外，细菌的浓度也会影响灭活的效果。微生物或毒素的总氮量和氨基氮含量对灭活也有一定影响。一般含氮量越高，甲醛等灭活剂的消耗量就越大，灭活脱毒速度越慢。

3. 灭活剂浓度

以甲醛为例，甲醛浓度越高，灭活脱毒越快，但抗原损失量也较大。加 0.5%甲醛溶液脱毒的类毒素，其结合力仅相当于 0.2%甲醛溶液脱毒类毒素结合力的 2/3。有时可以采用分次加入甲醛溶液进行灭活、脱毒比较缓和的方法。即将甲醛溶液分数次加入，加量由小至大，pH 由低而高，温度由室温开始，逐步提高到允许的最高温度，这样对于保护抗原的免疫原性有一定好处。

4. 灭活温度

通常情况下，灭活作用随灭活温度上升而加速。在低温时，温度每上升 10℃，细菌死亡率可成倍增加，金属盐类的灭菌作用增加 2～5 倍，石炭酸的杀菌作用增加 5～8 倍。但是，如果温度超过 40℃或更高，对微生物的抗原性将有不利影响。

5. 灭活时间

灭活时间与灭活剂浓度和作用温度密切相关。一般随着灭活剂浓度及作用温度升高，灭活时间则缩短。在生物制品生产中，应以保证制品安全和效力，采用低灭活剂剂量、低作用温度和短时间处理为最佳。

6. 酸碱度（pH）

在微酸性时灭活速度慢，抗原性保持较好，在碱性时灭活速度快，但抗原性易受破坏。灭活初期抗原损失较快，以后逐渐减慢，尤其甲醛溶液浓度高时，在碱性溶液中抗原性损失更大。pH 对细菌的灭活作用有较大影响。pH 改变时，细菌的电荷也发生改变，在碱性溶液中，细菌带负电荷较多，阳离子表面活性剂的杀菌作用较大。在酸性溶液中，则阴离子的杀菌作用较强。同时，pH 也影响灭活剂的电离度。未电离的分子一般较易通过细菌细胞膜，灭活效果较好。

7. 有机物的存在

被灭活的病毒或细菌液中，如果含有血清或其他有机物质，会影响灭活剂的灭活能力。因为有机物能吸附于灭活剂的表面或者与灭活剂的化学基团相结合。受此影响最大的为苯胺类染料、汞制剂和阳离子去污剂。一旦汞制剂与含硫氢基化合物相遇或

季铵盐类与脂类结合，则明显降低这些灭活剂的灭活作用。

任务二 保护剂的选择和应用

随着生物技术的飞速发展，保护剂已经越来越多地应用于各种生物制品中，如动物细胞、微生物和蛋白质的保存。

一、保护剂的含义与分类

保护剂又称稳定剂，是指一类能防止生物活性物质在冷冻真空干燥或－196℃保存细胞时受到破坏的物质。

根据其作用机理，保护剂分为两大类：一类为渗透剂，如二甲基亚砜（DMSO）、甘油和蔗糖等，能渗入细菌细胞等生物活性物质内部，降低因冷冻而增加的渗透压，防止细胞内脱水，可保护细胞因慢冻可能产生的损害；另一类是非渗透剂，如聚乙烯吡咯啶酮（PVP）和蛋白质等，能防止细胞等生物活性物质由外向内渗漏溶质，可保护其在速冻和溶解时可能产生的损害。

根据其相对分子质量大小，又可分为高分子物质和低分子物质。按其化学性质，可分为复合物、糖类、盐类、醇类、酸类和聚合物。从广义上讲，保护剂是指保护微生物和寄生虫等活力和免疫原及酶和激素等生物活性的一类物质，还包括细胞、细菌或病毒的营养液、赋形剂和抗氧化剂。生物制品的冷冻真空干燥一般都加冻干保护剂，以使制品在冻干后仍保持有较高的生物学活性，而且能够延长制品保存期并提高耐热性。

（一）多羟基化合物

多羟基化合物主要用于蛋白质的保护剂，常见的有甘油、甘露醇、肌醇、山梨醇、硫醇、聚乙二醇等。在微生物研究中常用甘油保存菌种和病毒株，甘油也可促进冻干处理的过氧化氢酶复性，且当甘油浓度上升至0.8%，过氧化氢酶可完全复性。甘露醇不仅可作为优良的骨架剂使用，而且在一些处方中它还能兼做病毒和生物制品的冻干保护剂。甘露醇对蛋白质的保护作用与其浓度、形态结构有关，而浓度与结晶形态有时又有一定的关联性。无定型甘露醇具有使蛋白质稳定的作用，而结晶态的甘露醇则失去保护功能；1%或更低浓度的甘露醇通过无定型结构的形成而阻止蛋白质分子的聚集，但是高浓度的甘露醇则易于形成结晶，会促进蛋白质的聚集。

（二）糖类化合物保护剂

糖是最常见、使用最广的一类保护剂，是蛋白质的非特异性稳定剂，糖的保护作用与蛋白质的种类有关。常用作保护剂的糖类，单糖主要有葡萄糖；二糖有蔗糖、海藻糖、乳糖；聚糖有葡聚糖。它们有一个共同的特点就是具有大量的自由羟基，其中，葡萄糖、乳糖具有还原性，而蔗糖、海藻糖、葡聚糖没有还原性。研究表明，在

—45℃时添加蔗糖、葡萄糖等保护剂对保持物质的活性是必需的。

（三）氨基酸

氨基酸是常见的蛋白质保护剂之一，常用的氨基酸类保护剂有脯氨酸、色氨酸、谷氨酸、谷氨酸钠、丙氨酸、甘氨酸、赖氨酸盐酸盐、肌氨酸、L-酪氨酸、苯丙氨酸、精氨酸等。在冷冻过程中，低浓度的甘氨酸可通过抑制10～100mmoL磷酸缓冲盐结晶所致pH的改变而阻止蛋白质变性。无定型甘氨酸可阻止冻干过程中重组人生长激素的聚集；结晶型甘氨酸能升高成品的塌陷温度，阻止因塌陷而引起的蛋白质结构的破坏。

（四）聚合物

聚乙二醇（PEG）、聚乙烯吡咯烷酮（PVP）、明胶、聚乙烯亚胺等聚合物也常作为蛋白质及微生物的冷冻干燥保护剂。聚合物一般和其他种类的保护剂联用，通常聚合物的稳定作用取决于聚合物的多重性质。如PVP是一种多聚体，它对生物或生物大分子具有非特异性保护作用，同时它也是一种非渗透性保护剂，保存中通常和糖一起，主要通过与糖类间的氢键作用改变糖类的玻璃化温度发挥作用，不同浓度和不同分子量的PVP的作用不一样。

（五）蛋白质

蛋白质类保护剂可分为两种：一种是蛋白质制品自身，另一种为外来蛋白质。一些蛋白质经冻融后的活性和蛋白质的起始浓度有直接关系，起始浓度升高有时会促进蛋白质的复性。当制品浓度较低时，常用的外来蛋白质类作保护剂，如血清白蛋白是一个经典、优良的蛋白质稳定剂，常用于保护冻干的白细胞介素、巨噬细胞集落刺激因子（MCSF）等疏水性细胞。

二、冻干保护剂的组成与作用

保护剂是生物制品生产，特别是在冻干疫苗生产中的一类重要材料。

（一）冻干保护剂组成与作用

冻干保护剂通常由营养液、赋形剂和抗氧化剂三部分组成。

(1) 营养液：可使因冻干而受损伤的细胞修复，对水分子起缓解作用，并能使冻干生物制品仍含有一定量水分；还可促进高分子物质形成骨架，使冻干制品呈多孔的海绵状，增加溶解度，如脱脂乳、蛋白胨、氨基酸和糖类等，常为低分子有机物。

(2) 赋形剂：主要起骨架作用，防止低分子物质的碳化和氧化，保护活性物质不受加热的影响，使冻干制品形成多孔性、疏松的海绵状结构，从而使溶解度增加，如蔗糖、山梨醇、乳糖、PVP、葡聚糖等，常为高分子有机物。

(3) 抗氧化剂：可抑制冻干制品中酶的作用，增加生物活性物质在冻干后贮存期间的稳定性，如维生素C、维生素E和硫代硫酸钠等。

（二）冻干保护剂作用机制

冻干保护剂作用机制比较复杂，归纳起来主要包括：

（1）防止活性物质失去结构水及阻止结构水形成结晶而导致生物活性物质的损伤。

（2）降低细胞内外的渗透压差、防止细胞内结构水结晶，以保持细胞的活力。

（3）保护或提供细胞复苏所需的营养物质，有利于生活力的复苏和迅速修复自身。

对冻干生物活性物质，一些含羟基的有机保护剂还能替代部分结构水，与蛋白质中的羰基或氨基结合，保持其三级和四级结构。一种优良的冻干保护剂应充分利用上述不同物质，发挥各自作用，进行优化集成。

三、影响保护剂效能的因素

保护剂的效能主要表现在保证生物活性物质在冻干和保存过程中的存活率。一般来说，每种微生物或生物制品均有其最佳冻干保护剂的组合，从而在冻干过程中使其失活率最低，增加制品的保存期。冻干保护剂的种类、组合、配制以及组分的浓度对其效能的影响十分明显。

（一）保护剂种类

用不同保护剂冻干的同一种微生物，在其保存过程中存活率不同。如分别用7.5%葡萄糖肉汤和7.5%乳糖肉汤作保护剂冻干的沙门氏菌，在室温保存7个月后的细菌存活率分别为35%和21%。

（二）保护剂组分浓度

保护剂组分浓度可直接影响冻干制品细菌或病毒的成活率，必须严格掌握。如以副大肠杆菌D201H加不同浓度葡萄糖作保护剂进行冻干，并测定冻干品的细菌存活率，证明用5%～10%葡萄糖存活率最高。即使同一种制品所使用的保护剂组成也不一样，例如鸡新城疫弱毒疫苗，我国选用5%蔗糖脱脂乳为冻干保护剂，而日本则用5%乳糖、0.15%聚乙烯吡咯烷酮、1%马血清或0.4%蔗糖脱脂乳、0.2%聚乙烯吡咯烷酮作保护剂；猪丹毒弱毒疫苗，我国以5%蔗糖、1.5%明胶作冻干保护剂，而日本用5%脱脂乳、2.5%酵母浸膏为保护剂。

（三）保护剂配制方法

配制方法不同会影响保护剂的效果，例如，含糖保护剂灭菌温度不宜过高，否则由于糖的炭化而影响冻干制品的物理性状和保存效果，所以均采用114℃、30min灭菌或间歇灭菌；又如血清保护剂就不能用热灭菌法，必须以滤过法除菌。

（四）保护剂酸碱度（pH）

保护剂的pH应与微生物生存时的pH相同或相近，过高或过低都能导致微生物的死亡。例如明胶蔗糖保护剂的pH以6.8～7.0为最佳，否则会造成微生物大量死亡。

又如含葡萄糖、乳糖保护剂经高压灭菌后能或多或少改变保护剂的 pH，从而影响保护效果，为此最好采取滤过除菌。

因此，一种新的冻干制品在批量生产前应进行系统的最佳保护剂的选择试验，包括保护剂冻干前后的活菌数、病毒滴度或效价测定的比较试验；不同保存条件和不同保存期的比较试验。此外，任何一种制品在选择冻干保护剂时，还应选择适当的冻干曲线，使其在共融点以下水分基本升华为原则。绝不能任意更换不明规格的材料和质量标准。即使在冻干制品投产以后，仍须根据条件的改变不断作选择试验，以改进冻干制品的质量。

四、常用的冻干保护剂

（一）不同微生物使用的保护剂

由于细菌、病毒、支原体、立克次氏体和酵母菌等生物活性不同，其使用的冻干保护剂不相同。各类微生物常用的保护剂如下：

（1）需氧和厌氧性细菌。适用的冻干保护剂有 10%蔗糖、5%蔗糖脱脂乳、5%蔗糖、1.5%明胶，10%～15%脱脂乳和含 1%谷氨酸钠的 10%脱脂乳等。

（2）厌氧性细菌。含 0.1%谷氨酸钠的 10%乳糖、10%脱脂乳及 7.5%葡萄糖血清等。

（3）病毒。常以下列物质的不同浓度或按不同的比例混合组成冻干保护剂。明胶、血清、谷氨酸钠、羊水、蛋白胨、蔗糖、乳糖、山梨醇、葡萄糖和聚乙烯吡咯烷酮等。

（4）支原体。50%马血清、1%牛血清白蛋白、5%脱脂乳和 7.5%葡萄糖加马血清等。

（5）立克次氏体。10%脱脂乳。

（6）酵母菌。马血清、含 7.5%葡萄糖的马血清及含 1%谷氨酸钠的 10%脱脂乳等。

（二）兽医生物制品常用的保护剂配制

1. 5%蔗糖（乳糖）脱脂乳保护剂

蔗糖（或乳糖）5g，加脱脂乳至 100mL，充分溶解后，100℃蒸汽间歇灭菌 3 次，每次 30min；或 110～116℃高压灭菌 30～40min。用途：羊痘、鸡新城疫、鸡痘和鸭瘟等病毒性活疫苗的保护剂。

2. 明胶蔗糖保护剂

明胶 2%～3%（g/mL）、蔗糖 5%（g/mL）、硫脲 1%～2%（g/mL）。先将 12～18g 明胶液、30g 蔗糖液和 6～12g 硫脲加蒸馏水至 100mL，加热溶解，116℃高压灭菌 30～40min；或 100℃3 次灭菌，每次 30min。用途：猪肺疫和猪丹毒等细菌性活疫苗保护剂。

3. 聚乙烯吡咯烷酮乳糖保护剂

取聚乙烯吡咯烷酮 K 30～35g 和乳糖 10g，加蒸馏水至 100mL，混合溶解，120℃高压灭菌 20min。用途：水貂犬瘟热细胞冻干苗保护剂。

4. SPGA保护剂

蔗糖76.62g、磷酸二氢钾0.52g、磷酸氢二钾1.64g、谷氨酸钠0.83g、牛血清白蛋白10g，加去离子水至1000mL，混合溶解，过滤除菌。用途：鸡马立克氏病火鸡疱疹病毒活疫苗等保护剂。

五、耐热冻干保护剂

（一）耐热冻干保护剂与传统保护剂的比较

一种良好的冻干保护剂不仅能在冻干过程中最大限度地提高疫苗微生物的存活率，而且需要提高其耐热性。耐热冻干保护剂的配制及其疫苗在冻干过程中充分考虑了活疫苗在较高温度和较长保存时间情况下，冻干物质可能发生的物理和化学变化对疫苗存活的影响，因而其保护性能（尤其在较高温度环境里）要比传统保护剂更为优良，使活疫苗在储存、运输、使用等方面更方便，更经济。

常用的传统保护剂主要为牛奶、蔗糖、明胶等，组方简单，保护功能差。用此保护剂冻干的疫苗在2～8℃条件下，保存期只有4～6个月，多需要在－15℃以下保存。耐热冻干保护剂组方复杂，冻干的疫苗在2～8℃条件下，保存期可达12～36个月，为生物制品使用解决了长久以来运输、储存的高成本问题。

（二）耐热冻干保护剂配方需要注意的问题

耐热冻干保护剂有良好功能和应用前景，但不同品种疫苗的保护效果并不一致，保护剂存在的一些问题需要更深入研究解决。

1. 确定最优的pH

生物制品中的活性成分（如蛋白质）只有在很小的pH范围内才是稳定的，并且不同的pH环境会影响蛋白质的溶解性。最优的pH环境有利于蛋白质的稳定性和它在溶液中的溶解性，冷冻干燥配方的pH对冻干生物制品长期储藏的稳定性也会带来很大影响。另外，酸碱度会影响固体状态下蛋白质的物理和化学的稳定性。

2. 缓冲剂的选择

蛋白质具有两性电解质，既能和酸作用又能和碱作用。在中性环境中，大多数蛋白质是稳定的，由于蛋白质溶液在冻结过程中溶液的浓度是逐渐升高的，所以在高浓度时可改变溶液的pH，pH变化4个单位导致蛋白质变性，使生物制品失活。因此在冻干保护剂配方中，需添加适量缓冲剂。如磷酸二氢钾、磷酸二氢钠。

许多缓冲剂能够用于生物制品耐热保护剂配方中，但是并非每一种缓冲剂都能够用于任何溶液；对pH敏感的蛋白质溶液，就应当避免使用磷酸钠缓冲液，这是由于在冻结过程中，磷酸氢二钠易于优先结晶，使得溶液的pH降低，最终引起蛋白质变性；正确选择缓冲剂的浓度也是很重要的。

3. 填充剂的选择

填充剂有相当好的溶解性，与生物制品中活性组分相容，没有或者只有很小的毒性，具有较高的共晶温度。如甘露醇无菌滤液稳定，不易被氧化，可提供支持结构，并且不与活性组分发生反应；山梨醇是甘露醇的同分异构体，但其溶解度比甘露醇大，在常温下呈黏稠的透明状液体，有旋光性，略有甜味，具有吸湿性，高温下不稳定，在冷冻干燥配方中，山梨醇常用作填充剂。

4. 低温、干燥保护剂的选择

糖类是生物制品冷冻干燥过程中使用最频繁的保护剂，一般不选用还原性糖，因为它可能与蛋白质之间发生非酶褐变反应；某些盐类也要用作生物制品在冷冻干燥过程中的保护剂；某些聚合物，因其能提高玻璃化转变温度，而常被用作保护剂。但是，聚合物与蛋白质分子形成氢键的能力远远低于糖类，所以常常采用聚合物和糖联合使用，当然，这种方式并不是对每一种蛋白质都是有效的，如海藻糖则具有相对较高的玻璃化转变温度，海藻糖-蛋白质-水微冰晶的形成有效防止了水对玻璃化态的增塑作用。并且其内部氢键较少，有利于蛋白质分子间形成氢键。

5. 抗氧化剂的选择

一种是抗氧化剂的自身氧化，消耗冻干样品内部和环境中的氧，使冻干样品物料不被氧化；另一种使抗氧化剂给出电子或氢离子，阻断冻干样品中的氧化链式反应；还有一种方式是抗氧化剂通过抑制氧化酶的活性而防止冻干样品的氧化变质，如维生素 E、维生素 C、硫代硫酸钠、硫脲等。

耐热冻干保护剂的筛选除了要根据以上主要因素，选择组方，合理搭配，并反复验证外，还要制定合理的冻干曲线。产品冻干以后，对其物理性状进行保存期试验，并将样品放置在不同温度下进行保存期长短及效价测定、安全性检验等对比试验。根据试验结果，不断调整配方及冻干曲线，以达到理想的效果。

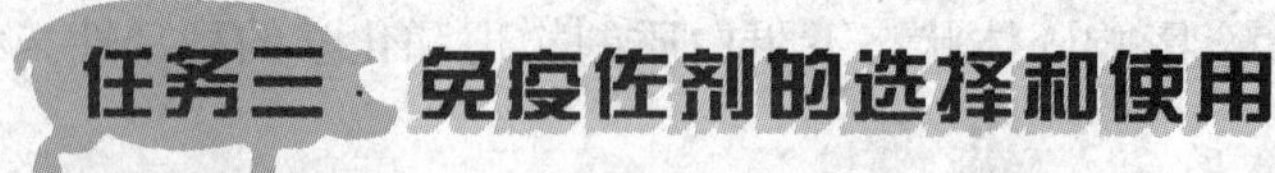

任务三 免疫佐剂的选择和使用

一、佐剂概念与作用机理

（一）佐剂概念和特点

1. 佐剂的概念

当一种物质先于抗原或与抗原混合或同时注射于动物体内，能非特异性地改变或增强机体对该抗原的特异性免疫应答，发挥其辅佐作用者，都称之为佐剂，又称为免疫佐剂。

2. 佐剂作用特点

(1) 能明显增强多糖或多肽等抗原性微弱的物质诱导机体产生特异性免疫应答。

(2) 用最少量的抗原和最少的接种次数刺激机体可产生足够的免疫应答和高滴度的抗体，在血液或黏膜表面能维持较长时间，发挥持久的效果。

3. 佐剂具备的条件

(1) 增加抗原的表面积，并改变抗原的活性基团构型，从而增强抗原的免疫原性。

(2) 佐剂与抗原混合能延长抗原在局部组织的存留时间，减低抗原的分解速度，使抗原缓慢释放至淋巴系统中，持续刺激机体产生高滴度的抗体。

(3) 佐剂可以直接或间接激活免疫活性细胞并使之增生，从而增强了体液免疫、细胞免疫和非特异性免疫功能。

(4) 良好的佐剂应具有无毒性或副作用低的特点。

(二) 佐剂的作用机理

1. 抗原递呈

抗原递呈指抗原分子递呈给T细胞的方法。抗原递呈的方法对免疫应答的实质和强度有重要影响。佐剂与疫苗的联合使用，有助于抗原性物质在胞内被加工，被MHC分子特异性地结合、保护、运输并递呈给效应细胞。

2. 抗原寻的

抗原寻的指抗原传递给免疫系统中适当效应细胞的效率。佐剂对于抗原寻的涉及到的一系列机制，包括吸引巨噬细胞到达组织部位、活化吞噬细胞、促进抗原与细胞受体的结合等有重要作用。

3. 免疫调节

免疫调节指任何可以修饰的免疫效应细胞对抗原或表位进行加工的机制。通过这种机制，可以改变特异性免疫应答的本质或强度。T细胞有Th1和Th2两个亚类，同一抗原和不同佐剂一起使用能够引起不同的免疫反应。因此，通过筛选特定的佐剂，可以达到诱导正确的免疫应答的目的。

二、佐剂分类

按佐剂物理性质，通常可把佐剂分为两大类：颗粒型佐剂和非颗粒型佐剂；按佐剂的生物学性质分类法可分为微生物及其组分与非微生物物质两大类；按佐剂在体内存留的时间，则可分为贮存型和非贮存型佐剂。颗粒型佐剂多半属于贮存型的，非颗粒型佐剂大多属于非贮存型佐剂。佐剂按物理性质分类如下。

（一）颗粒性佐剂

（1）盐类佐剂，包括氢氧化铝胶、各种明矾、磷酸铝等。

（2）油水乳剂佐剂，如弗氏完全佐剂（FCA）、弗氏不完全佐剂（FIA）。不完全弗氏佐剂是液体石蜡与羊毛脂混合而成，组分比为（1～5）：1，可根据需要而定，通常为2：1。不完全佐剂中加卡介苗（最终浓度为2～20mg/mL）或死的结核分枝杆菌，即为完全弗氏佐剂（FCA）。弗氏佐剂有一定的副作用，但其佐剂活性高，可使在正常状态下没有免疫原性的物质成为免疫原。另外还有矿物油白油佐剂。

（3）免疫刺激复合物（1SCOM）佐剂。

（4）蜂胶佐剂。

（5）脂质体佐剂。

（6）其他MF59佐剂、微囊化佐剂、硬脂酰酪氨酸佐剂和γ菊粉等。

（二）非颗粒性佐剂

（1）肽类佐剂，如胞壁酰二肽（MDP）及其衍生物、去胞壁酰多肽、脂肽和免疫调节多肽等。用其代替弗氏佐剂可减少副作用。

（2）表面活性分子类佐剂，表面活性剂是降低界面的张力，亲水、亲油基组成的化合物。表面活性剂可分为离子型、非离子型。凡是溶于水能电离成离子的，称为离子型表面活性剂，否则称为非离子型表面活性剂。如非离子阻断共聚物表面活性剂和海藻糖合成衍生物（TDM）等。

（3）核酸及其衍生物类佐剂，如合成核苷酸聚合体，次黄嘌呤衍生物和免疫刺激序列DNA（CpGDNA）或CpG，寡聚脱氧核苷酸（CpG-ODN）等。

（4）含硫复合物类佐剂，如左旋咪唑。

（5）碳水化合物高分子类佐剂，如香菇多糖、硫酸多糖等其他一些多糖和DEAE-葡聚糖等。

（6）细胞因子类佐剂，如白介素-1（IL-1）、白介素-2（IL-2）、白介素-4（IL-4）和γ-干扰素（γ-IFN）等。

（7）脂质分子类佐剂（如脂多糖及其衍生物）、一些脂溶性维生素（如维生素A和维生素E等）。

（8）其他。包括一些蛋白毒素，如霍乱毒素（CT）、百日咳毒素（PT）和破伤风类毒素（TT）等；脂磷壁酸（LTA）；维生素B_{12}等。

三、常规免疫佐剂

（一）铝盐类佐剂

铝盐类佐剂在生物制品上应用广泛，对体液免疫作用很明显，与抗原混合注射时，可通过抗原寻的过程显著增高抗体滴度。可溶性抗原与此类佐剂混合后成为凝胶状态，可建立一个短时的贮存颗粒，将可溶性抗原转化为一种便于吞噬的形式，以利于巨噬细胞吸附，对于胞外繁殖的细菌及寄生虫抗原是良好的疫苗佐剂。缺点：皮下注射常

有肿胀或结块，抗原免疫原性弱时，不足以提高免疫原性，特别是保护性免疫机制要求T细胞活性介导的免疫参加时，应使用其他佐剂。

1. 氢氧化铝胶

氢氧化铝胶又称铝胶，其佐剂活性与质量密切相关，质优的铝胶分子细腻、胶体性良好、稳定，吸附力强，保存2年后其吸附力不变。铝胶可用于制造多种兽用疫苗。各厂家采用不同的合成方法制备铝胶，优点各异。

1）铝粉加烧碱合成法

用量按下列反应式计算：

$$2Al(OH)_3+12H_2O+3H_2SO_4 \longrightarrow Al_2(SO_4)_3 \cdot 18H_2O$$

$$Al_2(SO_4)_3 \cdot 18H_2O+6NaOH \longrightarrow 2Al(OH)_3+3Na_2SO_4+18H_2O$$

取氢氧化铝干粉50～55kg，加入煮开的60L沸水中，搅拌均匀，倒入硫酸100kg，爆沸至棕褐色，经30～60min后，加温水，边加边搅拌约至总量为350L；用前加水稀释至1000L，温度约为80℃，盛装在一个缸内。另一缸盛80kg烧碱，加水至1000L，加温至75℃，两液等量流入另一耐酸搪瓷缸内（控制两液流速），化合液pH为6.9±0.1时化合结束，蒸汽吹沸熟化10min，调节pH为6.9±0.1，继续熟化3min，稳定pH6.9±0.1，静置沉淀，吸去上清液后加入约5倍量的软化水，搅拌洗涤沉淀、弃上清液，如此3～5次，检查至硫酸盐合格为止。最后经0.172～0.13mm孔径铜纱筛滤过，装入布袋脱水过夜，收存于容器内，可约得600kg铝胶。

2）明矾加碳酸钠合成法

用量按下列反应式计算：

$$2KAl(SO_4)_2+3Na_2CO_3+3H_2O \longrightarrow 2Al(OH)_3+3Na_2SO_4+K_2SO_4+3CO_2\uparrow$$

称350kg明矾，加去离子水1400L于夹层搪瓷反应缸内，由夹层加温进行溶化，静置6h以上，待澄清后，抽取上清于60℃保持在一缸内；另一缸放入125kg碳酸钠，加去离子水1400L，加温搅拌溶化，静置6h，抽取上清于50℃保温；两液等量流入另一耐酸搪瓷缸内（18～25min内流完），边放边搅拌，保持其pH为6.8～7.0，用蒸汽加热熟化，驱尽CO_2，视胶态变稀无大量CO_2气体逸出为熟化终点，此时pH达7.2～7.6为合格，然后降温到80℃以下，装入尼龙布袋，控干水后加入3～4倍20～25℃的去离子水洗涤6次，当洗出水检查硫酸盐合格后，收集铝胶，组批贮存（收集量约为明矾投料的2.5倍）。

3）用三氯化铝与氢氧化钠合成

此法合成的铝胶含量低，透明无沉淀，目前广泛用于制备人用生物制品，认为佐剂效果良好，注射部位无硬结反应。其化学反应式为

$$AlCl_3+3NaOH \longrightarrow Al(OH)_3+3NaCl$$

制造时，先将无水三氯化铝用去离子水配成25%溶液，加热溶化，使用时再稀释8%，加温至56～60℃。另将氢氧化钠配成4%溶液，加温至56～60℃。化学合成时，将三氯化铝溶液放入反应缸，维持温度60℃，边搅拌边缓慢加入氢氧化钠溶液，当化合液pH达到5.6～6.0时，即为终点，继续搅拌10min，分装，121℃高压灭菌

30min，灭菌后的铝胶液为透明略带乳光液体，pH 为 5.5±0.1。

以上方法合成的铝胶性状为可塑型棉绒状胶体，经搅拌逐渐变稀成细腻的胶体。配制时应注意：①氢氧化铝具有较强的吸附力，所以，制胶过程中一般用软化水或去离子水洗涤；②氢氧化铝胶为两性化合物，过酸或过碱都会失去胶态。故要掌握好化合时的 pH；③贮存铝胶应放在耐酸搪瓷缸或耐酸池中，并严密封盖，贮放期不超过 3 个月；④铝胶室温保存，以免破坏胶态。

2. 明矾

明矾有钾明矾［$KAl(SO_4)_2 \cdot 12H_2O$］和铵明矾［$AlNH_2(SO_4)_2 \cdot 12H_2O$］两种。作为佐剂用于生物制品的主要是钾明矾（即硫酸铝钾）。制造时，先将灭活菌液调至 pH 为 8.0±0.1，选精制明矾制成 10%溶液，高压灭菌后，冷至 25℃以下备用。按菌液量加入明矾溶液 1%～2%，充分振荡，然后沉淀。佐剂作用与氢氧化铝胶近似，但该法较简便，应用较广，如破伤风明矾沉淀类毒素和气肿疽明矾灭活疫苗等。

3. 磷酸三钙

在疫苗中加入氯化钙和磷酸氢二钠，使在疫苗中化合成磷酸三钙，吸附抗原后沉淀，所制出的几种疫苗免疫效果良好。此法简便，质量稳定。

（二）油乳佐剂

油乳佐剂是指一类由油类物质和乳化剂按一定比例混合形成的佐剂，如弗氏佐剂。该类佐剂主要在抗原寻的过程中起作用，使抗原在注射部位保持稳定，为抗原在淋巴系统中转运提供载体，增加单核细胞的形成和积聚。油水乳剂疫苗的免疫效力高低，直接与乳化作用的好坏和乳剂成分的质量等有关。一种好的乳剂疫苗应是油包水（水/油或 W/O）或水包油（油/水或 O/W）型，黏度低，颗粒均匀，稳定性良好，呈乳白色。

1. 乳剂的概念

乳剂是将一种溶液或干粉分散成细小的微粒，混悬于另一不相溶的液体中所形成的分散体系。被分散的物质称为分散相（内相），承受分散相的液体称连续相（外相），两相间的界面活性物质称为乳化剂。当以水为分散相，以加有乳化剂的油为连续相时，制成的乳剂为 W/O 型，反之为 O/W 型。制成何种乳剂型，与乳化剂及乳化方法密切相关。通常 W/O 型乳剂较黏稠，在机体内不易分散，佐剂活性较好，为生物制品所采用的主要剂型；O/W 型乳剂较稀薄，注入机体后易于分散，但其佐剂活性很低，生物制品一般不采用此种剂型。

2. 乳化剂

1）乳化剂的种类

乳化剂分为天然乳化剂和人工合成乳化剂两类。前者来自动植物，如阿拉伯胶、海藻酸钠、蛋黄以及炼乳等；后者为人工合成，分为离子型和非离子型。离子型乳化剂又分为阴离子型和阳离子型。阴离子类乳化剂，如碱肥皂、月桂酸钠、十二烷基磺酸钠和硬脂酸铝等，多用于乳化一般生物制剂；阳离子类乳化剂有氯化苯甲烃铵、溴化十六烷三甲基和氯化十六烷铵代吡啶等，用于制备一般的水包油生物制剂。非离子型乳化剂多数是多元醇或聚合多元醇的脂肪酸脂类或醚类物质，如月桂酸聚甘油酯、山梨醇酯和单油酸酯等。它们具有一定的亲水性和亲油性基团，为制造医药或化妆品的乳化剂。制备注射用油乳剂灭活疫苗，最适用的乳化剂有去水山梨醇单油酸酯（其中，司本-80 和 Arlacel-A 是同类产品）、聚氧乙烯去水山梨醇单油酸酯（商品名吐温-80）和硬脂酸铝等。

2）乳化剂的选择

单相苗商品乳化剂的种类很多，根据使用目的不同可选择适当的乳化剂。通常可根据用途依据乳化剂的 HLB 值（亲水亲油平衡值）进行选择。乳化剂的 HLB 值与其在水中的溶解度相关，亲水性强的在水中溶解度大，HLB 值高，容易形成水包油型油乳剂；亲油性的在水中溶解度小，HLB 值低，易形成油包水型油乳剂。已经证明，HLB 值为 4～6 的乳化剂适用于制造 W/O 型油乳剂；HLB 值在 8～18 的乳化剂适用于 O/W 型油乳剂。常用的司本-80，HLB 值为 4.3，在水中溶解度低，不易在水中分散，溶于多种有机溶剂，性质稳定，易形成 W/O 型油乳剂；而吐温-80，其 HLB 值为 15.0，易溶于水，易形成 O/W 型油乳剂。

3. 白油佐剂

制苗用的白油应无多环芳烃化合物、黏度低、无色、无味和无毒性。Drakocel-6VR、Marcol-52 和 Lipolul-4 是国内外常用的制苗用白油。我国目前选用杭州炼油厂的 7 号或 10 号白油和北京石油化工科学研究院的合成白油，其质量标准为：无色无味，50℃运动黏度 $7m^2/s$ 左右，紫外吸收值（250～350nm）＜0.1%，紫外消光系数＜12×10^8；单环芳烃与双环芳烃含量低于 0.5%，无多环芳烃；小鼠腹腔注射 0.5mL 或家兔皮下注射 2.0mL 白油，观察 60d，表现正常。

4. 乳剂配方与乳化方法

使用不同乳化剂和不同的配合比例及乳化方法，决定了制备乳剂的性状和稳定性。疫苗生产中主要有两种基本方法。

对免疫实验动物用的佐剂，可以自行配制备用。其配方按容量计为：矿物油（白油）75%～85%，乳化剂 15%～25%，混合后经除菌过滤而成为弗氏不完全佐剂（FIA）；如向其中加入 0.5mg/mL 死结核杆菌即为弗氏完全佐剂（FCA）。使用时，将含抗原的水相，与上述任一佐剂等量混合，用力振摇即可成为均匀的乳剂。也可用 9 份油和 1 份司本-80 混合后加 2%吐温-80 和 1%～2%硬脂酸铝，经高压灭菌后备用，注射前将配好的油佐剂与抗原水相 1∶1 混合，强力振摇，可配制成性状良好的乳剂疫苗。

大量生产乳剂疫苗时，可将 94%白油与 6%司本-80 混合后加 1%～2%硬脂酸铝，灭菌后即为油相；将抗原液加 2%～4%吐温-80 为水相。乳化时，按容量计算，将油相与水相按（3～2）∶1 比例配制，先缓速混合，再通过乳化泵或胶体磨充分乳化，可获得稳定的油包水乳剂苗。但这种配方制的乳剂苗一般较黏稠，必须充分掌握混入抗原时的速度，在慢速搅拌油相的同时，缓慢倾入水相混合，然后再高速通过胶体磨或乳化泵充分乳化，否则易于分层。或者将黏稠的 W/O 乳剂疫苗，再加 2%吐温-80 生理盐水，通过搅拌或胶体磨乳化，可制成双相乳剂疫苗（水-油-水乳剂或称多型乳剂）。双相油乳剂疫苗的优点是：黏稠度低、在注射部位易分散、局部反应轻微及佐剂效应良好等。

5. 油乳剂检验

油乳剂检验项目包括乳剂类型检查、黏度测定、稳定性测定等。

1）乳剂类型检查

为乳白色水剂。取一清洁吸管，吸取少量疫苗滴于冷水中，呈油滴状不扩散为油包水型。双相苗为水包油包水型，滴于冷水中呈云雾状扩散。

2）黏度测定

用旋转式黏度计测定，矿物油佐剂疫苗的黏度应不超过 200cP。

3）乳剂稳定性测定

（1）加速老化法。疫苗于 37℃贮存 10～30d 不破乳。

（2）离心加速分层法。在一个长度为 8～10cm 的离心管中装入 10mL 的油乳剂，3000r/min 离心 15min 不分层，相当于保存 1 年以上不破乳。

由于矿物油佐剂在组织中不能代谢而长期存在，造成局部组织损伤，从而限制了部分油佐剂的使用。近年来，一些学者用精制花生油与化学纯试剂研制成功了佐剂-65。实验证明，这种佐剂注射后 2 个月，几乎全部被代谢，从而可以减少过度刺激，排除了因长期贮留可能产生的有害作用，而产生的抗体水平与矿物油佐剂相似。但花生油不能含有脂酶和酯酶，否则花生油会降解释放出脂肪酸。从而引起注射部位的严重反应，导致形成硬结或脓肿。此外，还必须精制以除去花生蛋白，更不能含有黄曲霉毒素。甘油和卵磷脂是机体的正常代谢物质，应用甘油和卵磷脂佐剂比佐剂-65 更易于乳化，安全有效，对组织无反应性。

（三）蜂胶佐剂

1. 蜂胶的理化特性与质量标准

蜂胶是蜜蜂采自柳树、杨树、栗树和其他植物幼芽分泌的树脂，并混入蜜蜂上颚腺分泌物，以及蜂蜡、花粉及其他一些有机与无机物的一种天然物质，含有多种黄酮类、酸类、醇类、酚类、脂类、烯烃和萜类等化合物及多种氨基酸、酶、多糖、脂肪酸、维生素及化学元素，是一种优良的天然药物。

由于蜂种不同、产地不同，蜂胶的质量和成分有较大差异。供免疫佐剂用的蜂胶外观应具备其固有的特征。蜂胶应为固体状黏性物，呈褐色或深褐色或灰褐带青绿色，具有芳香气味，味苦。20～40℃时有黏滞性，低于 15℃变硬变脆，可以粉碎，60～70℃熔化。相对密度 1.112～1.136。用作免疫佐剂的蜂胶乙醇浸出液的含量不应低于 50%，呈透明的栗色溶液。其纯度测定方法为：取蜂胶粉末 2.5g，放入烧杯中，加入 25mL 乙醇搅拌均匀，冷浸 24h，用已称量的滤纸过滤，再用少量乙醇将不溶物洗两

次，溶物与滤纸于45℃干燥后称重，计算出蜂胶乙醇浸出物的百分含量。

2. 蜂胶的佐剂作用

蜂胶具有抗菌、抗病毒、抗肿瘤、消炎、增强机体免疫功能和促进组织再生等作用，同时具有广泛的生物活性和药理作用。作为免疫佐剂，蜂胶具有良好的免疫增强作用。它能保持抗原特性，增强巨噬细胞的吞噬能力，促进抗体的产生，提高机体的特异性和非特异性免疫力。

3. 蜂胶佐剂疫苗制备方法

1）蜂胶的处理

用市售蜂胶，放4℃以下低温贮存，用前在4～8℃下粉碎，过筛，按1∶4加入95%乙醇，室温浸泡24～48h，冷却，过滤或离心取上清，即得透明栗色纯净蜂胶浸液。除去干渣计算出浸液中蜂胶含量，浸液置4℃以下保存备用。

2）蜂胶佐剂疫苗的制备（以禽霍乱蜂胶疫苗为例）

将纯净培养的禽多杀性巴氏杆菌液，经甲醛灭活后，加入蜂胶乙醇浸液，使每毫升菌液中含蜂胶10mg，边加边摇荡，迅即成为乳浊状，即为蜂胶佐剂疫苗。

四、新型免疫佐剂

除上述的常规佐剂外，细胞因子类佐剂、CpGDNA、基因工程减毒素、免疫刺激复合物佐剂、脂质体佐剂及MF59佐剂等是目前研究的热点，其中有些也已经开始用于生产实际，属于新型免疫佐剂。

（一）细胞因子类

细胞因子是机体的各种细胞在其生命周期中所释放的具有不同生物学效应的物质，是免疫细胞间相互作用的调节信号。该类物质相互诱生，相互影响，构成一个巨大的细胞因子网络系统，各种细胞借助自己所释放的细胞因子完成各自的功能，在免疫应答中发挥作用。

细胞因子根据生物活性分两类：一类为经典的细胞因子，包括淋巴毒素（LT）、肿瘤坏死因子（TNF）和干扰素（IFN）；二类为对体液免疫和细胞免疫具有调节作用的因子，其代表为白细胞介素（IL）和集落刺激因子（CSF）即由软琼脂集落形成法鉴定、纯化的一些能调节造血母细胞生长和分化的因子，可以促进和抑制免疫应答。

细胞因子的作用特点表现为多效性、靶细胞的多样性、多源性、高效性、快速反应性。细胞因子可作为免疫佐剂，提高疫苗的免疫效果；作为免疫治疗剂，预防和治疗某些病原感染；通过基因重组，构建新型基因工程疫苗。

1. 白细胞介素

最初是由白细胞产生又在白细胞间发挥作用，所以由此得名。现在得到承认的成员已达15个，它在免疫细胞的成熟、活化、增殖和免疫调节等一系列过程中均发挥重要作用，此外它们还参与机体的多种生理及病理反应。在抗恶性肿瘤、免疫缺陷病和自身免疫性疾病的治疗和诊断方面有潜在的重要意义。

2. γ-干扰素（IFN-γ）

机体的大多数细胞都能产生干扰素，其作用是让细胞之间相互传信号。当一个细胞从其他细胞处探测到干扰素时，就会制造蛋白质，帮助预防细胞内病毒的复制。其具有抗病毒、抑制细胞增殖、调节免疫及抗肿瘤作用。其免疫调节作用在小剂量时对细胞免疫和体液免疫都有增强作用，大剂量时则产生抵制作用。当 IFN-γ 与抗原在同一位置同时使用时，佐剂效果最好。目前 IFN-γ 与抗原杂合的融合分子的研究是个热点，人们期待找到一个合适方式，使其成为一个有效的佐剂。

目前，我国已开发研制成功猪白细胞干扰素。该制品系用鸡新城疫病毒诱导健康猪白细胞，经培养灭活病毒、除菌、分装等工艺制成。用于防治猪流行性腹泻。

（二）CpG DNA

含有非甲基化（胞嘧啶鸟嘌呤二核苷酸）基序的脱氧核糖核酸 DNA。是具有较强免疫活性的以非甲基化的 CpG 为基元构成的回文序列，也称为免疫刺激序列。它能在动物体内诱生强烈的免疫反应，包括激活 NK 细胞和巨噬细胞，刺激 B 淋巴细胞增殖、分化及产生免疫球蛋白，诱导抗体诱生的细胞凋亡。

（三）基因工程减毒素

人们发现细胞壁成分或毒素不但能刺激机体产生免疫应答，而且在和机体一起使用时，具有明显的佐剂效应。由于这些成分为细菌细胞壁成分或毒素，因而具有较强的毒性。这类毒素通过现代基因工程技术脱毒后，可以起到良好免疫佐剂的功效。例如经基因突变体外表达的霍乱毒素和破伤风类毒素。

（四）免疫刺激复合物

抗原物质和皂树皮提取的一种糖苷 QuilA，与胆固醇按 1∶1∶1 混合后形成的一种较高免疫活性的脂质小泡。诱导 T 细胞分化，诱导干扰素分泌，可在免疫后迅速激活机体的细胞免疫应答和体液免疫应答，可通过黏膜给药。临床试验表明，ISCOM 的流感疫苗能引起较快、较高的抗体和 T 细胞免疫反应。

（五）脂质体佐剂

磷脂溶于液相介质制成。人工合成的脂质小囊，免疫原可镶嵌在膜表面，也可成为脂溶性和兼性分子完全包裹在膜内部。吞噬细胞吞噬脂质体破坏其膜结构，释放抗原形成免疫复合物。其优点：在宿主体内可生物降解，本身无毒，另外，由于其抗原性极低，不会引起宿主发生变态反应和自身免疫病。问题：有部分轻微的不良反应，对宿主磷脂酶敏感，不稳定，合成包裹免疫原相对困难，生产成本高。目前，多种疫苗将质脂体作为佐剂。流感疫苗、甲肝和疟疾疫苗已应用于临床。它是制备亚单位疫

苗的理想载体和佐剂。

（六）MF59 佐剂

MF59 佐剂由可降解的鲨烯油和两种表面活性剂及山梨聚糖苷二油酸酯构成的水包油型佐剂，它可以刺激动物产生对亚单位抗原的体液和细胞免疫应答，在持续的水相中通过表面稳定剂稳定。其复合油佐剂效力高于弗氏佐剂，产生抗体与弱毒疫苗一样早。应用于多种亚单位疫苗，如流感、乙肝、丙肝及 HIV。放射标记研究提示，MF59 可能不是通过储库形成起作用，乳剂本身具佐剂活性。试验表明，MF59 可增强体液免疫和细胞免疫，同样量的抗原用 MF59 比用铝佐剂产生的抗原高 30～40 倍，并且在模型和临床试验中证明没有明显的毒副作用，安全可靠。这些都为 MF59 的市场发展提供了很好的基础。

技能训练　甲醛含量的测定

【目的要求】

掌握甲醛含量的测定方法。

【材料与试剂】

（1）主要器材：分析天平、紫外分光光度计、恒温水浴锅、容量瓶、吸管、试管、温度计等。

（2）试剂：甲醛、吐温-80、乙醇、醋酸-醋酸铵缓冲液、乙酰丙酮。

【操作步骤】

1. 对照品溶液的制备

取已标定的甲醛溶液适量，配成每 1mL 含甲醛 1.0mg 的溶液，精密量取 5.0mL 于 50mL 量瓶中，加 20%吐温-80 乙醇溶液 10mL，再加水至刻度，摇匀，即得。

2. 供试品溶液的制备

用 5.0mL 刻度吸管量取本品 5mL，置 50mL 量瓶中，用 20%吐温-80 乙醇溶液 10mL，分次洗涤吸管，洗液并入 50mL 量瓶中，摇匀，加水稀释至刻度，强烈振摇，静止分层，下层液如不澄清，过滤，弃去初滤液，取澄清续滤液，即得。

3. 检验法

精密吸取对照品溶液和供试品溶液各 0.5mL，分别加醋酸-醋酸铵缓冲液 10.0mL，乙酰丙酮试液 10.0mL，置 60℃恒温水浴 15min，冷水冷却 5min，放置 20min 后，在 410nm 的波长处测定吸收度，计算，即得。

$$\text{甲醛溶液（40\%）含量\%（g/mL）}=0.25\times\frac{\text{供试品溶液的吸收度}}{\text{对照品溶液的吸收度}}\%$$

复习思考题

(1) 名词解释：灭活、灭活剂、保护剂、免疫佐剂

(2) 常用灭活剂的种类及其灭活作用是什么？

(3) 影响灭活剂灭活作用的因素有哪些？

(4) 保护剂的种类有哪些？影响保护剂作用的因素有哪些？

(5) 保护剂的组成及其作用机理是什么？

(6) 举出3～4种常用的兽医生物制品保护剂。

(7) 免疫佐剂有哪些种类？佐剂作用及其特点、作用机理是什么？

(8) 常规免疫佐剂有哪几种？分别说明其特点和应用现状。

(9) 简述新型免疫佐剂的含义、种类及作用特点。

项目三 兽医生物制品的菌（毒）种

【学习目标】

（1）掌握菌（毒）种的分类、筛选的原则和标准。

（2）掌握菌（毒）种的选育过程。

（3）了解菌（毒）种种子批的建立和鉴定。

【技能目标】

（1）能够对菌（毒）种进行毒力测定。

（2）能够对菌（毒）种进行免疫原性的测定。

兽医生物制品种类很多，它们多是由菌种和毒种发展而来。菌（毒）是生物制品生产、检验与研究必不可少的物质基础，生产用菌（毒）种的抗原结构、免疫原性、毒力、毒性等都直接或间接地影响疫苗的质量，因此筛选优良的菌（毒）种是生物制品质量的直接保证。

任务一 兽医生物制品菌（毒）种的选育

一、菌（毒）种的分类及使用范围

由于生物制品用途的不同，所选择的菌（毒）种也是不相同的。自然界存在着多种多样的微生物，而且还在不断出现新的菌（毒）株。根据菌（毒）种的毒力可以分为强毒菌（毒）种和弱毒菌（毒）种。强毒菌（毒）种具有致病力强、抗原性好的特点，用于制造抗血清、诊断制品、灭活疫苗或疫苗的效力检测。弱毒菌毒种的致病力弱或仅有感染性而无病害性，免疫原性高，用于制造弱毒活菌苗或活疫苗、部分诊断制品和抗血清。

二、兽医生物制品菌（毒）种的筛选原则和选育标准

（一）兽医生物制品菌（毒）种筛选的基本原则

根据所生产制品的用途、使用范围、使用方式、生产过程和条件等因素从细菌和

病毒的安全性、免疫原性、遗传稳定性及生产实用性等方面进行评价和筛选。

1. 安全性

兽医生物制品是用于预防、治疗和诊断动物疾病的有效工具，应以保证动物的健康为目的。大量的疫苗是用于大面积健康动物疾病预防，因此它的安全性就更应受到重视。灭活疫苗生产使用的菌（毒）种一般毒力较强，对动物有致病性，在生产过程中必须彻底灭活，并加强疫苗的安全试验。弱毒疫苗通常选用对易感动物无致病力的弱毒菌（毒）种，这类菌（毒）种仍具有必要的残余毒力。如残余毒力过高，一般免疫原性虽好，但临床接种动物反应较大；如残余毒力偏低，其临床反应虽轻，但免疫原性差，疫苗免疫效果不好。要使弱毒疫苗接种反应轻而且免疫原性好，则必须选择减毒适宜的菌（毒）种。

2. 免疫原性

用于生物制品生产的菌（毒）种应具有良好的免疫原性，当用它生产的疫苗免疫动物后能促使机体产生高滴度的保护性抗体或激发必要的细胞介导免疫，且有良好的免疫持久性。

3. 遗传学稳定性

生产用的菌（毒）种如为无毒或弱毒株就更应注意其遗传稳定性。在选种时要特别注意选择那些变异后在遗传学上稳定的菌（毒）种，以防止在传代或疫苗生产中发生毒力返祖，此外应尽可能选择那些具备独特的、稳定的生物学或代谢特征的菌（毒）种，以便与攻毒的同型菌（毒）株或自然感染的同型菌（毒）株相区别。

4. 生产实用性

生产用的菌（毒）种应易于培养和生产，如生产仔猪大肠杆菌基因工程疫苗时，所用生产菌种不仅应含 K88、K99、987p、F41 等伞毛黏附素等具有强烈抗原性的有效组分，且这些有效组分应易于分离和纯化，无效组分易于除去，尽可能使生产工艺和流程简单化。

（二）兽医生物制品菌（毒）种标准

1. 生物学特性明显、历史清楚

菌（毒）种的形态、培养特性、生化特性及血清免疫学特性明显，易于鉴别和控制；菌（毒）种人工感染动物引起稳定一致的临床症状和病理变化特征。原始细菌或病毒株的来源地区、动物品种和流行资料应清楚；分离鉴定资料完整；传代、保藏和生物学特性检查方法明确。

2. 遗传学上相对纯一与稳定

菌（毒）种是一相对群体，在传代增殖过程中受不同因素的作用后会发生遗传性状的改变或分离。菌（毒）种遗传性状的改变主要表现在形态特征、毒力、反应原性、免疫

原性等方面，因此要求生物制品用菌（毒）种的这种改变或分离越小越好，差别越小，则纯一性和稳定性就越高。为提高或保持菌（毒）种的纯一性和稳定性，应经常进行挑选，纯化或克隆化，例如羊痘鸡胚化毒种在经过羊体传代 2～4 代复壮后方能用于制造疫苗。

3. 反应原性与免疫原性优良

优良的反应原性与免疫原性是生物制品菌（毒）种标准的重要指标。免疫原性高，用它生产的疫苗免疫动物后能促使机体产生高滴度的保护性抗体或激发必要的细胞介导免疫；反应原性高，微量抗原物质也能使免疫动物产生完善的免疫应答，从而获得坚强的免疫力。通常也可通过浓缩、提纯或导入佐剂等方法提高制品的免疫效果。

4. 毒力应在规定范围以内

用于制造弱毒疫苗的菌（毒）种，在保持良好免疫原性的前提下，其毒力尽可能弱些；用于制造灭活疫苗、抗血清和疫苗效力检验的菌（毒）种应为强毒力菌（毒）种，抗原性要尽量高。强毒力细菌的毒性物质一般为细菌毒素，在未处理前的毒力极强对动物不安全，所以必需对其致病力进行测定。如果用于制造灭活苗，在生产过程中必须注意彻底灭活，并加强疫苗的安全检验。

弱毒种株的免疫原性与毒力在一般情况下是平行的，强毒株细菌的抗原物质与内毒素通常是在一起的，因此毒性物质除去过多，就会降低其抗原性，总之，无论细菌或病毒的菌（毒）种能使其抗原性与免疫原性平衡在最佳的安全性和免疫性的水平上，这是我们的目的，也是选育和评定菌（毒）种的重要标准。

三、强毒菌（毒）种的选育

强毒菌（毒）种的选育过程，如图 3.1 所示。

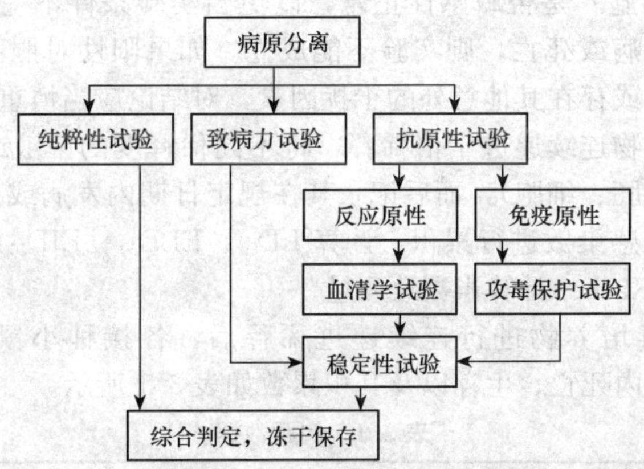

图 3.1　强毒菌（毒）种选育过程

（一）病原的分离

强毒菌（毒）种常自疫疾病流行地区的典型患病动物体内分离。在疫疾病流行初中期，从临床症状和病理变化典型而又未经任何治疗的患病动物可分离到毒力强和抗原性良好的自然菌（毒）种，如我国的石门系猪瘟病毒和多杀性巴氏杆菌C44-1等。然后，用从各地分离的自然强菌（毒）株中筛选出符合标准的菌（毒）株，供生物制品制造与检验。在理论上和实践中，以人工方法可以将致病性强的微生物转变成致病力弱的微生物，在非易感动物体内传代是其方法之一，使用基因工程技术也可以达到这个目的。

（二）纯粹性检测

当从患病动物分离到病原后，首先须进行纯粹性检测，证明分离物确实不杂有其他微生物，而后进行致病性测定，再测定其抗原性。

（三）致病力测定

致病力测定即毒力测定。在选择致病力强的菌（毒）种时，如果这种病原可以感染实验动物，则应首先在实验动物体上检测其致病力及对抗原性进行初选。例如选择多杀性巴氏杆菌时用家兔，选择猪丹毒菌时用小鼠或鸽子，选择新城疫时用鸡胚，有的病毒可用细胞培养。初选入选者再用原宿主动物进行测试。在测定病原的致病力时，在细菌，经常以能致死一半实验动物所需的菌数表示其致病力，即LD_{50}（半数致死量）。但致病力十分强大的细菌往往少数几个即可致死动物，则只用MLD（最小致死量）来表示其致病力。在病毒，则是能使一半被接种动物或鸡胚死亡或致病，或者使一半被接种的细胞发生细胞病变的剂量来表示，即LD_{50}（半数致死量）、ELD_{50}（鸡胚半数致死量）、ID_{50}（半数感染量）、EID_{50}（鸡胚半数感染量）或$TCID_{50}$（组织细胞半数感染量）来表示。测定时应当同时接种无菌培养基或无菌生理盐水，或无感染的正常鸡胚组织液或正常细胞培养物的阴性对照动物、鸡胚或细胞。同时还应设有接种已知致病力同种微生物的阳性对照动物。设立阴性对照动物的目的是要证明所用的动物是否健康，饲养管理是否正常，有无其他疾病发生等。设立阳性对照的目的是要证明接种动物（鸡胚、细胞）是否敏感性正常，以免因实验条件不完善而得出错误结论。如果阴性对照动物发病或死亡，则实验不能成立。如果阳性对照不病不死，说明所用的实验动物不适宜，或存在其他意外的干扰因素，对结论应当慎重。

在测定时将培养物连续递进十倍稀释，将不同稀释度的菌液或病毒液定量地接种一定数量的动物（鸡胚、细胞），而后记录其在规定日期内发病或死亡（或出现细胞病变）数，对生存数和感染数进行累积，计算LD_{50}、ELD_{50}、EID_{50}或$TCID_{50}$。按Reed-Muench、内插法或Karber计算半数致死量。

例如，以某病毒培养物进行连续递进稀释后，各接种小鼠5只，每只接种量0.1mL，在规定日期内死亡、生存以及其积累数如表3.1所示。

表3.1 例题数据

稀释度	实际结果/只		积累数/只			死亡率/%
	生存数	死亡数	生存	死亡	总数	
10^{-7}	0	5	0↓	11	11	100
10^{-8}	1	4	1	6	7	86
10^{-9}	3	2	4	2	6	33
10^{-10}	5	0	9	0↑	9	0

上例累积数中的低稀释度的死亡数是将高稀释度的实际死亡数叠加而成，如 10^{-7} 组的死亡累积数 0＋2＋4＋5＝11。而高稀释度的积累生存数是将低稀释度的生存数叠加而成，例 10^{-10} 组的积累生存数＝0＋1＋3＋5＝9。

先计算距比而后计算 LD_{50} 的对数，即可求出 LD_{50} 量。

$$\text{距比}=\frac{\text{高于 }50\%\text{死亡百分率}-50\%}{\text{高于 }50\%\text{死亡百分率}-\text{低于 }50\%\text{死亡百分率}}=\frac{86\%-50\%}{86\%-33\%}=0.68$$

$$\begin{aligned}\text{Log } LD_{50} &= \text{死亡率高于 }50\%\text{的稀释度对数}+\text{距比}\times\text{（稀释系数的对数）}\\ &=(-8)+0.68\times(-1)=-8.68\end{aligned}$$

即每 0.1mL 中含有 $10^{8.68}$ 个 LD_{50}，或每 1mL 中含有 $10^{9.68}$ 个 LD_{50}/mL。表示该病毒稀释至 $10^{-8.68}$ 时，每只小鼠换种 0.1mL，可使 50％小鼠致死。

微生物的致病力越强大，其半数致死量就越小。初选入选的微生物如果是用于制造灭活疫苗或抗血清，则应按设计制成疫苗，接种对照动物。比较疫苗免疫组与对照动物的发病或死亡情况，判定入选的微生物抗原性优劣。

如果入选的微生物是用于检测抗原（疫苗）的效力，则需测定其对宿主动物的致死量，合乎要求方可使用。

（四）抗原性测定

菌（毒）种的抗原性包括与抗体结合发生特异性反应的反应原性和刺激机体产生抗体及致敏淋巴细胞的免疫原性。反应原性多采用血清学方法测定，以抗体滴度或效价表示；免疫原性，多采用对免疫动物用一定量原强毒菌（毒）株的菌（毒）液攻击，以测定其保护率表示。在动物生物疫苗中，攻击接种所用剂量的大小因病原种属不同而异，至少都是致死剂量的，使得未免疫的对照动物全部死亡。根据疫苗组动物得到保护的数目多少，判定入选微生物保护性能的优劣，无论致病力测定或抗原性测定，均应设阴阳性对照，否则无效。疫苗组得到的保护越多说明抗原性越强，一般重复几次可作出结论。

（五）稳定性测定

对适应于培养基、鸡胚或易感细胞上增殖培养和传代的菌（毒）株的毒力（致病力）和抗原性还要进行稳定性测定，以证明其后代特性不变才有使用价值，并参与筛选择优。

（六）综合判定，冻干保存

根据致病力、抗原性和稳定性测定结果，筛选出毒力强、抗原性好、性状稳定的菌（毒）株，经增殖后进行冻干保存。冻干后的菌种于4℃保存，冻干的毒种保存于－20℃以下，可保存多年。通常经鉴定的菌（毒）种批，按需分装后冻干保存，可保存使用多年。已入选菌（毒）种不应再通过动物传代，以免混入动物内源性病毒或细菌。如果经过动物传代，对分离物必须如同对待新的菌种病毒种一样进行一整套的检测鉴定，证明可用后才保存备用。

四、传统方法培育弱毒菌（毒）种

传统方法培育弱毒菌（毒）是从自然界筛选，或以人工改变野生型强毒株的遗传特性进行培育获得。无论自然弱毒株或人工培育弱毒株，均是由DNA上核苷酸碱基的改变，而导致遗传性状突变及毒力降低的结果。如图3.2所示为弱毒菌（毒）种选育过程。

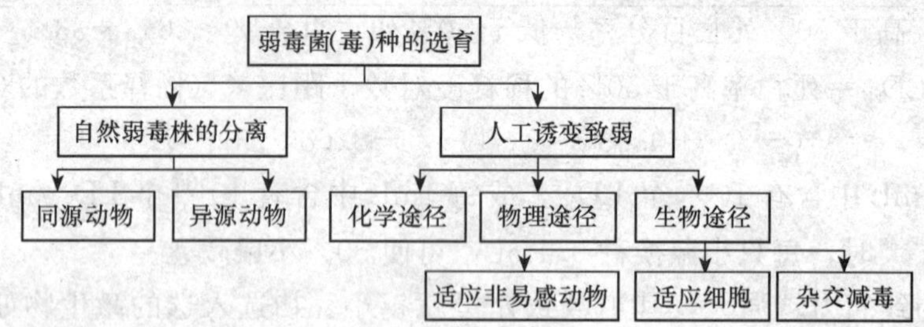

图3.2 弱毒菌（毒）种选育过程

（一）自然弱毒株的选育

由自然强毒株在自然因素下因遗传基因的突变形成了与祖代性状（特别是致病力和抗原性）不相同的生物株。这些自然因素，如异种非易感动物、温度、日光、干燥、紫外线等都可能导致细菌和病毒自发突变，因此，人们往往有意或无意地从自然界中分离、筛选和育成一些弱毒菌（毒）株，作为兽医生物制品的种毒。例如，鸡新城LaSota弱毒株和D10毒株是从自然鸡群和鸭群中分离到的，然后再通过克隆、挑选等途径育成。

选择与病原有一定血缘关系，在分类上同属不同种，但具有一定的交叉免疫原性，而天然宿主又不相同的微生物株系作为疫苗株。在这方面获得成功的有：鸡马立克氏病火鸡疱疹病毒FC126株即分离于火鸡，对鸡无致病性，其抗原性与鸡马立克氏病病毒一致。山羊痘细胞致弱株用来预防绵羊的羊接触传染性脓疮炎等。然而，微生物自发突变率往往很低，形成具有稳定遗传性状的过程比较长，因此获得的概率不高。一般1个细菌在一次分裂时，每个核苷酸对发生突变的机会为10^{-8}，每个基因突变率为10^{-5}，应用诱变剂处理后，这个百分比可以提高，甚至可以达成1%的突变率，这样就大大提高了选择的机会。

（二）经典方法诱发突变弱毒株的选育

某些化学药物可以引起微生物DNA上核苷酸碱基发生改变，从而使该微生物遗传性状产生变化，这类物质为诱变剂。某些物理因素也可以引起微生物突变，使其代谢类型发生变化，从而获得遗传性状不同于祖代的突变，也能育成弱毒株。此外，也可通过细胞或禽胚等传代发生突变而育成弱毒株。这些途径既可单独使用，也可交叉联合使用。

1. 通过化学途径选育

微生物在体外培养传代过程中，经诱变剂处理，可极大地提高其基因突变率，从而获得弱毒（菌）株。亚硝基胍是一种烷化剂，具有强大的刺激作用，微量即引起微生物

突变，诱变率达1%，主要干扰DNA复制。例如，通过亚硝酸基胍处理支原体育成了鸡支原体疫苗株和肺炎支原体突变株；猪副伤寒沙门氏菌强毒株则在含有1/1000～1/500醋酸铊的肉汤培养基中培养传代500次育成弱毒株，用于制造疫苗。猪肺疫弱毒株EO630是强毒株在含洗衣粉的培养基上传630代育成的。

2. 通过物理途径选育

热和干燥这两种物理因素都可以剥夺DNA中的胸腺嘧啶从而引起突变，导致遗传性状的改变。如巴斯德在1881年用炭疽强毒菌株在42.5℃高温下长期传代培养，导致了其遗传性状改变，从而育成了炭疽弱毒株作为制造用菌种。1885年，巴斯德又将含有狂犬病毒的脑脊髓置于干燥条件中处理，制成弱毒疫苗。阳光和紫外线可以使DNA上两个相邻的嘧啶间形成化学键成为二聚体。日本乙型脑炎病毒强毒株则经紫外线照射后引起突变，从而出现遗传性状分离，再进行蚀斑挑选，育成了弱毒株，用于制造疫苗。

3. 通过生物途径选育

通过生物途径育成的弱毒株，其生物稳定性极佳，但育成过程比较长。迄今，大部分活疫苗的菌（毒）种是由该途径选育成功的。

1）适应非易感染动物（非自然宿主）

通常用兔、地鼠、小鼠、豚鼠、鸡和鹌鹑等实验动物进行。其优点是动物来源广、饲养管理方便、成本低及操作简便。多采取大剂量腹腔、静脉或脑内接种。如我国的猪瘟兔化弱毒株，是将猪瘟病毒强毒株通过兔体传400余代后育成的；将口蹄疫A型及O型强毒通过乳鼠皮下或肌肉接种传代，取其肌肉含毒组织再适应于鸡胚，育成口蹄疫弱毒株；鸭瘟鸡胚弱毒株则是将强毒株通过鸭胚传9代和鸡胚23代后培育而成。

2）适应细胞

将哺乳动物病毒接种于鸡胚是毒力致弱的常用方法，将病毒在不适应的细胞中培养也可致弱病毒毒力。通常多采用同源或异源动物组织的原代细胞，可采用一种细胞，也可用2种或2种以上的细胞。日本育成的猪瘟GPE弱毒株是将猪瘟ALD强毒株通过猪睾丸细胞142代和牛睾丸细胞36代后，再在豚鼠肾细胞传至41代后育成的。我国的马传染性贫血驴白细胞弱毒株，是将马传贫强毒株通过驴白细胞传代育成的。

3）杂交减毒

将两种遗传性状不同的菌（毒）株，在传代培育中进行自然杂交，以导致不同菌（毒）株间基因发生交换而育成有使用价值的弱毒株。如流行性感冒弱毒株的育成，是将温度敏感弱毒株（抗原较低）与流行强毒株进行混合培养传代，使两者毒力基因发生交换，选择后代毒力低和抗原性强的毒株，用于制造弱毒疫苗。

由于微生物变异的方向难以预测，所以只能在培育过程中对各个表现遗传性状的群体按照需要进行选择，以求筛选出目的变异株。这种选择首先从外表观察和检查开始，然后再作系统的检测筛选。初选依据包括：细菌菌落特征的变异；病毒蚀斑的变异；对温度敏感性变异；对药物敏感性变异；对营养要求变异，如对氨基酸的特殊需要；对动物易感性变异等。我国经过长期研究，育成了一些弱毒株作为疫苗种毒生产疫苗，在控制和消灭动物疫病中发挥了重要作用。

五、基因工程疫苗株的构建

选择自然弱毒疫苗株，使用异种菌种、病毒种作为疫苗株，以及通过培养基、细胞培养和实验动物体内传代培养弱毒疫苗株的方法，在防治人和动物的传染病的历史上，取得了巨大成功。但这种方法有其自身难以克服的弱点，并不是每一种传染病原在自然界都存在有自然弱毒株，如牛瘟病毒、炭疽芽孢杆菌等。使用异种菌种病原作为疫苗株，也只有一些有限的例子，在非自然宿主体内或体外培养基中连续传代，虽然已培育了许多良好的用于制造疫苗的菌种和病毒种，但这种办法一是费时费力工程浩大，如猪支原体肺炎弱毒疫苗株的培养用了将近30年的时间；二是盲目性很大，成功与否常是随机的。上述猪支原体肺炎弱毒疫苗株虽然花费了时间、人力、物力，但终究还是培育成功了，不过更常见的是培育出来的菌株和病毒株或者是毒力过强，或者是免疫原性过低而不能用作疫苗株。此外这种传代致弱的菌株，只是对病原某种原有的特定致病性进行某种程度的修饰，不能使培育出来的致弱株获得原来并不存在的某些性状，而且这种弱毒株，即使经过多次纯化，一般仍含有各种各样的突变体。这些突变体有些具有良好的免疫原作用，有些并不具有免疫原作用。随着分子生物学的发展，基因克隆技术已经可以按照人们的需要改变微生物的基因组构成，使其出现满足要求的变化。以基因克隆技术构建的动物活疫苗弱毒株，从构建方法上大体分为两种，即缺失突变株和重组载体疫苗株。

（一）构建活疫苗弱毒株的基因工程技术

1. 基因缺失

将与病原的致病性有关的某个或某些基因切去或使其失活后，则有可能构建成具有免疫原性的无致病性或致病性弱的疫苗株。缺失基因的方法比较多，常用的主要是缺失诱变、合成寡核苷酸定点诱变和应用转座因子3种。这种缺失疫苗株既保留有免疫性，又几乎不可能出现致病性回复的现象。

2. 基因克隆

将一个外来的目的基因克隆到一种载体（质粒）上，再将这个重组DNA载体经过转化、转染或转导引入受体，使含有目的基因的载体在受体宿主体内表达出来即达到了基因克隆的目的。如果这个外来的基因是一种病原体的保护性抗原基因，受体是一种无毒或弱毒细菌或病毒，经过培养大量繁殖后接种动物，能刺激动物产生所期望的免疫应答，这种受体即可作为活载体疫苗株。

（二）基因克隆技术构建的基因缺失疫苗株

这种方法是利用基因缺失技术将病原中与致病性有关物质的编码基因缺失或使之失活，使病原致病性减退而仍保持有保护性免疫原性的疫苗株，或者将编码病原体中保护性抗原的基因插到无致病性或致病性微弱的细菌或病毒的基因组内，使插入的外

源基因能随着这种细菌或病毒（病毒感染细胞）基因组的复制而一同复制得到的疫苗株。如 Hyatt 等（1994）构建的缺失 tlyA 猪痢疾密螺旋体克隆株。

（三）重组载体疫苗株

重组载体疫苗株是将编码病原体中保护性抗原的基因插到无致病性或致病性微弱的细菌或病毒的基因组内，被插入的外源基因能随着这种细菌或病毒（病毒感染细胞）的基因组的复制而一同复制，作为活疫苗接种免疫动物。如以腺病毒为载体主要有以人腺病毒-5 型作为载体表达狂犬病病毒 G 蛋白和表达水泡性口炎病毒糖蛋白基因。

（四）工程亚单位疫苗株

亚单位疫苗只含有一种或几种蛋白质，在体内不再增殖，但刺激引起的免疫力却极为专一。构建生产亚单位疫苗的疫苗株，基本上与构建载体活疫苗株的程序相似。如以杆状病毒作为载体在昆虫细胞中表达鸡贫血病病毒 VP1-VP2 基因生产亚单位疫苗，酵母穿梭质粒运载外源基因在酵母中表达法氏囊病病毒 VP2 基因生产亚单位疫苗，痘苗病毒为载体在动物细胞中表达生产牛疱疹病毒-1 糖蛋白 gⅥ作为亚单位疫苗等。

任务二　兽用生物制品菌（毒）种种子批的建立

一、菌（毒）种种子批的分类及保管

（一）菌（毒）种的分类

凡供生物疫苗制造与检验用的菌（毒、虫）种均实行种子批和分级管理制度。种子分三级：原始种子、基础种子和生产种子。原始种子具有一定数量、背景明确、组成均一、经系统鉴定免疫原性和繁殖特性良好、生物学特性和鉴别特征明确、纯净的病毒（细菌、虫）株，由中国兽医药品监察所或其委托的单位保管。基础种子由原始种子制备、处于规定代次水平、一定数量、组成均一、经系统鉴定符合有关规定的活病毒（菌体、虫）培养物，由中国兽医药品监察所或其委托的单位制备、检定、保管和供应。生产种子由基础种子制备、处于规定代次范围内、经鉴定符合有关规定的活病毒（菌体、虫）培养物，由生产企业自行制备、检定和保管。

（二）菌（毒）种的保藏及管理

1. 菌（毒）种的保藏管理机构

世界菌种保藏联合会为了掌握各国菌种的保藏机构情况，1970 年在澳大利亚昆士兰大学微生物系成立了情报中心（WDC），该中心于 20 世纪 80 年代初期转至日本理化研究所。世界上许多国家都设立了本国专门的菌种保藏机构，如美国的 ATCC、英国

的 NCTC、日本的 JFCC 进行微生物菌种、分类研究、供应标准菌种和国际间交流。

我国的菌种保藏管理在 1979 年才正式形成独立体系。根据菌种的不同类别，下设了 7 个菌种保藏管理中心：普通微生物菌种保藏管理中心（CCGMC）、农业微生物菌种保藏管理中心（ACCC）、工业微生物菌种保藏管理中心（CICC）、医学微生物菌种保藏管理中心（CMCC）、抗生素菌种保藏管理中心（CACC）、兽医微生物菌种保藏管理中心（CVCC）和林业微生物菌种保藏管理中心（CFCC）。

中国兽医微生物菌种保藏管理中心设在中国兽医药品监察所，专门从事兽医微生物菌（毒）种的收集、鉴定、保藏、管理、交流和供应等工作。其所保藏的菌种都编入正式分类目录，并建档备查。对菌种的来源、特性、用途等都有详细记录，汇集成《中国兽医菌种目录》，现已采用计算机管理。

2. 菌（毒）种的保管

用于制造和检验制品的细菌（病毒）原种（包括委托分管的），由中国兽医药品监察所统一编号立案。

各级菌（毒）种的保管必须有专人负责。各菌（毒）种应分别保存于规定的条件下。存放的容器，应加锁或加封，并备有详细的分类清单，严防错乱，避免丢失。各级菌（毒）种的保管应有严格的登记制度，建立总账及分类账，并有详细的菌（毒）种登记卡片和档案。

新收到的菌（毒）种应立即登记，注明收到日期、数量及收到时菌（毒）种的状况，记录名称、编号、历史、来源、特性、用途、批号、传代和冻干日期等。保管过程中，凡传代、冻干、分发均应及时登记，并及时核对库存量。

菌（毒）种的使用、移植继代以及其他工作，均应随时作详细记录。不再使用的菌种培养物及病毒材料应及时进行无害化处理；无保存价值的菌（毒）种，淘汰时须经本单位主管批准。基础种子的保存期，除另有说明外，均为冻干菌（毒）种的保存期限。

3. 菌（毒）种的收集、索取及交流

索取生产检验用菌（毒）种须有生产企业介绍信。供制造检验用菌（毒）种，有产品批准文号，可由生产企业直接向中国兽医药品监察所或分管单位领取并保管。未经批准生产牛瘟、口蹄疫、狂犬病、猪瘟、炭疽、马鼻疽、破伤风、C 型肉毒梭菌中毒症、布鲁氏菌病、结核病等疫苗的生产企业若需用强毒菌（毒）种，则须经农业部批准。

除中国兽医药品监察所和受委托的分管单位外，生产企业和其他任何单位不得分发或转发生产用菌（毒）种。寄发菌（毒）种时，应按照有关部门的要求办理，必须装入金属筒内密封，妥善包装，一般菌（毒）种可以航空邮寄，烈性传染病或人畜共患病的强毒菌（毒）种，必须派专职技术人员领取。分发的菌（毒）种，应附有负责人签名的颁发证书。

企业收到中国兽医药品监察所或分管单位发给的基础菌（毒）种后，应填写回执，注明收到日期、数量、有无破损等情况，并将此回执寄回。企业内部制备和领取的生产与检验用菌（毒）种应做好记录。

二、菌（毒）种种子批的建立和鉴定

（一）种子批的建立

1. 基础种子

由原始种子经适当方式传代扩增而来，增殖到一定数量后，将相同代次的所有培养物均匀混合成一批，定量分装（如安瓿），保存于液氮中或其他适宜条件下备用。按照规定项目和方法进行系统鉴定合格后，方可作为基础种子使用。基础种子批应达到足够的规模，以便能够保证相当长时间内的生产需要。

2. 基础种子代次的确定

通常情况下，将基础种子传代至规定最高代次以上第 3 代，取不同代次水平的培养物进行含量、免疫原性试验，考察其繁殖特性和免疫原性的稳定性。必要时，还须考察基础种子的遗传稳定性。

3. 生产种子批的建立

生产种子由基础种子经适当方式传代扩增而来，达到一定数量后，均匀混合，定量分装，保存于液氮或其他适宜条件下备用。根据特定生产种子批的检验标准逐项（一般应包括纯净性检验、特异性检验和含量测定等）进行检验，合格后方可用于生产。并须确定生产种子在特定保存条件下的保存期。生产种子批应达到一定规模，并含有足量活病毒（或细菌、虫），以确保能满足生产一批或一个亚批产品。

（二）基础种子的鉴定

1. 含量测定

应尽量采用通行方法，并应确保在全部试验过程中采用相同的测定指标（如半数感染量、半数致死量等）。

2. 安全或毒力试验

本试验主要考察基础种子对本动物的致病性，为制定相应标准提供依据，并为试验设施、生产设施、培养物灭活前或诊断试剂使用过程中应采取的安全措施等提供依据。参照《兽用生物制品实验室安全试验指导原则》设计、实施安全试验。

对于人工构建的基因工程菌（毒）株，应该按照《农业转基因生物安全管理条例》和《农业转基因生物安全评价管理办法》有关规定进行安全或稳定性试验。

3. 免疫抑制试验

有证据表明疫苗毒（如鸡传染性法氏囊病病毒）可能存在免疫抑制作用时，则应按照国际标准（或通行）方法进行本试验。

4. 毒力返强试验

参照《兽用生物制品菌毒种毒力返强试验指导原则》的要求设计、实施本试验。

5. 免疫原性（或最小免疫剂量）试验

活疫苗，用不同剂量的菌（毒、虫）种分别接种动物；灭活疫苗，用最高代次基础种子制备疫苗菌（毒）液，取不同含量的细菌（病毒）悬液，按成品生产工艺制备抗原含量不同的疫苗，或用固定含量的细菌（病毒）液制备疫苗后，取不同剂量的疫苗，分别接种不同组动物；在接种后的适宜时间进行攻毒或采用已经证明与免疫攻毒方法具有平行性关系的替代方法进行免疫效力检验，统计出使90%免疫动物获得保护的细菌（病毒）量就是最小免疫量。如果疫苗使用对象包括多种动物或多种日龄动物，则应针对各种靶动物进行免疫原性（最小免疫剂量）试验。

6. 纯净性检验

按照《中华人民共和国兽药典》中的有关方法进行检验，必要时须自行建立方法并加以验证。应无细菌、霉菌、外源病毒污染；应无杂菌污染；应无支原体污染。对于禽用疫苗毒种而言，除应按照《中华人民共和国兽药典》中的方法进行外源病毒检测外，还应采用适宜方法进行禽网状内皮组织增生症病毒和鸡传染性贫血因子等外源病毒检测。

7. 鉴别检验

应采用适宜方法（如荧光抗体试验、毒种的血清中和试验、菌种的试管凝集试验、菌种的玻片凝集试验或菌种的生长特性检验）鉴别疫苗株，并尽可能与相关毒株相区别。

血清学特性鉴定，应采用通行的分型方法。种特异性鉴定时，应用血清中和试验；若进行进一步的血清型或亚型鉴定时，则用型或亚型特异性单克隆抗体进行中和试验、免疫荧光试验或用其他已知具有型或亚型特异性的试验进行。

8. 稳定性试验

确定基础种子在特定保存条件下的保存期。

技能训练　仔猪副伤寒活疫苗菌种免疫原性测定

【目的要求】

掌握仔猪副伤寒活疫苗菌种免疫原性测定的方法。

【材料与试剂】

（1）菌种：仔猪副伤寒活疫苗、猪霍乱沙门氏菌C78-2强毒菌液。

（2）主要器材：无菌室、无菌操作工作台、干热箱、试管、吸管、注射器等。

（3）实验材料：1.5～2kg的家兔10只、12kg以上健康易感断奶仔猪10头、肉肝

胃消化汤、氢氧化铝胶生理盐水。

【操作步骤】

仔猪副伤寒活疫苗菌种免疫原性测定有下列两种方法，可任选其一：

（1）用体重1.5～2kg的家兔5只，各口服或肌肉注射活菌25亿CFU，30d后，连同条件相同的对照家兔5只，各皮下注射肉肝胃消化汤培养2代的猪霍乱沙门氏菌C78-2强毒菌液2～4MLD，观察30d，对照家兔应全部死亡，免疫兔至少保护4只。

（2）用体重12kg以上健康易感断奶仔猪5头，各口服或肌肉注射（注射时用20%氢氧化铝胶生理盐水稀释）活菌25亿个，30d后，连同条件相同的对照猪5头，各静脉注射致死量肉肝胃消化汤培养2代的猪霍乱沙门氏菌C78-2强毒菌液，观察30d。对照猪全部死亡，免疫猪至少保护3头；或对照猪死亡4头，免疫猪至少保护4头；或对照猪死亡3头，免疫猪应全部保护。

复习思考题

（1）菌（毒）种根据毒力的分类及其使用范围是什么？

（2）兽医生物制品菌（毒）种的筛选原则和选育标准是什么？

（3）概述生物制品强毒菌（毒）种的筛选程序和内容。

（4）概述生物制品弱毒菌（毒）种的选育程序和方法。

（5）菌（毒）种种子批如何进行分类和保管？

（6）概述菌（毒）种种子批的建立和鉴定。

项目四 细菌性疫苗生产技术

【学习目标】

（1）掌握细菌疫苗生产工艺流程。

（2）掌握细菌规模化培养方法。

【技能目标】

（1）能够对细菌疫苗进行活菌计数。

（2）会细菌性活疫苗和灭活疫苗的制备。

细菌生长需要一定的营养，由于不同细菌的生理机能差别很大，因而各自的营养要求也很不一致。培养不同类型的细菌，要配制成分不同的培养基。

任务一 培养基制备和应用

一、培养基含义与种类

培养基是根据细菌营养类型，按照一定培养目的而配制的细菌生长用基质。培养基种类按原料来源可分为天然培养基、合成培养基和半合成培养基。按物理性状可分为液体培养基、半固体培养基、固体培养基和脱水培养基。按性质和用途可分为基础培养基、营养（加富）培养基、鉴别培养基、选择培养基和特殊培养基。特殊培养基在生物制品范畴中又分为菌种用培养基、菌苗生产培养基、毒素生产培养基、检验用培养基等。

二、细菌的营养要求、生长代谢与培养基

（一）细菌的一般营养要求与基础培养基

一般细菌所需的营养物质基本相同。因此，可以配制一种基础培养基。目前，我国兽用生物制中细菌类疫苗的生产与检验以牛肉汤、猪胃消化液作为基础培养基配成

的马丁肉汤、缓冲马丁肉汤等进行发酵培养。制备基础培养基的牛肉，其质量受地区、宰杀季节、饲养方式和疫病情况及牛肉注水、保存等多种因素影响；同时，因猪采用复合饲料饲养，周期缩短造成猪胃膜变薄，胃消化酶减少，猪胃消化液质量下降，所制各培养基批次间离散度大，产品质量不稳定。另外，经GMP改造后的车间不适合于大量生产以牛肉汤、猪胃消化液制备的培养基，因此，研制和使用半合成培养基进行生物制品的生产成为了一种趋势。采用半合成培养基生产的疫苗，其下游工艺（浓缩、纯化）更适合于产业化，保护性抗原表达量提高了数十倍以上，疫苗安全有效，质量可控。

（二）细菌的特殊营养要求与营养培养基

某些细菌对营养要求较高，在基础培养基上很难生长，因而被称为难养细菌。它们需要某些特殊营养物质，诸如血液、血清、蛋黄、酵母浸粉和生长因子等。在一般培养基内加入上述某种物质即成营养培养基。例如生产猪丹毒和猪肺疫菌液的培养基中要加入少量的血清或裂解全血。

（三）细菌的分解代谢与鉴别培养基

根据细菌的不同分解能力，采用特定的作用底物，即可配制各种鉴别培养基。诸如大肠杆菌能分解培养基中的色氨酸生成靛基质。向培养基中加入显色剂对二甲基苯甲醛，使与靛基质结合成红色的玫瑰靛基质，即为靛基质试验阳性。此外，还有硫化氢生成试验、尿素分解试验、硝酸盐还原试验等鉴别培养基。如麦康凯培养基中即含有胆盐，可抑制大部分革兰氏阳性菌生长，含有乳糖和中性红指示剂能使发酵乳糖的细菌呈红色，用以鉴别大肠杆菌（菌落呈红色）。

（四）细菌的生长抑制与选择培养基

在培养基内加入某些化学物质以抑制不需要的细菌生长，利于需要的细菌分离，这种培养基称为选择培养基。例如在培养基内加入青霉素可抑制革兰氏阳性细菌，而不利于革兰氏阴性菌的生长。选择培养基与营养培养基、鉴别培养基的主要差别，在于后二者不含任何抑菌剂或杀菌剂。但可使选择培养基兼备营养培养基和鉴别培养基的优点，即在选择培养基内加入需要分离细菌的生长促进剂和能够区别该菌菌落的指示剂或化合物，使自混杂众多细菌样品中，准确、快速地将所需要的细菌分离出来。

三、培养基在兽医生物制品中的应用

无论是疫苗，还是毒素或免疫血清的制备，都要用培养基。因此，培养基被称为“生物制品的基础”。

（一）菌种用培养基

菌种用培养基，主要用作菌种的保藏，要求能使菌种长期保藏，并能保持菌种原有的各种特性，包括形态学、生物学、生化学、免疫学和血清学等特性。如适合保藏链球菌的半固体培养基，链球菌在这个培养基上生长旺盛，存活期可长达4个月之久。

（二）菌苗生产用培养基

20世纪50年代时，菌苗生产多沿用克氏瓶装的琼脂平板培养基。60年代以来，逐渐改用发酵罐装液体培养基。从而将菌苗生产由手工业生产方式，跃进为现代化大规模生产。

（三）毒素生产培养基

为了生产类毒素和抗血清，首先要制备毒素。生物制品中最常用的毒素生产培养基、破伤风梭菌产毒培养基等。产毒培养基多是液体的，适合细菌发酵罐进行培养。

（四）生物制品检验用培养基

1. 无菌检验用培养基

各类生物制品必须按规定作无菌检验或纯粹检验。制造疫苗用的各种原液、毒液和其他配苗用的组织乳剂、稳定剂及半成品也需作无菌检验或纯粹检验。全部操作应在无菌条件下进行。《中华人民共和国兽用生物制品规程》对无菌试验培养基做了明确规定：检查需氧和厌氧性杂菌应采用硫乙醇酸盐培养基（T. G）及酪胨琼脂（G. A）；检查霉菌和腐生菌应采用葡萄糖蛋白胨培养基（G. P）。

无菌检验培养基需有标准，除其pH和澄明度等理化指标有一定要求外，对细菌的生长灵敏度是一个重要的质量控制指标，所以无菌检验用培养基需进行灵敏度试验，合格后方可使用。

2. 支原体检验用培养基

检测由禽胚组织或其细胞制成的活疫苗的支原体用改良Frey's培养基，检测其他种类的病毒活疫苗用支原体培养基。

（五）培养基制造及检验

1. 培养基制造步骤

培养基的制造通常包括以下几个主要步骤：

（1）首先按照培养基处方，计算出各种原材料的用量。然后准确称取或量取各种原材料，按规定顺序溶于蒸馏水或去离子水中。

（2）调整培养基pH。

（3）培养基的过滤和分装。

（4）培养基的灭菌和保藏。

2. 培养基的原材料

要制备质量好的培养基，首先必须选择适合细菌生长繁殖的培养基原材料。主要基础原材料包括水、肉浸汁、蛋白胨、明胶、琼脂、酵母浸液及其他盐类等。水要用纯化水或蒸馏水，化学试剂原则上需用化学纯。

(1) 肉肝胃的选择肉浸汁和肉肝胃消化汤，是当前兽医生物制品生产中用量较大的基础培养基。制培养基用的牛肉，原则上应是新宰杀的健壮牛，由于用量较大往往也用冻结保存不变质的牛肉。新鲜的牛肉无异嗅味、无病变，表面和切面呈淡红色或红色，潮润、有弹性，pH 为 5.8～6.2，浸出液透明清朗，煮沸后有固有的芳香味。

制备肉浸汁，除选好的材料外，浸渍方法是很重要的。牛肉必须剔除脂肪、磨碎，在 10℃以下加水浸泡过夜，然后缓缓加温直至煮沸 30～60min，冷却滤过得到清亮液即肉浸汁。

制造肉肝胃消化汤培养基，除牛肉质量按上述要求符合规定外，所用的牛、羊、猪肝脏均应新鲜，无异嗅味，无病变，有弹性；浸出液煮沸后呈半透明淡黄色或棕黄色液体；pH 为 6.0～6.5，如 pH 过低可能糖已被分解，如过高表明已经腐败。制消化液用的猪胃，更加需要新鲜，胃黏膜完整，无异嗅及剥落情况，有出血变色及溃疡烂斑者不能使用。经冻结保存的可以选用，但必须无腐败变质。

(2) 蛋白胨。由不同种类的天然蛋白质，如肌肉、肝、血、酪蛋白、鱼粉、明胶、大豆粉等，经蛋白酶水解而成的一种胨、肽、氨基酸的混合物。质量好的蛋白胨为淡黄色或棕黄色粉末，易溶于水，呈左旋性。制造培养基应用含胨量在 75%以上的蛋白胨，pH 应在 5.0～7.0，含总氮 13%～15%，含氨基氮 1%～3%，加热后水溶液不发生沉淀和凝固。

(3) 酵母浸膏。由面包酵母或啤酒酵母经自溶而制成，含有丰富的氨基酸和 B 族维生素。基本上是一个氨基酸类、肽类、B 族维生素和糖类的混合物，在培养基中主要为细菌生长繁殖提供所必需的生长因子，用量一般为 0.3%～0.5%。

(4) 琼脂。由红藻中的石花菜提取出来的一种多糖胶体混合物，至少由琼脂糖和琼脂胶两种成分组成。琼脂在 98℃可溶解，45℃可凝固。常在肉汤中加入 2.5%～3%琼脂制成固体培养基；加入 0.3%～0.5%制成半固体培养基。由于它不易被细菌分解，保水性好，无毒，无营养作用，可制成透明、无沉淀的产品，所以琼脂是细菌培养基最理想的凝固剂。

(5) 糖、醇类。制备培养基所应用的糖、醇类很多。常用的有单糖（如葡萄糖、阿拉伯糖等）、双糖（如乳糖、蔗糖等）、多糖（如菊糖、淀粉等）、醇类（甘露醇、肌醇等）。糖、醇类可作为能源和碳源，促进细菌的生长，也可利用细菌对糖、醇类发酵以鉴定细菌。

(6) 明胶。明胶是由动物的皮、骨及白色组织中的胶原经部分水解而得。具水溶性，冷却后呈半透明状固体，30℃以上融化。制造明胶培养基应用化学纯品。加入蛋白胨肉汤中制成的明胶培养基，对某些有蛋白酶的细菌，生长后可见液化区，有的细菌在明胶培养基上生长呈现特异的性状，故可作为鉴别培养基之一。

(7) 健康动物血清和血液。有些细菌在代谢过程需要某些有机化合物，但自身不能合成，因而必须在培养基中补充。这些添加物称为生长因子。生长因子通常可由添加的血清、血红素或酵母浸出汁供给。

健康动物（马、牛、羊）的血清中含有细菌生长繁殖所需的各种蛋白质和多种游离氨基酸及辅酶，以及适于微生物繁殖的 X 因子。目前兽医生物制品厂用的血清或血红素，多采自于牛或马。近年来使用的 ^{60}Co 照射的血液或血清可排除杂菌与病毒污染，而不影响质量。其他生长因子中主要是 B 族水溶性维生素，以及维生素 C 等。

(8) 无机盐类。制备培养基常加入氯化钠和磷酸盐，氯化钠除构成菌体中酶的激活剂外，还可以维持一定的渗透压，尤其在制备含血液培养基时更为重要。磷酸盐是细菌良好的磷源，在培养基中具有缓冲作用。

(9) 酵母浸出液。培养基中加酵母浸出液补充维生素与生长因子。酵母浸出液是促进细菌生长繁殖的重要材料之一，但是与酵母的品种与浸出汁的质量有关。

3. 培养基 pH 的调整

不同细菌对 pH 的要求不同，有些细菌要求较严。因此，在配制培养基时，仔细调节和认真测试 pH 是非常重要的。测定培养基 pH 有 pH 试纸法、比色法、酸度计等方法。

4. 培养基的过滤与分装

培养基各成分溶解后，调整 pH，尤其在呈碱性时，加热煮沸可形成不同程度的沉淀物。此时必须趁热过滤，否则会影响培养基的澄明度。液体培养基通常采用滤纸过滤，含琼脂的培养基一般采用脱脂棉过滤，或采用纸浆抽气过滤。过滤好的培养基，根据需要分装到事先洗净的适宜容器内，封好灭菌。其装量为容器深度的 1/2～2/3，以防灭菌时培养基溢出。

5. 培养基的灭菌

培养基一般采用高压蒸汽灭菌。培养基的灭菌温度和时间，随培养基的品种、装量和容器的大小而定，一般采用 116℃下 20～30min。对热敏感的培养基成分常采用过滤除菌法，然后再将无菌滤液加入经过高压蒸汽灭菌的培养基成分中。

6. 培养基的保存与有效期

新制备的培养基，其保存条件的好坏，对培养基的使用寿命关系很大，如保存不当，可加速培养基的物理和化学变化，因为培养基的成分大多是由动物组织提取的大分子肽和植物蛋白质，它们能引起不溶性的沉淀和浑浊。为避免或减慢这些变化，新配制的培养基一般存放于 2～8℃的冰箱中；为防止培养基失水，液体或固体的试管培养基，应放在严密的有盖容器中保存；平板培养基应密封于塑料袋中保存。但是用于无菌试验的流体硫乙醇酸盐培养基则不能放入冰箱内保存，而应放在 30℃以下的室温条件下避光保存。

7. 培养基的质量检验

(1) 一般检查。包括培养基的颜色、澄明度、pH 等是否符合规定要求。固体培养

基还要检查其软硬度是否适宜。干燥培养基则要测定其水分含量和溶解性等。

(2) 无菌检查。无论是经高压蒸汽灭菌，或是无菌分装的培养基，均应作无菌检查，合格的方可使用。

(3) 培养基性能试验。用于细菌生长繁殖、增菌、分离、选择和鉴别的培养基，均应用已知特性的、稳定的标准菌株进行检查，符合规定要求的方可使用。即使是购买来的商品干燥培养基，也要按照产品说明书规定进行检查。

任务二　细菌培养

细菌规模化培养的环境条件应与细菌自然生长繁殖的要求相同或相似，在其生长的培养基中要提供必需的营养要素，并使培养环境符合其必要的生长条件。规模化细菌培养的效果，还与种子接种量、培养时间、培养方法等密切相关。

一、细菌的营养

水、碳、氮及无机盐类等是细菌生长繁殖的基本营养要素。其含量按 H_2O、C、N、P、S、K、Mg 的顺序依次递减，这是与它们分别在细胞组分中的含量是相符的；生长因子的量最少，这是与它的生理功能相一致的。

（一）水

水分含量最高，这是因为微生物多数是水生性的，它是细菌所需营养物质的良好溶媒，也是细菌本身的重要组成成分。细菌的营养渗透、吸收及代谢产物的分泌和排泄作用等也均须以水为媒介。水要用纯化水或蒸馏水。

（二）碳

碳源的含量其次，这是因为碳元素在任何细胞有机物中都是含量最高的，同时，碳源兼有能源的作用，而能源的消耗量是很大的。常用的碳源有糖类、油脂、有机酸、低碳醇。糖类应用最广泛的是葡萄糖，其为速效碳源，但过多会加快菌体呼吸，使培养基中溶解氧不能满足需求，有机酸积累，pH 下降。油脂作为碳源，需供给比糖代谢更多的溶解氧。

（三）氮

细菌含氮约占干重 10%，培养基中供给氮源极为重要，细菌的生长必须要有氨基酸，氨基酸对其生长有促进作用。在外界环境中含氮物质很多，哪些形式的含氮物质符合细菌的要求，决定于细菌的还原能力。

（四）盐类

盐类一方面是构成细菌细胞的成分，调节渗透压；另一方面参与细菌生理代谢，维持细菌活性。如镁既可与细菌细胞核糖核酸结合，又与磷酸化酶作用相关；铁是细菌细胞过氧化物酶，细胞色素和细胞色素酶的组成成分。

（五）生长因子

指一类细菌本身不能合成而在代谢过程中需要的和能促进细菌生长的一类有机物质。多存在于血液、肝浸液、腹水、马铃薯、酵母浸出液。如维生素、氨基酸、嘌呤、脂肪酸和血液中的X因子。血液中的X因子对细菌的呼吸起重要作用。维生素B_{12}是细菌物质代谢过程中的重要因子。维生素C在代谢过程中具有传递氢的功能。

二、细菌生长的环境条件

适宜的环境条件既能保证和促进细菌生长繁殖，恶劣的环境条件能起到抑制甚至杀灭或改变原有遗传性状的作用。

（一）气体

与细菌生长繁殖有关的气体主要是二氧化碳和氧气。根据细菌对氧气的需要可分为4类。

(1) 需氧菌。该菌在有氧的环境中繁殖。炭疽杆菌、结核分枝杆菌等能利用空气中的氧。

(2) 微需氧菌。如猪丹毒、牛布鲁氏菌等在含氧量低的环境中就能进行物质代谢，生长繁殖。

(3) 兼性厌氧菌。大肠杆菌、沙门氏菌、巴氏杆菌和马腺疫链球菌等具有加氧和脱氢氧化还原能力。

(4) 厌氧菌。梭状芽孢杆菌在无氧环境中生长。如利用破伤风梭菌生产破伤风类毒素，培养基上覆盖液体石蜡用以隔绝空气中的氧。

所以，在细菌培养时应根据细菌的特点，严格控制细菌培养环境的氧分压。培养需氧菌时，需要高氧分压的环境，而培养厌氧菌时，就要降低并严格控制环境中的氧分压。还可在培养基中加还原剂，如葡萄糖、硫化钠、维生素C等。

（二）温度

微生物生存的适宜范围相当宽，一般病原性细菌温度的适应范围为－10～45℃，但在最适温度下，生长繁殖最旺盛。大多数细菌的最适温度范围基本相似，多为37℃左右。霉菌生长的最适温度为22～28℃。温度过高，则由于酶系统被破坏而招致死亡。温度过低，则细菌代谢活动降低，处于潜伏生长状态。一旦温度和营养等条件适宜，细菌的生长又会复苏。生物制品的菌苗培养温度一般控制在37～38℃。

（三）pH

微生物作为一个整体来说，其生长的pH范围极广，为2～8.5。多数细菌最适pH为6～8，霉菌为5～6。细菌在生长过程中，随其代谢产物的增多往往引起pH的改变，

从而会妨碍细菌生长乃至引起死亡。pH 对发酵的影响表现在对酶活性的影响。pH 改变会抑制菌体中某些酶活性，阻碍菌体的新陈代谢。pH 变化会影响微生物细胞膜所带电荷的状态，从而改变细胞膜的通透性，影响对营养物质的吸收和代谢产物的排泄，还有 pH 变化会影响培养基中某些组分的解离，影响微生物对这些营养物质的吸收。因此在规模化培养中就要随时监测 pH 变化，及时加以调整，保证细菌更好生长。

由于在细菌繁殖过程中会产生引起培养基 pH 改变的代谢产物，如不适当地加以调节，就会抑制甚至杀死其自身，因而在设计它们的培养基时，还要考虑到培养基的 pH 调节能力。这种通过培养基内在成分发挥的调节作用，就是 pH 的内源调节。

内源调节主要有以下两种方法：一种是采用磷酸缓冲液的方式。调节 K_2HPO_4 和 KH_2PO_4 两者浓度比就可获得从 pH 为 6.0～7.6 的一系列稳定的 pH，当两者为等摩尔浓度比时，溶液的 pH 可稳定在 6.8。还有一种是采用加入 $CaCO_3$ 作“备用碱”的方式。$CaCO_3$ 在水溶液中溶解度极低，加入至培养基中时，不会使培养液的 pH 升高。但当微生物生长过程中不断产酸时，它就逐渐被溶解。

与内源调节相对应的是外源调节，这是一种按实际需要不断加酸液或碱液到培养液中去的调节方法。

pH 的变化与培养基的组分尤其是碳氮比有很大的关系，碳氮比高的培养基，经培养后其 pH 常会显著下降；相反，碳氮比低的培养基，经培养后，其 pH 常会明显上升。通过总结实践中的经验，一般把调节 pH 的措施分成“治标”和“治本”两大类，前者是根据表面现象而进行的直接、及时、快速但不持久的表面化调节，后者则是根据内在机制而采用的间接、缓效但可发挥持久作用的调节。

治标办法：过酸时，加入 NaOH、Na_2CO_3 等碱液中和；过碱时，加入 H_2SO_4、HCl 等酸液中和。

治本办法：过酸时，加适当氮源（尿素、$NaNO_3$、NH_4OH 或蛋白质等），提高通气量；过碱时，加适当碳源（糖、乳酸、醋酸、柠檬酸或油脂等），降低通气量。

（四）渗透压

多数致病性细菌只能在等渗环境下生长繁殖，在低渗溶液中引起膨胀、破裂而死亡，而在高渗溶液中导致细胞质与细胞膜脱离而死亡。

三、种子接种量

种子的接种量指移入的种子悬液体积和接种后培养液的体积的比例。这种比例随细菌种类而异。种子接种量通常为 1%～2%。接种量过少，会引起生长繁殖缓慢，影响活菌数，甚至出现无菌生长；接种过多，就会将过多的代谢物带入新培养基内造成有害物质抑制生长；如接种物内含有防腐剂或抗菌素等物质，其影响更为明显。

四、培养时间

细菌在培养过程中。最佳培养时间通常依据细菌的生长曲线而定。多数在对数繁殖后期至稳定前期间活菌数量高，生命力最强，宜于收获。若收获过早，则活菌数少而幼嫩；反之，则细菌老化，死菌及代谢产物（尤其细菌毒素）增多，造成菌存率低，副反应大，故在活菌生产中应注意避免。

五、细菌规模化培养方法

（一）固体表面培养法

将融化的灭菌肉汤琼脂培养基，制成大扁瓶（大型克氏瓶）平板，经无菌检验后，在无菌室接入种子液，使其均匀分布于琼脂表面，平放静置培养，倾去凝集水，收集菌苔，制成细菌悬液，用于制备诊断抗原或疫苗。例如炭疽芽孢苗、仔猪副伤寒冻干菌苗、鸡白痢抗原和布鲁氏菌抗原等。本法可根据浓度调节细菌浓度，但产量低，劳动强度大。目前已不适用于大规模生产。

（二）液体静置培养法

培养容器可用大玻璃瓶或培养罐，按容器的深度，装入1/2～2/3体积的培养基，高压蒸汽灭菌后，冷却至室温接入种子，保持适宜温度静置培养。如厌氧菌培养，培养基的装量约为培养器70%，并在灭菌后冷却至37℃，立即接种种子进行培养。有些厌氧细菌的培养基中需加入肝组织，以利于厌氧菌的生长。本法简便，细菌数量一般不高。仅用于小量制备。

（三）液体深层通气培养法

把灭菌培养基装入自动发酵罐（图4.1），接入生产种子，从罐底部通气，送入的空气由搅拌桨叶分散成微小气泡以促进氧的溶解，自动发酵罐有自动控制通气量、自动磁力搅拌、自动监测和记录pH或溶氧浓度及消泡装置等配套设备，能连续密闭操作，这种规模化培养细菌的方法，称为液体深层通气培养法。

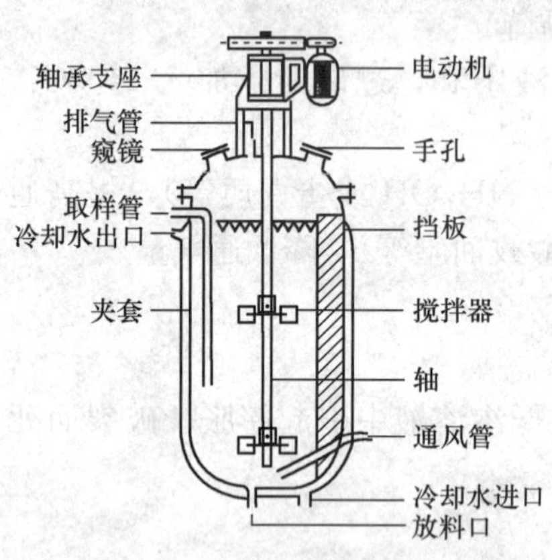

图4.1 自动发酵罐

目前生物制品企业多采用这种由罐底部通气搅拌的培养方法，相对于由气液界面靠自然扩散使氧溶解的培养法来讲，该法能自动控制，连续密闭操作，可降低劳动强度，减少污染机会，降低了成本，使用方便。且本法可随时进行自动监测，有问题及时进行调整，加速细菌分裂繁殖，缩短培养时间，提高细菌数量，提高菌存率，从而提高制品的质量。

（四）透析培养法

透析培养是指培养物与培养基之间隔一层半透膜的培养方法。现在已发展成一种发酵器透析培养系统（图4.2）。该系统把培养基与培养物分开成为各自的循环系统，中间经透析器交换营养物。细菌代谢产物经透析器进入培养基室内，培养基里的营养物质经透析器进入培养室供给细菌生长繁殖所需营养，透析器是由一种丙烯树脂制成的板框，在隔离物的两侧装透析膜，用框架固定。其优点是：①培养基室和培养室可

独立控制；②可以搅拌和通气；③可使用任何类型的透析膜片或滤膜；④液体在透析器中向上或向下流，慢流或快流均可随意掌握；⑤可以将每个部分按比例缩小或扩大。

该法可获得高浓度的纯菌和高效价的毒素，极有利于制造高效力的生物制品。

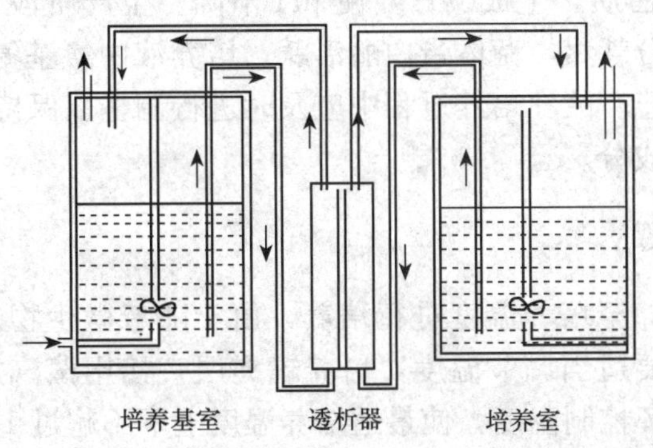

图 4.2　透析器循环系统

六、采用通气培养的方法生产菌苗应注意的问题

（一）补充营养物质

根据细菌对营养的要求，在培养过程中补充一定营养物质，如葡萄糖、蛋白胨和必需氨基酸，可更好地发挥通气培养作用。如进行分批培养，间歇或连续地补加一种或多种新鲜培养基，可解除底物抑制，避免一次性投料过多造成的细菌大量生长引起的影响。

（二）通气、搅拌

生产过程中，先静止 2～3h 后，通入少量过滤无菌空气，每隔 2～3h 逐渐加大通气量。通气培养过程中，应注意溶氧量的测定。各种细菌在繁殖过程及不同生长发育阶段的需氧量不一，而且空气中的氧分子须呈溶氧状态才能供细菌繁殖所利用。空气进入发酵罐前先经空气过滤器除去杂菌，制成无菌空气，而后由罐底部进入，再通过搅拌将空气分散成微小气泡。

供氧量多少除与通气量大小有关外，还与通气方式、搅拌速度及温度因素有关。搅拌的目的除了溶解氧之外，可使培养液中微生物均匀地分散在发酵罐内，促进热传递，以及为调节 pH 而使加入的酸和碱均匀分散等。通气量过小，无法满足细菌生长的要求；通气量过大，不能增加溶氧量，反而会增加消泡剂的用量，影响细菌的生长或产生毒素。

培养细菌时，一般在接入种子液的同时或在培养基制备时，加入定量消泡剂，因为大多数微生物在发酵过程中有通气、搅拌及代谢气体的溢出，加上培养基中有糖、蛋白质代谢物等表面活性剂的存在，培养液中就形成了泡沫。一定量的泡沫是正常现象，但泡沫过多有危害：可减少发酵罐的装料系数，减低了氧的传递，增加了菌群的非均匀性，还可造成大量逃液，增加染菌机会。严重时，通气搅拌无法进行，菌体呼吸受到阻碍，导致代谢异常，菌体自溶。

（三）控制培养基 pH

通气培养 pH 变化较快，发酵过程中 pH 的变化可分为：生长阶段即菌体产生蛋白酶，水解培养基中的蛋白质，生成 NH_4^+ 使 pH 下降。生产阶段，这阶段 pH 趋于稳定。在自溶阶段，随养分耗尽，菌体蛋白酶活跃，培养液中氨基氮增加，pH 上升，菌体趋于自溶代谢活动终止。故在培养过程中应及时进行调整以保持 pH 稳定，除提高活菌数外，还可减低毒素成分。

（四）调节培养温度

培养基灭菌后，冷却至培养温度进行培养，由于随着微生物的增殖会发热、搅拌产热等，在培养过程中要适当调节温度，培养罐夹层直接用蒸汽加热往往不稳定，最好用自控调节的温水循环控制温度，使最适培养温度上下不超过 1℃，所以为维持温度恒定，须在夹套中以循环水流过。

（五）控制污染

菌液的制备要求纯培养。细菌培养过程中的杂菌污染可以观察发酵过程中异常变化发现，如溶解氧、pH、排气中的 CO_2 含量的变化，该方法具有随时观测、直观的优点，但发酵过程是否染菌应以无菌或纯粹检验的结果为依据进行判断。

1. 杂菌污染的主要途径

种子、培养基污染；设备、管道、阀门密封不严；通入空气滤过处理不当染菌、或通气量过大泡沫冒顶染菌；灭菌不彻底，设备有死角；环境、人为操作污染。

2. 杂菌污染的防治

(1) 种子、培养基带菌防治措施。对每一级种子的培养物均应进行严格的无菌检查，确保任何一级种子均未受杂菌感染后才能使用；对菌种培养基或器具进行严格的灭菌处理，保证在利用灭菌器进行灭菌前，先完全排除容器内的空气，以免造成假压，使灭菌的温度达不到预定值，造成灭菌不彻底而使种子染菌。

(2) 空气带菌防治措施。要杜绝通入空气带菌，就必须从空气的净化工艺和设备的设计、过滤介质的选用和装填、过滤介质的灭菌和管理等方面完善空气净化系统。如采用涡轮式空气压缩机、偏二氟乙烯（PVDF）制备的折叠微孔滤膜；高效气液分离设备除水、除油；冷却器将高温空气冷却，使油和水凝结，并通过旋风分离器除去雾滴；高空取气或安装高效的空气过滤器。

空气净化的流程：吸气口吸入的空气先经过压缩前的过滤，进入空气压缩机，冷却，除去油、水，再加热至 30～35℃，最后通过总过滤器和分过滤器除菌，获得洁净度、压力、温度和流量都符合要求的无菌空气。

(3) 杜绝设备污染。设备应有良好的设计（应无渗漏或死角），规范的安装，培养罐的罐体与部件应以不锈钢制造、内壁光滑，垫圈用聚四氯乙烯制品，使之密封良好，

易于灭菌。生产前后对发酵罐进行彻底的清洗，有效的灭菌，并进行及时的维修。在培养过程中，培养罐的排气管口也应有消毒设备，以免污染环境。

（4）防止环境及人为操作污染。操作人员应遵守操作规程，避免因为操作不当造成的染菌。要严格控制无菌室的污染，根据生产工艺的要求和特点，建立相应的无菌室，交替使用各种灭菌手段对无菌室进行处理；接种、移种必须在无菌室进行，培养物移接操作应规范；在制备种子时对斜面、三角瓶及摇瓶均严格进行管理，防止杂菌的进入而受到污染。

任务三　细菌性疫苗生产工艺流程

细菌性疫苗生产工艺流程如图 4.3 所示。

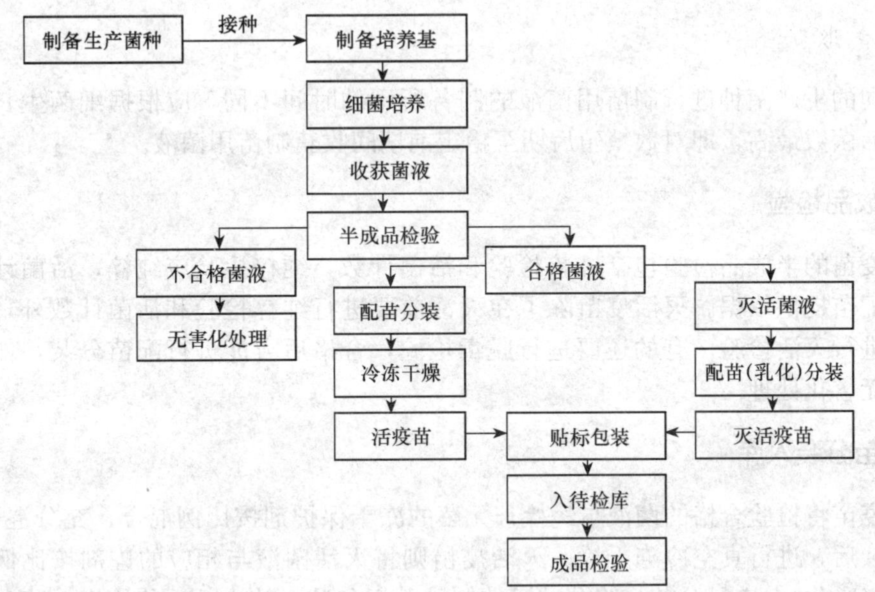

图 4.3　细菌性疫苗生产工艺流程图

一、培养基制备

根据细菌对营养的需要，选择适合细菌生长的培养基配方。准确称取各种成分放入容器中，加水使其溶解并混合均匀。调 pH，因灭菌后降低 0.1～0.2，调整时应比实际需要的 pH 高 0.1～0.2。然后进行过滤或澄清，灭菌，检查合格后方可使用。

二、生产菌种制备

生产用种子是由基础种子扩繁而成，包括一级种子和二级种子。通常将基础种子划线接种于适宜琼脂平板培养基中，选取经分离培养后获得的独立且培养特性典型的菌落5～10个，混合接种于琼脂斜面若干支，经纯粹检验和鉴定合格后，作为一级种子，2～8℃保存。一级种子接种适宜琼脂或液体培养基，37℃培养，2～8℃保存，应不超过2～5d，经纯粹检验后，成为了活化的生产种子，用于制苗用菌液的制备。

三、制苗用菌液制备

（一）接种

将合格的二级种子以1%～2%的接种量无菌条件下接种于适宜的合格培养基中。

（二）培养

规模化进行细菌培养的方法有固体表面培养法、液体静止培养法、深层液体通气培养法和透析培养法，应依据制品自身的特点和生产规模及设备条件选择培养的方法。

（三）收获

不同的生产菌种进行制苗用菌液的制备所用的时间不同，应根据细菌生长繁殖的规律在活菌数最高，即对数繁殖后期至稳定前期间收获制苗用菌液。

四、半成品检验

活疫苗的半成品检验包括纯粹检验和活菌计数，纯粹检验应纯粹，活菌计数是为下一步配苗提供依据。灭活疫苗除了在灭活前要进行纯粹检验和活菌计数外，还要在灭活后进行灭活检验，有的还要进行脱毒检验，合格后方能进行配苗分装，如不合格应进行无害化处理。

五、配苗分装入库

活疫苗将检验合格的菌液与经检查无菌的冻干保护剂按比例混合，充分混合摇匀，定量分装后，进行真空冷冻干燥。灭活疫苗则将灭活菌液与相应的佐剂按比例充分混合均匀（乳化），定量分装，将分装后的制品贴标包装，放入低温待检库。将分装不同时间段抽样的制品按规定进行成品检验。经检验合格者方可出厂。

任务四 常用细菌性疫苗制备

一、禽多杀性巴氏杆菌病疫苗

（一）疫苗简介

自1880年巴斯德研究鸡霍乱无毒培养物接种鸡以来，禽霍乱疫苗的研制已历经数代，先后研制和应用了灭活苗、弱毒苗及亚单位苗。灭活苗安全性较好，利用流行区分离菌株制备灭活疫苗用于免疫预防获得了较好效果。但由于体外培养不能很好地产

生交叉保护因子以及灭活过程中可能造成的某些抗原物质的丢失，只能对同血清型菌株感染有一定免疫效果，且免疫期不长。自然分离或人工培育的禽霍乱弱毒菌株报道的较多。国内有禽霍乱731弱毒株、禽霍乱G190E40弱毒株、B26-T1200弱毒株疫苗等。用于研究的禽源多杀性巴氏杆菌弱毒菌株有P-1059株和833弱毒株等。但有些弱毒疫苗接种后局部反应较重，有些则免疫期较短，为3～4个月。

（二）疫苗制备

1. 禽多杀性巴氏杆菌病活疫苗（G190E40株或B26-T1200）

采用禽多杀性巴氏杆菌弱毒株，培养基为马丁肉汤培养基，火焰控制下按顺序加入总量的0.1%裂解血球全血，同时按1%～2%接种种子液，混匀后37℃培养16～24h当菌数达到高峰时可停止培养。活菌计数每羽份活菌数应不少于3000万个。将检验合格菌液按容量计算，菌液7份加蔗糖明胶保护剂1份，充分混合，定量无菌分装。

2. 禽多杀性巴氏杆菌病蜂胶灭活疫苗

制苗用菌种为C48-1株、C48-2株鸡源的A型多杀性巴氏杆菌。将合格的种子培养物接种于琼脂扁瓶中或通气培养获得菌液，取样进行活菌计数，每毫升菌液含菌量约1×10^{10} CFU，菌液加入0.1%甲醛溶液37℃灭活12h，以适当比例与蜂胶液混合，搅拌均匀，定量分装。

3. 禽多杀性巴氏杆菌病油乳剂灭活疫苗

制苗用菌种为天津地区鸡源多杀性巴氏杆菌TJ8强毒株。将合格的菌液，每1mL菌液含菌量为300亿～400亿CFU，按菌液量的0.1%～0.2%加入甲醛溶液，37℃灭活18～20h。按油相与水相2∶1比例充分乳化混合，定量分装。

二、鸡传染性鼻炎疫苗

（一）疫苗简介

国内外广泛使用的均为灭活疫苗，包括美国的感染鸡胚卵黄灭活疫苗、日本的氢氧化铝胶灭活疫苗、澳大利亚的铝胶油佐剂灭活疫苗及我国研制成的油乳剂灭活疫苗和氢氧化铝胶吸附疫苗。其中油乳剂灭活苗免疫效果优于氢氧化铝胶吸附疫苗。为了简化免疫程序，减少多次疫苗注射造成的应激反应，我国还研制成功了鸡传染性鼻炎-新城疫二联灭活疫苗。

（二）疫苗制备

1. 鸡传染性鼻炎油乳剂灭活疫苗

制苗用菌液培养时，在火焰控制下将副鸡嗜血杆菌种子液按总量的2%～3%加入半合成培养基中，在37℃培养18～20h，其间振荡培养瓶2次，经纯检确认无杂菌污染者，加入10%甲醛溶液，使甲醛溶液占菌液总量的0.15%，2～8℃灭活7d。灭活检验应无菌生长。用中空纤维超滤器将纯检合格的菌液浓缩，然后再用 pH7.2 的 PBS 制成悬浮液，使每 1mL 至少含有 50 亿个菌体（用生物制品国家标准品“中国细菌浊度标准”进行比较，设标准管含副鸡嗜血杆菌为 28 亿个/mL），加入 1%硫柳汞溶液，硫柳汞溶液占菌液总量的 0.01%，作为制苗的抗原。

将灭菌的吐温-80 按 4%量加入灭活菌液中，混合均匀即为水相。将 10 号白油、司本-80、硬脂酸铝按 94∶6∶2 量混合均匀，121℃高压灭菌 20min，即为油相。按油相与水相 2∶1 比例充分乳化混合，定量分装。

2. 鸡传染性鼻炎-新城疫二联灭活疫苗

采用 A 型和 C 型副鸡嗜血杆菌接种适宜培养基，收获培养的菌液经浓缩灭活后与灭活的鸡新城疫 L 系鸡胚尿囊液混合，再与矿物油佐剂乳化制成的油乳剂疫苗。

三、禽支原体疫苗

（一）疫苗简介

1. 弱毒活疫苗

鸡毒支原体弱毒株有 F、TS-11 和 6/85，毒力低，免疫效果好；疫苗制备简便。鸡点眼免疫后 35d 保护率达 85%以上，免疫期 7 个月以上。在大肠杆菌发病鸡场，使用疫苗后可明显减轻发病程度。

2. 灭活疫苗

据报道，以鸡毒支原体灭活苗对 15～30 日龄鸡免疫接种，能有效抵抗强毒株的攻击，但用 10 日龄以内的小雏鸡，免疫效果不良。有人分别于 19 周和 23 周对鸡免疫接种，4 周后以致病株攻击，结果表明，两次接种在控制支原体经卵传播方面具有明显的作用。免疫期可持续半年以上，该苗对控制鸡毒支原体引起的慢性呼吸道疾病有良好的作用。

（二）疫苗制备

鸡毒支原体活疫苗菌种为鸡毒支原体 F-36 株。无菌条件下，将基础种子用 CM_2 培养基恢复原量，以 1/10 的量接种于 CM_2 培养基，37℃培养，待培养基 pH 下降 0.5 以上，纯检合格后作为种子，种子继代应不超过 2 代。火焰控制下按培养基 10%的量接种，逐步扩大培养，一直到所需的量。从生产用种子到制成疫苗，菌种传代不应超过 8 代，每代次培养时间 24～48h。将菌液无菌取样进行检验，应无杂菌生长，其活菌数应≥10^9 CFU/mL。将检验合格的菌液混于一容器中，加明胶蔗糖保护剂，使其最终含量明胶为 0.8%，蔗糖为 2.7%。充分混匀后分装，冻干。

四、猪丹毒疫苗

（一）疫苗简介

猪丹毒灭活疫苗的免疫效果主要与制苗用菌株的免疫原性、培养基及佐剂的种类

有关。目前应用的有氢氧化铝胶吸附灭活疫苗，裂解疫苗以及猪丹毒、猪肺疫氢氧化铝胶二联灭活疫苗。

目前，我国猪丹毒弱毒疫苗生产中广泛使用是GC42株和G4T10两个菌株。我国在20世纪70年代研制成功了猪丹毒-猪瘟-猪肺疫三联活疫苗。猪三联活疫苗各疫病免疫力无相互干扰，接种后对于各个病原的免疫力与各单苗免疫后产生的免疫力基本一致。

（二）疫苗制备

1. 猪丹毒GC42弱毒疫苗

菌种为GC42弱毒株，由强毒通过豚鼠传370代，再继续通过雏鸡传42代而成。将合格的生产种子液、按1%量接种于含2%的血清或裂解血球的全血肉肝胃膜消化汤中，35～37℃培养20～22h，培养过程中振荡2～3次或采用培养罐培养，测其菌数达最高时收苗。收获的菌液用马丁琼脂进行纯粹检验，应纯粹。每头份含活菌数不少于7.0亿个。将合格的菌液与明胶蔗糖保护剂按7：1的比例混合。充分摇均，定量分装冻干。

2. 猪丹毒G4T10弱毒疫苗

菌种为G4T10毒株，以G370菌株为基础，通过含0.01%锥黄素的血琼脂传代培养40代，再提高锥黄素的浓度为0.04%传10代培育而成。其制苗过程与GC42株制苗的方法相同、要求G4T10株每头份含活菌数不少于5.0亿个。

3. 联合疫苗

联合疫苗中所用的菌、毒种为猪丹毒GC42株或G4T10株、猪肺疫EO630株及猪瘟兔化弱毒株。分别制备3种基础苗，用猪瘟兔化弱毒株，接种乳兔或易感细胞，收获含毒乳兔组织或细胞培养病毒液，以适当比例和猪丹毒杆菌弱毒菌液、猪源多杀性巴氏杆菌弱毒菌液混合，按7份菌液加入1份蔗糖明胶保护剂，混合均匀后分装，经冻干制成。也可根据防疫需要配制二联苗。

五、仔猪大肠杆菌病疫苗

（一）疫苗简介

目前国内外已有多种大肠杆菌病疫苗，如大肠杆菌，GletvaxK88菌苗，K88、K99基因大肠杆菌苗，K88-LT基因工程苗以及亚单位苗等、我国在20世纪80年代初就报道了K88抗原基因工程苗，1985年报道研制成功了仔猪腹泻基因工程K88、K99双价疫苗，1986年报道了K88灭能苗，1989年研制成功了仔猪大肠杆菌腹泻埃希菌病K88-TL双价基因工程活疫苗。中国兽医药品监察所在国内首次研制成功仔猪大肠埃希氏菌病三价灭活疫苗。现在推广使用的疫苗主要有全菌灭活疫苗和基因工程菌苗两类。

（二）疫苗制备

1. 全菌灭活疫苗

为仔猪大肠埃希氏菌病三价灭活疫苗。制苗用菌种系采用带有K88、K99、987p纤毛抗原的大肠埃希氏菌，为C83549、C83644、C83710菌株。将基础种子接种改良Minca汤培养后，用改良Minca琼脂平板划线分离，选取典型菌落，接种改良Minca汤三角瓶培养，作为一级种子。取一级种子，按上述同样方法进行繁殖，革兰氏染色镜检无杂菌后，即可作为二级种子。将合格的种子分别进行连续通气培养，第一代通气培养7h，取样检验合格，即收获，再按培养基量3%～5%加入种子液，通气培养6～7h，如此循环，连续通气培养，但最多不超过10代。培养温度36～37℃，消泡剂为0.1%花生油。培养结束取样进行抗原单位测定，每毫升菌液中，3种纤毛抗原含量均需>250个抗原单位可配苗。按菌液总量0.4%加入甲醛溶液，经37℃灭活48h，经检验合格后按总量加入20%氢氧化铝胶配苗，每毫升成品苗中含有K88 100个抗原单位，K99 50个抗原单位，987P 50个抗原单位、菌数≤200亿个。

2. 仔猪大肠杆菌腹泻K88-LTB双价基因工程活疫苗

该苗由中国军事医学科学院生物工程研究所研制成功。制苗用菌种是重组的大肠杆菌K88-LTB基因构建的工程菌株，按培养基总量的4%～5%接种于适宜培养基，37℃通气培养，收获菌液，经浓缩后，按每头份要求菌数配苗，加入明胶蔗糖保护剂。冻干制成。

3. 仔猪腹泻基因工程K88、K99双价灭活疫苗

该苗是用基因工程技术将人工构建成功的大肠埃希氏杆菌C600/PT K88、K99菌，接种适宜培养基通气培养，产生不含肠毒素LT和ST的K88、K99两种纤毛抗原，经甲醛溶液灭活后，冻干制成。

六、猪梭菌性肠炎疫苗

（一）疫苗简介

现用的仔猪梭菌性肠炎全菌疫苗中除含有菌体外，也含有类毒素。在国外，除了灭活的全菌苗外，也有用产气荚膜梭菌C型β类毒素菌苗免疫妊娠母猪，通过母猪初乳中的抗毒素抗体，为出生后哺乳仔猪提供短期保护。

（二）疫苗制备

1. 仔猪红痢灭活疫苗

菌种为C型产气荚膜梭菌C59-2、C59-37、C59-38菌株。制苗用肉肝胃酶消化汤，应于高压灭菌后，凉至38℃左右时，立即接种生产用种子，置35℃培养16～20h后收获。于培养菌液中加入0.5%～0.8%甲醛溶液，密封后在37℃杀毒和脱毒7～14d，每天充分振荡2次。经无菌检验和脱毒检验合格的菌液，灭菌纱布或铜纱过滤，以氢氧

化钠溶液调 pH 至 7.0，按菌液 5 份加氢氧化铝胶 1 份混合振荡后静置沉淀，弃掉全量 1/2 的上清液，然后按量无菌分装。

2. 仔猪产气荚膜梭菌病 A 型和 C 型二价干粉灭活疫苗

菌种分别为 A 型产气荚膜梭菌 C55-1 菌株和 C 型产气荚膜梭菌 C58-2 菌株，将菌种分别接种于厌气肉肝汤中，置 36～37℃培养 16～20h，制备生产用种子。制苗用培养基为复合培养基，按培养基总量的 1%接种生产种子，同时按培养基总量的 2%加入营养液，A 型菌 36～37℃静止培养 9～15h，C 型菌 35～36℃静止培养 16～20h。菌液分别经灭活脱毒后滤过，用硫酸铵提取，再经冷凉干燥制成原粉。将冻干原粉粉碎配制二价苗，在干燥无菌条件下定量分装。A 型苗每头份为 2 个兔最小免疫剂量(MID)，C 型苗每头份为 100 个兔 MID。

七、畜多杀性巴氏杆菌病疫苗

(一) 疫苗简介

目前国外仍以灭活疫苗为主，但也存在剂量偏大、免疫保护期短以及单一血清型疫苗难以产生理想的交叉免疫保护等不足。有效的弱毒疫苗仍在研制开发中。国内研制推广了一些弱毒活菌苗，并在生产中发挥了重要作用。

(二) 疫苗制备

1. 猪多杀性巴氏杆菌病 EO630 活疫苗

菌种为 EO630 弱毒菌株，是由猪源多杀性巴氏杆菌 C44-1 强毒株通过含有海鸥牌洗涤剂的培养基连续传代 630 代育成。

生产用培养基为马丁肉汤。火焰控制下按顺序加入总量的 0.1%裂解血球全血，同时按 1%～2%接种生产种子液，37℃通气培养 8～10h，当菌数达到高峰时可停止培养。取样检验，应无杂菌，活菌计数，作为配苗参考凭据。将合格菌液按容量计算，菌液 7 份加蔗糖明胶稳定剂 1 份，充分混合后，定量分装。每头份活菌不应低于 3 亿个。

2. 猪多杀性巴氏杆菌病 679-230 活疫苗

菌种为 679-230 弱毒菌株，该菌株系将猪源多杀性巴氏杆菌 C44-1 强毒株在血液琼脂培养基上通过逐渐提高培养温度连续传代 39 代，再在恒温下培养传代 230 代育成。制造方法同 EO630 株，每头份不少于 3 亿个活菌。

3. 猪多杀性巴氏杆菌病 C20 活疫苗

菌种为 C20 弱毒菌株。是多杀性巴氏杆菌 89-14-20 株的简称，系将猪源荚膜血清型 B 型多杀性巴氏杆菌 C44-1 强毒株与黏液杆菌共同培养传代 89 代，继而通过豚鼠 14 代，再通过鸡传 20 代育成。制造方法同 EO630 株，每头份不少于 5 亿个活菌。

4. 猪多杀性巴氏杆菌病CA活疫苗

菌种为多杀性巴氏杆菌CA弱毒株。用于预防由荚膜A型多杀性巴氏杆菌引起的猪多杀性巴氏杆菌病。按1%～2%接入种子液，按总量的0.1%加入裂解血球全血和适量消泡剂，36～37℃通气培养12～15h，当菌数达到高峰时可停止培养。取样检验。将合格菌液按容量计算，菌液7份加蔗糖明胶稳定剂1份，充分混合后，定量分装，冻干，每头份活菌不应低于3亿个。

5. 猪多杀性巴氏杆菌病灭活疫苗

制苗用菌种为猪源多杀性巴氏杆菌C44-1强毒菌株。细菌培养方法同EO630株，培养的菌液按0.1%～0.15%的量加入甲醛，37℃灭活7～12h。按5份菌液加入1份铝胶配苗，同时按总量的0.005%加入硫柳汞或者0.2%加入苯酚，充分振荡摇匀。定量无菌分装。

6. 牛多杀性巴氏杆菌病灭活疫苗

菌种为牛源多杀性巴氏杆菌C45-2、C46-2、C47-2强毒株。制造方法同猪多杀性巴氏杆菌病灭活疫苗。

八、链球菌病疫苗

（一）疫苗简介

1. 猪链球菌病疫苗

早期的研究采用铝胶灭活疫苗接种临产前母猪或仔猪预防本病曾获得一定效力，但保护力不高。近年来多注意弱毒疫苗和矿物油佐剂苗的研究。

1977年采用自败血型猪链球菌病流行区死猪分离的乙型溶血的兰氏C群猪链球菌，制成铝胶灭活疫苗。接种5mL免疫猪，可获得66%以上的保护力。在四川流行区推广应用，控制了猪链球菌病的流行。以后又用此种灭活苗为基础制成油乳剂苗，增强了疫苗的免疫效力。

关于猪链球菌弱毒活疫苗，国内在1977～1981年用37～45℃传代培养致弱通过鉴定的制苗弱毒菌株，有广西兽医研究所的G10S115、广东佛山兽医专科学校的ST171，分别在一定范围内应用，证明安全有效。其中生产量较大、使用范围较广的是STl71。菌株对小鼠和家兔尚有一定毒性，但对猪安全。注射猪75%以上获得免疫保护力，免疫期6个月。

猪链球菌2型又称荚膜2型猪链球菌，已成为我国当前人畜共患病的一种重要的新病原菌。2005年猪链球菌2型灭活疫苗在我国第1次大规模成批生产运往四川灾区，农业部专家组全程参与指导了疫苗的生产过程。接受免疫注射的猪应在15d内接受两次注射，免疫期可持续4个月以上。

2. 羊链球菌病疫苗

C群兽疫链球菌是引起羊急性败血性链球菌病的病原。对羊链球菌病疫苗，国外研究很少。我国青海研究所首先从流行区分离出链球菌，选出毒力强的菌株制成氢氧化铝胶灭活疫苗，接种后可使75%以上羊获得免疫力，免疫期6个月。1973年后青海研究所成功研制出弱毒活疫苗。弱毒株是用强毒羊源C群兽疫链球菌通过鸽子和鸡、培养基42～45℃高温培养交替传代育成。弱毒疫苗免疫绵羊安全，可使75%以上羊获得免疫力，免疫期达12个月以上。

（二）疫苗制备

1. 猪败血性链球菌病活疫苗

菌种为猪链球菌弱毒ST171株。生产用培养基为缓冲肉汤，按顺序加入0.2%葡萄糖和1%～4%裂解血球全血（或血清），同时按10%～20%接种生产种子液，置37℃培养6～16h，此期间摇瓶2～3次，当菌液混浊和pH下降至6以下时，即可停止培养。将检验合格的菌液加入经过灭菌及预热至37℃的保护剂，充分混匀后定量分装、迅速冻干。注射用每头份≥0.5亿个。口服用每头份活菌不应低于2亿个。

2. 猪链球菌2型灭活疫苗

菌种为毒力强的2型HA9801猪链球菌毒株，菌液培养同猪败血性链球菌病活疫苗，培养物经检验合格后，用甲醛灭活，与氢氧化铝胶佐剂混合制成。用于预防荚膜2型猪链球菌病。

3. 羊败血性链球菌病活疫苗

菌种为羊链球菌弱毒株F60。生产种子制备同猪败血性链球菌病活疫苗，但二级种子培养基为5%血清的缓冲肉汤，培养16～20h。菌液培养为缓冲肉汤，按总量的0.2%加入葡萄糖和1%血清及0.05%水解乳蛋白，按5%接种种子液，置37℃培养10～16h培养结束调pH至7.0～7.2，置2～10℃保存。将纯检合格的菌液7份加稳定剂1份，混匀后，定量分装冻干，每头份活菌不少于200万个。

技能训练一　鸡大肠杆菌灭活疫苗的制备

【目的要求】

（1）掌握细菌性灭活疫苗制造的过程。

（2）掌握菌种的鉴定、菌液培养、活菌计数方法、细菌灭活、配苗与半成品检验方法。

【材料与试剂】

（1）菌种：鸡败血性大肠杆菌EC24、EC30、EC45、EC50、EC44等菌种。

（2）主要器材：无菌室、无菌操作工作台、恒温培养箱、摇床、胶体磨、高压流通蒸汽灭菌柜、干热箱、显微镜、电子天平、烧杯、三角瓶、中性瓶、量筒、试管、平皿、吸管、注射器等。

(3) 试剂：蛋白胨营养琼脂培养基、普通肉汤培养基、T.G 小管培养基、G.A 斜面培养基、G.P 小管培养基；甲醛溶液、10 号白油、司本-80、吐温-80、硬脂酸铝等。

【操作步骤】

1. 大肠杆菌菌液培养

(1) 种子液：将大肠杆菌菌种，分别接种于小管或小瓶普通肉汤培养基中，置 37℃培养 18～24h，经过纯净检验合格后作为种子液。

(2) 细菌培养（小量培养）：将种子液接种于蛋白胨营养琼脂培养基，置 36～37℃培养 18～24h。加适量无菌生理盐水将细菌洗下，装入灭菌的中性瓶中，充分震荡菌液，使细菌分散开。

(3) 纯净检验：将培养的细菌菌液接种于无菌检验用培养基，应纯净生长。

(4) 细菌计数：活菌计数，将菌数调整为 15 亿 CFU/mL。

2. 灭活

按菌液体积加入终浓度为 0.3%的甲醛溶液，于 37℃温箱中灭活 24h，期间震荡数次。灭活后抽取少量菌液，接种于适宜培养基培养，37℃培养 24～48h。菌液灭活后应无菌生长。

3. 乳化配苗

(1) 油相制备：取注射用白油 94 份，加硬脂酸铝 2 份，加热随加随搅拌至透明为止，加司本-80 6 份，混合后，高压灭菌备用。

(2) 水相制备：灭活菌液 96 份，取冷却后灭菌的吐温-80 4 份，装入带玻璃珠灭菌的瓶中，充分振摇使吐温-80 完全溶解为止。

(3) 乳化：取油相 2 份放于胶体磨或乳剂缸内，开动电机慢速转动搅拌，同时徐徐加入水相 1 份，加完后再以 10000r/min 搅拌 2～5min，在终止搅拌前加入 1%硫柳汞溶液，使其最终浓度为 0.01%。乳化后，取 3～5mL 以 3000r/min 离心 15min，若有分层现象，应重复搅拌一次。

4. 成品检验

检验最终成品。

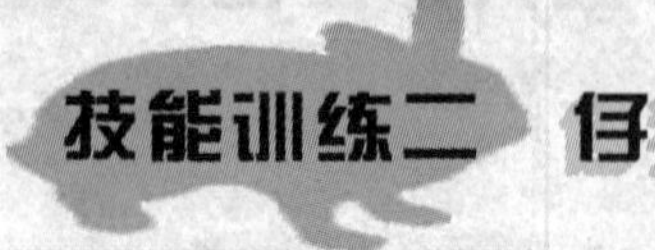

技能训练二 仔猪副伤寒活疫苗的制备

【目的要求】

(1) 了解细菌性活疫苗制造与检验的基本原理和过程。

(2) 掌握菌种的鉴定、菌液培养、活菌计数方法、配苗、冻干与半成品检验方法。

【材料与试剂】

(1) 菌种：猪霍乱沙门氏菌 C500 弱毒株，效检用菌种为猪霍乱沙门氏菌 C78-2 强毒株。

（2）实验动物：1.5～2kg 家兔。

（3）主要器材：无菌室、无菌操作工作台、恒温培养箱、摇床、高压流通蒸汽灭菌柜、干热箱、显微镜、电子天平、烧杯、三角瓶、中性瓶、量筒、试管、平皿、吸管、注射器等。

（4）试剂：肉肝胃消化汤培养基、普通肉汤培养基、普通琼脂培养基、T.G 小管培养基、G.A 斜面培养基、G.P 小管培养基。

【操作步骤】

1. 猪霍乱沙门氏菌菌液培养

（1）种子液：将猪霍乱沙门氏菌菌种，分别接种于小管或小瓶普通肉汤培养基中，置 37℃培养 18～24h，经过纯净检验合格后作为种子液。

（2）细菌培养（小量培养）：将种子液接种于 1.0%～1.5%蛋白胨的普通肉汤培养基中，置摇床充分震荡，37℃培养 18～24h。

2. 半成品检验

（1）纯净检验：将培养的细菌菌液接种于适宜培养基，置 37℃培养 18～24h。应纯粹生长。

（2）细菌计数：准确吸取菌液 0.5mL，放入盛有普通肉汤 4.5mL 的第 1 支试管中（不接触液面），另取一支吸管将第 1 管液体混合均匀后，吸取 0.5mL 此液体放入盛有 4.5mL 肉汤稀释液的第 2 管中，依次稀释至最后一管。根据对样品含菌数的估计，选择适宜稀释度，吸取最终稀释度的菌液接种普通琼脂平板 3 个，每个平板滴 0.1mL，使菌液均匀散开，置 37℃翻转培养 24～48h。肉眼观察菌落，并在平板底面点数，算出 3 个平板的平均菌落数，乘以稀释倍数，再乘以 10，即为每 1mL 原细菌培养液所含的总菌数。最终稀释度一般选取每个平板上的菌落数为 40～200 的稀释度，每头份含活菌数应不少于 $3.0\times10^{9.0}$CFU。

3. 配苗冻干

将检验合格的菌液加入 1.5%明胶、5%蔗糖保护剂，混合均匀，分装冻干。

4. 成品检验

检验最终成品。

知识链接

无菌检验用培养基

20 世纪，我国兽用生物制品无菌检验用培养基，一直沿用马丁琼脂、马丁汤、普通琼脂、普通肉汤、厌气肉肝汤及沙氏培养基等，这些培养基无统一标准，检验结果不够确切。为了使无菌检验培养基与国际标准接轨，我国对无菌检验的方法进行了修改，要求改用硫乙醇酸盐、酪胨琼脂与葡萄糖蛋白胨汤作无菌检验培养基，规定了各自的灵敏度测定方法和标准，使无菌检验培养基达到了国际化和标准化。

1. 硫乙醇酸盐培养基（T.G）

胰酪蛋白胨	15g
葡萄糖	5g
L-半胱氨酸盐酸盐	0.5g
酵母浸出粉	5g
硫乙醇酸钠	0.5g
琼脂粉	0.4g
氯化钠	2.5g
0.2%美蓝溶液（1%刃天青溶液1mL）	0.5mL

以上成分混合，加热溶解，加纯化水至1000mL，以氢氧化钠调pH至7.0～7.2，分装，灭菌。

硫乙醇酸盐为液体培养基，其中加0.04%琼脂粉成流体培养基，即为我们现在用的T.G培养基。在检验某些含组织、血制品的疫苗可不加琼脂，即称为不加琼脂的T.G培养基。培养基中0.04%琼脂粉增加了培养的黏度，降低了空气中的氧气进入培养基的速度，能使培养基保持较长时间的厌氧条件，有利于一般厌氧菌的生长繁殖。

培养基中硫乙醇酸钠和半胱氨酸是较强的还原剂，能消耗溶解在培养基中的氧，可造成培养基中缺氧环境，使培养基保持较低的氧化还原电势，以保证厌氧菌生长的良好环境。

刃天青或美蓝作为氧化还原指示剂加入在培养基中，其敏感度较高。用于硫乙醇酸盐培养基中以观察其含氧程度，当培养基颜色层超过全管1/3，此培养基则需煮沸驱氧，驱氧次数不宜太多。因为分子氧防止专性厌氧微生物的生长，由于氧对它们有毒性，并有致死效应，只有除去氧或降低氧的含量，否则这些微生物不可能生长。氧对这些微生物的毒害原因，是因为这些微生物利用氧产生了过氧化氢，但它们缺少分解过氧化氢的酶，因而过氧化氢积累，使毒性不断增加。不同的细菌所需的营养物质也有很大差别，如果培养成分不适合，则细菌发育不良，故硫乙酸盐培养基检验需氧和厌氧菌，是对一般菌来说的，其不可能使所有细菌生长，发育良好，尤其是那些在特定条件下生长的微生物。所以在检验活菌或纯粹检验时需配一支适宜培养基。

2. 酪胨琼脂培养基（G.A）

此为固体培养基，是不加硫乙醇酸钠，不加指示剂的酪素胰酶消化液，加入13g琼脂粉制成琼脂斜面的培养基。此培养基是为检验需氧菌，便于观察作为参考的培养基。

3. 葡萄糖蛋白胨汤培养基（G. P）

葡萄糖	20g
蛋白胨	5g
酵母浸出粉	2.5g
磷酸二氢钾	1g
硫酸镁	0.5g
琼脂粉	0.4g

以上成分混合，加热溶解，加纯化水至1000mL，调pH至6.4～6.6，分装，灭菌。

本培养基为检验霉菌用培养基，培养基中加0.04%琼脂呈流体型，加琼脂可降低细菌运动速度，污染霉菌漂浮在管中，便于观察。此培养基较沙氏培养基敏感是霉菌生长的适宜培养基。

复习思考题

(1) 简述兽医生物制品中培养基的种类及其应用。

(2) 叙述影响规模化细菌培养效果的因素。

(3) 为什么在细菌生产过程中要对pH进行调整？如何调整？

(4) 生产中细菌规模化培养的方法有哪些？

(5) 采用通气培养的方法进行细菌疫苗的生产时应注意哪些问题？

(6) 图示细菌疫苗生产的工艺流程。

(7) 举例说明细菌疫苗的制造要点是什么？

项目五 病毒性组织疫苗生产技术

【学习目标】

(1) 掌握病毒性组织疫苗生产工艺流程。

(2) 掌握动物和禽胚增殖病毒技术。

(3) 了解组织毒疫苗的生产要点。

【技能目标】

(1) 禽胚毒活疫苗的制备。

(2) 禽胚毒灭活疫苗的制备。

病毒的培养是制备抗原、生产疫苗的前提。病毒是专性寄生物，自身无完整的酶系统，不能进行独立的物质代谢，必须在活的宿主细胞内才能存活和复制。因此培养病毒只能是活的动物、胚胎及活的组织细胞，即动物培养、禽胚培养和细胞培养。

任务一 动物增殖病毒技术

用动物培养病毒是增殖病毒常采用的一种途径。有些病毒必须通过易感动物进行增殖。

一、动物的选择

动物的质量对所增殖病毒的生物学性状及产量影响极大，从而直接或间接地干扰兽用生物制品的质量。因此选择动物的标准有：对相应病毒有易感性；健康，体重、年龄要基本一致，个体差别不宜过大；大动物应来源于非疫区，未接种过相应病毒疫苗的青壮年动物；家兔、小鼠、大鼠等应符合普通级或清洁级实验动物标准；鸡应属非免疫鸡或SPF级标准；犬和猫应品种明确，并符合普通级实验动物标准。

二、接种方法

根据病毒性质和目的，可采取不同途径接种动物。接种方法包括皮下接种、皮内接种、静脉接种、腹腔接种和脑内接种。

（一）脑内接种法

1. 小白鼠和地鼠

不需麻醉，用左手大拇指与食指固定鼠头，用碘酒消毒眼与耳之间注射部位，然后与眼后角、耳前缘及颅前后中线所构成之位置中间进行注射。进针 2～3mm，注射量乳鼠为 0.01～0.02mL。

2. 豚鼠与家兔

一般在麻醉下进行，注射部位在颅前后中线旁约 5mm 平行线与动物瞳孔横线交叉处。先将颅顶部毛拔掉，注射部位用酒精消毒，用手固定注射部位皮肤，用锥刺穿颅骨，拔锥时注意不移动皮肤孔，将针头沿穿孔注入，进针深度 4～10mm，注射量为 0.1～0.25mL。如不麻醉动物，可由一人将动物按在桌上，两手握住两耳，头部按在双爪间的桌面上，两拇指按在动物枕骨粗隆处，拉紧头皮按上法穿孔及注射。

3. 绵羊

一般在麻醉下进行，将羊头顶部事先剪毛，并经硫化钡脱毛后固定于接种台上，碘酒消毒接种部位，在颅顶部中线左侧或右侧，用锥钻一小孔，将病毒液接种于脑内，注射剂量 1mL，接种孔立即用火棉胶封闭。

（二）皮内接种法

常用于较大动物，注射部位可选背部、颈部、腹部、耳及尾根部。剪毛消毒后，用手提起注射部位皮肤，针尖斜面向外，针头和皮肤面平行刺入皮肤 2～3mm，即可注入病毒液。注射部位隆起，注射量 0.1～0.2mL。需要注射较大量时，可分点注射。

（三）皮下接种法

注射部位选在皮肤松弛处，豚鼠及家兔可在腹部及大腿内侧，注射量为 0.5～1.0mL。小白鼠可选在尾根部或背部，用左手拇指和食指捏住头部皮肤，翻转鼠体使腹部向上，将鼠尾和后脚夹于小指和无名指之间，碘酒消毒皮肤，将针头水平方向挑起皮肤，刺入约半寸，缓慢注入，注射量 0.2～0.5mL。

（四）静脉注射法

小白鼠由尾静脉注射，注射量 0.1～1.0mL。家兔由耳静脉注射，注射量 1～2mL。鸡由翅下肱静脉注射，注射量 1～5mL。马、牛由颈静脉注射病毒液规定的剂量。消毒方法同上。

（五）腹腔注射法

消毒方法同上。将被接种动物头向下，尾部向上倾斜 45°腹部向上，针头平行刺入腿根处腹部皮下，然后向下斜行，通过腹部肌肉进入腹腔，注射病毒液规定的剂量。

三、接种后观察和收获

动物接种后应每天观察特征性变化，如体温曲线、特征性临床症状等。根据观察选出接种后出现符合所要求的反应症状的动物，按规定的时间，规定的方法剖杀，采取含毒组织或器官，经所规定的各项检验合格后即可使用。

任务二 禽胚增殖病毒技术

鸡胚来源充足，操作简单，所以被广泛用于病毒的分离、鉴定、抗原制备及疫苗生产等方面。除鸡胚外，鸭胚和鹅胚也可用于某些病毒的增殖。

一、禽胚的选择

禽胚对于病毒增殖和生物制品质量极为重要，必须进行精心选择。普通鸡胚由于可能带有鸡的多种病原体，不适用于疫苗生产。目前理想的禽胚是 SPF 鸡胚。据国家标准，鸡胚不应含有鸡的特定的 22 种病原体，如新城疫、马立克氏病、鸡痘、传染性法氏囊病和传染性支气管炎等病原微生物。国家规定，生产活疫苗必须用 SPF 鸡胚。生产灭活疫苗可用普通鸡胚，应无特定病原的母源抗体，如用于新城疫疫苗生产的鸡胚应无新城疫母源抗体，否则会影响新城疫病毒在胚内增殖。此外，不同病原对禽胚的适应性也不同，如狂犬病和减蛋综合征病毒在鸭胚中比鸡胚中更易增殖，鸡传染性喉气管炎病毒只能在鸡和火鸡胚内增殖，而不能在鸭胚和鸽胚内增殖等。因此，实际应用时应加以严格选择，在尚无 SPF 鸭胚的情况下，某些疫苗生产时可选择无抗体干扰的健康鸭胚。

二、接种和收获

禽胚接种途径和收获方法有 7 种，即绒毛尿囊膜接种法、尿囊腔接种法、羊膜腔接种法、卵黄囊接种法、静脉接种法、胚体接种法和脑内接种法。其中前 4 种比较常用。

（一）绒毛尿囊膜接种法

多用于嗜皮肤性病毒的增殖，如痘病毒、疱疹病毒等。病毒在绒毛尿囊膜上可形成肉眼可见的痘斑。具体接种方法有两种：

(1) 选择 10～13 日龄鸡胚，照检后划出气室和胚位，将卵横卧于蛋架上，用 5％碘酊和 75％酒精两次消毒后于气室部位和胚位的卵壳上分别钻一小孔，鸡胚面要避开血管钻孔，且勿穿透绒毛尿囊膜，然后用吸耳球紧贴气室孔轻轻一吸，在照蛋灯下便

看到鸡胚面小孔处的绒毛膜下陷制成人工气室。随后用6～7号细针头慢慢插入人工气室孔，注入0.1～0.2mL病毒液，轻摇鸡蛋使注入物均匀散布于绒毛尿囊膜上（图5.1），最后用石蜡封孔，置35～37℃孵化。弃去24h内死胚，每日照蛋2次，死亡胚及时置于4℃下12h后收获。

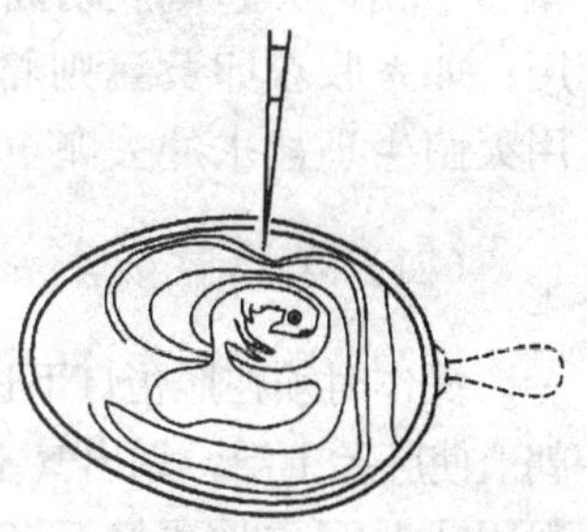

图5.1　鸡胚绒毛尿囊膜接种

（2）选用10～13日龄鸡胚，照检后划出气室，将卵气室向上直立，经两次消毒后于气室部位距气室分界线3～5mm处打一小孔（比注射用针头略大，以便接种时减低正压），然后用细针头斜向蛋壳面插入约5mm，再退出于气室内注入0.2mL病毒液，封口后将鸡胚直立（气室向上）于37℃放置2h，不翻蛋。最后按常规孵化，每日照蛋2次，及时取出死亡胚放4℃下12h后收获。收获时用碘酒消毒人工气室或气室周围蛋壳，去除蛋壳和壳膜，用灭菌镊子轻轻夹起绒毛尿囊膜，并沿气室周围将绒毛尿囊膜全部剪下，取病变明显部位，经研磨制成病毒悬液。

（二）尿囊腔接种法

一般用于新城疫病毒、鸭传染性肝炎病毒和传染性支气管炎病毒等，在生物制品上应用最广。通常选9～11日龄鸡胚，照检后划出气室边界、在气室边界上和下2～3mm处避开血管作标记，用碘酒消毒后，在气室边界上标记处用打孔器打小孔，注入病毒0.1～0.2mL（图5.2），石蜡封口后置37℃培养，每日照检1次，24h内死胚弃去不用。然后根据不同病毒，收获不同时间内死亡或存活的鸡胚尿囊液和羊水。收获时，通常在收获前将鸡胚于4℃放置4～24h，使血液凝固以免收获时流出的红细胞与尿囊液或羊水中的病毒发生凝集，造成病毒滴度下降。然后用碘酒消毒气室部蛋壳，并去除蛋壳和壳膜，再用灭菌吸管通过绒毛尿囊膜插入尿囊腔，吸取尿囊液和羊水备用（图5.3）。目前，国内有的企业在生产中已采用自动接种机接种和收获。

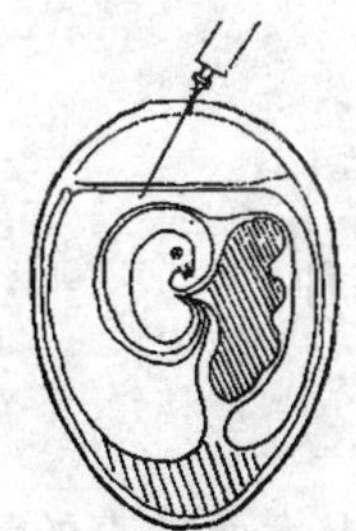

图5.2　鸡胚尿囊腔接种法

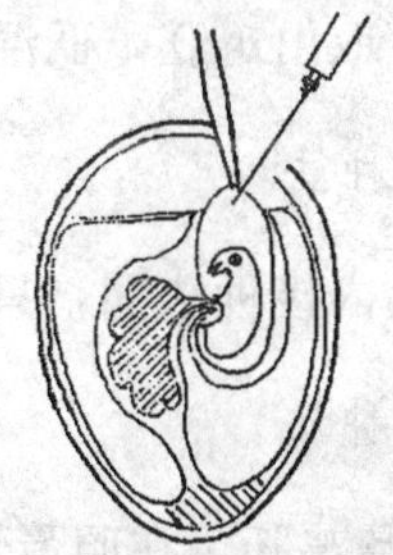

图5.3　吸取尿囊液和羊水

（三）卵黄囊接种法

主要用于立克次氏体、鹦鹉热衣原体及某些病毒的增殖。通常用5～8日龄鸡胚，经照检后划出气室和胎位，在气室中心壳上钻一小孔，接种的针头沿胚的纵轴插入约30mm，注入0.1～0.2mL接种后封口孵化（图5.4）。收获时，无菌操作撕破绒毛尿囊膜和羊膜，夹起鸡胚切断卵黄带，置灭菌平皿中。如系收获鸡胚则将鸡胚低温保存备用；如系收获卵黄囊则将蛋内容物倒入平皿内，用镊子将卵黄囊及绒毛尿囊膜分开，用灭菌生理盐水冲去卵黄，取卵黄囊置低温中保存备用。

（四）羊膜腔接种法

操作时须在照蛋灯下进行，成功率约80%。先将10～12日龄鸡胚直立于蛋盘上，气室朝上使胚胎上浮，划出气室和胚胎位置，在气室端靠近胚胎侧的蛋壳上钻孔（孔径略大于注射用针头），在照蛋灯下将注射器针头轻轻刺向胚体，当稍感抵抗时即可注入病毒液0.1～0.2mL（图5.5）。也可将注射器针头刺向胚体后，以针头拨动胚体下颚或腿，如胚体随针头的拨动而动，则说明针头已进入羊膜腔，然后再注射病毒液，最后封口孵化。本法可使病毒感染鸡胚全部组织，病毒且可通过胚体泄入尿囊腔，收获方法与尿囊腔接种方法相同。

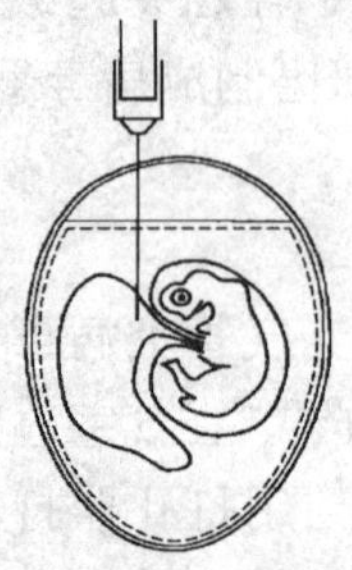

图5.4 鸡胚卵黄囊接种法

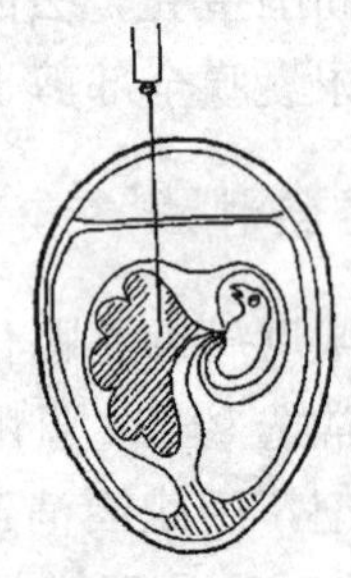

图5.5 鸡胚羊膜腔接种法

（五）脑内接种法

常用于狂犬病病毒的增殖。选用8～13日龄鸡胚，划出气室和胎位，按羊膜腔接种法在接种部位钻一小孔，在绒毛尿囊膜上无大血管处切开一小口，用弯头镊子通过羊膜夹住鸡胚眼睑固定头部，用0.25mL注射器插入鸡胚脑内注入0.01～0.02mL。收获时在无菌条件下取出鸡胚，低温保存备用。

（六）胚体接种法

接种方法与脑内接种法同，只是针头刺入胚体内接种。

（七）静脉接种法

用11～14日龄鸡胚，在照蛋灯下选一绒毛尿囊膜上大而较直的静脉（静脉位置应浅表、不动），并在蛋壳上划一长方形（5mm×15mm）记号，并划出血流方向。用蛋钻在注射部位开一长方形裂痕，除去蛋壳，于蛋窗内壳膜上滴一滴灭菌液体石蜡，使静脉透明可见（图5.6），用注射器顺血流方向刺入血管注入0.05～0.2mL病毒液后，缓慢拔出针头后可不封口，37℃孵化，每日照检1～2次，弃24h

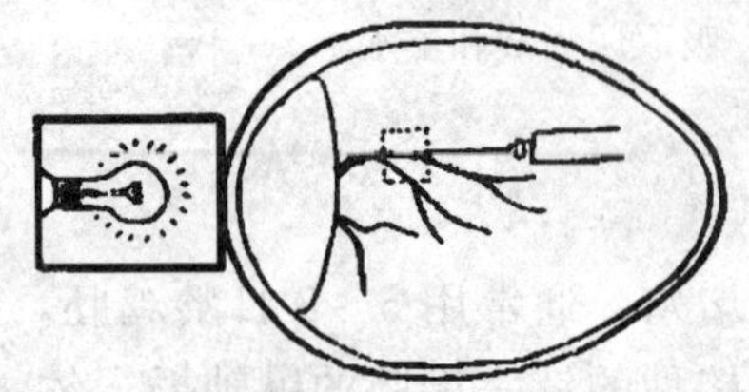

图5.6 静脉接种法

内死胚。收获时按静脉接种法沿反血流方向静脉插入针头，吸收 0.05～0.5mL 血液，鸡胚仍能存活。或者去除气室蛋壳，滴一滴液体石蜡于蛋膜，通过蛋膜用针头刺破内部大血管，使血液渗出壳膜之上，用吸管吸取，可得 0.5mL 血液。

如表 5.1 所示为常见病毒在禽胚内的增殖变化。

表 5.1 常见病毒在禽胚内的增殖变化

病毒	鸡（鸭）胚日龄/d	适宜接种途径	培养温度/℃	培养时间/h	表现	收获物
禽流感病毒	9～12	尿囊腔、绒毛尿囊膜	35～37	36～72	凝集红细胞	尿囊液、羊水
新城疫病毒	9～11	尿囊腔、羊膜腔、卵黄囊	37	96～120	出血、凝集红细胞	绒毛尿囊膜
传染性支气管炎病毒	9～12	尿囊腔	37	30～36	萎缩胚	尿囊液、羊水、绒毛尿囊膜
传染性法氏囊病病毒	9～11	绒毛尿囊膜、尿囊腔、卵黄囊	37	72～144	出血、水肿	尿囊液、羊水
鸡痘病毒	9～12	绒毛尿囊膜、尿囊腔	37	96～120	痘斑	绒毛尿囊膜、卵黄囊、胚体
传染性喉气管炎病毒	9～12	绒毛尿囊膜、尿囊腔	37	120	痘斑、包涵体	绒毛尿囊膜
鸭瘟病毒	9～12	绒毛尿囊膜	37	72～168	出血、水肿	绒毛尿囊膜
鸭病毒性肝炎病毒	10～14 8～10	鸭胚尿囊腔	37	24～72 120～168	出血、水肿	尿囊膜、胚体
羊痘病毒鸡胚化弱毒株	9～10	鸡胚尿囊腔	37	96～120	痘斑	尿囊液、胚体

三、影响禽胚增殖病毒的因素

（一）种蛋质量

（1）病原微生物。家禽有很多疫病及病原可垂直传递于鸡胚，如白血病、脑脊髓炎、腺病毒、支原体及传染性贫血因子等。这些病原体既可污染制品本身，又可影响病毒在鸡胚内的增殖，如新城疫病毒接种 SPF 鸡胚和非免疫鸡胚，在相同条件下增殖培养，前者鸡胚液毒价比后者至少高几个滴度。

（2）母源抗体。鸡在感染一些病原或接受一些抗原后会使其种蛋带有母源抗体，从而影响病毒在鸡胚内的增殖，如鸡传染性法氏囊病病毒接种 SPF 鸡胚，鸡胚死亡率达 100%，但接种非免疫鸡胚，死亡率仅约 30%。

（3）抗生素。家禽混合饲料中常含有一定的抗生素。这种微量的抗生素可在蛋中引起残留，从而影响病原体的增殖。如用四环素喂产蛋母鸡，则鸡胚对立克次氏体和鹦鹉热衣原体的感染产生抵抗。

（二）孵化技术

为获得高滴度病毒，须有适宜的孵化条件，并加以控制，这样才会使鸡胚发育良好，有利于病毒增殖。

(1) 温度。温度是禽胚孵化技术成功的首要条件。通常禽胚发育的适宜温度为37～39.5℃。根据孵化设备及孵化室的不同，实际采用的温度可作适当调整，如用机械通风的主体孵化机孵化，其适宜温度应控制在37.8～38℃。鸭、鹅蛋大且壳厚，蛋内脂肪含量较高，故所用孵化温度比鸡蛋略高。此外，鸡胚较能忍受低温，短期降温对鸡胚发育还有促进作用，故禽胚孵化温度应严格控制，宁低勿高。有些病毒对温度比较敏感，如鸡胚接种传染性支气管炎病毒后，应严格控制孵化温度，不应超过37℃。

(2) 湿度。湿度可控制孵化过程中蛋内水分的蒸发。湿度增高，则空气含水量增加，鸡胚蒸发出的水分降低；反之，则孵化机内空气干燥，鸡胚水分蒸发增加。因此控制相对湿度是必要的。一般禽胚对湿度的适应范围较宽，且有一定的耐受能力。在孵化过程中，湿度偏差5％～10％对禽胚发育没有严重影响。鸡胚孵化湿度标准为55％～65％，水禽胚孵化湿度比鸡胚高5％～10％。

(3) 通风。禽胚在发育过程中吸入氧气，排出二氧化碳。随胚龄增长需更换孵化机内空气。目前使用的孵化机，通常采用机械通风法吸入新鲜空气排出部分污浊气体。如采用普通恒温箱培养，则不应完全密闭，应定期开启以保持箱内空气新鲜。

(4) 翻蛋。通常种蛋大头向上垂直放置入孵，在孵化过程中定期翻蛋，改变位置，既可使胚胎受热均匀，有利于发育；又可防止胚胎与蛋壳粘连。翻蛋还可改变蛋内部压力，强制胚胎定期活动，促进胚胎发育。翻蛋在鸡胚孵化至第4～7d尤为重要。

(三) 接种技术

不同病毒的增殖有不同的接种途径，同一种病毒接种不同日龄禽胚获得的病毒量也不同。如通常鸡胚发育至13～15日龄，鸭胚发育至15～16日龄，尿囊液含量最高，平均6～8mL，羊水1～2mL。因此，由尿囊腔接种病毒时，应根据不同病毒培养所需要的时间选择最恰当的接种胚龄，以获得最高量病毒液。接种量也是影响禽胚增殖病毒重要原因，接种量过大早死胚过多，接种量过小在规定时间内增殖的病毒就会少，影响病毒滴度。同时，接种操作应严格按照规定，不应伤及胚体和血管，以免影响其发育，使病毒增殖速度降低或停止。

(四) 禽胚污染

禽胚污染是危害病毒增殖最严重的因素之一，应严格防止。因此必须做到：①鸡胚接种时严格无菌操作；②定期清扫消毒孵化室，保持室内空气新鲜，无尘土飞扬；③种蛋入孵前先用温水清洗，再用0.1％来苏儿或新洁尔灭消毒，晾干；④定期监测蛋源。

任务三 病毒性组织疫苗生产工艺流程

病毒性组织疫苗生产工艺流程如图5.7所示。

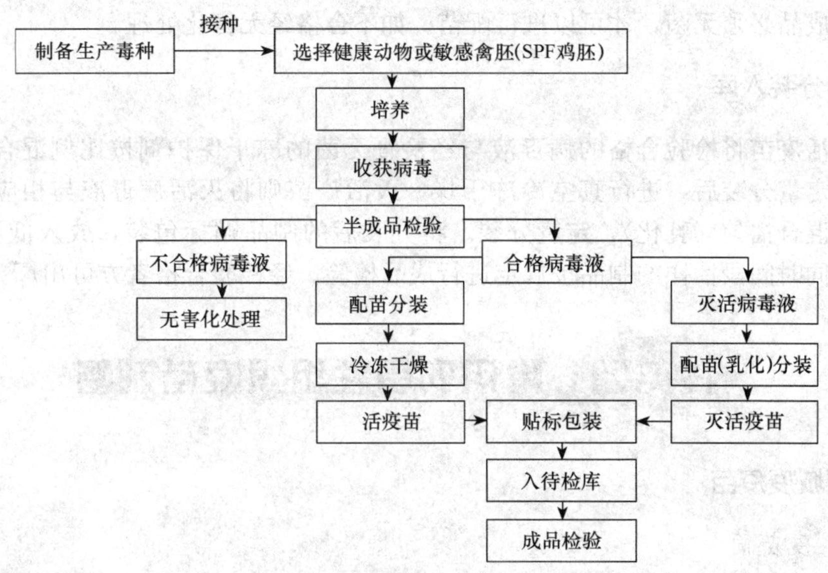

图 5.7 病毒性组织疫苗生产工艺流程图

一、健康动物或敏感禽胚的选择

选择符合要求的动物和禽胚。首先应选择敏感动物和禽胚，病毒只有在其敏感的动物或禽胚体内，才能复制增值，例如猪瘟可以在乳兔、成年家兔及牛体内繁殖，狂犬病和减蛋综合征病毒在鸭胚中比鸡胚中更易增殖，鸡传染性喉气管炎病毒只能在鸡和火鸡胚内增殖，而不能在鸭胚和鸽胚内增殖等。其次要选择非免疫动物和禽胚或SPF动物和禽胚，防止相应抗体的干扰而影响病毒复制。再次要考虑动物和禽胚的健康状况、年龄、品种等指标。

二、生产毒种繁殖

生产毒种是由基础种子扩繁制备而成。通常将基础种子经适当稀释接种于动物或鸡胚中，按规定时间和温度培养，收获含毒组织或病毒液。经毒种鉴定合格后，直接分装或加保护剂冻干，注明收获日期、代次，作为生产用毒种。置－15℃以下保存。毒种继代不超过3～5代。

三、制苗用毒液制备

将合格的生产用毒种经适当稀释接种于动物或鸡胚中，接种方法很多，可根据培养的病毒种类进行选择。接种后的动物或鸡胚，按各自规定时间和温度进行培养，收获含毒组织或病毒液，即为半成品。

四、半成品检验

半成品检验包括无菌检验和病毒含量测定。如果制备灭活疫苗，经无菌检验和病毒含量测定合格后的病毒液，还需用灭活剂进行灭活，灭活后需进行无菌检验和灭活检验。半成品必须无菌，才可以进行配苗。如不合格经无害化处理。

五、配苗分装入库

制造活疫苗将检验合格的病毒液与经检查无菌的冻干保护剂按比例混合，充分混合摇匀，定量分装后，进行真空冷冻干燥。灭活疫苗则将灭活病毒液与相应的佐剂按比例充分混合摇匀（乳化），定量分装。将分装后的制品贴标包装，放入低温待检库。将分装不同时间段抽样的制品按规定进行成品检验。经检验合格者方可出厂。

任务四 常用病毒性组织疫苗制备

一、鸡新城疫疫苗

（一）疫苗简介

1. 活疫苗

鸡新城疫活苗所采用的毒株很多，包括弱毒疫苗株和中等弱毒力疫苗株。如弱毒力疫苗株有 B_1 株、F 株、Lasota 株、V_4 株；中等弱毒力株有 H 株、Mukteswar 株(Ⅰ系)、Roakin 株、Komarov 株等。欧盟及美国等已禁止使用中等毒力株疫苗，我国也不提倡使用。

鸡新城疫病毒株一般说来都由异质群体构成。为了提高疫苗质量。许多人利用克隆化方法选取比原始株免疫原性良好或免疫反应较小的克隆株，如荷兰英特威公司的克隆 30（Clone30)，美国的 N-79 株都是 Lasota 的克隆株。我国从Ⅰ系选出的克隆 83 株，比原毒株的毒性大为减低，仍具有良好的免疫原性。

（1）B_1 株。1948 年获得的一天然弱毒株，称为 Hitchner B_1 株，简称 HB_1 或 B_1 株。几乎无致病性，不能完全致死鸡胚，是毒力最弱的一种。主要用于雏鸡免疫，对 1 日龄雏鸡一般无临床反应，其免疫途径为点眼、滴鼻、饮水、气雾等多种途径接种免疫。我国称为Ⅱ系。

（2）F 株。是英国学者 1952 年从鸡体分离的一株天然弱毒株，同 B_1 株毒力相似，也不能完全致死鸡胚。可用于雏鸡免疫，其免疫途径与 B_1 株苗相同。国内称为Ⅲ系。

（3）Lasota 株。也是天然弱毒株，比 B_1 株毒力稍强，免疫原性好，抗体效价高，可适用于各种年龄鸡只的免疫。雏鸡可用于点眼、滴鼻或饮水免疫，气雾免疫常引起呼吸道反应，尤其是感染支原体的鸡群。多用于 B_1 株后的二次免疫。在我国称为Ⅳ系。

（4）Uisterzc 株。是从外表健康鸡的消化道分离出来的。毒力很弱，不能全部致死 10 日龄鸡胚。对雏鸡无致病性，但免疫原性较弱，经眼、鼻途径免疫效果较好，饮水免疫较差。

（5）V_4 株。在澳大利亚从外表健康鸡的消化道分离出来的，毒力很弱。有人用 V_4 株和 B_1 株及 Lasota 株免疫易感鸡进行比较试验。当点眼或气雾免疫时，V_4 株的免疫原性显著低于 B_1 株和 Lasota 株；当饮水免疫时，在两次试验中有一次比 B_1 株好。还测定

了母源抗体对 3 种疫苗免疫原性的影响，认为 Lasota 受母源抗体的影响最小，V_4 株受母源抗体的影响最大。多数试验表明，Lasota 株和 F 株的免疫原性比 B_1 株好，B_1 株比 Uisterzc 株和 V_4 株好。在致病性方面，免疫原性较好者，致病性也较强。

（6）H 株。1940 年用 Hert's33 强毒株通过鸡胚传代获得的弱毒株，对 8 周龄鸡一般无不良反应，对产卵鸡引起一次性产卵下降，对饲养管理较差的鸡群常引起轻瘫或瘫痪，甚至个别死亡。免疫后 15d 内，可从粪便分离出病毒。免疫途径为注射，用于二次免疫。

（7）Mukteswar 株。1946 年用强毒株通过鸡胚传代获得，主要用于 8 周龄以上鸡的加强免疫，是中发型弱毒株中毒力最强者。

（8）Roakin 株。1949 年从 ND 分离物中筛选出来的自然弱毒株，对 4 周龄以上鸡可用翅膜刺种或肌注免疫，有时有 10%以下的麻痹或死亡。

（9）Komarov 株。是 1946 年用强毒株通过雏鸭脑内传代育成，比 Mukteswar 株毒力弱，常用加强免疫，对 4 周龄以上鸡滴鼻免疫 100%保护。

中发型毒株疫苗具有较强的免疫原性，免疫期较长，一般在接种后 24～48h 即可抵抗强毒攻击，很适于在疫区使用。

2. 灭活疫苗

自发现新城疫不久，就有人从事灭活疫苗的研究。目前研制成功油佐剂苗效果很好。我国用 Lasota 株制备抗原，以甲醛做灭活剂，利用司本 80 乳化白油为佐剂可以制出效力良好的鸡新城疫油乳剂灭活苗，效力达到国际上要求的灭活苗标准。

（二）疫苗制造

我国批准生产的鸡新城疫疫苗有：鸡新城疫Ⅰ系、Ⅱ系弱毒苗、鸡新城疫 F 系弱毒疫苗、新城疫 Lasota 弱毒疫苗。

（1）鸡新城疫Ⅰ系疫苗。鸡新城疫Ⅰ系是我国的编号，原称 Mukteswar 株，简称 M 系。早于 1945 年从印度引进国内，故有人常把Ⅰ系称之印度系。

毒种为 Mukteswar 株。将生产毒种 100 倍稀释，取 0.1mL 接种在 9～11 日龄 SPF 鸡胚尿囊内，37℃孵化，收获 24～48h 死亡的鸡胚胚液，每 0.1mL 病毒含量应≥$10^{-6.5}$ ELD_{50}。合格的病毒液加 5%蔗糖脱脂乳做保护剂，同时加入适宜抗生素，充分混合后，定量分装，加塞、冻干、封口、贴标、入待检库。

（2）鸡新城疫低毒力活疫苗。系用新城疫低毒力弱毒株接种 SPF 鸡胚，收获感染胚液经冷冻干燥制成。毒种为Ⅱ系、F 或 Lasota 株，由中国兽药监察所鉴定、保管和供应。疫苗制造见技能训练一。

（3）鸡新城疫灭活疫苗。毒种为鸡新城疫病毒弱毒 Lasota 株。病毒液制备与鸡新城疫低等毒力活疫苗相同。将合格的病毒液加入甲醛溶液使最终浓度为 0.1%，37℃灭活 16h。灭活后取样，接种 10 日龄鸡胚 6 个，每胚 0.2mL，观察 5d，鸡胚非特异死亡不超过 1 个，对所有胚液分别测定血凝价，应均不出现血凝。将灭活病毒液制成水相与油相按 1∶2 比例乳化，加适量硫柳汞溶液，制成灭活疫苗。

二、鸡传染性支气管炎疫苗

（一）疫苗简介

1. 活疫苗

目前国内外多用鸡胚化弱毒疫苗。用于制备弱毒疫苗的毒株包括 M_{41} 株、荷兰株、Connecticat 株、Arkansas 株、Florida 株和 JMK 株、D_{274} 株、D_{1466} 株及 B、C 亚株等。在美国 M_{41} 株、荷兰株及 Connecticat 株已被广泛应用，荷兰用荷兰株、D_{274} 株和 D_{1466} 株，澳大利亚用 B 和 C 亚株，我国采用 H_{120} 和 H_{52} 株。由于传染性支气管炎病毒具有不同的血清型，各型毒株间的交互免疫效果差，因此常根据本地流行情况，选用单价苗、双价苗和多价苗。

2. 灭活疫苗

美国 1983 年灭活苗已投入商业生产。日本用鸡胚或鸡肾细胞培养物制成灭活佐剂疫苗。德国则用 H_{52} 株制备灭活疫苗。我国用 H_{52} 株、强毒株 F 及肾型毒株进行了灭活苗的研究。此外，我国还研制了 ND-IB 二联灭活苗、ND-EDS-IB 三联油乳剂灭活苗、ND-EDS-IB-IBD 四联油乳剂灭活苗等，实践证明，在养鸡生产中应用这些联苗，效果良好。

（二）疫苗制造

（1）鸡传染性支气管炎弱毒疫苗（H120 株和 H52 株）。毒种为 H120、H52 弱毒株。将生产毒种用生理盐水作 10^{-4}～10^{-2} 稀释，尿囊腔内接种 10～11 日龄 SPF 鸡胚，每胚 0.1mL。置 36～37℃继续孵育，收集 30～36h 活胚，取鸡胚液。鸡胚液应无菌生长，病毒含量应≥$10^{6.0}$ EID_{50}/0.1mL，HA 应为阴性。按比例加入稳定剂，同时加适量抗生素，充分搅拌均匀后，分装冻干。

（2）鸡传染性支气管炎灭活疫苗。毒种为 H120、H52 弱毒株、强毒 F 株、M_{41} 株及肾型毒株等。种毒经尿囊腔接种 10～11 日龄易感鸡胚，36～48h 后收获尿囊液，加甲醛灭活，加吐温 80 为水相，以白油、司本 80、硬脂酸铝配成油相，乳化制成油包水型灭活苗。

（3）鸡新城疫、鸡传染性支气管炎二联活疫苗。本品用鸡新城疫病毒株（B_1 株或 Lasota、Clone30 株、Ⅰ系）鸡传染性支气管炎病毒弱毒株（H120 或 H52、H94），以不同稀释度的病毒等量混合，接种于同一 SPF 鸡胚，收获感染胚液，经检验合格后，用于配苗。每羽份病毒含量：鸡新城疫低毒力株应≥10^{6} EID_{50}；Ⅰ系≥10^{5} ELD_{50}；鸡传染性支气管炎应≥$10^{3.5}$ EID_{50}。

三、鸡传染性法氏囊病疫苗

（一）疫苗简介

法氏囊是禽类的免疫器官，法氏囊损伤无疑会影响机体的免疫机能。预防传染性法氏囊病的发生主要依靠主动免疫，即接种各类疫苗。

1. 活疫苗

1）单价弱毒疫苗

目前在各国市场上销售的弱毒疫苗有 20 多种，根据毒力为三种类型。即高毒型（如初代次的 2512 株、MS 株、J-1 株、BV 株等）、中毒型（如 C_U-1M、BJ836、Lukert、B_2、B_{87}、LKT、S_{706} 等）、温和或低毒型（如 D_{78}、PBG_{98}、LZD_{228}、K 株、IZ 株等）。高毒力株对法氏囊的损伤严重，并有免疫干扰，目前各国已不再使用；中等毒力株可克服高水平的母源抗体；低毒力株对无母源抗体或母源抗体低的雏鸡有效。美国和日本曾分别对 13 种和 8 种疫苗进行测定，找出了免疫原性好而对法氏囊不造成严重损伤，又不产生免疫抑制的制苗种毒，其中 2512IEP、2512HEP、LKT、Cu-1M 等毒株制造的疫苗对法氏囊的反应轻微，且免疫原性好。试验中也发现 PBG_{98}、PV、IZ 等经滴眼接种不能保护，PBG_{98} 经气雾免疫也不能保护。1985 年我国引进的 Cu-1M 鸡胚法氏囊病疫苗毒，经在 CEF 细胞上培育成为 $IBDBJ_{836}$ 株，研制成中等毒力的 IBD 细胞毒活疫苗，此疫苗免疫原性好，不产生免疫抑制，工艺简单，成本低和使用安全，对有母源抗体的雏鸡于 2 周龄接种，无母源抗体的雏鸡于 4～7 日龄接种，添加 0.2%脱脂乳做饮水免疫，可获得更佳的免疫效果。1990 年从广东地区分离获得 CN 903 和 CS 904 株，经鸡胚连续传代致弱，对雏鸡安全性及免疫保护力均良好。

通过细胞培养将变异株 E 致弱，给雏鸡接种安全，能刺激鸡产生抵抗变异毒株和 I 型 IBDV 野毒攻击。将变异株 E 制成克隆化活疫苗，该苗对预防亚临床型 IBD 比用标准 I 型疫苗更为有效。用变异株 BK912 适应鸡胚成纤维细胞制备成变异株冻干疫苗，能抵抗美国标准 IBD 变异株强毒 1084A 囊毒的攻击，保护率为 100%，安全有效，对法氏囊无损伤。

2）多价弱毒疫苗。

美国 Select 公司选择几株免疫原性较好的 IBD 疫苗株研制成功 IBD 广谱疫苗 SVS510，该苗对 7 日龄雏鸡安全，能克服母源抗体的干扰，对 IBDV I 型野毒及变异毒株具有较好的免疫保护作用。1992 年，我国工作者用美国 IBD 血清 I 型商品弱毒疫苗 BURSA-Vac，Vniras-BD 及中国广东亚型弱毒疫苗 CN903 和 CS904 混合组成的弱毒疫苗，免疫 12 和 24 日龄雏鸡，7d 后产生 90%～100%的保护作用，安全性较好。1994 年将血清 Ⅰ 型中等毒力 BJ836 型及 Ⅰ 型亚型 BK912 株适应 CEF 制成二价冻干活疫苗，具有良好的免疫原性。1994 年有人将 IBDV HBD 毒种和 HD_{78} 毒株适应 CEF，制成双价弱毒细胞苗，对强毒攻击的临床保护率为 100%，病理保护率为 90%。

3）联合疫苗

1982 年美国首先研制成功 IBD-ND 二联灭活疫苗，随后开始了联苗的研究，如 IBD-IB-ND 和 IBD-ND-EDS 三联灭活疫苗，IBD-IB-ND-EDS 四联灭活疫苗，以及将 MDV、NDV、IBV 与 IBDV 组成的三联或四联活疫苗，灭活联苗多在 18～20 周龄给种母鸡免疫，子代雏鸡在两周内可有母源抗体。

2. 灭活疫苗

灭活疫苗主要有细胞毒、鸡胚毒佐剂灭活疫苗等。细胞毒疫苗由日本于 1982 年研制成功，将IQ株种毒接种于CEF细胞进行增殖培养，经甲醛灭活后，加氢氧化铝胶制成疫苗。我国于1985年将培育的CJ801株BKF细胞毒接种CEF细胞培养，加入油乳佐剂制成油乳剂灭活疫苗。鸡胚毒佐剂疫苗是将鸡胚适应毒接种鸡胚，收获死胚胚体和绒毛膜匀浆后，经甲醛灭活制成油乳剂苗。临床发病鸡囊组织可用于制备灭活疫苗。

（二）疫苗制造

鸡传染性法氏囊中等毒力活疫苗毒种为鸡传染性法氏囊中等毒力B87株、BJ_{836}株、K_{85}株、J_{87}株。选择发育良好，10～12日龄SPF鸡胚作为制苗材料。取生产用毒种，用灭菌生理盐水稀释50～100倍，每胚尿囊腔或绒毛尿囊膜接种0.1～0.2mL，封孔后，置37℃继续孵育，不必翻蛋。接种后，将36h前死亡的鸡胚弃去。36h后，每隔4～8h照蛋一次，随时取出48～168h内死亡鸡胚，置2～8℃冷却。将冷却4～24h的鸡胚取出，用碘酊消毒气室部，以无菌手术除去蛋壳，收取胎儿和尿囊膜，置于无菌容器内，置－10℃冷冻保存。在收获的同时，应逐个检查胎儿病变，须具有传染性法氏囊病毒B87株所引起的特异性病变。其病毒含量应≥$10^{6.0}ELD_{50}$/0.2mL，可用于配制疫苗。

四、禽流感疫苗

（一）疫苗简介

目前，正式获准生产的家禽流感疫苗有全病毒抗原禽流感灭活疫苗、基因工程禽流感灭活疫苗及禽流感禽痘基因重组活疫苗，包含的血清型为H9亚型和H5亚型。

用以制造全病毒抗原禽流感灭活疫苗的病毒株通常为具有相同H抗原的低致病性或无致病性毒株，如H5亚型疫苗。用高致病性禽流感病毒株制造灭活疫苗时对生产设施的生物安全要求极高，因而并不常见。用低致病性或无致病性禽流感病毒株制备灭活疫苗时对生产设施的生物安全要求较低，如我国批准生产的H5N2亚型全病毒抗原禽流感灭活疫苗属于此种疫苗。基因工程禽流感灭活疫苗是先将流行于某一地区的高致病性禽流感病毒株的基因中决定禽流感高致病性的相关核酸序列人工缺失，再与其他流感病毒株进行反向基因操作，使新的流感病毒株在保持与流行地区高致病性禽流感病毒具有相同保护性抗原的同时，毒力大大降低用来制备灭活疫苗。如中国农科院哈尔滨兽医研究所H5N1型基因重组禽流感灭活疫苗属于此种疫苗。禽流感禽痘基因重组活疫苗则是采用高度安全的鸡痘病毒作为载体研制的基因重组活疫苗。如国外使用的将分离自火鸡的H5N8毒株中与H5抗原相关的基因序列重组入鸡痘病毒载体中所制备的活毒疫苗，及我国哈尔滨兽医研究所研制的禽流感鸡痘载体冻干苗即属此种，也是禽流感与鸡痘二联活疫苗。

在联苗方面，我国已批准注册了新城疫-禽流感（H9亚型）二联灭活疫苗和新城疫-禽流感（H9亚型）-传染性支气管炎三联灭活疫苗。

（二）疫苗制造

禽流感油乳剂灭活疫苗的种毒为具有良好免疫原性的H9亚型禽流感病毒株或H5

亚型重组病毒株。合格的生产种毒用 pH7.2 磷酸盐缓冲溶液将毒种稀释至 10^3～10^4 EID_{50}/0.1mL，经尿囊腔接种 9～10 日龄的 SPF 鸡胚或非免疫鸡胚，每胚 0.1mL，37℃孵育。弃去 24h 内死亡的胚，感染胚置 4℃。收获时，无菌吸取尿囊液，经无菌检验合格的病毒液用甲醛溶液灭活，灭活检验合格后加矿物油佐剂混合乳化制成。

五、鸡产蛋下降综合征疫苗

(一) 疫苗简介

目前，对鸡减蛋综合征（EDS_{76}）进行预防全部采用灭活疫苗。应用较多的是 BC_{14} 株甲醛灭活油乳佐剂苗，接种 18 周龄左右的母鸡，肌肉或皮下接种 0.5mL，15d 产生免疫力，可持续到 12～16 周。近年来鸡减蛋综合征和新城疫灭活二联苗、新城疫、传染性支气管炎和鸡减蛋综合征三联灭活苗、新城疫、传染性支气管炎、传染性法氏囊病和鸡减蛋综合征四联灭活苗的研究较多，效果比较满意。

(二) 疫苗制造

1. 鸡减蛋综合征灭活疫苗

系用禽凝血性腺病毒接种易感鸭胚培养，收获感染胚液，灭活后制备的油乳剂疫苗。毒种接种鸭胚，收获胚液测血凝价应大于等于 1∶10240 倍，应无细菌（霉菌）生长，种毒与特异性血清中和后接种鸭胚后不引起死亡或病变。符合以上标准的毒种作为生产用种子。冻干毒－15℃保存期为 1 年，湿毒 3 个月。继代应不超过 3 代。

选发育良好，8～10 日龄的易感鸭胚。将生产种子用灭菌生理盐水作 50～100 倍稀释，用灭菌的 1mL 注射器（5 号针头）每胚尿囊腔接种 0.1mL，接毒后将针孔用石蜡封住，以防污染。接种后置 36～37℃继续孵育，不必翻蛋。弃去 72h 之前的死胚。72h 后每 4～8h 照蛋一次，死亡鸭胚随时取出。直到 120h，不论死胚活胚均置 4℃冷却 12～24h。将冷却的鸭胚取出，用碘酊消毒气室部位，然后以无菌镊子剥去气室部卵壳及卵壳膜，剪破绒毛尿囊膜及羊膜，谨防卵黄破裂，吸取尿液和羊水。吸取胚液前均应注意检查，凡胎儿腐败、胚液浑浊及有任何污染可疑者，弃去不用。将收获的胚液测定血凝价，HA 应大于等于 1∶10240。

将合格的收获液以 4 层纱布滤过，混合于一个大玻璃瓶内，加入 10%甲醛溶液，随加随摇，使其充分混合，甲醛溶液的最终浓度为 0.1%。加甲醛溶液后最好倾倒另一瓶中，以避免瓶颈附近粘附的病毒未能接触灭活剂。于 37℃灭活 16h（以瓶内温度达到 37℃开始计时）。期间振摇 3～4 次。灭活后在 2～8℃保存，应不超过 1 个月。将合格的病毒灭活液制成油乳剂疫苗。

2. 鸡新城疫、鸡减蛋综合征二联灭活疫苗

系采用鸡新城疫病毒接种易感鸡胚，收获感染胚液；鸡减蛋综合征病毒株接种易感鸭胚，收获感染胚液。经灭活处理并按一定比例混合加油佐剂乳化制备而成。用于预防鸡新城疫、鸡减蛋综合征。

六、鸡传染性喉气管炎疫苗

（一）疫苗简介

鸡传染性喉气管炎（ILT）弱毒苗可以提供良好的免疫，但接种疫苗可导致鸡只带毒，故建议仅在该病流行的地区应用。目前通过细胞传代、鸡的毛囊传代来致弱喉气管炎毒株，或选择轻型地方性流行毒株制造疫苗。

已商业化生产的鸡传染性喉气管炎弱毒疫苗，是用细胞培养或鸡胚培养制备的冻干苗。使用弱毒苗时，绝对不能用气雾免疫的方法。我国研制的鸡传染性喉气管炎鸡胚化弱毒疫苗对 30 日龄以上鸡有良好的免疫效果。滴鼻或点眼免疫有同样的免疫效果，但点眼法更安全。此外，河南农科院曾报道鸡传染性喉气管炎和鸡痘细胞弱毒二联苗的研究，将这两种病毒在鸡胚皮肤细胞上同时增殖，待 75%以上细胞出现病变时收获、冻融，加双抗及防腐剂配制成苗。对鸡传染性喉气管炎的保护率为 83.0%，对鸡痘为 82.8%，免疫期均为 6 个月以上，疫苗安全可靠。弱毒疫苗具有免疫期长、免疫效果好、使用方便等优点，但弱毒疫苗存在散毒的危险。因此，目前国外许多国家已开始限制性地应用弱毒疫苗。

（二）疫苗制造

鸡传染性喉气管炎活疫苗使用的毒种为 K317 株，暂由广东省生物药厂鉴定、保管和供应。将冻干毒种稀释 50～100 倍，接种于 11 日龄 SPF 鸡胚绒毛尿囊膜上，制备生产用毒种。生产毒种病毒含量应≥10^5 EID_{50}/0.2mL。将合格的生产毒种以 30～100 倍进行稀释，接种于 10～12 日龄 SPF 鸡胚绒毛尿囊膜或尿囊腔中，每胚 0.2mL。接种后，置 36.5～37℃孵育，不必翻蛋。每 24h 照蛋一次，剔除 96～120h 前死胚，将活胚置 2～8℃冷却致死，无菌收获有病斑的绒毛尿囊膜。将合格的绒毛尿囊膜称重后磨碎，滤过，以每克组织含 1000 羽份计算。滤过的病毒液加入适量 5%脱脂乳和抗生素混匀，分装，冻干。

七、小鹅瘟疫苗

（一）疫苗简介

1. 小鹅瘟鹅胚全毒疫苗

1961 年方定一等将扬州系小鹅瘟强毒接种 12～14 日龄非免疫鹅胚的尿囊腔继续孵育，收获在 48～120h 死亡鹅胚的尿囊液，制成小鹅瘟鹅胚全毒疫苗。用于免疫成年鹅，免疫鹅产卵孵出的雏鹅 95%以上可获得免疫。

2. 小鹅瘟鸭胚化 GD 弱毒疫苗

是目前应用的弱毒疫苗。陈伯伦等 1985 年用小鹅瘟 GB（广东白沙）强毒株适应于鸭胚育成的一种毒力弱而稳定的减毒苗。此苗安全，用 1000 个免疫量免疫母鹅无不良反应。毒种连续通过雏鹅 5 代不返强。疫苗 10^{-2} 稀释，每只母鹅肌注 1mL，在以后

270d 所产蛋孵出小鹅可得到 100%保护，270～312d 内者可达 81.8%～88.8%保护。不能用于雏鹅。

3. 小鹅瘟鸭胚化弱毒疫苗

1992 年彭万强等用自行分离的广东石楼强毒株，经鸭胚育成的一株对雏鹅无致病性、毒力稳定、免疫原性良好的小鹅瘟鸭胚化弱毒株。毒种接种 8 日龄鸭胚尿囊腔，37℃孵育，收获 96～216h 死亡的胚液制苗。皮下注射或饮水免疫雏鹅时，接种后 7d 获得 100%保护。该疫苗用于雏鹅，也可用于成鹅免疫。

弱毒疫苗采用非免疫鸭胚生产。因此，潜在支原体和外源病毒污染的可能性。

（二）疫苗制造

小鹅瘟活疫苗：制苗用种毒为小鹅瘟鸭胚化弱毒 GD 株。将冻干毒种稀释 10 倍，尿囊腔内接种 8 日龄健康鸭胚，制备生产用毒种。生产毒种病毒含量应$\geqslant 10^{4.5}$ ELD_{50}/0.3mL。病毒含量测定方法：用灭菌生理盐水作 10 倍系列稀释，取 10^{-4}、10^{-5}、10^{-6} 3 个稀释度，各尿囊腔接种 8～10 日龄鸭胚 5 个，每胚 0.3mL，置 37℃，观察 72～144h，记录死亡情况，死胚全身充血，翅尖、趾、胸部毛孔、颈、喙旁、背部、后脑有明显出血，头部皮肤和下颌水肿，计算 ELD_{50}。生产疫苗时选择 8 日龄易感鸭胚。将合格的生产种毒用灭菌生理盐水稀释 10 倍，每胚尿囊腔接种 0.2mL，置 37℃孵育，收获 96～216h 死亡的胚液，经无菌检验应无菌，每 0.3mL 病毒含量$\geqslant 10^{4.5}$ ELD_{50}，加 5%蔗糖脱脂乳保护剂和抗生素，定量分装，迅速冻干。该疫苗雏鹅禁用。

八、猪瘟疫苗

（一）疫苗简介

自 1946 年以来，世界许多国家进行了猪瘟弱毒疫苗的研究，多数采取将自然强毒株通过动物或细胞培养传代途径以减弱其毒力和致病力，并保有良好的免疫原性，从而培育成对猪无毒或弱毒的疫苗毒株，至今已获得了巨大的成功。

猪瘟结晶紫疫苗，首先由 Cole（1948）创造使用，系一种组织灭活疫苗。我国于 1950 年对生产工艺作了改进，皮下注射 1mL 可获得 80%以上的保护率，免疫产生期为 10～14d，免疫期 3 个月以上，在 20 世纪 50 年代广泛用于猪瘟防疫，曾起到了控制流行的目的。然而，由于该苗免疫产生期长、抗体产生慢、免疫期短、成本高和存在散毒危险等原因，大量生产受到限制。

中国自 1950 年开始猪瘟兔化弱株的培育工作，主要路线是先筛选出对兔适应性强、免疫原性优良的毒株，继而进行大剂量感染、交替传代适应或采取免疫抑制诱导方法适应．最后育成了中国兔化弱毒株，即 C 株，又称 K 株。于 1956 年开始用于制造弱毒疫苗在全国推广应用。在世界多数国家使用也证明毒株毒力稳定、安全和免疫效果良好。

1964 年研制成功乳兔组织疫苗，通常 1 只乳兔可生产 1500 头份疫苗，大大提高了产量，降低了成本，在全国推广。南方则用猪瘟兔化弱毒牛体反应疫苗，将 C 株毒接种健康牛，于接种后第5～6d迫杀采取脾脏和全身淋巴结，加入适量保护剂制成冻干疫苗。牛体反应苗在缺乏家兔的牧区生产使用。

猪瘟兔化弱毒细胞培养疫苗系猪瘟兔化C株弱毒种通过敏感细胞增殖培养制成的一类冻干疫苗。仔猪肾细胞培养苗系同源细胞苗，在20世纪70年代曾生产使用过，由于仔猪携带猪瘟病毒的可能性极大，对疫苗的安全性存在一定的潜在危险，加上SPF猪来源尚未获得解决，所以在20世纪80年代已停止生产使用。1980年和1982年我国先后研制了绵羊肾细胞培养苗和奶山羊肾细胞苗，C株毒在羊肾细胞可增殖，细胞培养毒液对兔的毒价一般可达到5万倍，但并不十分稳定，未能获得进一步的推广。

犊牛睾丸细胞培养苗自1985年研制成功以来，已在全国普遍推广使用，成为当今猪瘟兔化弱毒细胞培养疫苗的主要苗型，这种异源细胞苗不仅可提高疫苗产量，而且在疫苗质量上也提高了一步。疫苗接种猪后5d可产生坚强免疫力，免疫期为1年。

（二）疫苗制造

1. 猪瘟乳兔组织疫苗

毒种为我国育成的猪瘟兔化弱毒C株。选用营养良好体重1.5～3kg的家兔，将冻干毒种用灭菌生理盐水制成50倍稀释的乳剂，每兔耳静脉注射1mL，观察起温情况，每6h测温1次，选择定型热反应兔。以无菌操作采取脾脏冷冻保存，作为生产用毒种。将合格的生产种子用灭菌生理盐水进行适当稀释，肌肉接种3～5日龄乳兔，经36～40h后冷冻处死，剖杀无菌采取心、肝、脾、淋、肾和肌肉等组织，加入适量蔗糖脱脂乳保护剂研磨、滤过，然后按含毒组织量补加保护剂，定量分装、冻干制成。通常1只乳兔可生产1500头份疫苗。

2. 猪瘟脾淋组织疫苗

毒种为我国育成的猪瘟兔化弱毒C株。将合格的生产种子用灭菌生理盐水稀释50倍乳剂，每兔静脉接种注射1mL，选择定型热和轻型热反应兔，在体温下降到常温后24h内剖杀，无菌采取脾脏和淋巴结，称重、研磨、滤过，按滤过组织量补加保护剂和抗生素，混匀、定量分装、冷冻干燥，制成脾淋冻干苗。

3. 猪瘟兔化弱毒细胞苗

系用猪瘟兔化弱毒株接种易感细胞，收获细胞培养物，加适宜稳定剂，经冻干制成。取已形成良好单层的牛睾丸次代细胞培养瓶，弃去营养液，接种含3%～5%生产用细胞毒种或0.2%～0.3%脾毒种的维持液，置36～37℃继续培养。接毒后5d作第一次收获换液，以后每隔4d收获换液一次。收毒的次数依细胞生长状况而定，一般收毒在6次左右。收获的毒液置－15℃以下保存，应不超过3个月。各收次病毒培养液分别用家兔测定，每1mL病毒含量≥50000个家兔感染量，方可用于配苗。

4. 猪瘟-猪丹毒-猪多杀性巴氏杆菌病三联活疫苗

制造本品用的菌（毒）种有4株，猪瘟为猪瘟兔化弱毒株，猪丹毒为GC42弱毒株

和G4T10弱毒株，猪多杀性巴氏杆菌为EO630弱毒株。按猪瘟活疫苗生产工艺将猪瘟种毒接种乳兔或细胞，收获乳兔组织病毒液或细胞培养病毒液。将猪丹毒弱毒株和猪源多杀性巴氏杆菌弱毒株分别接种培养基中进行繁殖培养，收获各自的培养菌液。经无菌检验、活菌计数和病毒含量测定，猪瘟乳兔组织毒毒价≥10^4，细胞毒毒价≥5×10^4可用于配制三联疫苗。按每头份含猪瘟乳兔组织不少于0.015g或细胞培养毒液不少于0.015mL、猪丹毒活菌GC42不少于7亿个、G4T10不少于5亿个、猪杀性巴氏杆菌EO630不少于3亿个活菌，计算3种成分的配苗用量，置灭菌容器内混合均匀。以总量计数每7份菌（毒）液加1份明胶蔗糖保护剂，或将猪瘟病毒液加入适量蔗糖脱脂乳稳定剂后，再与加明胶蔗糖的菌液充分混合。按配苗头份定量分装，迅速冻干制成。

技能训练一　鸡新城疫低等毒力活疫苗的制备

【目的要求】

（1）掌握鸡胚接种和培养病毒的基本方法。

（2）掌握鸡新城疫弱毒活疫苗制造方法。

【材料与试剂】

（1）毒种：鸡新城疫病毒弱毒La Sota株；效力检验强毒株为北京株。

（2）实验材料：9～11日龄SPF鸡胚。

（3）主要器材：恒温培养箱、摇床、冻干机、孵化器、照蛋器、高压灭菌柜、干热箱、显微镜、煮沸消毒器、电子天平、烧杯、三角瓶、中性瓶、疫苗瓶、量筒、试管、平皿、1mL吸管、10mL吸管、1mL注射器等。

（4）试剂：5%新洁尔灭、0.85%生理盐水、5%蔗糖脱脂乳保护剂。

【操作步骤】

（1）毒种繁殖：将毒种用灭菌生理盐水作适当稀释（如10^{-4}或10^{-5}），尿囊腔内接种10日龄SPF鸡胚，每胚0.1mL。选接种后72～120h死亡、且病痕明显的鸡胚，分别收获鸡胚液（尿囊液及羊水），装于灭菌容器内。将检验无菌、且对1%鸡红细胞凝集价≥1∶640（微量法1∶512）的鸡胚液混合，定量分装于安瓿中，冷冻保存。注明收获日期，毒种代数等。

（2）病毒接种：选择发育良好的9～10日龄SPF鸡胚作为制苗材料。取生产用毒种用灭菌生理盐水作适当稀释，每胚尿囊腔内接种0.1mL。接种后密封针孔，置36～37℃继续孵育，不必翻蛋。

（3）孵育和观察：鸡胚接种后，每日照蛋1次，将在60h死亡的鸡胚弃去。60h后，每4～8h照蛋1次，死亡的鸡胚随时取出，直至96h或120h，不论死亡与否，全部取出，气室向上直立，置2～8℃冷却。

（4）病毒液收获：将冷却4～24h的鸡胚取出，用碘酒消毒气室部位，然后以无菌手术剥除气室部卵壳，揭去卵壳膜，剪破绒毛尿囊膜及羊膜（勿使卵黄破裂），每若干个鸡胚的胚液混合为一组。收获后的胚液置于灭菌瓶中，加入适宜的抗生素，在2～8℃冷库处理。留样后，结冻保存。

（5）病毒含量测定：按含毒鸡胚液用灭菌生理盐水作10倍系列稀释，取10^{-7}、10^{-8}、10^{-9}3个稀释度各尿囊腔内接种10日龄SPF鸡胚5个，每胚0.1mL，置36～37℃继续孵育，48h以前死亡的鸡胚弃去不计，在48～120h死亡的鸡胚随时取出，收获鸡胚液，同一稀释度的胚液等量混合，按稀释度分别测定红细胞凝集价，至120h，取出所有活胚，逐个收获鸡胚液，分别测定红细胞凝集价，凝集价≥1∶160（微量法1∶128）者判为感染，计算EID_{50}，每0.1mL病毒含量应≥$10^7 EID_{50}$者可用于配制疫苗。

（6）配苗及分装：将检验合格的若干组鸡胚液滤过，混合于同一容器内，按规定羽份，加5%蔗糖脱脂牛奶作稳定剂，同时加入适宜的抗生素，充分摇匀，定量分装，每羽份病毒含量应≥$10^6 EID_{50}$。分装，冻干。

（7）成品检验。

技能训练二 兔病毒性出血症组织灭活疫苗的制备

【目的要求】

掌握兔病毒性出血症组织灭活疫苗的制备方法。

【材料与试剂】

（1）毒种：兔病毒性出血症病毒毒株。

（2）实验动物：1.5kg以上非免疫健康成年家兔。

（3）主要器材：恒温培养箱、兔笼、高压流通蒸汽灭菌柜、干热箱、组织匀浆机、微量振荡器、96孔V型血凝板、微量加样器、显微镜、煮沸消毒器、电子天平、烧杯、三角瓶、中性瓶、疫苗瓶、量筒、试管、平皿、1mL吸管、10mL吸管、1mL注射器等。

（4）试剂：磷酸盐缓冲液（PBS）（0.01mol/L，pH7.4）、0.85%生理盐水、0.5%豚鼠红血球；甲醛溶液。

【操作步骤】

（1）病毒增殖：取生产用毒种，用无菌生理盐水做10倍稀释，选择非免疫的健康青年家兔，皮下注射，接种剂量2mL/只。隔离饲养观察24～96h。

（2）组织悬液的制备：分别无菌采取濒死或死亡兔的肝、脾、心、肺加10倍的灭菌PBS缓冲液。用组织捣碎机匀浆粉碎。

（3）匀浆过滤：用5号筛过滤，收集滤液。组织与PBS稀释液的最终比例为1∶19。

（4）HA测定：用0.5%豚鼠红细胞，进行HA试验，HA效价达$1:2^{10}$以上。

（5）甲醛灭活：按上述制备的病毒液体积，加入0.4%的甲醛，37℃灭活24h，中间每隔2h摇匀一次。

（6）灭活检验：灭活后取少量病毒液，接种于非免疫的健康青年兔，隔离饲养观察7d，取肝组织用易感兔盲传3代，进行灭活检验，所有试验均应正常生长。同时，取少量灭活病毒液，进行HA试验，病毒灭活后HA效价不低于灭活前病毒1～2个滴度。

（7）乳化配苗、分装。

（8）成品检验。

复习思考题

（1）图示病毒性组织疫苗生产工艺流程。

（2）鸡新城疫低毒力活疫苗的制备程序与方法是怎样的？

（3）鸡减蛋综合征油乳剂灭活疫苗的制备程序与方法是怎样的？

（4）举例说明鸡胚半数感染量（EID_{50}）的测定方法及意义。

（5）说明猪瘟毒种繁殖方法与判定标准。

（6）猪瘟组织毒疫苗有哪几种？其制造要点是什么？

（7）如果企业生产的组织性疫苗半成品不合格，根据学过的知识，应该从哪几方面查找原因？

项目六 病毒性细胞疫苗生产技术

【学习目标】

（1）掌握细胞毒疫苗生产工艺流程。

（2）掌握细胞培养和细胞增殖病毒技术。

（3）了解细胞毒疫苗的生产要点。

【技能目标】

（1）细胞毒活疫苗的制备。

（2）细胞毒灭活疫苗的制备。

细胞培养是病毒学中继动物、鸡胚后的第三个重要工具。病毒细胞培养的原理主要是为对病毒易感的组织细胞提供良好的生长环境，使细胞适应并繁殖，从而为病毒增殖提供宿主进行复制。其适用范围广，种类多，操作技术简便，可大批量操作。利用蚀斑技术，可获得纯系病毒，给活疫苗筛选毒种提供了最佳条件。细胞培养用于制备各种死、活疫苗，尤其加工制备浓缩提纯疫苗，大大提高了效率，减少了反应，制备出的疫苗取代了许多用动物或鸡胚制备的疫苗。细胞增殖病毒技术包括细胞培养技术和细胞增殖病毒技术两个方面。

任务一 细胞培养技术

细胞培养是指利用物理方法或化学方法使动物组织或传代细胞分散成单个乃至2～4个细胞团悬液进行培养。在广义上，细胞培养也包括器官培养和组织培养。组织培养是指从体内取出组织，模拟体内生理环境，在无菌、适当温度和一定营养条件下，使之生存和生长，并维持其结构和功能的方法。由于组织培养和细胞培养无严格的区别，目前组织培养这一用语逐渐被细胞培养所取代。器官培养是指对未分散组织进行培养，可保留部分或全部组织在机体中的组织形态。

一、培养细胞的类型

根据培养细胞的染色体和繁殖特性，细胞可分原代细胞、次代细胞和传代细胞三类。

（一）原代细胞

原代细胞是指由新鲜组织经胰酶消化后，将细胞分散制备而成，如鸡胚成纤维细胞（CEF）。原代细胞对病毒的检测最为敏感，但制备和应用不方便。

（二）次代细胞

原代细胞长成单层后用胰酶从玻璃瓶壁上消化下来后，再作培养的细胞称次代细胞，又称继代细胞。它保持原来细胞的理化特性不变，可在体外传代几代到几十代，最后不可避免地逐渐衰老死亡。次代细胞形态和染色体与原代细胞基本相同。如犊牛睾丸三代细胞。

（三）传代细胞

传代细胞是指从原代细胞经传代培养后得来的可以长期连续传代的细胞。包括细胞株和细胞系。

细胞系是指从原代细胞经传代培养后得来的一群不均一的细胞，可以长期连续传代。细胞系又分为有限细胞系和无限细胞系，有限细胞系在体外传代是有限的，无限细胞系能在体外无限传代，其染色体数目及增殖特性均类似于恶性肿瘤细胞，且多来源于癌细胞，如RAG细胞系（鼠肾腺癌细胞）、RAT-1等，有致癌性，故不能用于疫苗制备，多用于病毒的分离鉴定。

细胞株由细胞系克隆获得的、具有特殊遗传、生化性质或特异标记的细胞群，其生物学性质、生化性质呈现均一性。细胞株又分有限细胞株和连续细胞株。有限细胞株的大多数染色体为二倍体，又称亚二倍体细胞，猪肾细胞（PK15）、牛肾细胞（MDBK）等，能连续传很多代（50～100代），但为有限生命；没有肿瘤原。广泛适用于病毒性生物制剂制备（如疫苗生产），安全可靠。连续细胞株可以连续传代，如HeLa细胞株（人子宫颈癌细胞）。

二、细胞营养液的配制

配制细胞培养液和各种溶液，应使用分析纯级化学药品和灭菌的注射用水。

（一）生理平衡盐溶液

1. Hank's平衡盐溶液（汉克氏液）

10倍浓缩液。甲液含氯化钠80g、氯化钾14g、硫酸镁（含7个结晶水）2g、无水氯化钙1.4g。乙液含磷酸氢二钠（含12个结晶水）1.52g、磷酸二氢钾0.6g、葡萄糖10g、1%酚红溶液16mL。甲、乙分别用注射用水溶解，其中氯化钙应单独用注射用水

100mL 溶解，其他试剂顺序溶解后，再加入氯化钙溶液。将乙液倒入甲液，补足水量至 1000mL，置 4℃保存。使用时，以注射用水稀释 10 倍，116℃灭菌 30min。室温贮存。

2. Earle's 平衡盐溶液（欧氏液）

10 倍浓缩液。每 1000mL 含氯化钠 68.5g、氯化钾 4g、氯化钙 2g、硫酸镁（含 7 个结晶水）2g、磷酸二氢钠（含 1 个结晶水）1.4g、葡萄糖 10g、1%酚红溶液 20mL。其中氯化钙应单独用注射用水 100mL 溶解，其他试剂顺序溶解后，再加入氯化钙溶液，然后补足注射用水至 1000mL。使用时，用注射用水稀释 10 倍，116℃灭菌 30min。

以上两种溶液在使用前，以 7.5%碳酸氢钠溶液调 pH 至 7.2～7.4，加入一定量的抗生素。用于冲洗动物组织和细胞、配制细胞营养液及维持液等，具有等渗和一定的酸碱缓冲作用。

（二）7.5%碳酸氢钠溶液

碳酸氢钠 7.5g，溶于 100mL 注射用水，121℃灭菌 30min，分装小瓶，2～8℃保存。也可用滤器滤过除菌。

（三）细胞分散液

1. 0.25%胰蛋白酶溶液

胰蛋白酶（1∶250）1g、汉克氏液 400mL。在室温充分溶解后，用 0.2μm 的微孔滤膜或 G6 型玻璃滤器滤过除菌，分装后−20℃保存。

2. EDTA-胰酶分散液

氯化钠 80g、氯化钾 4g、葡萄糖 10g、碳酸氢钠 5.8g、胰蛋白酶（1∶250）5g、乙二胺四乙酸（EDTA）2g、1%酚红溶液 10mL。各成分依次溶解于注射用水中，最后加注射用水至 1000mL，用 0.2μm 的微孔滤膜或 G6 型玻璃滤器滤过除菌。分装小瓶，−20℃保存。使用时，用注射用水稀释 10 倍。经 35～37℃预热，用 7.5%碳酸氢钠调 pH 至 7.6～8.0。

（四）指示剂

1. 1%酚红溶液

取澄清的氢氧化钠饱和液 56mL，加新煮沸过的冷双蒸水使成 1000mL，即得 1mol/L 氢氧化钠液。称酚红 10g 加氢氧化钠溶液（1mol/L）20mL 搅拌，溶解并静置片刻，将已溶解的酚红溶液倾入 1000mL 刻度容器内。未溶解的酚红再加氢氧化钠溶液（1mol/L）20mL，重复上述操作。如未完全溶解，可再加少量氢氧化钠（1mol/L）溶液，但总量不得超过 60mL。补足注射用水至 1000mL，116℃灭菌 30min 后，置 2～8℃保存。

2. 0.1%中性红溶液

氯化钠 0.85g，中性红 0.1g，注射用水 100mL。溶解后分装，116℃灭菌 30min，2～8℃保存。

（五）营养液

1. 0.5%乳汉液

水解乳蛋白 5g，汉克氏液 1000mL。完全溶解后分装，116℃灭菌 30min，2～8℃保存。用于配制细胞生长液，培养健康细胞。

2. 0.5%乳欧液

水解乳蛋白 5g，欧氏液 1000mL。完全溶解后分装，经 116℃灭菌 30min，2～8℃保存备用。用于配制细胞维持液，培养接毒后的细胞。

3. 合成培养液

由已知化学物质组合而成，适应多种细胞营养需求。市场有粉剂出售，来源方便，成分稳定。如 Eag1e 液、E-MEM 培养基、199 培养基、RPMI-1640 培养基等，各有其特点和适用范围。Eagle 氏液主要成分为 13 种必需氨基酸、8 种维生素、糖和无机盐等成分。E-MEM 它含有 13 种氨基酸、9 种维生素和多种无机盐。199 营养液含有 21 种氨基酸、17 种维生素、21 种其他成分，营养比较齐全，适合于培养多种细胞。RPMI-1640 营养液由含有 20 种氨基酸、11 种维生素、6 种无机盐和 3 种其他成分组成。均有商品出售，使用时按说明配制，但临用前另加谷氨酰胺溶液。

4. 3%谷氨酰胺溶液

L-谷氨酰胺 3g、注射用水 100mL。溶解后，经滤器滤过除菌，分装小瓶，－20℃保存备用。使用时，每 100mL 细胞营养液中加 3%谷氨酰胺溶液 1mL。

（六）血清

血清是细胞生长的必需的营养成分，多用犊牛血清。由颈动脉无菌放血。采血前先向瓶内加些等渗盐溶液湿润瓶壁，采血后置室温或 37℃温箱内待血液完全凝固后，用灭菌玻棒将血块自瓶壁分离。再置室温或 4℃冰箱内 1d，即可吸取血清，如有少量红细胞可离心沉淀除去。经滤过除菌，分装，置－20℃冻存。

血清是细胞污染支原体、病毒等的重要来源。因此，对血清的质量控制尤为重要。血清必须无菌，不得有支原体污染，不得有牛黏膜病毒等外源病毒污染，血清中细菌内毒素含量应不高于 10EU/mL。

（七）抗生素溶液

一般应用青、链霉素。取青霉素 100 万 IU，双氢链霉素硫酸盐 100 万 μg，溶于

100mL 灭菌注射用水中，使每 1mL 含青霉素 10000IU 和链霉素 10000μg，滤过除菌定量分装，−20℃冻结保存。使用时每 1mL 培养液抗生素的浓度为 100IU（μg）。

三、细胞制备方法

（一）原代细胞

首先选取适当组织或器官，如鸡胚体、乳鼠肾脏或犊牛睾丸等，采用机械分散法如剪碎、挤压等使之成为约 $1mm^3$ 小块，然后用 0.25%胰酶（pH7.4～7.6）消化掉细胞间的组织蛋白，消化的时间长短与温度、组织的来源及大小等有关，一般 37℃消化 10～50min，4℃消化需要 12h 左右。消化好的组织块去掉胰酶经吹打成分散的细胞，加上营养液进行培养。

1. 鸡胚成纤维细胞（CEF）制备

选用 9～10 日龄发育良好 SPF 鸡胚。在气室部用 5%碘酊消毒，无菌手术取出胚胎，放入灭菌的玻璃平皿内，去头、四肢和内脏，用汉克氏液洗 2～3 次，用镊子挑入灭菌的烧杯中，用灭菌剪子剪成 1～2mm 大小的组织块。将组织块倒入灭菌的三角烧瓶中，加入预热至 37℃的 0.25%胰酶液，每个胚约 4mL，在 37.5～38.5℃水浴中消化 10～30min，弃去胰酶液。将汉克氏液倒入三角瓶中，静置片刻，倾去上清液，如此洗 2～3 次后，摇动三角烧瓶使细胞分散。加入适量的生长液，通过 6～8 层纱布的漏斗滤过，将滤液制成每 1mL 含活细胞数 100 万～150 万个的细胞悬液，分装于培养瓶中。置 37℃静止或旋转培养。一般在 24h 内形成单层，即可接种。

2. 犊牛睾丸细胞（BTC）制备

犊牛应来源于非猪瘟疫区，无口蹄疫、黏膜病等传染病地区。犊牛经体表消毒，无菌采取牛睾丸，放入含适宜抗生素的汉克氏液中，浸泡 30～40min。无菌操作除去被膜、附睾，将组织剪成 1～2mm 小块，用汉克氏液反复冲洗，至上清液清亮为止。加入 5～8 倍的 0.25%胰酶溶液，塞紧瓶口，置 37℃水浴消化 40～50min，不含预热时间，中间每隔 10min 轻摇一次，消化完毕除去胰酶溶液。用汉克氏液反复冲洗2～3 次，再加入营养液，以玻璃珠振摇法或吹打法分散细胞，反复进行 3～4 次，用 6～8 层纱布滤过，收集细胞悬液。通常 1 对犊牛睾丸可制成 1000mL 细胞悬液，分装于培养瓶中，装量为瓶容积的 1/10，置 36～37℃进行静止或旋转培养，3～5d 长成致密单层。

牛睾丸原代细胞长成单层后，用 EDTA-胰酶细胞分散液消化，以 1∶（3～5）制成次代细胞悬液，继续培养 3～5d，形成良好单层。根据需要接毒或继续进行传代。

3. 仔猪（或胎猪）肾细胞的制备

仔猪应来自猪细小病毒病洁净区。将仔猪体表消毒，无菌采取仔猪肾，放在含适宜抗生素的汉克氏液或欧氏液中浸泡 30～40min。把组织剪成 1～2mm 小块，反复冲洗至上清液清亮为止。将组织块放入消化瓶中，加 5～8 倍 0.25%胰酶溶液。置 37℃水浴消化 30～50min。在消化过程中，每隔 10min 轻摇一次，消化完毕除去胰酶溶液。反复冲洗2～3次，再加入营养液，以玻璃珠振摇法或吹打法分散细胞，反复进行3～4次。用8～10层纱布将细胞过滤，收取细胞悬液，分装于培养瓶中，置36～37℃进行旋转培养，转速为10～12r/h，3～5d长成单层。

（二）传代细胞

多采用EDTA-胰酶消化法，胰酶浓度为0.05%，其作用是消化细胞间的组织蛋白；EDTA浓度为0.01%，其作用是螯合维持细胞间结合的钙镁离子和细胞与细胞瓶间的钙镁离子，使细胞易脱落和分散。

取已长成单层的传代细胞，倾去营养液；加入37℃预热的EDTA-胰酶溶液；待细胞开始脱落时倾去胰酶；加入少量细胞生长液，轻轻吹打使细胞分散，加入剩下生长液，分装培养，48h即可长成单层。某些半悬浮培养或悬浮培养的细胞，不需消化液消化，采用机械吹打即可形成单细胞。

（三）细胞冻存与复苏

细胞株与细胞系均需保存于液氮中（－196℃）。为保持细胞最大存活率，一般采用慢冻快融法。常用冷冻速度为每分钟下降1～2℃，当温度达－25℃时，速度可增至5～10℃/min，到－100℃时则可迅速浸入液氮中。也可采用如下程序：取对数生长期细胞消化后离心，将细胞沉淀用冻存液（10%DMSO，20%犊牛血清，70%MEM）悬浮至200万～500万个/mL细胞数，分装于细胞冻存管后4℃放置1h，然后－20℃放置2h，再放入－70℃冰箱4～6h后放入液氮中保存。复苏时要求快速融化以防止损害细胞。通常将取出的细胞管置37～40℃水浴40～60s融化，离心后除去冻存液，然后将细胞悬浮于培养液中培养。必要时待细胞完全贴壁后换液1次，以防止残留的DMSO对细胞有害。细胞在液氮中可贮存3～5年。通常每冻存1年应再复苏1次。

四、细胞培养方法

随着生物技术的发展，细胞培养方法也日益增多，目前在兽用生物制品上适用的有下列几种方法。

1. 静置培养

将细胞悬液接入培养瓶或培养板中置恒温箱内静置培养，细胞生长繁殖成单层或克隆。静置培养是最常用的细胞培养方法，广泛用于病毒研究和生物制品制造。

2. 转瓶培养

将细胞悬液接入转瓶后放于转瓶机上，转速一般为9～12r/h，使贴壁细胞不始终浸于培养液中，有利于细胞呼吸和物质交换。可在少量的培养液中培养大量的细胞来增殖病毒，多用于生物制品生产。

3. 悬浮培养

悬浮培养是通过振荡或转动装置使细胞始终处于分散悬浮于培养液内的培养方法，

主要用于一些在振荡或搅拌下能生长繁殖的细胞，如生产单克隆抗体的杂交瘤细胞。对正常细胞（贴壁依赖性细胞）、某些传代细胞如 Vero 细胞等不适用，这些细胞在悬浮下会很快死亡。本法一般采用磁力搅拌或转鼓旋转（2400r/min），使细胞保持悬浮，但各种细胞要求不同。细胞培养液不使细胞发生凝集沉淀，培养液中不能含钙镁离子。大量培养时多在发酵罐中进行。发酵罐多具有自动控制温度、pH、气体和搅拌速度的装置。悬浮培养能连续培养和连续收获，细胞传代不受任何处理的损伤，从而可以大量地提高细胞数量，提高生物制品的产量和质量。

4. 微载体培养

微载体以细小的颗粒作为细胞载体，通过搅拌悬浮在培养液内，使细胞在载体表面繁殖成单层的一种细胞培养技术，兼有单层和悬浮细胞培养的优点。微载体直径应为 60～105nm，无毒性，透明，颗粒密度与培养液密度相近似，略重于液体，低速搅拌即能悬浮，不吸收培养液和化学反应，表面光滑、硬度小、有弹性，易于细胞吸附在表面，如 DEAE-SephadexA-50、Cytodexl、Cytodex2、Cytodex3 等。微载体带有正电荷，负电荷的细胞很容易贴附（图 6.1）。

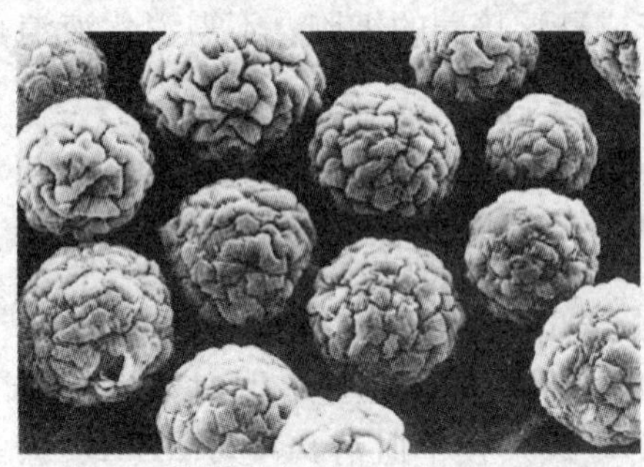

图 6.1 猪肾细胞（IBR-S2）接种后在 Cytodex 上生长 72h 的扫描电子显微镜照片

微载体培养的容器为特制的生物反应器，有自动化装置。常培养的细胞有：猴肾、狗肾、兔肾和鸡胚等原代细胞、仓鼠肾细胞、Vero 细胞及单克隆抗体杂交瘤细胞。细胞产量达 10^6～10^7 个/mL，每 1L 培养液可加微载体 2～5g，每 1g 有 8000～9000 个珠子，培养面积为 2 万～5 万 cm^2，比常规培养面积大 10～25 倍。二倍体细胞和传代细胞用含 10％牛血清 MEM 营养液，原代细胞用含 10％牛血清的水解乳蛋白。如用 MEM，含 0.2％水解乳蛋白，可获得高产量的细胞。培养时，可将微载体和细胞种子悬液等一起加入反应器中，先静止数小时（37℃）进行细胞贴附，然后补足生长液开始搅拌培养。微载体培养条件基本与悬浮培养一样，大型反应器附有各种测试仪、传感器、电脑自动控制等。例如培养原代猴肾细胞，培养 37℃，pH7.2～7.3，氧压 50％～100％饱和空气，搅拌速度小罐 40～60r/min，大罐 60～70r/min。该培养方法完全可以实现自动化和工业化，可满足大量生产疫苗的需要。

5. 中空纤维细胞培养

该技术设计模拟动物体内环境，使细胞能在中空纤维上形成类似组织的多层细胞生长，细胞周围犹如密布微血管，可以不断获得营养物质，同时又可将细胞代谢产物、废物和分泌物送到培养液中被运走。系统由中空纤维生物反应器、培养基容器、供氧器和蠕动泵等组成。中空纤维由乙酸纤维、聚氯乙烯-丙烯复合物或多聚碳酸硅等材料制成，外径 50～100μm，壁厚 25～75μm，壁呈海绵状，上面有很多微孔。中空纤维的内腔表面是一层半透性的超滤膜，允许营养物质和代谢废物出入，而对细胞和大分子物质（如单克隆抗体）有滞留作用。因此，培养液能有效地分布，细胞培养维持时间可达数月，保持高度活性，而且培养的细胞密度大，细胞分泌的蛋白质浓度高，纯度可达 60%～90%。中空纤维生物反应器有柱式、板框式和中心灌流式等不同类型（图 6.2）。该培养系统占用空间小，适于各种类型细胞，尤其是能长期分泌的细胞培养，可制备多种生物物质。但由于设备昂贵，使用范围受到限制。

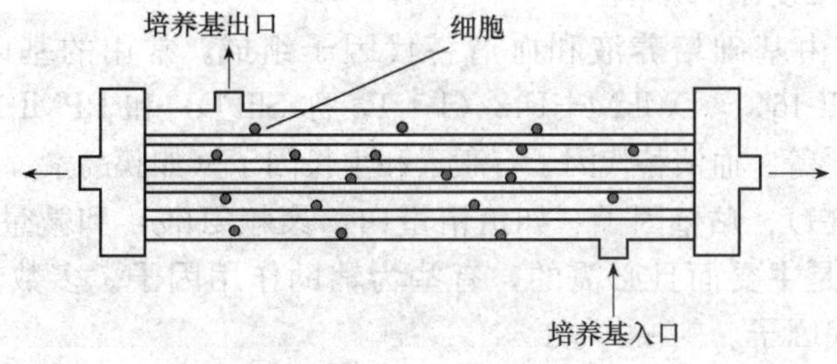

图 6.2 中空纤维反应器示意图

6. 微囊化细胞培养

该系统适用于单克隆抗体生产，即先将杂交瘤细胞微囊化，然后将此具有半透膜的微囊置于培养液中进行悬浮培养，一定时间后从培养液中分离出微囊，冲洗后打开囊膜，离心后可获得高浓度的单克隆抗体。

五、细胞培养要素

细胞在适宜的培养条件下可迅速增殖，但若在不良环境中则会变圆或停止生长，甚至死亡。细胞培养要素包括培养液、血清、细胞接种量、pH、温度、无菌条件和培养器皿清洁度等。

1. 培养液

以往多用天然培养液，现多用合成培养液。合成培养液有多种，如 Eagle's 液、RPMI-1640 和 199 等，各有其特点和适用范围。不同培养液适用于不同细胞，乳汉液多用于鸡胚成纤维细胞培养；Eagle's 液适用于各种二倍体细胞，是最常用的培养液；199 多用于原代肾细胞培养；RPMI-1640 和 DMEM 主要用于肿瘤细胞和淋巴细胞培养。

2. 血清

在细胞培养液中必须加入一定量的血清方能获得成功。血清中除含有细胞生长的部分必需氨基酸外，还有促进细胞生长和贴壁的成分。血清中的 α-球蛋白和白蛋白能促进细胞生长，刺激细胞的生长活力；白蛋白具有解除脂肪酸、胰酶及金属离子等的毒性作用；糖蛋白 α2-球蛋白和 ρ 脂蛋白 G2 能促进细胞贴壁。此外，血清中的一些滤过物质乃是刺激和促进细胞生长的重要因子。不同种动物血清的作用差别较大，即使同一种动物的不同个体间的差异也很显著。实践证明，同种动物优于异种动物血清；

人和牛血清优于马血清；马血清又优于兔血清和鸡血清。目前国内多用犊牛血清，使用前须经56℃灭活30min，并进行细胞毒性试验。生长液血清含量一般为5%～20%。不同种细胞要求血清量也不同，大部分细胞生长液中加入10%血清已可满足细胞生长要求。维持液中血清量为0%～5%。最好尽可能不加入血清以维持细胞活力，并避免血清对病毒增殖的抑制作用。目前国内外正在研制无血清培养液，以避免血清中某些物质对细胞生长和病毒复制的影响。

无血清培养液由基础培养液和血清替代因子组成。常用的基础液为MEM、199、DMEM、F12、RPMI-1640、DMEM＋F12（1∶1，称SFFD）和RPMI-1640＋DMEM＋F12（2∶1∶1，称RDE）等。血清替代因子有激素和生长因子（如胰岛素、上皮生长因子）、结合蛋白（如转铁蛋白）、贴壁因子（如鱼精蛋白、聚赖氨酸）和微量元素（如硒）4类几十种，其中有些是主要而且必需的，有些为辅助作用因子。多数无血清培养液须补加3～8种血清替代因子。

3. 细胞接种量

在适宜的培养条件下，需要有一定量活细胞才能生长繁殖，这是因为细胞在生长过程中分泌刺激细胞分裂的物质，若细胞量太少，这些物质分泌量少，作用也小。此外，细胞接种量和形成单层的速度也有关，接种细胞数量越大，细胞生长为单层的速度越快，但细胞过多对细胞生长也不利。一般鸡胚成纤维细胞为100万个/mL，小鼠或地鼠肾细胞为50万个/mL，猴肾细胞量为30万个/mL，传代细胞为10万～30万个/mL。

4. pH

细胞生长的pH为6.6～7.8，但最适pH为7.0～7.4。培养液中的缓冲体系主要是碳酸氢盐、磷酸氢盐和血清。细胞代谢产生的各种酸性物质可使pH下降，而培养液中的$NaHCO_3$产生CO_2又使pH增高。必要时可加入氢离子缓冲剂HEPES（10～15mmol/L），以增加培养液的缓冲能力。

5. 温度

细胞培养的最适温度应与细胞来源的动物体温一致，在此基础上，如升高2～3℃，则对细胞产生不良影响，甚至在24h内死亡。低温对细胞影响较小，在20～25℃时细胞仍可缓慢生长。

此外，成功的细胞培养还需要严格的无菌操作及洁净的培养器皿。

六、细胞培养污染与控制

细胞培养污染是指细胞培养过程中，有害的成分或异物混入细胞培养环境中，包括微生物（细菌、真菌、支原体、病毒和原虫等）、化学物和异种细胞等。但微生物的污染最常见，化学物污染较少，而细胞交叉污染近几年来随细胞种类的增多也有发生。

1. 细菌污染

多见于消毒不彻底、操作不严格和环境污染所致，表现为营养液很快混浊和 pH 下降，随之细胞死亡脱落。常见的污染菌有大肠杆菌、假单胞菌和葡萄球菌等。应用抗生素预防或处理污染细胞有一定效果。

2. 真菌污染

与消毒不彻底和操作不严格有关。在培养液中可见白色或黄色小点状悬浮物，镜检时可见菌丝结构。念珠菌或酵母菌污染后镜检可见卵圆形菌分散于细胞周边和悬浮于营养液内有折光性。真菌污染时可用两性霉素或制霉菌素处理，但效果不理想。

3. 支原体污染

支原体在细胞培养中最常见，不易察觉，危害较大。目前细胞支原体污染率为 50%～60%，主要来源于犊牛血清、实验人员、细胞原始材料及已污染的细胞。支原体污染可多方面影响细胞的功能和活力，如引起细胞产生病变、竞争细胞的营养、抑制或刺激淋巴细胞转化、造成细胞染色体缺损及促进或抑制病毒增殖等。

迄今尚无消除支原体污染的简便方法。目前多用以下方法：①抗生素（四环素、金霉素、卡那霉素、泰乐霉素、新生霉素）处理；②41℃处理 18h；③加入特异性抗支原体高免血清等。这些方法在一定程度上能降低支原体在细胞培养中的滴度，但很难彻底清除。

4. 病毒污染

病毒污染是指细胞培养中出现非目的病毒，其来源有以下几种。

1）组织带毒

如鸡胚成纤维细胞常有禽呼肠孤病毒；在某些细胞株和细胞系内也有潜在病毒污染，如 PK15 细胞常有猪圆环病毒污染。

2）培养液带毒

主要是在病毒污染实验室中，培养液配制过程中受到污染。病毒污染后细胞往往出现病变。有些病毒虽不出现病变，却干扰目的病毒的增殖。细胞一旦污染病毒，就很难排除。因此主要以预防为主，如选择 SPF 动物组织、营养液配制用水和器皿应消毒后使用等。

5. 胶原虫污染

在犊牛血清中，有时会发现一种新的对细胞培养有害的胶原虫，一经污染就难于消除。目前唯一的方法是将犊牛血清 37℃培养 1 个月以上，然后高速离心取沉淀物镜检检查胶原虫。此外，对某些肿瘤细胞可腹腔注射小鼠，利用巨噬细胞杀死部分胶原虫，然后再抽取细胞进行培养检验。

传代细胞一旦污染支原体、病毒和胶原虫，很难消除。因此，只能重新引进纯净的细胞，建立细胞库。

任务二 细胞增殖病毒技术

一、细胞的选择

病毒须在敏感的宿主细胞中增殖，病毒培养的宿主细胞一般选择相应易感动物的组织细胞（表 6.1）。但非敏感动物的细胞有时也能使病毒生长，如鸭胚成纤维细胞可培养马立克氏病毒。通常病毒的细胞感染谱是通过试验获得的，同一病毒在不同敏感细胞增殖后其毒价不尽相同。

表 6.1 常见病毒细胞感染谱

病毒	敏感细胞
口蹄疫病毒	BHK21、PK15、IBRS21 细胞，牛、猪、羊肾原代细胞
狂犬病病毒	BHK21、W126 细胞，鸡胚成纤维细胞
伪狂犬病病毒	猪、兔肾原代细胞，鸡胚成纤维细胞、BHK21
日本乙型脑炎病毒	鸡胚成纤维细胞、仓鼠肾细胞
猪瘟病毒	PK15 细胞、猪肾细胞、犊牛睾丸细胞
猪水泡病病毒	PK15 细胞、IBRS21 细胞，猪肾细胞
猪传染性胃肠炎病毒	猪肾、猪甲状腺细胞，唾液腺细胞
猪繁殖与呼吸综合征病毒	Marc145、CL2621，猪肺泡巨噬细胞
猪圆环病毒	PK15 细胞
猪细小病毒	ST 细胞、猪肾细胞
牛病毒性腹泻-黏膜病病毒	牛肾细胞、牛睾丸细胞
马传染性贫血病毒	驴、马白细胞
鸡传染性喉气管炎病毒	鸡胚肾细胞
鸡痘病毒	鸡胚成纤维细胞、鸡胚肾细胞
鸡传染性法氏囊病病毒	鸡胚成纤维细胞
鸡马立克氏病病毒	鸡、鸭胚成纤维细胞
鸭瘟病毒	鸡、鸭、鹅胚成纤维细胞
小鹅瘟病毒	鹅胚成纤维细胞
犬瘟热病毒	鸡胚成纤维细胞、犬肾细胞、Vero 细胞
犬传染性肝炎病毒	MDCK 细胞、犬睾丸细胞、肾细胞
犬细小病毒	MDCK 细胞、FK81 细胞、犬猫胚肾细胞
犬副流感病毒	Vero 细胞，犬、猴肾细胞
猫泛白细胞减少症病毒	FK81 细胞、NLFK 细胞、CRFK 细胞、FLF31 细胞、猫肾细胞
水貂传染性肠炎病毒	FK81 细胞，NLFK 细胞，CRFK 细胞，猫、水貂肾细胞

二、细胞培养病毒要素

病毒在敏感细胞上增殖需要一定条件，只有在最佳条件下，病毒才能大量增殖，毒价才会最高。

（一）血清

细胞培养必须加一定量血清以维持细胞的生长。但是，血清中存在一些非特异性抑制因子，它们对某些病毒的生长和增殖有抑制作用，经56℃下30min不能被灭活。为了克服血清中非特异性抑制因子的作用，病毒维持液内血清含量一般不超过5%。目前已有无血清培养液可替代，以维持细胞活力并避免血清中某些物质对病毒增殖的抑制作用。

（二）温度

病毒细胞培养的温度多数为37℃，此温度有利于病毒吸附和侵入细胞，如口蹄疫病毒于37℃可在3～5min内使90%的敏感细胞发生感染，而在25℃时需要20min，15℃以下则很少引起感染。但有些病毒的最适温度或高于37℃或低于37℃。

（三）pH

pH一般在7.2～7.4才能防止细胞过早老化，有利于病毒增殖。如果维持液pH下降过快或过低，也可用7.5%$NaHCO_3$液调整。

（四）接毒量

接种量小，细胞不能完全发生感染，会影响毒价；接种量过大，会产生大量无感染性缺陷病毒，如水泡性口炎病毒。为获得培养液中典型病毒和高度感染性，接种时必须用高稀释度的病毒液，如应用高浓度的病毒液传代，在第3～4代时会出现明显的缺陷病毒，发生自我干扰现象，病毒滴度下降。

（五）接毒方法

应根据病毒特点选择异步接毒和同步接毒，以获得高效价病毒。异步接毒是细胞长成单层后倒去生长液，按维持液的1%～10%（体积分数）量接毒，37℃吸附1h后加入维持液。多数病毒采用该接毒方式。同步接毒是在种植细胞的同时或在种植细胞后4h内将病毒接入，主要用于病毒复制发生在细胞有丝分裂盛期的病毒，如细小病毒等。

（六）支原体污染问题

支原体污染不仅消耗维持液的营养，从而影响细胞生长；同时，也可以影响病毒的增殖。如痘病毒、犬瘟热病毒、马立克氏病毒和新城疫病毒等，均能被鸡毒支原体所抑制。

三、病毒增殖指标与收获

细胞接种病毒后，在适宜温度下培养，多数病毒在敏感细胞内增殖可引起细胞代谢等方面的变化，发生形态改变，即细胞病变，显微镜下主要表现为（图 6.3）：①细胞圆缩。如痘病毒和呼肠孤病毒等；②细胞聚合。如腺病毒；③细胞融合形成合胞体。如副黏病毒和疱疹病毒；④轻微病变。如正黏病毒、冠状病毒、弹状病毒和反转录病毒等。包涵体和血凝性也可作为检查病毒增殖的指标。有些病毒在细胞上增殖并不产生 CPE，如猪瘟病毒和猪圆环病毒等。一般在 CPE 达 75%左右时收获细胞培养物，低温冷冻保存。

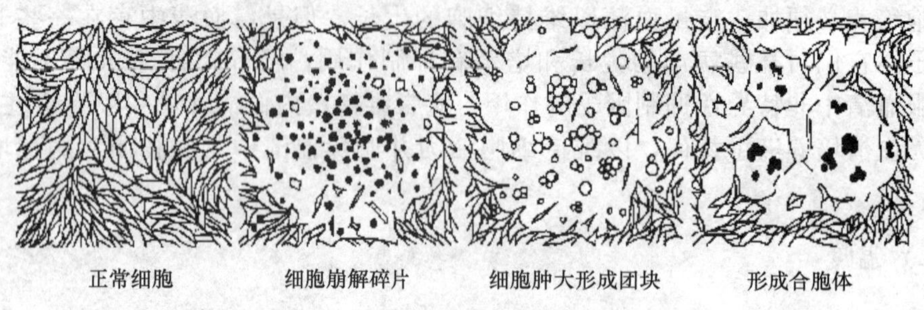

图 6.3 病毒所致细胞病变的模式

任务三 病毒性细胞疫苗生产工艺流程

病毒性细胞疫苗生产工艺流程如图 6.4 所示。

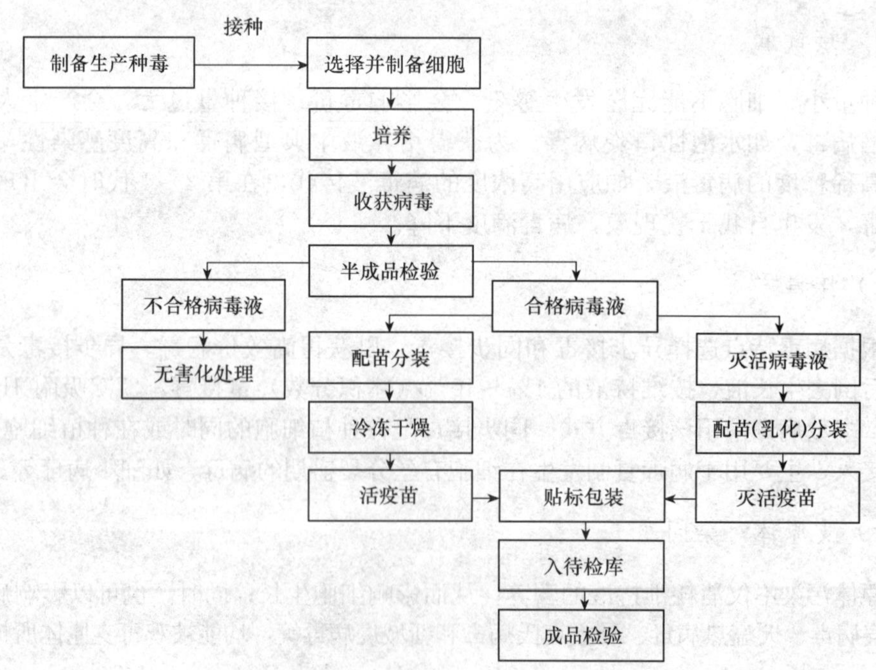

图 6.4 病毒性细胞疫苗生产工艺流程图

一、细胞的选择与制备

可根据培养的病毒种类选择敏感细胞。选择的依据是病毒的适应性强、毒价高；细胞来源方便、制备简单、生命力强。培养病毒用细胞分为原代细胞和传代细胞，原代细胞是将动物组织经胰酶消化后制备的；传代细胞由中国兽医药品监察所负责制备、检验、保管和供应。生物制品用传代细胞包括原始细胞库、主细胞库及工作细胞库。工作细胞库可用于相应疫苗或诊断制剂的生产制造。用于生产的原代细胞株，由于原代细胞不能独立发展成性能稳定的传代细胞系，故对原代细胞不要求建立三级细胞库系统。

二、生产毒种繁殖

生产毒种是由基础种子扩繁制备而成。通常将基础种子按规定在易感动物、禽胚或敏感细胞继代培养，经检验合格后，作为生产用毒种。直接分装或加保护剂冻干，注明收获日期、代次，置－15℃以下保存。毒种继代不超过3～5代。

三、制苗用毒液制备

将合格的生产用毒种接种于细胞单层，病毒接种一般按维持液的1%～10%量接入。科学的接种量应以$TCID_{50}$为依据。病毒接种细胞方法有异步接毒和同步接毒两种。接毒后选择适宜温度进行培养，大多数病毒增殖温度为37℃。病毒在敏感细胞内增殖一般会产生细胞病变（CPE），当CPE达75%左右时收获，反复冻融多次使病毒释放，细胞培养物；或将细胞培养物离心除去细胞碎片，收集上清液，即为半成品，－20℃保存。

四、半成品检验

半成品检验包括无菌检验和病毒含量测定。如果制备灭活疫苗，经无菌检验和病毒含量测定合格后的病毒液，还需用灭活剂进行灭活，灭活后需进行无菌检验和灭活检验。半成品必须无菌，才可以进行配苗。如不合格经无害化处理。

五、配苗分装入库

制造活疫苗将检验合格的病毒液与经检查无菌的冻干保护剂按比例混合，充分混合摇匀，定量分装后，进行真空冷冻干燥。灭活疫苗则将灭活病毒液与相应的佐剂按比例充分混合摇匀（乳化），定量分装。将分装后的制品贴标包装，放入低温待检库。将分装不同时间段抽样的制品按规定进行成品检验。经检验合格者方可出厂。

任务四　常用病毒性细胞疫苗制备

一、鸡马立克氏病疫苗

（一）疫苗简介

马立克氏病毒分为三个血清型。血清Ⅰ型对鸡具有致病性和致瘤性；血清Ⅱ型，对鸡无致病和致瘤性，又称自然无毒力株；血清Ⅲ型，属于火鸡疱疹病毒（HVT）。马立克氏病毒疫苗免疫又以细胞免疫为主，体液免疫为辅。因此马立克氏病疫苗有很多种类，而且都是活疫苗。我国批准使用的疫苗有 HVT 疫苗（FC126 株）和鸡马立克氏病 814 弱毒疫苗。

1. 血清Ⅰ型弱毒疫苗

由强毒株致弱而成或天然弱毒株。如 Md11/75C 株，1982 年美国学者从 HVT 疫苗免疫失败鸡群中分离的超强毒株，经细胞培养传代 78 代后培育而成。接种于无母源抗体的鸡群能有效抵抗超强毒感染。又如荷兰的 CVI988 克隆 C 株，经蚀斑挑选纯化，并在 CEF 上传 65 代培育而成，目前已在一些国家广泛应用，我国某些地区也在使用。这些毒株都是紧密与细胞结合的，如细胞崩溃破坏，病毒即死亡。因此这类疫苗必须保存于－196℃液氮罐中。

2. 血清Ⅱ型自然弱毒疫苗

在鸡群中分离到的，对鸡无致病力的马立克氏病毒株。如美国的 SB-1 株和 301B 株疫苗。它们的免疫效果很好，特别是抵抗超强毒的感染，并且十分安全。属于细胞结合性病毒，需保存在－196℃液氮中。我国研制成功的鸡马立克氏病 814 弱毒疫苗，属于天然弱毒株。

3. 血清Ⅲ型 HVT 疫苗

目前世界各国分离的毒株不下千种之多，但效果最好的是 FC126 株。HVT 不真正属于马立克氏病毒，对鸡不致病，只能防止 MD 的发生，不能阻止 MDV 的感染和传播。HVT 虽然也是细胞结合性病毒，但在细胞内复制的病毒颗粒，大部分有囊膜，加入 SPGA 稳定剂后可将其裂解冻干，在 4℃下保存，免疫时无需依赖活细胞。目前是世界上应用最广的疫苗之一。

4. 马立克氏病毒多价疫苗

目前国际市场上主要推广应用二价苗。世界各国研究了各种组合的二价苗，结果认为血清Ⅱ型毒株与血清Ⅲ型毒株的组合最好。我国也研制试用了 SB-1＋HVT，Z_4＋HVT 二价苗，免疫效果良好。此外，还研制推广了三价苗，如 Md11/75C＋SB-1＋HVT，Md11/75C＋301B＋HVT 等。这种疫苗十分安全，有较好的保护力，无致病性和免疫抑制作用，对抵抗超强毒感染特别有效。

（二）疫苗制造

1. 鸡马立克氏病活疫苗

毒种为马立克氏病病毒自然低毒力 814 株。取液氮保存的毒种，于鸡胚皮肤细胞单层上复壮继代 1～2 代。选培养 48～72h 细胞病变达 70％者收获细胞，分装于小安瓿中封口。保存于－196℃液氮中，经检验合格后为大量生产用种毒。生产疫苗用 9～10

日龄 SPF 鸡胚 CEF，培养 24h 长成细胞单层；弃去细胞生长液，加入一定量含毒细胞和 199 维持液，继续培养至 70%以上细胞出现典型 CPE 时即可收获；弃去维持液，细胞用胰酶消化，离心收集沉淀细胞；将收集的细胞按原培养液量的 10%加入冷冻保护液，使细胞均匀分散，定量分装到安瓿中封口。保存于－196℃液氮中。先在 2～8℃预冷 1h 左右，再徐徐放入液氮面上，30min 后放进液氮中。

2. 鸡马立克氏病火鸡疱疹病毒活疫苗

毒种为火鸡疱疹病毒 FC126 毒株。取冻干或液氮保存的毒种，接种于 CEF 上复壮 1～2 代。选择培养 48～72h、CPE 达 70%以上者收获，分装于小安瓿后封口保存，或于收获的细胞中加入 SPGA 稳定剂，经超声波裂解后冻干保存。生产时以毒种细胞与健康细胞 1∶（60～100）的比例接毒于 CEF；一般在接毒后 48～72h，待 70%以上细胞出现典型 CPE 时，即可收获；倒去培养液，细胞用胰酶消化，加入适量营养液后离心收集沉淀细胞；沉淀细胞加入适量 SPGA 稳定剂，用超声波裂解器进行裂解，释放病毒后即为原苗；原苗收集混合，加入 SPGA，过滤，分装，冻干，即为冻干苗。每羽份应≥2000PUF。

二、鸭瘟疫苗

（一）疫苗简介

弱毒疫苗目前在国内外使用广泛且免疫效果确实。主要有鸭瘟鸡胚化弱毒疫苗、鸭瘟鸡胚化弱毒细胞苗、鸭瘟自然弱毒株疫苗、鹅源性鸭瘟弱毒疫苗。

1. 鸭瘟鸡胚化弱毒疫苗

1965 年南京药械厂自行培育成功 C-KCE 弱毒株。病毒通过鸭胚 9 代，在鸡胚绒毛尿囊膜上传 8 代，适应于鸡胚，再传 20 余代后致弱而成。此苗安全，大剂量注射，200 头份/只，成鸭无反应，不影响产卵量，不散毒，不返祖。本疫苗适用于两月龄以上的鸭，注苗后 3～4d 即可产生免疫力，免疫期为 9 个月。

2. 鸭瘟鸡胚化弱毒细胞苗

湖南生物药厂在鸭瘟鸡胚化弱毒苗基础上研制成功的。所用细胞为鸡胚成纤维细胞（CEF 细胞）。目前国内许多生物药厂生产此种疫苗。

3. 鸭瘟自然弱毒株疫苗

美国科研人员于 1983 年从加州一次小规模鸭瘟爆发中，利用鸭胚成纤维细胞从濒死鸭中分离到一株鸭瘟病毒（Sheridan-83 株）。该毒株对易感鸭无致病作用，可刺激机体产生坚强免疫力，免疫力持续 2 个月以上。

4. 鹅源性鸭瘟弱毒疫苗

鸭用鸭瘟弱毒疫苗对鹅的免疫原性较弱，经鹅连续传代后可增强对鹅的免疫原性，在鹅胚上传至第 90 代后可完全保护小鹅抵抗强毒的攻击。国内 1991 年研制成功鹅源鸭瘟和小鹅瘟二联弱毒疫苗，对小鹅具有良好的安全性和免疫原性。

灭活疫苗有鸭瘟脏器灭活苗、鸭胚灭活苗和鸡胚灭活苗。鸭瘟脏器苗由于产量低、成本高使用受到限制。鸭胚苗和鸡胚苗材料来源广泛，疫苗的安全性和和免疫效力较好。

（二）疫苗制造

将冻干毒种用灭菌生理盐水稀释 50～100 倍，绒毛尿囊膜接种 9～10 日龄 SPF 鸡胚，每胚 0.2mL。取接种后 48～120h 死亡的鸡胚胚液，经检验合格后作为生产种子。制备细胞苗时选择发育良好 CEF。按培养液量的 0.75%～1%接入合格的种子，pH 调为 7.2 左右，接毒后观察，待 75%以上的细胞出现圆缩、色暗不透明，似颗粒状时，即可收获。经检验合格后用于配苗。按比例加入冻干稳定剂，同时加适量抗生素，充分搅拌均匀后，定量分装，冻干。

也可以使用 10 日龄 SPF 鸡胚制备病毒液，将种毒稀释 50～100 倍，绒毛尿囊膜上接种 0.2mL，收获 48～120h 鸡胚液用于配苗。每羽份含组织毒不少于 0.005g。

三、猪繁殖与呼吸综合征疫苗

（一）疫苗简介

猪繁殖与呼吸综合征又称蓝耳病，是 20 世纪 80 年代末期出现的一种新病。美国 1987 年首次报道了这种不明原因的病毒性疾病，它的症状主要表现为流产、早产、死胎、木乃伊、仔猪成活率急剧下降和育成猪呼吸道症状等。继后加拿大、日本、法国、西班牙、荷兰、丹麦等也先后报道了该病的发生。1990～1991 年间仅在欧洲所暴发的毁灭性流行，就造成了 100 万头以上猪的死亡，给养猪业及其产品贸易带来严重威胁。1991 年欧盟提出该病命名为猪繁殖和呼吸综合症（PRRS），该提议于 1992 年得到了国际兽疫局的认可，并将其列为需要通报的 B 类传染病。

1995 年 PRRS 在我国北京地区暴发，随即在我国华北、华东地区部分猪场发生类似 PRRS 的疾病，并从血清学上证实了 PRRS 的存在。1996 年从发病猪场分离到该病病原，并鉴定其为 PRRS 病毒，从而确定了 PRRS 在我国的存在。

（二）疫苗制造

生产用毒种为猪繁殖与呼吸综合征病毒 NVDC-JXAl 株。选择生长良好的 Marc-145 细胞，弃去培养基，按 5%接种生产种毒，吸附 1h，加入维持液继续培养。当 CPE 达 70%以上时收获，反复冻融 2 次，经离心或过滤除去细胞碎片，−20℃以下保存。每 1mL 病毒含量应不低于 $10^{6.0}$ $TCID_{50}$。将合格的病毒液按 0.1%浓度加入甲醛溶液，置 37℃灭活 18h 取出，2～8℃保存，应不超过 2 周。经灭活检验合格的病毒液制成水相，与油相按 1∶1.5 乳化，并加入 1%硫柳汞溶液，使其最终浓度为 0.01%，乳化至取 10mL 以 3000r/min 离心 15min 无分层现象为止。定量分装，进入待检库。

四、猪细小病毒病疫苗

（一）疫苗简介

本病目前尚无有效治疗方法，公认使用疫苗是预防猪细小病毒（PPV）、提高母猪繁殖率的唯一方法。除美国和日本有 3 个弱毒疫苗外，其余均为灭活疫苗，并都已成为商品化生产苗。免疫期一般在 4～6 个月，而弱毒苗的免疫期要比灭活苗长，一般能达到 7 个月以上。美国生产的弱毒疫苗是细胞弱毒苗，是先经胎猪肾原代细胞（FPK）培养数代，然后转到猪睾丸（ST）传代细胞上传代而培育出来的，其疫苗的感染滴度为 10^{7} $TCID_{50}$/0.2mL，血凝价为 512/0.5mL。日本学者于 1979 年和 1982 年各培养出一株温度变异弱毒株。

目前国内有两种猪细小病毒病灭活疫苗供预防本病。一种是氢氧化铝胶灭活疫苗，另一种是油佐剂灭活疫苗。猪注射疫苗后 7～14d 产生免疫，免疫期为 7～12 个月。母源抗体的持续期为 16～24 周，仔猪母源抗体的持续时间与母猪抗体滴度呈正相关。一般认为注苗后血凝抑制抗体效价大于 1∶80 倍时，即可抵抗 PPV 的感染，但血清抗体转阴后一个星期的猪对 PPV 又具有易感性。

（二）疫苗制造

猪细小病毒病油乳剂灭活疫苗制苗用毒种为 PPV S-1 毒株细胞适应毒。

选择生长良好的 ST 细胞或仔猪肾细胞，接毒量为培养液量的 10%。37℃继续转瓶培养。接毒后的 6～8d，待 80%的细胞出现圆缩、细胞结构不清、拉网并脱落时，即可进行病毒的收获，收获的病毒液经 3 次冻融后，置－20℃以下保存。病毒含量应不低于 $10^{6.0}$ $TCID_{50}$/mL，其 HA 价应大于 1024。将合格的病毒液按终浓度为 0.1%加入甲醛溶液，37℃灭活 24h，期间振摇 3～4 次，在 2～8℃保存，应不超过 1 个月。将灭活检验合格的病毒液加入 4%吐温-80 制成水相。与油相 2 份进行乳化制成油包水单相苗，并加入 1%硫柳汞溶液，使其最终浓度为 0.01%，定量分装，进入待检库。

五、猪传染性胃肠炎疫苗

（一）疫苗简介

猪传染性胃肠炎（TGE）灭活疫苗由于不能产生乳汁免疫而很少应用，继而出现了活苗-灭活苗并用法。继之研究最多的是弱毒疫苗，国内外现已培育成的弱毒疫苗逐渐增多，下面介绍几种具有代表性的疫苗。

1. 华毒株疫苗

由中国哈尔滨兽医研究所研制的。本疫苗株是通过胎猪肾细胞传代致弱的，疫苗毒价 $10^{5.0}$ $TCID_{50}$/0.3mL 以上。对妊娠母猪于产前 45d 及 15d 左右进行肌肉、鼻内各接种 1mL，被动免疫的保护率达 95%以上，接种母猪对胎儿无侵袭力。对 3 日龄哺乳仔猪主动免疫的安全性为 90%以上。

2. 浮羽株疫苗

由日本化学及血清疗法研究所研制的。本疫苗株在猪肾细胞传 68 代，克隆纯化后，又传 22 代致弱。在猪肾细胞上增殖制造疫苗，毒价为 $10^{4.0}$ $TCID_{50}$/mL。妊娠母猪产前 5 周及 2 周皮下各接种 2mL。张联欣等（1977 年）用本疫苗对 300 头妊娠母猪皮下接种免疫是安全的，抽样 10 窝仔猪做强毒攻击，发病率为 5.9%，死亡率为 1.2%；对照组的发病率及死亡率分别为 85.4%和 34.1%。还对 3 日龄不吃初乳仔猪皮下接种 2mL 及分别经口接种 0.2mL、0.02mL 是安全的，与健康仔猪同居不感染。

3. h-5 株疫苗

由日本生物科学研究所研制，原始毒株经猪肾细胞传代 120 代致弱，而后进行 4 次克隆纯化。在肾皮质细胞的 100～150 代传代细胞上增殖制苗。采用弱毒苗和灭活苗并用法免疫。第一次给妊娠 6 周内母猪鼻内喷雾接种弱毒苗 1mL，第二次在产前 2～3 周肌肉注射灭活苗 1mL。弱毒苗的毒价在 $10^{7.0}$ $TCID_{50}$/mL 以上，灭活苗在灭活前的毒价应在 $10^{8.3}$ $TCID_{50}$/mL 以上。对 3 日龄哺乳仔猪攻击强毒均安全，对12～23日龄仔猪攻毒，约 3/4 无反应，有反应的仔猪也是一过性的，体重不减，恢复后发育正常，此期间母乳中 IgA 为 4～16 倍。这是日本生物科学研究所提出的 L-K 免疫法，即活苗-灭活苗并用法。

4. TO-163 株疫苗

日本培育的弱毒株疫苗，用于新生仔猪的主动免疫，但免疫效果受环境温度和初乳的影响较大。

除上述疫苗外，美国的 TGE-vae 株、小空斑变异株（Woods）及 TGE 和轮状病毒弱毒联苗，德国的 Bl-300 疫苗株和 Rims 弱毒苗，独联体的 TGE 弱毒苗，保加利亚的 TGE 弱毒苗及匈牙利的 CKP 弱毒苗等，都是目前培育的 TGE 弱毒苗。

（二）疫苗制造

1. 猪传染性胃肠炎-流行性腹泻二联灭活疫苗

猪传染性胃肠炎毒株为经胎猪肾细胞传至 83 代转 PK_{15} 细胞系传代后的华毒株。猪流行性腹泻毒株为 CV777 毒株适应 Vero 细胞系的传代后毒株。猪传染性胃肠炎基础毒种代次为 85～97 代，猪流行性腹泻基础毒种代次为 70～85 代，生产种毒应不超过 5 代。

将合格的毒种接种已生长良好的 PK_{15} 或细胞单层的培养瓶中培养。当细胞病变达 80%以上时，即可收获，经 3 次冻融后，置－40℃保存。猪传染性胃肠炎与猪流行性腹泻病毒含量均应≥$10^{7.0}$ $TCID_{50}$/mL。将两种病毒液等量混合，加入甲醛溶液灭活。将灭活检验合格的病毒液与等量的氢氧化铝胶盐水均匀混合，在室温下沉淀，加入硫柳汞溶液，充分混合，即制成二联灭活疫苗，定量分装。

2. 猪传染性胃肠炎-流行性腹泻二联活疫苗

制苗用种毒与制造方法与灭活苗一样，工艺基本相同，配苗时加冻干保护剂，冷冻干燥制成。

六、口蹄疫疫苗

（一）疫苗简介

目前应用的口蹄疫弱毒苗，除经济、免疫效果好等优点外，还存在一些不容忽视的缺点。例如疫苗株的致弱程度，常随动物种类而不同，如对牛没有毒力或很低的疫苗株，对猪有致病力，使接种动物发生病毒血症；各组织中的疫苗株不易与流行毒株相区别；弱毒株在多代通过易感动物后可能出现的毒力增强——返祖，这更是一个不可忽视的危险。因此，现在有些地区和国家明令禁用弱毒疫苗。

灭活疫苗具有安全、稳定和不致散毒等优点。口蹄疫多价灭活疫苗已被成功应用，特别是口蹄疫在欧洲的控制和扑灭，其中部分应归功于O型、A型、C型口蹄疫三价灭活疫苗的有效应用，常规灭活疫苗仍然是当前世界口蹄疫免疫控制的最主要疫苗。目前，绝大多数的疫苗是用廉价的、稳定的传代细胞，特别是BHK21转瓶单层或发酵罐悬浮培养大规模生产病毒抗原，可进一步纯化、浓缩。使用AEI或BEI灭活病毒，制备安全高效的灭活疫苗。目前多用氢氧化铝胶和矿物油为佐剂。认为双相油佐剂疫苗效果最好，能够用于所有的动物。

（二）疫苗制造

口蹄疫细胞灭活苗毒种为具有良好免疫原性的牛源或猪源强毒株。选择BHK_{21}细胞，接毒量常为维持液量的5%～10%，37℃吸附0.5～2h，加入维持液继续培养，当细胞单层CPE达90%以上时，收取含毒细胞液，病毒含量应≥$10^{8.0}$ $TCID_{50}$/mL，即可用于配苗。经离心或滤过除去细胞碎片，加入0.02%乙酰乙烯亚胺（AEI）或二乙烯亚胺（BEI）灭活剂，于36～37℃灭活24h。经灭活安全性检验合格后浓缩、加佐剂配制成单价、二价、三价或多价疫苗。

在生产口蹄疫细胞灭活苗过程中，除用BHK_{21}细胞外，还可应用IBRS-2细胞或$IFFA_3$细胞。培养方法除用单层细胞培养外，还可用悬浮细胞培养。

七、狂犬病疫苗

（一）疫苗简介

由于狂犬病病毒感染后一般潜伏期较长，可用人工自动免疫获得良好的保护作用。既可在狂犬病发生前预防接种，又可在暴露后接种疫苗防止发病。用疫苗来预防疾病，狂犬病疫苗是应用最早的一种。1882年巴斯德用从病牛中分离到的狂犬病病毒，在家兔脑内连续传代，获得毒力减弱的固定毒，并试制疫苗，于1885年7月在一个被疯狗严重咬伤的小孩身上试用，成功的使小孩免于发病。以后国际上用类似的方法获得了许多固定毒毒株，用来制备不同的狂犬病疫苗，主要有禽胚疫苗和细胞培养疫苗。细胞培养疫苗不含神经组织，其他杂质含量亦很少，不良反应轻微，是迄今最安全的疫苗。

1. 禽胚疫苗

Flury 株制成的疫苗属于此类疫苗。1948 年从狂犬病致死女孩脑内分离的毒株，以死者名而命名 Flury 株，在 1 日龄雏鸡脑内传代成为固定毒。又将其连续通过鸡胚卵黄囊传代，致病力进一步减弱，制成含有大量病毒的鸡胚悬浮液疫苗，称为 Flury 疫苗。它又分为两种：一种是低鸡胚传代株（LEP），指在鸡胚中传至 68 代前的毒株；另一种是高鸡胚传代株（HEP），即在鸡胚上传 130 代以上，通常是用传至 180 代的毒株。其制作程序是，将种毒接种于 6～7 日龄鸡胚卵黄囊，培养 9d 后收获鸡胚胎儿，制成 33%乳剂便可。以 LEP 制备的疫苗，毒性较大，只适用于成龄犬、猫和家兔；曾有对牛只免疫无效的报道，并认为注射后可能引起牛的狂犬病。以 HEP 制备的疫苗，毒力显著减弱，用于牛可获得坚强免疫力，对人也安全，但效果不理想，因此未得到大规模推广使用。

2. BHK_{21} 细胞苗

1977 年郑州兽用生物药品厂从国外引入 Flury/LEP 株，经适应 BHK_{21} 细胞后作为制苗用种毒，用 BHK_{21} 传代细胞生产疫苗。该苗仅限用于犬，保护率为 87.5%，但不适用于 2 个月龄以下幼犬。

3. ERA 株弱毒苗

该毒株系 1935 年在美国阿拉巴马州的传染病中心（CDC）实验室从一只患狂犬病死亡的狗脑中分离的。经小鼠脑中传代，得到一株定名为 SAD 的著名固定毒。1960 年起 Paul Fenje 等人经地鼠肾细胞、鸡胚和犬、牛、猪肾细胞多次传代，培育成功一株毒力减弱的细胞适应毒，为纪念 E. Gayor、Rokitniki 和 Abelseth 三人的工作而定名为 ERA 株。用 ERA 株制成的弱毒疫苗可以免疫各种动物。ERA 病毒及其生产方法已于 1969 年申请了美国专利，从 20 世纪 70 年代起广泛在世界各地使用。1983 年中国兽药监察所从国外引进 ERA 毒株，通过 BHK_{21} 细胞和猪肾原代细胞开始复制病毒。肌肉注射于成牛、山羊、绵羊、狗和家兔，安全性良好，其毒力较 Flury/LEP 株弱。

近年来，狂犬病灭活疫苗有了新的发展。我国用 Flury/LEP 株，接种 BHK_{21} 细胞，制备狂犬病灭活疫苗，用于预防犬、猫的狂犬病，一次注射，免疫期 1 年以上。

（二）疫苗制造

1. 狂犬病弱毒疫苗

毒种为犬用 Flury LEP 弱毒株或兽用 ERA 弱毒株。取生长良好的 BHK_{21} 单层细胞，弃去生长液，按细胞维持液 0.5%～1.0%接种量接毒，置 34～36℃静置或旋转培养，接毒后每天观察细胞 1～2 次，应无异常，4～6d 即可收获，置－15℃以下冻结保

存。病毒含量≥$10^{4.0}$ LD_{50}/0.03mL。将合格的半成品，按比例加入5%蔗糖脱脂牛奶稳定剂，同时加入适量抗生素，充分搅匀，定量分装并冻干。

2. 狂犬病灭活疫苗

毒种为狂犬病 Flury LEP 弱毒株，接种 BHK_{21} 细胞，将病毒培养物反复冻融2次，－15℃以下保存，应不超过30d，病毒含量应≥$10^{5.0}$ LD_{50}/0.03mL。合格病毒液超滤浓缩50～60倍，加入β-丙内酯灭活后，置2～8℃保存。将灭活安全性检验合格的病毒液纯化、根据纯化后蛋白质含量结果，按一定比例加入保护剂，充分混匀，定量分装并冻干。

八、伪狂犬病疫苗

(一) 疫苗简介

关于疫苗研制的报道很多，包括灭活疫苗和弱毒疫苗。目前的动向主要是发展弱毒疫苗。但有些学者认为这两种疫苗注射猪后，只能抑制发病，而不能阻止感染强毒在体内的复制和排毒。还有学者认为在疫区还是应该使用疫苗免疫猪群，以控制疫情发展，降低死亡损失。

1. 灭活疫苗

在欧洲有两种灭活疫苗受到重视。一种是用氢氧化铝胶佐剂制成。另一种是加油佐剂制成。对接种氢氧化铝胶佐剂疫苗的仔猪人工攻毒，其保护率为85%，而油佐剂疫苗则达100%。可见，油佐剂疫苗免疫效果好。

我国于1964年研制成功牛、羊伪狂犬病灭活疫苗。用“闽A株”伪狂犬病强毒通过CEF细胞培养，灭活后制成。专供牛、羊免疫用。该疫苗不能用于猪。1998年华中农业大学采用自然分离猪伪狂犬病毒鄂A强毒株研制成猪伪狂犬病油乳剂灭活疫苗。

2. 弱毒疫苗

自20世纪60年代以来，许多国家采用不同的方法培育出不少伪狂犬病弱毒株。目前，已广泛应用的具有代表性的弱毒株有布加勒斯特株、TK200株、BUK株和K61株。

1) 布加勒斯特株

罗马尼亚布加勒斯特兽用研究所用伪狂犬病强毒通过鸡胚尿囊膜培养继代，至200代以后毒力减弱而育成。用弱毒株通过鸡胚制取弱毒疫苗。只用于妊娠2个月的母猪和生后9日龄以上的仔猪，免疫效果良好。但对兔、豚鼠及小白鼠仍有较强的毒力。

2) TK200株和BUK株

在布加勒斯特株基础上，在鸡胚或CEF细胞继续传代培育而成。两株弱毒疫苗对猪都是安全的，但对其他动物毒力尚强。

3）K61株

匈牙利科学院兽用研究所于1961年用猪伪狂犬病强毒，通过猪肾原代细胞培养继代50代，然后降为32℃又培养20代，并挑选1～2mm的小蚀斑连续选斑而培育成。制苗时用40代种毒通过原代猪肾细胞1～2代复壮，挑小斑，再经CEF培养制苗。用于猪、牛、羊的免疫接种，效果良好。牛、羊及犬主要是由于猪的排毒而被感染，当牛、羊、犬与猪舍相近时，才考虑给牛、羊或犬注苗。我国于1979年引进了K61弱毒株，改进试制成功伪狂犬病弱毒冻干疫苗。本苗仅限用于疫区和周围受威胁区，亦可用于紧急预防接种。

3. 基因工程疫苗

美国已研制成猪伪狂犬病病毒TK基因缺失弱毒疫苗，并已投入市场使用。该疫苗能极大地减少对兔、豚鼠、小白鼠和绵羊的亲神经性和毒力，对猪不仅无毒，而且免疫原性良好。也可以采用血清学方法将接种该疫苗的猪与自然感染猪区别。

（二）疫苗制造

1. 伪狂犬病活疫苗

毒株为伪狂犬病毒Bartha-K61弱毒株。将生长良好的CEF，倒去生长液，换以含有1%生产毒种的细胞维持液，置37℃旋转培养。接毒后，每日观察细胞病变情况，当75%的细胞出现聚集融合与萎缩变圆时收获，置－15℃以下保存。病毒含量应≥$10^{4.5}$ $TCID_{50}$/0.1mL。将合格的细胞毒液移置室温，融化后轻轻振摇，使细胞完全脱落、分散后，混合于同一灭菌容器内，并按细胞毒液7份加入稳定剂1份，混合均匀，定量分装后冻干，每头份不低于5000$TCID_{50}$。该苗用于预防猪、绵羊和牛伪狂犬病。

2. 伪狂犬病灭活疫苗

种毒为伪狂犬病闽A强毒株，接种CEF培养，收获物加氢氧化铝胶磷酸盐缓冲液，充分混匀后，调pH，加入甲醛溶液灭活制成。该苗专供预防牛、羊伪狂犬病，不能用于猪。

3. 猪伪狂犬病油乳剂灭活疫苗

种毒为猪伪狂犬病毒鄂A株，接种于BHK_{21}细胞单层，加入适宜培养液，置37℃孵育。当细胞病变达80%以上时，终止培养，反复冻融3次，无菌操作收取病毒液，加入甲醛溶液灭活，灭活液经检验合格后乳化，定量分装，加塞、密封、贴签。

技能训练一 鸡痘活疫苗的制备

【目的要求】

（1）掌握鸡胚成纤维细胞制备方法。

(2) 掌握细胞增殖病毒的基本方法和细胞性病毒疫苗制备程序。

【材料与试剂】

(1) 毒种：鸡痘鹌鹑化弱毒株（简称鹌系毒）；效检用强毒为鸡痘 102 株。

(2) 实验材料：9～11 日龄 SPF 鸡胚。

(3) 主要器材：无菌室、无菌操作工作台、恒温培养箱、摇床、冻干机、孵化器、照蛋器、高压灭菌柜、干热箱、显微镜、冻干机、电子煮沸消毒器、电子天平、烧杯、三角瓶、中性瓶、疫苗瓶、量筒、试管、平皿、1mL 吸管、10mL 吸管等。

(4) 试剂：5%新洁尔灭、0.85%生理盐水、5%蔗糖脱脂乳保护剂、乳汉液、汉克氏液、犊牛血清、碳酸氢钠、青霉素、链霉素、胰蛋白酶。

【操作步骤】

1. 鸡痘细胞毒液制造

(1) 毒种繁殖：将毒种用灭菌生理盐水稀释至 10^{-3}～10^{-2}，丁绒毛尿囊膜上接种发育良好的 11～12 日龄 SPF 鸡胚，每胚 0.2mL。选接种后 96～120h 死胚和 120h 活胚，无菌采集有水肿或痘斑的绒毛尿囊膜全部或部分，置于灭菌容器内。将检验合格的鸡胚绒毛尿囊膜混合制成乳剂，注明收获日期，毒种代数，冷冻保存。

(2) 细胞的接种、收获：选取生长良好的单层细胞瓶，按培养液量的 1%～3%接入毒种，将 pH 调至 7.2，继续培养。接种后观察细胞病变，待 75%以上的细胞出现特异性病变时，将细胞培养液全部弃去，按 1000mL 细胞瓶加新鲜的含 3%～5%血清的乳汉液 150～200mL 或将原培养液留下 150～200mL 或全部留下，加玻璃珠将细胞单层摇下，收获于灭菌容器内，在－15℃以下保存，应不超过 1 个月。

2. 鸡痘病毒细胞增殖半成品检验及配苗及分装

(1) 细胞毒液毒价测定：将收获的细胞毒混合，用灭菌生理盐水作 10 倍系列稀释，用 10^{-5} 接种 11 日龄鸡胚 5 个，每胚绒毛尿囊膜上接种 0.2mL，接种后 96～120h，全部鸡胚绒毛尿囊膜应水肿、增厚或有痘斑、方可用于配制疫苗。

(2) 配苗及分装：将检验合格的若干组鸡胚液滤过，混合于同一容器内，按规定羽份，加一定比例的 5%蔗糖脱脂牛奶作稳定剂，同时加入适宜的抗生素，充分摇匀，定量分装，每羽份病毒含量应≥10^3 EID_{50}。分装后迅速进行冷冻真空干燥。

3. 成品检验

对最终成品进行检验。

技能训练二　犬瘟热活疫苗的制备

【目的要求】

(1) 掌握鸡胚成纤维细胞制备方法。

（2）掌握细胞增殖病毒的基本方法和细胞性病毒疫苗制备程序。

【材料与试剂】

（1）毒种：水貂犬瘟热 CDV_3毒株。

（2）实验材料：9～11 日龄 SPF 鸡胚。

（3）主要器材：无菌室、无菌操作工作台、恒温培养箱、摇床、冻干机、孵化器、照蛋器、高压流通蒸汽灭菌柜、干热箱、显微镜、电子煮沸消毒器、电子天平、烧杯、三角瓶、中性瓶、疫苗瓶、量筒、试管、平皿、1mL 吸管、10mL 吸管等。

（4）试剂：5%新洁尔灭、0.85%生理盐水、5%蔗糖脱脂乳保护剂、乳汉液、汉克氏液、犊牛血清、碳酸氢钠、青霉素、链霉素、胰蛋白酶。

【操作步骤】

1. 犬瘟热细胞活疫苗制造

（1）种毒的繁殖和继代。将种毒按 2%的比例接种于鸡胚细胞悬液中，48h 后换液，置 33℃温室培养 5d 左右，逐日检查，当发现病变 75%以上时进行收毒，反复冻融 3 次，分装小瓶。如果冻干保存，须按此方法繁育 2～3 代后用于制苗。

（2）培养液的配制。所用培养液均使用 0.1%乳汉液，生长液加 3%混合犊牛血清，pH 为 6.8～7.0；维持液加 1%犊牛血清，pH 为 7.2～7.4；洗涤液，培养液用前现配，溶液内的双抗量为 100～200IU/1mL 青霉素、链霉素。细胞消化用 0.25%胰蛋白酶溶液。

（3）鸡胚细胞初代培养和接毒。将 9～11 日龄健康鸡胚卵壳用 1%碘酒及 70%酒精棉擦拭消毒后，在无菌条件下，取出胚胎，除去头、内脏等，用汉克氏液洗涤 3 次，剪碎胴体，加入 3 倍量的 0.25%胰蛋白酶溶液，置 37℃水浴中消化。消化 20min 左右，倒出胰蛋白酶液，加入适量生长液，充分吹打，反复数次，使细胞分散，用 4～8 层纱布过滤，即成细胞悬液，留出对照瓶，按 5%量接入种毒，置 33℃温室培养。

（4）换液、观察和收获。将培养 48h 的培养瓶取出，倒出生长液，加入维持液，放于 33℃温室培养 5d 左右，逐日观察和记录细胞变化，当细胞病变在 75%以上时收毒（细胞集聚呈网状，拉网变圆或破碎）反复冻融 3 次，逐瓶无菌检验。

2. 犬瘟热细胞病毒液配苗及分装

（1）冻干疫苗的配制。将犬温热病毒液加入青霉素、链霉素（100IU/mL）制成原苗，按适量比例加入 5%蔗糖牛奶保护剂，血清量加到 3%。分装到疫苗瓶中进行冷冻真空干燥处理。

（2）冻结苗的配制、分装。将犬瘟热病毒液加入适量犊牛血清，再加入青霉素、链霉素 100IU/mL，充分混匀，分装于 20mL 疫苗瓶（每瓶 10mL 20 头份）分装完毕，置－15℃低温保存。

3. 成品检验

病毒含量为每头份 $10^{3.5}$ $TCID_{50}$ 以上为合格。

复习思考题

(1) 图示病毒性细胞疫苗生产工艺流程。

(2) 举例说明细胞类型及其应用。

(3) 简述原代细胞和传代细胞的制备方法。

(4) 简述疫苗生产中常用的细胞培养方法及应用特点。

(5) 我国目前临床上应用的猪瘟疫苗有哪两种？简单说明各自的制造方法。

(6) 举例简述病毒性细胞疫苗生产的制造要点。

(7) 如果企业生产的半成品病毒含量不合格，根据学过的知识，应该从哪几方面查找原因？

项目七 诊断用生物制品生产技术

【学习目标】

(1) 掌握诊断用生物制品的种类和用途。

(2) 掌握诊断抗原的种类及制备技术。

(3) 掌握标记抗体的种类及制备技术。

【技能目标】

(1) 能够制备凝集反应和沉淀反应抗原。

(2) 能够制备标记抗体。

诊断用生物制品是指利用微生物（细菌、病毒、衣原体、钩端螺旋体等）和寄生虫培养物、代谢物、组分等有效物及动物血清、腹水等材料制成的，专门用于动物疫病诊断、监测及检疫的一大类制品，又称诊断制剂或诊断液。包括诊断用抗原和诊断用抗体两大类。

诊断用生物制品用于诊断的原理，是基于抗原与抗体能特异性反应以及某些抗原能起动物机体特异性免疫应答的基本特性。因此诊断中可以用已知抗原检测未知抗体，或用已知抗体检测未知抗原；还可根据动物机体对抗原的特异性反应进行动物疫病诊断。诊断用抗原是用经挑选鉴定合格的微生物或其他生物材料，经培养或提纯加工等步骤制造而成。诊断用抗体则是用已知合格抗原免疫动物，采取含有该抗体的动物血清制成或用经预定抗原免疫的淋巴细胞与骨髓瘤细胞融合，产生杂交瘤细胞，获得针对预定抗原的单克隆抗体。

任务一 诊断抗原的制造

诊断抗原按照性质分为颗粒型抗原、可溶性抗原两种。颗粒型抗原主要用于凝集反应，可溶性抗原可用于沉淀反应及其他种类的诊断试验。按照诊断试验的种类可将诊断抗原分为凝集反应抗原、沉淀反应抗原、补体结合反应抗原、中和试验抗原及变

态反应抗原等。

一、凝集反应抗原

凝集反应抗原一般是颗粒型抗原，在有电解质存在条件下，能与特异性抗体特异性结合，形成肉眼可见的凝集块，这种反应称凝集反应。参与凝集反应的抗原称凝集原，抗体称凝集素。凝集反应有直接凝集反应和间接凝集反应两种。直接凝集反应的抗原本身即是颗粒性物质，如细菌、红细胞等，而间接凝集反应是将可溶性抗原或半抗原物质吸附在一种颗粒性载体的表面，如红细胞、乳胶颗粒等，然后再与相应的抗体结合形成肉眼可见的凝集反应。

（一）直接凝集反应抗原的制造

1. 制备方法

一般选择符合要求的合格菌株，接种于适宜培养基培养，用含有福尔马林的生理盐水洗下培养基上的细菌，经一定时间灭活，或用生理盐水洗下后加热灭活。将灭活的菌液过滤，除去大颗粒，离心弃上清，将沉淀用福尔马林生理盐水或石炭酸生理盐水稀释到规定菌数。经无菌检验、特异性检验和标化合格者即为浓菌液。

2. 常用的直接凝集反应抗原

我国生产的兽用直接凝集反应抗原主要有布鲁氏菌凝集反应抗原（包括试管、平板、全乳环状）、马流产凝集反应抗原、鸡白痢平板凝集反应抗原、猪传染性萎缩性鼻炎凝集反应抗原、鸡毒支原体平板凝集反应抗原、伊氏锥虫病凝集抗原等。在此以布鲁氏菌试管凝集反应抗原为例，简述其制造技术。

1）抗原制造

选择抗原性良好的2～3种布鲁氏菌作为菌株，菌落需为光滑型。将合格的种子培养物，接种于适宜培养基培养，分别繁殖各型菌液，经70～80℃杀菌1h，将检验合格的各型菌液等量混合，离心弃上清，将菌液悬浮于0.5%苯酚盐水中，制成浓菌液，经无菌检验合格后用标准阳性血清进行标化。

2）抗原标化

用0.5%的苯酚生理盐水将浓菌液稀释为1∶20、1∶24、1∶28、1∶32、1∶36等5个稀释度，将标准阳性血清稀释成1∶300、1∶400、1∶500、1∶600、1∶700等5个稀释度。将稀释的抗原和血清排成方阵进行试管凝集试验，每只反应管中加抗原和血清各0.5mL，37℃作用24h观察结果。当标准阳性血清对标准抗原的凝集价为1∶1000“＋＋”时，在血清1∶1000稀释度呈现“＋＋”，1∶1200呈现“－”、“±”或“＋”的凝集现象的抗原最小稀释度，即为浓菌液应稀释的倍数。然后再以同法作一次测定，如果二次测定结果一致，则按测出的抗原最小稀释度稀释使用。如表7.1～表7.3所示。

表 7.1 浓菌液稀释比例表

浓菌液/mL	0.5%苯酚生理盐水/mL	稀 释 度
1	19	1∶20
1	23	1∶24
1	27	1∶28
1	31	1∶32
1	35	1∶36
1	39	1∶40

表 7.2 标准阳性血清稀释比例表

100倍血清稀释液/mL	0.5%苯酚生理盐水/mL	稀释度
5	10	1∶300
5	15	1∶400
5	20	1∶500
5	25	1∶600
5	30	1∶700

表 7.3 不同浓度抗原对标准阳性血清的凝集反应结果

抗原稀释度	血清最初稀释度				
	1∶300	1∶400	1∶500	1∶600	1∶700
	加入抗原后血清最后稀释度				
	1∶600	1∶800	1∶1000	1∶1200	1∶1400
1∶20	+++	++	+	−	−
1∶24	+++	++	+	−	−
1∶28	++++	+++	++	−	−
1∶32	++++	+++	++	−	−
1∶36	++++	+++	++	±	±
1∶40	++++	+++	++	±	±
标准抗原 1∶20	++++	+++	++	−	−

在本例中，浓菌液应稀释的倍数为1∶28，此稀释液为应用液。由生药厂出厂的抗原原液应比应用液浓20倍。因此先计算出每1mL浓菌液可以配制多少抗原原液，然后按比例作适当稀释。计算公式：$X=B/20$。X为浓菌液1mL可以配制抗原原液的量；B为在本次测定中浓菌液应稀释的倍数。如将本例测定结果代入式中则为：$X=28/20=1.4$mL。即取浓菌液1mL，加石炭酸生理盐水至1.4mL，即为抗原原液。

为了准确记录液体的清亮程度，每次判定时，须先用受检抗原配制比浊管。配制方法是：先将每种抗原配成应用液，再用0.5%石炭酸生理盐水作进一步稀释，并标记符号（表7.4）。记录某种抗原对阳性血清的凝集强度时，先将各凝集反应管与抗原的

比浊管作比较，然后记录结果。每次配制的比浊管限于本次试验使用。

表 7.4 抗原稀释与记录符号

管　号	抗原稀释液/mL	0.5%石炭酸生理盐水/mL	记录符号
1	0.00	1.00	++++
2	0.25	0.75	+++
3	0.50	0.50	++
4	0.75	0.25	+
5	1.00	0.00	－

注：凝集反应记录符号："++++"：菌体完全凝集，液体100%清亮；"+++"：菌体几乎完全凝集沉淀，液体75%清亮；"++"：有显著凝集和沉淀，液体50%清亮；"+"：有清楚可见的凝集和沉淀，液体25%清亮；"－"：无凝集和沉淀，液体均匀混浊。

3）成品检验

抗原应为乳白色均匀菌液，没有摇不散的凝块或杂质，没有任何细菌生长。对标准阳性血清1∶1000倍稀释出现"++"凝集，对阴性血清1∶(25～200）稀释均不出现凝集。

（二）间接凝集反应抗原的制造

由于直接凝集反应应用面较窄，一般只用于某些不产生自凝现象的细菌。间接凝集反应可扩大凝集反应的应用范围。该实验是将可溶性抗原或半抗原物质吸附于某些固相载体，如红细胞、乳胶颗粒、硅藻土、碳素等微粒表面，再与抗体反应产生肉眼可见的凝集反应。目前在传染病诊断方面应用较广，主要有间接血凝试验，乳胶凝集试验等。

1. 制备方法

将可溶性抗原直接或通过化学交联的方法连接于红细胞等载体表面，使其以颗粒性抗原形式用于凝集实验。

2. 常用的间接凝集反应抗原

我国生产的兽用间接凝集反应抗原主要有间接血凝试验抗原和乳胶凝集试验抗原。下面以间接血凝试验抗原为例，简述其制造技术。

1）红细胞的处理

一般选用绵羊红细胞。多糖类抗原一般容易吸附在红细胞表面，对红细胞不经处理即可直接结合。蛋白类抗原不易直接吸附于红细胞表面，需对红细胞进行一些化学处理，以改变其表面结构或借助某些化学键而使蛋白类抗原易于结合。对红细胞的处理最常用的方法是醛化和鞣化。醛化是将红细胞用甲醛或戊二醛等醛类试剂固定。鞣化则是用鞣酸固定红细胞以增强吸附蛋白质的能力。下面介绍鞣化红细胞的基本步骤。将绵羊红细胞离心洗涤3次，弃去上清，用PBS配成4%的红细胞悬液。将5mL红细胞悬液与1∶25000鞣酸PBS溶液混合，室温静置30mim，离心洗涤3次，配成2%的红细胞悬液。

取5mL鞣化红细胞与5mL适当稀释的抗原溶液在50℃水浴中孵育5min或4℃过夜。加入5mL 1∶100稀释的健康兔血清或0.25%的BSA，37℃水浴封闭30min，离心洗涤3次，配成4%致敏红细胞液。

2）致敏红细胞抗原效价测定

一般采用方阵滴定法。将标准阳性血清和致敏红细胞分别做1∶10、1∶20…和1∶20、1∶40、1∶80…连续2倍稀释。测定时可采用试管法或平板法。用试管法测定时，根据血清稀释度的数量摆数排试管。每一横排为一种血清稀释度，每一竖列为致敏红细胞的一种稀释度。每管加血清和红细胞各0.1mL。混合后，室温孵育3h，根据沉淀图像判定结果。能与最高血清稀释度产生50%（++）凝集的致敏红细胞的最高稀释度即为致敏红细胞凝集效价（最适使用稀释度）。

二、沉淀反应抗原

沉淀反应抗原为胶体状态的可溶性抗原，如细菌和寄生虫的浸出液、培养滤液、组织浸出液、动物血清和动物蛋白等。该抗原与相应抗体相遇，在二者比例合适并有电解质存在时，抗原抗体相互交联形成肉眼可见的沉淀，这种反应称沉淀反应。参与沉淀反应的抗原称为沉淀反应抗原。根据使用方法不同，沉淀反应抗原可分为环状反应抗原、絮状反应抗原、琼脂扩散反应抗原和免疫电泳抗原等。根据制备材料不同，沉淀反应抗原主要可分为细菌沉淀抗原和病毒沉淀抗原。

（一）制备方法

1. 细菌沉淀抗原制备

选择合适菌种接种于适宜生长的培养基上培养。培养结束后收集细菌培养物，灭菌，按一定比例加入0.5%石炭酸生理盐水浸泡，过滤后的滤液即为沉淀抗原。

2. 病毒沉淀抗原制备

选用适宜的动物组织或细胞培养病毒。收获相应的培养物，离心取上清，灭活后即为沉淀抗原。也可经过硫酸铵沉淀，透析等浓缩纯化病毒。

（二）常用的沉淀反应抗原

我国使用的畜禽沉淀反应抗原有鸡传染性法氏囊病琼脂扩散反应抗原、鸡马立克氏病琼脂扩散反应抗原、标准炭疽抗原、小鹅瘟沉淀抗原、山羊痘沉淀抗原等。以标准炭疽抗原的制备方法为例介绍沉淀反应抗原的制备。

炭疽沉淀反应标准抗原系用不同地区及不同动物分离的炭疽菌种8~12株，其毒力标准：24h肉汤培养物0.5mL注射1.5～2kg的家兔或0.25mL注射250～300g的豚鼠，应于96h内致死。将菌种分别用肉汤培养作为种子液，接种普通琼脂，37℃培养24h，用蒸馏水洗下菌苔，121℃下30min灭菌后烘干，用乳钵磨碎制成菌粉。称重后加入100倍的0.5%石炭酸生理盐水，置8～14℃浸泡24h或置37℃浸泡3h，滤过使

浸出液透明，即为1∶100抗原。

三、补体结合反应抗原

补体是正常动物血清尤其是豚鼠血清中的一种不耐热物质，在一定条件下能与抗原-抗体复合物结合。补体结合反应是一种广泛应用的经典性检测抗原抗体的方法，其包括反应系统（检测系统）和指示系统（溶血系统）。反应系统为抗原和抗体，指示系统为绵羊红细胞及溶血素。补体可与反应系统中的抗原-抗体复合物结合，也可与绵羊红细胞-溶血素的复合物结合而引起溶血，以观察溶血与否来判定反应的结果。

（一）制备方法

1. 细菌性抗原制备

先将合格的菌株在培养基上大量培养，然后用0.5%石炭酸生理盐水冲下，收集菌液，高压灭菌或加温水浴灭活，或加福尔马林灭活，然后离心除去上清，将沉淀悬浮于0.5%石炭酸生理盐水中，置冷暗处浸泡一段时间，收集上清即为抗原。

2. 病毒性抗原制备

病毒在细胞上大量增殖后，收获病毒液，冻融3次，30000r/min离心30min，收集上清，经适当处理即为抗原。

（二）常用的补体结合反应抗原

我国生产使用的兽用补体结合反应抗原有鼻疽杆菌补体结合反应抗原、布鲁氏菌补体结合反应抗原、马传染性贫血补体结合反应抗原和钩端螺旋体补体结合反应抗原等。以鼻疽杆菌补体结合反应抗原为例介绍其制备方法。

选用1～3株抗原性良好的鼻疽杆菌，接种于4%甘油琼脂培养基上，37℃培养2d，经鉴定合格者用生理盐水洗下来，作为一级种子。合格的种子培养物接种于甘油琼脂扁瓶，37℃培养3～4d，用灭菌的0.5%石炭酸生理盐水洗下，121℃下30min灭菌，置2～15℃浸泡2～4个月，吸取上清，即为抗原。

四、变态反应抗原

细胞内寄生菌（如鼻疽杆菌、结核杆菌、布氏杆菌等）在感染过程中可引起以细胞免疫为主的变态反应，即感染机体再次遇到同种病原菌或其代谢产物时出现一种具有高度特异性和敏感性的异常反应。据此，临床上常用于诊断某些传染病。引起变态反应的抗原物质称为变应原。

（一）制备方法

根据变应原是否提纯加工，变应原分为粗制变态反应抗原和提纯变态反应抗原。

1）粗制变态反应抗原

选择抗原性良好的菌种接种于适宜培养基培养，收集培养物，高压灭菌，过滤。

滤液即为粗制变态反应抗原。

2）提纯变态反应抗原

在粗制变态反应抗原的基础上，加入4%三氯醋酸沉淀蛋白，弃上清，把沉淀物悬浮于1%三氯醋酸中，离心洗涤3次，将沉淀物溶于pH为4.0的磷酸盐缓冲液中，测定蛋白含量，分装冻干保存。

（二）常用的变态反应抗原

我国常用的变态反应抗原有鼻疽菌素、结核菌素和布鲁氏菌水解素等。布鲁氏菌水解素专用于绵羊和山羊布鲁氏菌病的变态反应诊断，羊的皮肤变态反应在愈后1～1.5d才逐渐消失，所以对污染羊群检出率高于血清学方法检测结果。其制造方法如下：

选用布鲁氏菌猪种2号菌株，接种于胰蛋白培养基上，37℃培养48～72h，加入适量的0.5%石炭酸生理盐水，将培养物洗下，即为菌液。将洗下的培养物在70～80℃水浴中加热灭菌1h，离心沉淀弃上清液，菌体悬浮于0.5%石炭酸生理盐水中。再离心弃上清液，菌体悬浮于0.5%硫酸溶液中，使菌液浓度约800亿个/mL。121℃高压灭菌30～40min，促使菌体水解，然后室温或2～8℃放置12～24h，使未水解部分下沉。吸取上清，用NaOH溶液调整pH至6.8～7.0，再静置沉淀未水解部分。

任务二 诊断抗体的制造

诊断抗体包括诊断血清和单克隆抗体等。诊断血清简称抗血清，是指利用血清反应以鉴别微生物、鉴定病原血清型或诊断传染病的一种含有已知特异性抗体的血清。通常用抗原免疫动物制成。有些血清则需再经吸收除去非特异性抗体成分后供诊断用。含有多种血清型的血清称为多价诊断血清，含有一种血清型的血清称为单价诊断血清。单含有鞭毛抗体成分的血清称为H血清，单含菌体成分的血清称为O血清，针对菌毛和针对荚膜的均称为K血清。血清中的抗体一般是由多个抗原决定簇刺激不同B细胞克隆而产生的，故称之为多克隆抗体。而由一个B细胞克隆所分泌的抗体称为单克隆抗体。关于单克隆抗体，本书将在项目十详细介绍，本节主要介绍常用诊断血清的制造。

一、炭疽沉淀素血清

炭疽沉淀素血清是用炭疽强毒菌灭活抗原或炭疽弱毒菌活苗抗原，高免3～8岁健康马获得的特异性免疫血清，是一种体外用诊断制剂。供炭疽检验时做Ascoli氏环状反应和琼脂扩散试验用。

（一）抗原

1. 强毒菌灭活抗原

将标准的炭疽强毒菌5～8株，分别接种于普通肉汤，37℃培养24h，然后接种于

豆汤琼脂上，37℃培养11～12h，经过纯粹检验合格者，弃去凝集水，用生理盐水洗下菌苔，收集于脱纤瓶中。摇碎菌丝、菌块，铜纱布过滤，用生理盐水稀释成相当于麦氏比浊计第7～10管的浓度，按菌液量加入0.4%福尔马林。37～38℃杀菌24～72h，每日振荡1～2次，无菌检定合格后，用健康豚鼠2只，皮下注射菌液3mL，观察35d健活为合格。

2. 弱毒活菌抗原

用合格的炭疽弱毒菌种1～3株，分别接种于普通琼脂斜面，37℃培养18～20h。然后移植于豆汤琼脂上，37℃培养15～16h，经纯粹检验后弃去凝集水，用生理盐水洗下菌苔，收集于脱纤瓶中充分振荡，摇碎菌丝、菌块，用铜纱布滤过，以生理盐水稀释每1mL含9亿～24亿个菌的浓度即可。

（二）血清制造和检验

马匹先用炭疽芽孢苗作两次基础免疫，然后按抗原各自的免疫程序进行高免。每次注射间隔3～5d，注射量由5～50mL递增。高免因抗原剂量大、马匹出现过敏反应时，可将抗原分次注射。先注射5mL，经过30～60min后再注射余量。共需免疫14次左右，历时2～2.5个月。经末次免疫后8～10d采血，试血合格后，分离血清，加0.5%石炭酸及0.001%硫柳汞，2～15℃静置1个半月以上，吸取上清经除菌过滤即为炭疽沉淀素血清。

检验炭疽沉淀素血清为淡黄色透明液体，无杂质或异物，无溶血现象。

(1) 无菌检验和物理性状检验，按规程进行。

(2) 效价检定。对标准炭疽抗原（1∶5000以上），应在60s内显现阳性反应；对炭疽死亡动物脏器干燥抗原（1∶100以上）5份，应在60s内显现阳性反应；对5张以上的各种动物炭疽皮张（1∶10）浸出液，应在1～10min内显现阳性反应。三项试验均须同时用标准炭疽沉淀素血清作对照，被检的血清应与标准炭疽沉淀素血清反应相同。

(3) 特异性试验。用25张健康皮张分别制成的1∶10浸出液检验，15min内不得出现阳性反应；对枯草杆菌及类炭疽杆疽抗原检验，15min内不得出现阳性反应。

二、魏氏梭菌定型血清

用毒力符合标准的A、B、C和D型魏氏梭菌，高免2～3岁的健康绵羊制造。

（一）抗原

分第一、二两种。第一抗原为各型菌的类毒素，其制法是：A型菌用厌气肉肝汤培养24h；B、C型菌用肉肝胃酶消化汤培养16～20h；D型菌用肉肝胃酶消化汤培养16～24h。各加0.5%～0.8%福尔马林，杀菌脱毒后用蔡氏滤器滤过。第二抗原为各型菌的毒素，制法同第一抗原，唯不加福尔马林脱毒。

两种抗原的毒力标准是：A型菌毒素0.05～0.01mL，C型菌毒素0.0025～0.001mL，D

型菌（用胰酶活化后）0.0005～0.00025mL，静脉注射16～20g小白鼠，均应在24h内死亡。

（二）血清制造

使用同型抗原，按表7.5免疫程序进行。

表7.5 魏氏梭菌定型血清高免进程对照表

序号	抗原种类	间隔时间/d	注射剂量/mL	注射方法	备注
1	第一抗原（制某型血清使用某型类毒素）	5～7	10	肌肉	—
2	第一抗原（制某型血清使用某型类毒素）	5～7	15	肌肉	—
3	第一抗原（制某型血清使用某型类毒素）	5～7	20	肌肉	—
4	第一抗原（制某型血清使用某型毒素）	5～7	0.5	肌肉	—
5	第一抗原（制某型血清使用某型毒素）	5～7	2	肌肉	—
6	第一抗原（制某型血清使用某型毒素）	5～7	5	肌肉	—
7	第一抗原（制某型血清使用某型毒素）	5～7	10	肌肉	—
8	第一抗原（制某型血清使用某型毒素）	5～7	20	肌肉	—
9	第一抗原（制某型血清使用某型毒素）	5～7	30	肌肉	—
10	第一抗原（制某型血清使用某型毒素）	5～7	40	肌肉	—
11	第一抗原（制某型血清使用某型毒素）	5～7	40	肌肉	—
12	第一抗原（制某型血清使用某型毒素）	5～7	40	肌肉	—
13	试验采血	7～12	—	—	—
	第二抗原	5～7	40	肌肉	—
14	试验抗原	7～12	—	—	—
	第二抗原	5～7	40	肌肉	—
	试验抗原	7～12	—	—	效价合格者采血或放血

试验采血，注射第12～14次抗原后7～12d试血。如用0.1mL血清做中和试验，A型血清能中和本型毒素10个小白鼠致死量以上，B、C和D型血清能中和本型毒素100个小白鼠致死量以上时，即可每注射2次抗原采血1次，循环进行，或1次动脉放血，分离血清，加1∶10000硫柳汞防腐。

（三）检验

（1）无菌检验按规程进行。

（2）安全检验。用体重16～20g小鼠静脉徐徐注射血清0.5mL，同时用体重250～450g健康豚鼠皮下注射血清5mL，观察10d应全部健活。

（3）效力检验。对16～20g小白鼠，以0.1mL血清与各型毒素作中和试验，须符合下列标准：A型血清0.05～0.01mL能中和本型毒素10个致死量以上，但不能中和B、C、D三型毒素；B型血清0.1mL能中和本型毒素100个致死量以上，同时亦能中

和A、C和D型毒素；C型血清0.1mL能中和本型毒素100个致死量以上，同时亦能中和A、B型毒素，但不能中和D型毒素；D型血清0.1mL，能中和本型毒素100个致死量以上，同时亦能中和A型毒素，但不能中和B、C型。

（四）使用

本血清供魏氏梭菌定型诊断。用各型血清1mL，加入供检毒素20～100个小白鼠致死量（含于1mL内），37℃下40min，然后以0.2mL静脉注射小白鼠，观察24h，按表7.6判定结果。

表7.6　魏氏梭菌定型血清中和试验结果

血清型 / 毒素型	A	B	C	D
A	＋	＋	＋	＋
B	－	＋	＋	－
C	－	＋	＋	－
D	－	＋	－	＋

注：“＋”表示中和，小鼠生存；“－”表示不中和，小鼠死亡。

三、沙门氏菌因子血清

（一）沙门氏菌属的抗原构造

沙门氏菌属含有三种抗原，即菌体（O）抗原，鞭毛（H）抗原和表面（Vi）抗原。另外，有的沙门氏菌还含有菌毛抗原。

1. O抗原

存在于菌体表面，是多糖-类脂-多肽的复合物，由许多成分组成，以1、2、3、4等表示。每种菌常含有数种O抗原，有的是一群菌独有的，具有群特异性，如2、4、7、8等。将有共同O抗原的列为一群，共分42群，如A（2）、B（4）、C（7、8）、D（9）、E（3、10）、F（11）直到Z（50），再以O51～O65等表示，由人及哺乳动物分离到的沙门氏菌，98%以上均属A～F群。O抗原性质稳定，耐热性强，不被100℃下2.5h加温所破坏，能抵抗酒精或0.1%石炭酸。

2. H抗原

存在于鞭毛中，是蛋白质，具有第一相和第二相。第一相有较高的特异性。仅为少数沙门氏菌所独有，又称特异相，含有62种成分，以a、b、c、d至z及z1、z2至z36表示，依此可将各群内细菌再分为若干血清型（种）或变种。第二相鞭毛抗原的特异性较低，为几种沙门氏菌所共有，也以1、2、3等表示，仅供分型参考，但有的菌含有第一相鞭毛抗原中的e、n、x、z等抗原成分，是为例外。

H抗原不耐热，60℃加热30～60min即可破坏。酒精也能破坏其抗原性，但能抵抗甲醛，经甲醛固定后，可将菌体抗原全部遮盖住，不能与抗菌体血清发生反应。

3. Vi抗原

少数新分离的沙门氏菌，如伤寒和丙型副伤寒沙门氏菌含有Vi抗原。Vi抗原是表面（K）抗原之一，包在O抗原的外面，是一种N-乙酰-半乳糖醛酸聚合物，可阻止O抗原与相应抗体结合，而不发生凝集。如经60℃加热、用石炭酸处理或培养基多次传代培养时，Vi抗原消失，同时出现O凝集。

具有Vi抗原的菌株称为V型，与抗O血清不发生凝集；而丧失Vi抗原的菌株称为W型，能与抗O血清发生凝集。

（二）沙门氏菌因子血清的制备

1. 制备O因子血清

可选择无鞭毛的O型菌变种，或经100℃加温2.5h使H抗原灭能的菌株作抗原。用家兔经耳静脉多次注射，每次间隔4d，剂量为0.5、1、2、3mL等递增，当血清凝集价达到标准后即可采血分离血清制成。若制备特异的单因子抗血清，则需要用相关菌株吸收。

2. 制备H因子血清

选取运动力良好的沙门氏菌培养物，加甲醛灭活制成抗原。静脉注射家兔，可产生高效价的特异性血清。免疫程序与O因子血清制造相同。为获得单因子血清也需要用相关菌株吸收。

3. 制备Vi因子血清

任何含有Vi抗原的菌株均可作为抗原。培养菌液经甲醛杀菌后加入0.25％二氯化钙，以保护Vi抗原的稳定性，静脉注射家兔，通常注射4次后试血。抗体效价合格后采血分离血清，再用W型为主的沙门氏菌吸收，制成特异的Vi因子血清。

（三）沙门氏菌诊断因子血清试剂盒及使用方法

（1）沙门氏菌诊断血清试剂盒由O、H及Vi多种因子血清组成。由于A-F群菌株最为常见，一般诊断血清试剂盒仅包括6个群O因子血清、H因子血清和Vi因子血清。

血清制剂外观须清晰透明，无明显溶血和杂质。O及Vi因子血清的效价为1∶160，H因子血清效价为1∶400。保存于2～10℃暗处，有效期2年。

（2）取经生化反应不分解乳糖和蔗糖的G＋小杆菌，用A～F群多价血清作玻片凝集反应鉴定。在确定为沙门氏菌的前提下，再用各群O单因子血清鉴定分解，最后用第一相和第二相抗H因子血清鉴定，结合生化反应特性，做出菌型鉴定。

（3）玻片凝集试验法。用灭菌接种环于洁净载玻片上滴1～2滴诊断血清，然后取

少许被检菌与血清混合均匀，轻轻振摇后于 2min 内呈现明显凝集者为阳性；呈均匀混浊者为阴性；同时以生理盐水作对照。

任务三　标记抗体的制造

具有示踪效应的化学物质与抗体结合后，仍保持其示踪活性和与相应抗原特异性结合能力，此种结合物称为标记抗体。其可示踪和检测抗原的存在及其含量，在疫病诊断中具有一定应用。目前使用的标记抗体有荧光素标记抗体、酶标记抗体、放射性同位素标记抗体和胶体金标记抗体。

一、荧光素标记抗体

荧光素是一种染料，在紫外光、蓝紫光等短光波照射下而被激活释放出可见光，称为荧光。常用的荧光物质有异硫氰酸荧光素（FITC）、四乙基罗丹明（RB200）和四甲基异硫氰酸罗丹明（TMRITC），其中以 FITC 应用最为广泛。将荧光素和抗体结合所制备的结合物称为荧光素标记抗体。其与相应抗原结合后，在荧光显微镜下，荧光物质受荧光显微镜中紫外线的照射，标记抗体上的荧光素发出荧光，借以可用于细胞水平的抗原定位。同时也可依据荧光强弱测知抗原量的差异。荧光抗体的染色方法包括直接染色方法和间接染色方法。

（一）直接染色法

将荧光素标记的特异抗体与相应抗原结合，直接检查未知抗原。

（1）在固定抗原标本上滴加相应的荧光抗体，置湿盒中 37℃保温 30min。不耐热抗原可在 0～2℃低温下延长染色时间或过夜。

（2）取出标本，以 pH7.4 的 0.01mol/L 磷酸缓冲盐水冲洗，继依次的通过三缸 PBS 浸泡，每缸 3～5min，并间隔振荡，最后用蒸馏水洗 1 次。

（3）标本片晾干后滴加缓冲甘油（无自发荧光的甘油 9 份，加 pH9.2 的 0.2mol/L 碳酸盐缓冲液 1 份），封片，镜检。

（二）间接染色法

分两步进行，抗原与相应抗体（第一抗体）作用后，再加荧光标记的抗球蛋白抗体（第二抗体）。如果第一步发生了抗原抗体反应，抗球蛋白抗体就会和已经结合的抗体进一步结合。可用以鉴定未知抗原或未知抗体。

（1）未标记的特异性抗体或待检抗体加于待检抗原或已知抗原标本上，放湿盒中 37℃保温 30min。取出标本片用 pH7.4 的 0.01mol/L 磷酸盐缓冲盐水轻轻冲洗，然后顺次浸泡于三缸 PBS 中，每缸 3～5min，时时轻振，最后用蒸馏水漂洗。

（2）滴加相应的标记荧光素抗球蛋白抗体于标本上，放湿盒中保温，37℃下 30min，取出后用 pH7.4 的 PBS 充分冲洗，再经三缸 PBS 顺次浸泡，每缸 3～5min。

（3）晾干，封片，镜检。

知识链接

猪瘟荧光抗体为例介绍荧光抗体制造技术

取对猪瘟兔化弱毒中和效价不低于 1∶5000 的猪瘟病毒高免血清，用盐析法提取 γ-球蛋白，并通过葡聚糖凝胶 G50 柱层析脱盐纯化，然后用 2％的 γ-球蛋白液，按 80∶1 与 FITC 在 10℃左右结合 6～8h，并经葡聚糖凝胶 G50 柱层析，除去未结合的游离荧光素，即为荧光抗体浓液。测定特异性和效价。取浓液作连续倍比稀释染色，以其最高有效染色稀释度为荧光抗体效价，其蛋白浓度应不高于 0.125mg/mL，然后按测定效价的 4 倍浓度调剂分装冻干。

二、酶标记抗体

将酶和抗体结合所制备的结合物称为酶标记抗体。酶标记抗体可与相应抗原形成酶标记的免疫复合物。结合在免疫复合物上的酶，在遇到相应的底物时，催化无色底物发生水解、氧化或还原，生成有色产物，从而出现颜色变化。根据有色产物的有无及浓度，可对抗原作定性、定量和定位检测。

用于标记的酶有辣根过氧化物酶（HRP）、碱性磷酸酶（AP）、β-半乳糖苷酶和葡萄糖氧化酶，多采用 HRP。HRP 常用底物有邻苯二胺（OPD）、二氧基联苯胺（DAB）和邻联甲苯胺（OT）。用于标记的抗体要求纯度高、效价高，与抗原亲和力强。酶标记抗体常用的方法有戊二醛一步法、戊二醛二步法和过碘酸钠氧化法。本书只介绍过碘酸钠氧化法。

标记步骤：

（1）取 5mg HRP 溶于 1.0mL 新配的 0.3mol/L pH8.2 的 $NaHCO_3$ 溶液中。

（2）滴加 0.1mL 1％ 2,4-二硝基氟苯无水乙醇溶液，室温避光搅拌 1h。

（3）加入 1.0mL 0.06mol/L 过碘酸钠水溶液，室温搅拌 30min。

（4）加入 1mL 0.16mol/L 乙二醇，室温避光搅拌，之后装入透析袋中。

（5）于 1000mL pH9.5 0.01mol/L 碳酸钠缓冲液中，4℃透析过夜，其间换液 3 次。

（6）吸出透析袋中液体，加入每 1mL 含 IgG 5mg 的 pH9.5 0.01mol/L 碳酸钠缓冲液 1mL，室温避光搅拌 2～3h。

（7）加硼氢化钠 5mg，置 4℃下 2h 或过夜。

（8）在搅拌下逐滴加入等体积饱和硫酸铵溶液，置 4℃下 1h。4000rpm 离心 15～30min，弃上清。沉淀物用半饱和硫酸铵洗 2 次，最后沉淀物溶于少量 pH 为 7.4 0.01mol/L 的 PBS 中。

（9）上述溶液装入透析袋中，用 pH 为 7.4 的 PBS 透析至无铵离子（用萘氏试剂检测），10000rpm 离心 30min 去除沉淀，上清液即为酶结合物，分装后，冰冻保存。

三、放射性同位素标记抗体

常用的放射性同位素主要为^{125}I和^{3}H。^{125}I能放射γ射线，放射比度强，一般实验室用脉冲计数器即可检测，但半衰期只有60d，标记后不容易长期保存。^{3}H为A射线，放射比度弱，需用价格昂贵的液体闪烁仪技术，但半衰期长，可达数年之久。^{125}I较易标记，方法很多。最常用的是氯胺T法。

（一）标记

用0.05 mol/L、pH7.5的PB液配置氯胺T溶液（1g/L）和$Na_2S_2O_5$溶液（1g/L）。取提纯抗体于EP管，置于4℃冰箱中；依次向EP管中加入14.8 MBq的$Na^{125}I$溶液、50μL 0.05 mol/L的PB液和50μL氯胺T溶液；立即在电磁搅拌器搅拌下反应1min；迅速加入100μL $Na_2S_2O_5$（1g/L）溶液终止反应。

（二）分离纯化

向Sephadex G50柱中加入0.05mol/L pH7.5的PB液2mL平衡柱子，待平衡液全部流入柱中后，加入反应液；待反应液全部流入柱床后，用0.05mol/L pH7.5的PB液洗脱，流速为每滴5s；流出液收集于EP管中，每管收集0.5mL。收集液逐管在放射性核素活度计内测量，合并第1个放射性峰位的溶液即为标记抗体产品峰，其余溶液倒入废液回收瓶；继续用0.05mol/L、pH7.5的PB液洗脱，直至淋洗流出液在活度计内测量活度接近本底再倒入废液瓶。

（三）标记率测定

取反应管内的标记液和标记抗体产品峰各3～5μL，采用新华1号层析纸作固定相在生理盐水中展开，毛细管点样在层析纸的原点处，进行标记率和放化纯的测定。第一峰为标记抗体产品峰，第二峰为游离的^{125}I峰。反应管中的标记液用作标记率的测定，标记率＝层析纸中标记抗体产品峰的放射性计数率/（标记抗体产品峰的放射性计数率＋游离^{125}I峰的放射性计数率）×100%。分离纯化的标记抗体产品峰洗脱液用作放化纯的测定，放化纯＝层析纸中标记抗体产品峰的放射性计数率/（标记抗体产品峰的放射性计数率＋游离^{125}I峰的放射性计数率）×100%。

四、胶体金标记抗体

将胶体金和抗体结合所制备的结合物称为胶体金标记抗体。

胶体金也称金溶胶，是由氯金酸被还原成原子金后形成的金颗粒悬液。胶体金颗粒由一个基础金核（原子金Au）及包围在外的双离子层构成，紧连在金核表面的是内层负离子（$AuCl_2^-$），外层离子层H^+则分散在胶体间溶液中，以维持胶体金游离于溶胶间的悬液状态。胶体金颗粒的基础金核并非是理想的圆球核，较小的胶体金颗粒基本是圆球形的，较大的胶体金颗粒（一般指大于30nm以上的）多呈椭圆形。金颗粒具有很高的电子密度在电子显微镜下可以很清楚地观察胶体金的颗粒形态。胶体金溶液是一种相对稳定、均匀、呈单一分散状态悬浮在液体。胶体金具有胶体的多种特性，如电解质能够破坏其胶体的稳定状态，使胶体金颗粒发生聚沉；某些蛋白质等大分子物质对胶体金有保护、加强稳定性的作用。胶体金的粒径不同会呈现相应的颜色。

（一）胶体金的制备

主要是使用还原剂还原氯金酸（$HauCl_4$），制备方法主要有白磷还原法（5～12nm)、抗坏血酸还原法（8～13nm)、柠檬酸三钠还原法（8～160nm)、鞣酸-柠檬酸三钠还原法（3.3～15nm)、乙醇超声波还原法（6～10nm)、硼氢化钠还原法（2～5nm)。最常用的制备方法为柠檬酸盐还原法。一般先将0.01%的$HAuCl_4$溶液加热至沸腾，迅速加入一定量1%柠檬酸三钠水溶液，开始有些蓝色，然后浅蓝、蓝色，再加热出现红色，煮沸7～10min出现透明的橙红色。冷却至室温，用蒸馏水恢复至原体积，加入少量防腐剂后至4℃保存。制备的胶体金颗粒大小取决于制备时加入柠檬酸钠的量。

（二）免疫金的制备

取50mL胶体金溶液，用0.2mol/L K_2CO_3调pH为7.6，按照确定的最佳比例将IgG加入并快速混合，让IgG吸附2min后，加0.5mL 1%聚乙二醇，防止非特异性凝集；5000rpm离心1h，弃上清液，将胶体金悬浮于含1%聚乙二醇的PBS中；重复一次；弃去上清液，将包被的胶体金溶液用5mL含1% BSA的PBS稀释，经微孔滤膜过滤后，4℃保存。

技能训练一 鸡白痢鸡伤寒平板凝集试验抗原和阴阳性血清的制备

【目的要求】

掌握鸡白痢平板凝集抗原制造与检验的基本原理和过程。

【材料与试剂】

1. 材料

(1) 菌种和血清：标准型鸡白痢沙门氏菌C79-1株，变异型鸡白痢沙门氏菌C79-7株；鸡白痢鸡伤寒阳性血清和阴性血清（国家标准品）。

(2) 实验动物：成年健康羊和家兔等。

(3) 主要器材：恒温培养箱、水浴锅、麦氏比浊管、耐酸滤器；培养皿、试管、纱布、烧杯、三角烧杯、培养瓶、玻板和牙签等。

2. 试剂

营养肉汤、营养琼脂、硫乙醇酸盐培养基、酪胨琼脂、结晶紫、95%乙醇、吖啶黄、甲醛、甘油、生理盐水和PBS盐缓冲液（0.01mol/L，pH7.2）等。

【操作步骤】

（一）鸡白痢鸡伤寒平板凝集试验抗原制备

1. 抗原制备

1）一级种子制备

取冻干菌种分别接种营养肉汤，置37℃培养18～24h，再接种营养琼脂平板，37℃培养18～24h，选择典型的光滑型菌落，移植于营养琼脂斜面若干支，血清学特性、变异检查和抗原性鉴定合格者作为一级种子，2～8℃保存，每月移植1次，不超过3次。

2）二级种子的繁殖

用两种菌株的一级种子分别接种营养琼脂斜面或营养琼脂小扁瓶，置37℃培养18～24h，经肉眼及放大镜检验，纯粹者用于菌液制备。

3）菌液制备

将二级种子分别用生理盐水制成菌悬液，分别接种于硫代硫酸钠琼脂扁瓶，亦可直接用二级种子划线接种于硫代硫酸钠琼脂扁瓶，置37℃培养44～48h，逐瓶检查，有污染杂菌者弃去。合格者吸弃扁瓶中凝集水，加入含2%甲醛的磷酸盐缓冲盐水（0.07mol/L，pH7.0～7.2）20～30mL，洗下培养物，收集于灭菌的带玻璃珠的玻璃瓶中，经振荡打碎菌块，制成菌液。

4）灭活与比浊计数

将制成菌液置37℃灭活48h（灭活期间振荡数次），取灭活菌液少许，接种于营养琼脂培养基，应无细菌生长。然后用灭菌棉花或纱布漏斗过滤菌液于大玻璃瓶中，加入约2倍量（以使菌体全部沉淀为准）的95%乙醇，静置沉淀3d以上，弃去上清；下沉物离心，弃去上清，离心沉淀物加含1%甲醛的磷酸盐缓冲盐水（0.07mol/L，pH7.0～7.2）悬浮，用1号耐酸滤器滤过。用麦氏比浊管进行比浊标定，确定菌液含菌数。

5）抗原配制

（1）抗原浓度标定：将标准型和变异型菌株制成的菌液，取样分别稀释成每1mL含100亿、125亿、150亿、175亿和200亿个细菌的5种浓度，然后各取5μL等量抗标准型和抗变异型国家标准血清（0.5IU）做平板凝集试验，选择与标准血清出现不低于50%凝集的菌液浓度，作为配制抗原的浓度。

（2）抗原组分用量计算举例：假设标准型浓菌液为270亿个/mL，配制抗原的浓度为150亿个/mL；变异型浓菌液为480亿个/mL，配制抗原的浓度为125亿个/mL。配制抗原量1000mL（标准型和变异型各500mL），要求含0.03%结晶紫和10%甘油。各组分含量计算如下：

标准型菌液量　　500×150/270=277.7（mL）
变异型菌株量　　500×125/480=130.2（mL）
甘油　　1000×10%=100（mL）
1%结晶紫乙醇　　1000×0.03%=30（mL）
1%甲醇缓冲盐水　　1000 − 277.7 − 130.2 − 100 − 30=462.1（mL）

（3）按上例计算出配制抗原所需各种组分的用量，首先将所需的1%甲醛缓冲盐水和1%结晶紫乙醇溶液（抗原中结晶紫最终含量为0.03%）在匀浆机中以7 000r/min均质3～4min，然后加入最终含量为10%的甘油，继续均质3～4min，最后加入菌液再以2000r/min均质2min即成。

6）分装与保存

将配制好的抗原，定量分装。保存于2～8℃，有效期为3年。

2. 成品检验

（1）物理性状：本品为紫色的混悬液，静置后菌体下沉，经振荡后呈均匀的悬液。将本品滴于平板，在2min内应不出现自凝现象。

（2）无菌检验：取制备的抗原液少许接种于硫乙醇酸盐（T.G）及营养琼脂培养基，应无细菌生长。

（3）抗原效价测定：在平板上分两处各滴抗原1滴，每滴约为50μL。然后分别滴加标准型阳性血清和变异型阳性血清各50μL（均含0.5IU）。混合后，在2min内出现不低于50%凝集者为合格。

（4）非特异性检验：在平板上滴抗原1滴，然后再滴阴性血清1滴，混合后应不出现凝集。

3. 抗原应用

用滴管吸取抗原，垂直滴于玻板上1滴（相当于50μL），然后用针头刺破鸡的肱静脉或冠尖，取血液50μL（相当于内径7.5～8.0mm金属丝环的两满环血量），与抗原混合均匀，并涂散至直径约2cm大小。于2min内判读结果，发生50%（++）以上凝集者为阳性反应，不发生凝集者为阴性反应，介于上述两者之间者为可凝反应。

试验时应设强阳性、弱阳性、阴性血清对照，取上述血清各1滴，分别滴加抗原1滴混匀。在2min内判读，强阳性血清应出现100%凝集，弱阳性血清出现50%凝集，阴性血清不凝集。

（二）鸡白痢鸡伤寒平板凝集试验抗原阳性血清的制备

1. 阳性血清的制备

1）动物选择

实验用成年健康羊或家兔，对鸡白痢鸡伤寒沙门菌凝集试验应为阴性，且无其他传染性疾病。

2）免疫原制备

（1）细菌培养：用凝集原性良好的标准型及变异型鸡白痢鸡伤寒沙门菌，分别接种营养琼脂扁瓶或硫代硫酸钠琼脂扁瓶，37℃培养48h。

（2）灭活：用含1%甲醛的灭菌生理盐水将上述培养物洗下，分别收集于带玻璃珠的中性玻瓶中，振荡打碎菌块，置37℃灭活48h。

（3）细菌计数：经无菌检验合格后，按中国药品生物制品鉴定所制备的细菌比浊标准管（10亿个/mL）为标准确定其浓度，使每1mL含菌100亿个，于2～8℃保存备用。

3）动物免疫

两种型血清分别制备。实验动物静脉注射免疫原4～5次。免疫剂量羊分别为1mL、2mL、3mL、4mL和5mL，家兔为0.5mL、1mL、2mL、3mL和5mL，每次间隔4～5d，末次注射后7d试血。如血清效价不足时，再用最后剂量免疫注射，试管凝集效价达到1∶1600以上即可采血。

4）血清采集与抗体效价测定

以常规方法采血，提取血清，按照血清总量的0.02%加入硫柳汞，或者按血清总量的0.5%加入苯酚，并按以下方法测定血清抗体效价：

（1）将抗标准型血清和抗变异型血清分别稀释成1∶400、1∶600、1∶800、…、1∶2200等各稀释度；同法稀释抗标准型鸡白痢沙门菌血清和抗变异型鸡白痢沙门菌血清国家标准品。

（2）吸取每个稀释度的血清加入试管中，每管1mL，每管加入相对应菌株制成的抗原（免疫抗原）1mL，抗原浓度为10亿个/mL。

（3）另用仅加生理盐水1mL的试管2支，1支加入变异型菌株抗原，另1支加入标准型菌株抗原（两种抗原均为10亿个/mL的免疫抗原）各1mL作为对照，观察是否有自凝现象。

（4）上述各试管，经振荡摇混匀后，置37℃作用20h，判定结果。

（5）测得的血清效价，按下列公式计算出待测定血清的效价（IU）：

待测定血清效价（IU）＝国家标准血清效价（IU）×待定血清的凝集价÷国家标准血清凝集价。

计算举例：如国家标准血清含量为1000IU，其凝集价为1∶4000，待测定血清的凝集价为1∶3200，则待定血清效价为：1000×3200÷4000＝800（IU）。

5）对照用强、弱阳性血清配制

（1）将抗标准型血清和抗变异型血清按等价混合成多价血清。

（2）多价血清效价调整方法：作为多价染色平板抗原诊断对照用的阳性血清，系采用弱阳性（每1mL含10IU）和强阳性（每1mL含500IU）两种效价的血清。调整方法：假若原血清效价为1000IU/mL（湿的，或冻干后复原的），用含0.01%硫柳汞生理盐水或含0.5%苯酚生理盐水做以下两种稀释：

弱阳性血清：1000÷10＝100（即阳性血清1mL加硫柳汞盐水或苯酚盐水99mL）。

强阳性血清：1000÷500＝2（即阳性血清1mL加硫柳汞盐水或苯酚盐水1mL）。

6）分装与保存

将稀释好的两种阳性血清复核合格后，检验无菌，即可定量分装。2～8℃保存，冻干血清有效期为4年，在－15℃为8年。稀释好的强阳性及弱阳性血清在2～8℃保存，有效期为1年。

2. 成品检验

（1）物理性状：本品为橙黄色或略带棕红色澄明液体，静置后有少量白色沉淀。

（2）无菌检验：取少许阳性血清接种于硫乙醇酸盐培养基（T. G）及酪胨琼脂（G. A）上，应无菌生长。

（3）效价检验：用弱阳性血清与多价平板抗原进行平板凝集试验应出现不低于50%凝集反应（＋＋）；强阳性血清与多价平板抗原进行平板凝集试验应出现100%凝集反应（＋＋＋＋）。

（三）阴性血清的制备

（1）实验用动物，健康家兔。

（2）血清制造，按常规方法采血，提取血清，按血清总量的0.5%加入苯酚或按0.01%～0.02%加入硫柳汞防腐，分装于中性玻璃瓶中。

（3）检验，每批血清抽取样品做无菌检验，应无菌生长。采用常规试管凝集试验法，将血清做1∶40稀释，与鸡白痢鸡伤寒凝集抗原做特异性检验，应无凝集反应。2～8℃保存，有效期为2年。

技能训练二　鸡传染性法氏囊病AGP抗原的制备

【目的要求】

了解鸡传染性法氏囊病AGP抗原的制备方法和应用。

【材料与试剂】

1. 材料

（1）抗原与血清：鸡传染性法氏囊病病毒强毒株CJ_{801}株（囊毒液）；传染性法氏囊病阴、阳性血清；鸡血清样品若干份。

（2）实验动物：30～50日龄SPF鸡。

（3）主要器材：超净工作台、恒温箱、高压锅、离心机、冷冻干燥仪、匀浆器、微量加样器、平皿、打孔器、带盖瓷盘、酒精灯、烧杯、吸管、三角瓶、记号笔、酒精棉、镊子和SPF鸡隔离笼等。

2. 试剂

琼脂糖、氯化钠、磷酸缓冲盐溶液（0.01mol/L，pH7.2）、灭菌生理盐水、双蒸

水、硫柳汞；5%碘酊、75%酒精；T. G小管、G. A斜面和G. P小管等。

【操作步骤】

（一）鸡传染性法氏囊病AGP抗原的制备

1. 病毒液制备

用标准毒力的鸡传染性法氏囊病CJ_{801}株F_{14}-F_{16}代病毒按1∶4磷酸缓冲盐溶液（PBS）制成组织匀浆。

2. 病毒感染

经点眼、口服感染30～50日龄SPF鸡，每只约0.2mL 10^6BID_{50}。（囊毒半数发病量），隔离饲养观察。

3. 法氏囊收集与匀浆

感染后72h采集典型病变的法氏囊，按1∶4（W/V）加入PBS液，再反复冻融3次，于4℃放置24h，制成匀浆后，经3500～4000r/min离心30min，收集上清液。沉淀经再次悬浮，10000r/min离心60min，将两次的上清液合并。

4. 病毒灭活

按总上清液量加入0.2%甲醛，37℃作用18～20h进行病毒灭活，－20℃保存。

5. 抗原效价标定

（1）琼脂糖平板制备：取pH7.2 PBS缓冲液100mL，加入琼脂糖1.0g，氯化钠8.0g，加热融化，加入硫柳汞至终浓度为0.01%，混匀。将灭菌平皿（直径9cm）置水平操作台上，每个平皿倒入融化的琼脂糖15～20mL，使其厚度为2.5～3.0mm。注意倾倒时勿产生气泡，冷却后置4℃冰箱中保存备用。

（2）打孔：在琼脂糖板上按中央1孔外围6孔打孔。孔径3mm，间距4mm。可先在坐标纸上画好7孔图案，把坐标纸放在倒好的琼脂板下，按图打孔。将切下的琼脂小心吸出或用针头挑出。注意勿使琼脂与平皿脱离，以防止加样后下面渗漏。然后将打好孔的平皿底部置80～90℃水浴旋转数秒钟，或放在酒精灯上微微加热，使孔底琼脂糖稍稍融化而封底。

（3）抗原稀释与加样：将上述囊毒抗原用生理盐水做1∶1、1∶2、1∶4、1∶8和1∶16稀释，分别加入1～4号孔，5号和6号孔分别加入阳性抗原和阴性抗原作为对照，7号孔加入IBDV阳性血清，15～20μL/孔。加样后置37℃湿盒孵育24h，在室温放置24～48h。

（4）结果观察：制备的抗原与阳性血清孔间出现明显、清晰的沉淀线，并与阳性抗原和阳性血清孔间的沉淀线连接，该孔的抗原稀释度可以作为抗原稀释度的依据。

6. 抗原分装与保存

根据抗原效价标定结果，用生理盐水将抗原做适当稀释；然后分装，2mL/瓶，－20℃保存。或加入冻干保护剂后置冷冻干燥仪中冷冻干燥制成外观呈疏松乳白色固体，－20℃保存。

（二）鸡传染性法氏囊病 AGP 抗原的检验

（1）物理性状。冻干制品呈疏松乳白色固体，加入稀释液后应迅速溶解。未冻干制品为液态，呈黄褐色。

（2）无菌检验。将成品直接接种 T.G 小管、G.A 斜面或适于本菌生长的其他培养基各 2 支，每支 0.2mL，1 支置 37℃培养，1 支置 25℃培养。另取 0.2mL 接种 1 支 G.P 小管，置 25℃培养。均培养 5d，应无菌生长。

（3）抗原效价检验。按上述方法制备琼脂糖平板、打孔，并把制备的鸡传染性法氏囊病 AGP 抗原与鸡传染性法氏囊病标准阳性血清进行 AGP 实验，出现明显、清晰的沉淀线即为合格。

（三）抗原应用

（1）按上述方法制备琼脂糖平板、打孔。

（2）加样：如果使用鸡传染性法氏囊病 AGP 抗原冻干品，先加入稀释液，待其充分溶解，混匀后再使用。用微量移液器在中央孔加入已准备好的鸡传染性法氏囊病 AGP 抗原，外周 1 号和 4 号孔加入标准阳性血清，2 号、3 号、5 号和 6 号孔分别加入被检血清（用生理盐水稀释），15～20μL/孔。

（3）待孔中液体吸干后，倒置放入湿盒中，于 37℃作用 24～72h，每天观察一次，72h 判定结果。

（4）结果判定：当抗原孔与标准阳性血清之间有明显清晰的白色沉淀线，或阳性血清沉淀线末端向相邻的被检血清孔内侧偏弯者，此被检血清判为阳性；抗原与标准阳性血清之间不形成沉淀线，或者阳性血清的沉淀线向相邻的被检血清孔伸直或向其外侧偏弯者，此被检血清判为阴性。

（四）注意事项

（1）稀释后的抗原一次用完，否则其效价要降低，影响测定结果。抗原使用前应充分摇匀。

（2）被检血清不加防腐剂和抗凝剂，无溶血现象。如果出现沉淀、浑浊或腐败者不能使用。同时应避免阳光照射。

（3）在琼脂板上打孔要垂直，孔距要准。

（4）滴加抗原或血清时，孔要加满但勿溢出孔外。同时每个样品都要更换吸头。

（5）琼脂糖平板应放 4℃冰箱中充分冷却后，再打孔为佳。

复习思考题

(1) 什么是诊断用生物制品？诊断用生物制品有哪些种类？各有何种用途？

(2) 简述诊断抗原的种类及制备技术。

(3) 简述标记抗体的种类及制备技术。

项目八 治疗用生物制品制造技术

【学习目标】

(1) 掌握抗病血清的生产工艺流程。

(2) 掌握卵黄抗体的生产工艺流程。

(3) 掌握抗病血清和卵黄抗体的生产要点。

【技能目标】

(1) 能够制备抗病血清。

(2) 能够制备卵黄抗体。

治疗用生物制品是指用于治疗动物传染病的制品。目前，用于畜禽传染病治疗的生物制品，一般是指利用微生物及其代谢产物等作为免疫原，经反复多次注射同一动物体，所生产的一类高效价抗体，主要包括免疫血清、卵黄抗体和牛奶抗体等。

任务一 免疫血清制备

一、概述

免疫血清又称高免血清或抗血清，根据免疫血清作用对象不同，可分为抗病血清和抗毒素两类。高免血清预防和治疗急性传染病的作用机理是：含有特异性的免疫球蛋白——抗体输入动物体后，动物即可被动地获得抗体，从而形成免疫力，即人工被动免疫。当动物已感染某种病原微生物发生传染病时，注射大量抗病血清后，由于抗体的作用，可抑制动物体内的病原体继续繁殖，并协助体内正常防御机能，消灭病原微生物，使患病动物逐渐恢复健康。该作用具有很强的特异性，一种血清只对相应的一种病原微生物或毒素起作用。

免疫血清为含有高效价特异性抗体的动物血清制剂，能用于治疗或紧急预防相应病原体所致的疾病。免疫血清用作紧急预防注射，通常是在已经发生传染病或受到传染病威胁的情况下使用，其优点是注射后立即产生免疫力，疫苗是起不到这种作用的。但是这种免疫力持续时间短，一般仅 2～3 周，因此，在注射血清后 2～3 周仍需再注

射一次疫苗，才能获得较长时间的抗传染能力。

二、制造高免血清用动物的选择与管理

（一）动物的选择

1. 动物的品种

用于制备免疫血清的动物有马、牛、羊、猪、兔、犬、鸡和鹅等。用同种动物生产的血清称同源血清。用异种动物生产的血清称异源血清。制备抗菌和抗毒素血清多用异种动物，通常用马和牛等大动物制备。如破伤风抗毒素多用青年马制备，猪丹毒抗血清多用牛制备。抗病毒血清的制备多用同种动物，如犬瘟热抗血清用犬制备，猪瘟抗血清用猪制备。总的来看，制备免疫血清用马较多，因为血清渗出率较高，外观颜色较好。由于动物存在个体免疫应答能力差异，所以选定动物应有一定的数量，一个批次应用多头动物。

2. 动物的年龄及健康情况

用于免疫的动物必须是适龄、健壮、无感染的动物。通常选择体型较大、性情温驯，体质强健的青壮年动物为宜。马以年龄 3～8 岁、体重 350kg 以上者为宜；牛以3～10岁、体重 300～400kg 以上为宜；猪以 50kg 以上，年龄 6～12 月龄为宜；家兔体重需达 2kg 以上为好。因为年龄过于幼小，免疫系统尚不健全，而过老的动物，免疫系统常有失调现象，均不能产生良好的免疫应答。供制造免疫血清的动物，必须从非疫区选购，经过严格检疫，并经隔离观察，每日测温两次。观察 2 周以上，确认健康者方可应用。如有可能，最好自繁自养动物，或由专门饲养场提供标准化的 SPF 或其他级别的动物。对某些购进动物可进行必要的且对制备抗血清无影响的预防免疫接种。

（二）动物的管理

制造血清用动物的饲养管理和健康情况，直接影响所生产的血清质量，因此必须制定严格的管理制度，由专人负责喂养和精心管理。动物应在隔离条件下饲养，杜绝高免时强毒及发病时散毒。建立制造血清动物的档案，应详细登记每头动物的来源、品种、性别、年龄、体重、特征及营养状况、体温记录和检疫结果等，只有符合要求的动物才能投入生产。加强日常饲养管理，喂以营养丰富的饲料，并加喂多汁饲料，最好能经常喂给一些胡萝卜，还须喂给适量的食盐和含钙的补充饲料。在高度免疫和采血期间，每日要检测体温两次，随时观察其健康情况。每日至少运动 4h。动物采血前 1d 禁食喂水，避免血中出现乳糜。在生产过程中，若发现健康状况异常或有患病可疑时，应停止注射抗原和采血，并进行隔离治疗。

三、制备免疫原

（一）免疫原的基本要求

良好的免疫原应具备 3 个条件，即异物性、结构的复杂性和一定的物理性状。一

般来说，颗粒性抗原较可溶性抗原的抗原性强，球形分子的蛋白质较纤维形分子的免疫原性强，聚合状态的蛋白质较单体状态的蛋白质免疫原性强，相对分子质量较小和抗原性较低的蛋白质可吸附于载体上，以便提高免疫原性。

（二）免疫原的制备

制造抗病血清所用的免疫抗原，要根据病原微生物的培养特性，采用不同的方法生产。免疫原提纯和浓缩十分必要。根据需要，有时可加合适的免疫佐剂。

1. 抗细菌免疫血清制备

基础免疫用抗原多为疫苗或死菌，而高度免疫的抗原，一般选用毒力较强的毒株。多价抗病血清用的抗原，要求用多血清型菌株。菌种接种于最适生长的培养基，按常规方法进行培养。如在固体培养基上繁殖，加适量灭菌生理盐水或缓冲盐水洗下菌苔制成均匀的菌悬液；如用液体培养基培养，应在生长菌数高峰期收获；通常活菌抗原需用新鲜培养菌液，并按规定的浓度使用。培养时间较死菌抗原稍短为好，多用16～18h培养物，经纯粹检查，证明无杂菌者，即可作为免疫抗原。为减少由培养基带来的非特异性成分，可通过离心，弃上清，再将菌体制成一定浓度的细菌悬液，作为免疫原。

2. 抗病毒免疫血清制备

以病毒为免疫原，须通过反复冻融或超声裂解等方法，将病毒从细胞中释放出来，并尽可能地提高病毒滴度和免疫原性。如猪瘟抗血清，基础免疫的抗原，可用猪瘟兔化弱毒疫苗；高度免疫抗原，则用猪瘟血毒或脏淋毒乳剂等强毒。猪接种猪瘟强毒发病后5～7d，当出现体温升高及典型猪瘟症状时，由动脉放血，收集全部血液，经无菌检验合格后即可作为抗原使用。接种猪瘟强毒的猪，除血中含有病毒外，脾脏和淋巴结也有大量的病毒，可采集并制成乳剂，作为抗原使用。

3. 抗毒素血清制备

免疫原可用类毒素、毒素或全培养物（活菌加毒素），但后两者只有在需要加强免疫刺激的情况下才应用，一般多用类毒素作免疫原。

四、免疫程序

免疫程序分为两个阶段：第一阶段为基础免疫，第二阶段为高度免疫。

（一）基础免疫

基础免疫通常先用本病的疫苗按预防剂量作第一次免疫，经1～3周再用较大剂量的灭活苗、活菌或特制的灭活抗原再免疫1～3次，即完成基础免疫。基础免疫大多数1～3次即可，抗原无需过多过强，可为高度免疫产生有效的回忆应答打下基础。

（二）高度免疫

高度免疫亦称加强免疫，一般在基础免疫后 2～4 周开始进行。注射的抗原采用强毒制造。微生物的毒力越强，一般免疫原性越好。免疫剂量逐渐增加，每次注射抗原间隔时间为 3～10d，多数为 5～7d，高免的注射次数要视血清抗体效价而定。有的只要大量注射 1～2 次强毒抗原，即可完成高度免疫，有的则要注射 10 次以上，才能产生高效价的免疫血清。

（三）免疫途径

免疫原注射途径一般采用皮下或肌肉注射。如果免疫剂量大，应采用多部位注射法，尤其在应用油佐剂抗原时更应注意此点。免疫程序对制备高免血清非常重要，掌握抗体消长规律，适时免疫和采血尤为重要。不能机械定期免疫和采血。如有的动物在长期免疫和采血过程中，可能在抗体达到一定水平后，反而逐渐降低，对免疫原的刺激无应答反应，这可能与免疫剂量、免疫间隔时间和免疫原中混杂免疫抑制物有关。此时，应给免疫动物足够时间休息，解除免疫抑制作用，并调整免疫程序。

五、血清抗体的检测

免疫程序接近结束时，测定免疫动物血清的抗体效价，如果效价已达规定的要求，即可视作免疫成功，开始采血。若经试血，血清效价不合格，则可继续增加注射抗原次数或剂量，如再试血仍不合格，应将动物淘汰。

六、血液采集与血清提取

（一）采血次数和方法

一般血清抗体的效价高峰在最后一次免疫后的 7～10d。采血可以全放血或部分采血，即一次采集或多次采集。采血用的器械、容器等用前要进行灭菌，以无菌操作采血。多次采血者，按体重每 1kg 采血约 10mL，经 3～5d 第二次采血，按体重每 1kg 采 8～10mL。第二次采血后经 2～3d，注射足量免疫原。全放血者，在最后一次高免之后的 8～11d 进行放血。放血前，动物应禁食 24h，但需饮水以防止血脂过高。豚鼠由心脏穿刺采血；家兔可以从心脏采血或颈静脉、颈动脉放血；少量采血可通过耳静脉采血；马由颈动脉或颈静脉放血；羊可从颈静脉采血或颈动脉、颈静脉放血；家禽可以心脏穿刺采血或颈动脉放血。

（二）血清的分离

免疫血清的分离应在无菌条件下进行，并应尽量防止溶血。采血时一般不加抗凝剂，全血在室温中自然凝固，在灭菌容器中使之与空气有较大的接触面。待血液凝固后进行剥离或者将凝血切成若干小块，并使其与容器剥离。先置于 37℃下 1～2h，然后置于 4℃冰箱过夜，次日离心收集血清。如果采集的血量较大时，可采用自然凝固加压法。即将动物血直接采集于事先用灭菌生理盐水或 PBS 液湿润的玻璃筒内，置室温自然凝 2～4h，有血清析出时，每个采血筒中加入灭菌的不锈钢压砣，经 24h 后，用虹吸法将血清吸入灭菌瓶中，加入 0.5%石炭酸或 0.02%硫柳汞防腐。将多份分离出的无菌检验合格的血清混合，过滤除菌，组批分装，保存于－15℃待检品库，检验合格后交成品库保存。

七、免疫血清的使用

（1）正确诊断，尽早应用。特别是治疗时，应用越早效果越好。

（2）血清的用量根据动物的种类及体重和年龄不同而定。

（3）预防时，用预防量皮下注射为主，也可肌肉注射。当血清量大时，可分几个部位注射，并加揉压使之分散。

（4）治疗时，剂量按预防量加倍，并可根据病情采取重复注射。注射方法以静脉注射为好，以使其尽速奏效。静脉注射血清的量较大时，最好将血清加温至 30℃左右再注射。

（5）对不同动物源的血清（异源血清），有时可能引起过敏反应。如果在注射后数分钟或半小时内，动物出现不安、呼吸急促、颤抖、出汗、呕吐、咳嗽等症状，应立即抢救。抢救的方法：可皮下注射 1∶100 肾上腺素，大动物 5～10mL，中小动物 2～5mL。反应严重者若抢救不及时常造成损失，故使用血清时应注意观察，发现问题及时处理。

八、抗病血清生产工艺流程

抗病血清生产工艺流程如图 8.1 所示。

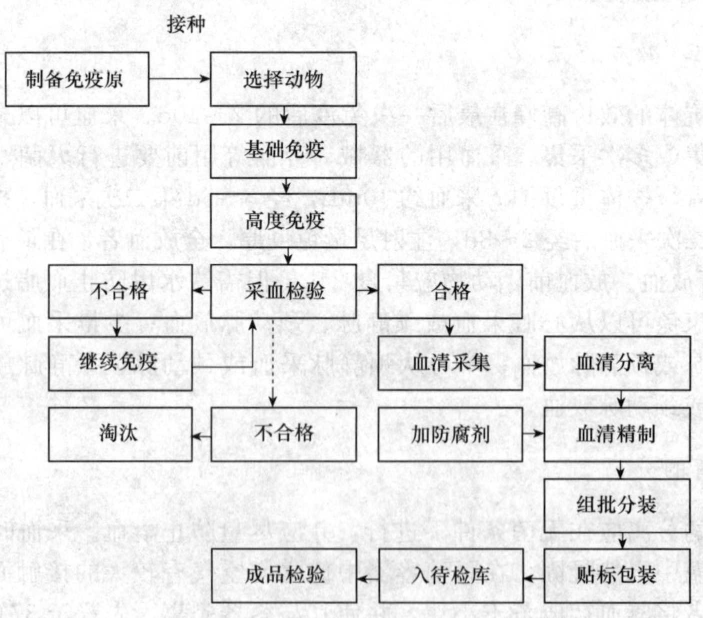

图 8.1 抗病血清生产工艺流程图

任务二　卵黄抗体制备

一、概述

产蛋鸡（鸭和鹅）感染某些病原后，其血清和蛋黄内均可产生相应的抗体。因此，通过免疫注射产蛋鸡，即可由其生产的蛋黄中提取相应的抗体，并可用于相应疾病的预防和治疗，该类制剂称为卵黄抗体（IgY）。近几年来，卵黄抗体已成为免疫血清的重要替代品，而且越来越受到人们的重视。卵黄抗体可以在一定程度上克服血清抗体成本较高、生产周期较长的弱点，并且具有用同批动物连续生产的优点。但是，卵黄抗体有潜伏野毒的危险，对生产用鸡应做认真检疫。

（一）卵黄抗体的形成

禽类的免疫系统包括细胞免疫和体液免疫，分别受胸腺和法氏囊的控制。当机体受到外来抗原刺激后，法氏囊内的细胞分化成为浆细胞，分泌特异性抗体进入血液循环，当血液流经卵巢时，特异性抗体（主要是 IgG）在卵细胞中逐渐蓄积，形成卵黄抗体；当卵细胞分泌进入输卵管时，流经输卵管的血液中含有的特异性抗体（主要是 IgM 和 IgA）进入卵清中，形成卵清抗体。IgG 移行进入卵细胞是受体作用的结果，因而 IgG 可在卵细胞中大量蓄积，浓度高于血液中的 IgG。与卵黄抗体相比，卵细胞在输卵管中移行的时间较短，因而卵清抗体含量极微。卵黄抗体在禽胚孵化过程中逐渐进入禽胚血液，为刚出壳雏鸡提供被动免疫保护，在雏鸡疾病预防中具有重要作用，但同时也会干扰疫苗的免疫效果。

（二）IgY 的作用机理

特定病原菌的卵黄抗体能直接黏附于病原菌的细胞壁上，改变病原细胞的完整性，直接抑制病原菌的生长；卵黄抗体可黏附于细菌的菌毛上，使之不能黏附于肠道黏膜上皮细胞；一部分卵黄抗体在肠道消化酶作用下，降解为可结合片段，这些片段含有抗体的可变小肽（Fab）部分，这些小肽很容易被肠道吸收，进入血液后能与特定的病原菌黏附因子结合，使病原菌不能黏附易感细胞而失去致病性，而 IgY 的稳定区（Fc 部分）留在肠内。

二、卵黄抗体的制备

免疫血清和卵黄抗体是紧急预防和早期治疗相应传染病的有效制剂。为了降低成本，增加产量，提高治疗效果，对健康母鸡进行法氏囊病高度免疫，取其卵黄来防治传染性法氏囊病，不但省去杀鸡分离血清的麻烦，而且具有产量高、效果好、价格便宜等优点。

（1）动物选择。选择 SPF 鸡或健康的产蛋鸡群。

（2）免疫原。通常使用弱毒疫苗或灭活苗。

（3）免疫接种。首次免疫，可用一定量的弱毒疫苗和灭活疫苗进行肌肉注射，间隔 7～14d，重复免疫 2～3 次。

（4）抗体检测。最后一次免疫结束 7d 左右测卵黄抗体的效价。

（5）收集高免蛋。经抗体检测达到规定标准的效价时，即可收集高免蛋。如效价不达标，可隔7～10d再进行 1～2 次加强免疫后，测定抗体效价，如合格则可继续收集高免蛋。

（6）卵黄抗体的制备。将高免蛋用 0.5％新洁尔灭溶液浸泡或清洗消毒，再用酒精棉擦拭蛋壳，无菌操作弃蛋清取卵黄，在卵黄中加入适量的无菌生理盐水或 PBS，用组织捣碎机充分捣匀，用灭菌纱布过滤除去杂质，根据卵黄抗体效价水平加入生理盐水进行稀释，加入 0.01％的硫柳汞及 1000IU（μg）/mL 的青霉素、链霉素，即得卵黄抗体，于 4℃或冷冻贮存。

（7）精制卵黄抗体制备。在上述高免卵黄抗体制备的基础上进行灭活、酸化萃取、超滤浓缩、除菌过滤后制成。

三、卵黄抗体生产工艺流程

卵黄抗体生产工艺流程如图 8.2 所示。

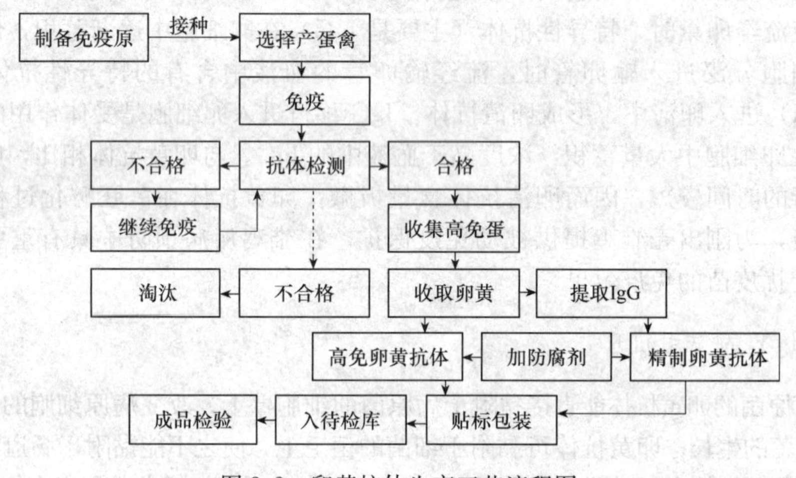

图 8.2　卵黄抗体生产工艺流程图

任务三　几种常用免疫血清和卵黄抗体的制备

一、炭疽抗血清

选择 4~6 岁健康易感马，用炭疽疫苗（无毒炭疽芽孢苗或II号炭疽芽孢苗）于 1、6、12 日共进行 3 次皮下注射进行基础免疫，免疫剂量分别为 5mL、10mL、20mL。然后进行高度免疫，于第 18、24、30、36、42、48、54 日共高免 7 次，剂量由 1mL 递增至 20mL。高度免疫前 5 次用炭疽疫苗，第 6、7 次分别静脉注射二菌株之混合免疫原 5mL、10mL。最后一次免疫后第 8 日试血。试血合格的马匹，即可正式采血，不合格的马匹，可按最后一次的剂量免疫1～3次，再进行试血。最后一次免疫后，7～8d采血分离血清，经检验合格后，加防腐剂，置2～8℃冷库沉淀45d。然后去其沉淀物，组批分装。

二、羔羊痢疾抗血清

抗羔羊痢疾血清是用免疫原性良好的B型产气荚膜梭菌菌株的类毒素、毒素和强毒菌液，分别多次接种绵羊后，采血，分离血清，加适当防腐剂制成。

免疫原制备，第一免疫原为B型产气荚膜梭菌的灭活菌液。用2～3株产气荚膜梭菌接种于厌氧肉肝汤中，在34～35℃培养16～20h。按总量的0.5%～0.8%加入甲醛溶液脱毒制成。第二免疫原为B型产气荚膜梭菌的毒素。菌株分别接种于肉肝胃酶消化汤中，置34～35℃培养16～20h。将各菌液等量混合，离心滤过制成。第三免疫原为B型产气荚膜梭菌的活菌液，其制造方法与第二免疫原相同，培养物不经滤过，经纯粹检验合格后分装，置2～8℃保存，限72h内使用。本品制造时，一般选择体重40kg以上，2～3岁健康绵羊。在隔离观察期间，进行必要的免疫。按照表8.1免疫程序进行。注射第11次（或12次）免疫原后8～10d，抽3～5只羊采血，分离血清，混合，测定效价。如血清0.1mL能中和B型毒素1000MLD以上时，再经1次免疫注射后9～11d放血（或采血）。如中和效价达到标准时，于最后注射免疫原后7～11d采血。采得的血液用自然凝结加压法或离心法分离提取血清，并按总量的0.004%～0.01%加入硫柳汞或0.5%加入苯酚防腐，经检验合格后，分装并冷藏保存。

表8.1　羔羊痢疾抗血清制备免疫程序

注射次数	间隔日数	免疫原种类	肌肉注射量/mL	备　注
1	7	第一免疫原	7～8	注射后8～10d第1次采血测效价
2	7	第一免疫原	15	—
3	7	第二免疫原	2	注射后8～10d第2次采血测效价
4	7	第二免疫原	5	—
5	7	第二免疫原	10	中和效价达1000MLD时可放血。低于此标准时，可追加免疫1～2次
6	10	第三免疫原	1	
7	10	第二免疫原	4	—
8	10	第二免疫原	8	—
9	10	第二免疫原	15	—
10	10	第二免疫原	30	—
11	10	第二免疫原	40	—
12	10	第二免疫原	40	—
13	10	第二免疫原	40	—
14	10	第二免疫原	40	—
15	10	第二免疫原	40	—

三、猪瘟抗血清

发病早期使用猪瘟抗血清具有良好的治疗效果，也可用抗猪瘟血清作紧急预防。选用 60kg 左右，健康、营养良好的猪，使用前隔离观察 7d 以上。先注射猪瘟兔化弱毒疫苗 2mL 作为基础免疫，间隔 14～21d 后进行加强免疫。加强免疫程序：第一次高免，肌肉注射猪瘟强毒血毒抗原 100mL；第二次高免，肌肉注射血毒抗原 200mL；第三次，肌肉注射血毒 300mL。每次间隔 10d。第三次免疫后 9～11d 放血，也可以多次按每 1kg 体重采血 10～11mL 测定抗体效价。待效价合格后放血。分离血清，加入 0.5%石炭酸防腐，经检验合格后，分装并冷藏保存。

四、破伤风抗毒素

本品系用马经基础免疫后，再用产毒力强的破伤风梭菌制备的免疫原进行高度免疫，采血、分离血清，加适当防腐剂制成或经处理制成精制抗毒素。

（一）动物选择

选择 5～12 岁体型较大的健康马匹，在隔离期间进行必要的检疫。

（二）类毒素制备

制造本品用菌种为 C66-1、C66-2 和 C66-6 菌株，按 0.2%～0.3%接种二级种子液于 8%甘油冰醋酸肉汤或破伤风培养基中，在 34～35℃培养 5～7d。灭活脱毒。滤过精制破伤风类毒素。与灭菌无水羊毛脂及液体石蜡按比例混合，置 2～8℃备用。使用前应 30℃温箱预热。

（三）免疫程序

1. 基础免疫

基础免疫一般注射抗原两次，第一次注射精制破伤风类毒素油佐剂抗原 1mL，第二次注射 2mL；基础免疫第二次注射后，经 10～14d 试采血作毒素单位（AE）测定，供以后高免的参考；基础免疫第二次注射后，可休息 1～3 个月再进行高度免疫。

2. 高度免疫

按照表 8.2 免疫程序进行。第一程一般注射 5～8 次，各次的间隔时间是：1～4 次为2～3d，5～8 次为 4～6d，抗原剂量第一次从 1mL 开始，以后每次逐渐增加 1～2mL，最后一次为 8～12mL。并从第四次起，每次注射的同时进行试血，测定每匹马血清中的抗毒素单位；在第一程采血休息 14～16d 的马匹，即可进行第二程以及各程的高免，一般注射 3 次，每次间隔 5～7d，抗原剂量可以根据前程血清效价增减，一般第一次注射3～5mL，第二次注射 4～6mL，第三次注射 5～7mL。接种部位以身躯两侧为主，轮换注射，每次注射点的剂量不宜过多。

表 8.2　破伤风抗毒素血清制备高免程序

程　次	日	注射次数	注射剂量/mL
1	1	1	—
	3	2	—
	5	3	—
	8	4	—
	11	5～6	试血
	15	6～7	试血
	20	7～8	试血
	25	8～10	试血
	1	—	采血
	3	—	采血
	4	—	—
	5	—	程次间隔 14～16 日
2	18～20	4	程次间隔 5～7 日
	23～25	5	第二程后第 6 日、第 8 日或第 7 日、第 9 日采血

（四）采血及血清处理抗毒素的制造

1. 采血

每程高免结束后第 6d 或第 7d 进行第一次采血，隔 1d 进行第二次采血，由颈静脉采血。

2. 血清提取

将血液收集于盛有 1%～5%氯化钠溶液的玻璃筒内（加入氯化钠溶液量以湿完筒壁为度），采集筒应注明马号、程次和采血日期。采得的血液放于 20～25℃中，待全部凝固并有血清析出时，加入灭菌的压砣。加压砣后 48～72h，以无菌手术分别提取每匹马血清，同时按总量加 0.5%氯仿和 0.0035%硫柳汞，加塞密封充分摇匀。静置于 2～15℃冷暗处沉淀澄清。

3. 血清的精制

将血清混合于同一容器内，加入 2 倍蒸馏水，充分搅拌均匀，用 2mol/L 盐酸调整 pH 为 3.5±0.1，然后按总量每 1mL 加入 6～9 单位胃酶和 0.2%的甲苯，在 29～31℃中消化 2～24h，消化期间要经常搅拌。消化完毕之溶液按量加入 15%的硫酸铵，溶解后用 2mol/L 氢氧化钠调整 pH 为 4.6±0.1，然后用水浴方法加温，使之达到 57℃±1℃保持 30min，待溶液冷却至 43℃以下时，用帆布滤过，收集滤液，沉淀废弃。收集的上清液于同一容器内，用 2mol/L 氢氧化钠调 pH 为 7.2±0.1 后，按 20%加入硫酸铵，充分搅拌使之溶解，然后用帆布过滤，收集沉淀，清液废弃。收集的沉淀称重，按量加入 5～6 倍的蒸馏水，溶解后，按总量加入 10%的明矾溶液使明矾含量为 1%，用 2mol/L 氢氧化钠调整 pH 为 7.7～7.8，静置 2～4h 沉淀，然后用帆布过滤，沉淀经水洗压干后废弃。将透明清液混合于同一容器，按量加入 38%硫酸铵，经搅拌溶解后用帆布过滤，上清废弃，沉淀压干后用透析袋分装，每包 200～250g，加少许氯仿，放置在流水槽内进行透析 48～72h。收集袋内血清，按量加入 0.5%氯仿、0.85%氯化钠和 0.0035%硫柳汞，充分摇匀，溶解后用蔡氏澄清滤板过滤一次，然后于 5～15℃静置沉淀。检验合格后分装。

五、新城疫高免卵黄抗体

选择健康产蛋鸡群进行免疫接种，制备卵黄抗体，卵黄抗体 HI 价应达 1∶128 以上。用于鸡新城疫的治疗和紧急接种。

选取健康无主要传染病，特别是无鸡白痢、沙门氏菌病的高产鸡群，将鸡新城疫灭活油佐剂苗给每只鸡皮下注射 2mL，14d 后，从鸡翅静脉采血，采集血清做鸡新城疫血凝抑制试验，血凝抑制价平均达到 1 ∶ 2084，即为合格。如不合格，可继续加强免疫，待效价合格后，收获鸡蛋。将鸡蛋水洗后，浸入 0.5%石炭酸水中消毒 0.5h，捞出后，置无菌室紫外线照射 20min。无菌操作去蛋壳，收取卵黄，按 1 ∶ 1 加入灭菌的含 1%石炭酸生理盐水，搅拌，以两层纱布过滤，滤液即为鸡新城疫高免卵黄抗体。经检验合格后进行分装，并于 4～8℃保存备用。

六、鸭病毒性肝炎高免卵黄抗体

选用 E52、FC34、QL79、E85 或 A66 等弱毒株或本地流行的 DHV 强毒株，接种于鸡胚，收获 24～96h 内死亡胚尿囊液、尿囊膜和胚体，加入适量 PBS 混合研磨，毒价应达 10^6ELD_{50}/mL 以上，加入青霉素、链霉素 100IU（μg）/mL，制成匀浆，即为免疫原。将一定量免疫原肌肉注射接种于健康产蛋母鸡进行免疫，间隔 7～10d，重复免疫 3 次，待卵黄抗体达到一定效价时收集高免蛋，在无菌操作下制备卵黄液，中和效价应在 $2^{8.5}$ 以上为合格。经检验合格后于在 2～8℃以下保存，有效期半年。

技能训练一　小鹅瘟抗血清的制备

【目的要求】

掌握小鹅瘟抗血清的制造的过程。

【材料与试剂】

（1）抗原。小鹅瘟 GD 株、21/486 株、W 株或本地流行的 GPV 强毒株。

（2）实验动物。1～2 岁健康山羊。

（3）主要器材。无菌室、无菌操作工作台、恒温培养箱、摇床、胶体磨、高压流通蒸汽灭菌柜、干热箱、显微镜、电子天平、烧杯、三角瓶、中性瓶、量筒、试管、平皿、1～10mL 吸管、1～10mL 注射器等。

（4）试剂。液体石蜡、羊毛脂、普通肉汤培养基、T. G 小管、G. A 斜面、G. P 小管；氯化钠、硫柳汞、氯仿。

【操作步骤】

（1）动物选择。1～2岁健康山羊。

（2）免疫原制备。GD株、21/486株、W株或本地流行的GPV强毒株，在无菌条件下做100倍稀释，经尿囊腔接种与12日龄鹅胚，剂量为0.2mL/只，接种后48～144h，从致死胚内收集尿囊液，经无菌检查合格后，冷冻保存备用。

（3）免疫接种。对试验羊间隔10d，两次用小鹅瘟强毒尿囊液原液免疫接种，首次皮下注射2mL/只，第二次经颈静脉注射10mL/只。第二次注射后10d，由颈静脉采血（10mL）分离血清。

（4）血清检测。①无菌检验。硫乙醇酸盐培养基（T.G）小管及酪胨琼脂（G.A）斜面各2支，每支接种上述血清0.2mL，置37℃、25℃各一支；葡萄糖蛋白胨汤（G.P）小管1支，接种0.2mL置25℃，均培养5d。应全部无菌生长。

②效力检验。用琼脂扩散试验检测血清抗体的效价，效价达1∶16为合格。

（5）收集血清。经试血合格后，将试验羊颈动脉无菌放血，分离血清即为抗血清。于－15℃以下保存，有效期12～18个月。

（6）成品检验。用琼脂扩散（AGP）试验检测小鹅瘟抗血清的抗体效价，应不低于1∶16。

技能训练二　鸡传染性法氏囊病卵黄抗体的制备

【目的要求】

学习和掌握卵黄抗体的制备方法。

【材料与试剂】

1. 材料

（1）抗原。鸡传染性法氏囊强毒油乳剂灭活苗。

（2）实验材料。4～8月龄SPF鸡或4～8月龄健康产蛋母鸡及其免疫蛋。

（3）主要器材。超净工作台、恒温箱、冰箱、高压灭菌柜、离心机、微量加样器、平皿、酒精灯、烧杯、吸管、玻棒、三角瓶、纱布、记号笔、碘酒棉、酒精棉、镊子、1～5mL注射器和pH试纸等。

2. 试剂

0.2%～0.5%新洁尔灭、5%碘酊、75%酒精、灭菌生理盐水、青霉素、链霉素、氯仿。

【操作步骤】

（1）动物选择。选择SPF或临诊健康产蛋鸡。

（2）动物免疫。首次免疫，用5～10倍量的传染性法氏囊弱毒疫苗和灭活疫苗进行肌肉注射，3mL/只，7～14d后用灭活苗进行二次免疫，间隔10～14d进行第三次免疫，最后一次免疫结束7d左右用琼脂扩散试验检测卵黄抗体的效价。

（3）抗体检测。用琼脂扩散试验检测卵黄抗体的效价，效价达 1∶64 为合格。

（4）抗体的收取。抗体效价合格的，置 4℃冰箱保存（不宜超过 1 周）。收集一定数量的高免蛋后，用 0.2%～0.5%的新洁尔灭或高锰酸钾水溶液洗净蛋壳表面，再用 5%碘酊消毒，最后用 75%的酒精脱碘两次。在无菌条件下打开蛋壳，分离卵黄，在卵黄中加入适量的无菌生理盐水或 PBS，用组织捣碎机充分捣匀，用灭菌纱布过滤出去杂质，根据卵黄抗体琼扩效价水平加入生理盐水进行稀释，稀释后的卵黄抗体琼扩效价不低于 1∶（16～32），加入 0.01%的硫柳汞及 1000IU（μg）/mL 的青霉素、链霉素，即得卵黄抗体，于 4℃或冷冻贮存。

（5）成品检验。AGP 抗体效价≥1∶32 以上者为合格。

知识链接

鸡传染性法氏囊精制卵黄抗体制造

（一）免疫原制备

1. 生产用毒种准备

将组织冻干毒或湿毒，用生理盐水（含青、链霉素各 1000IU/mL）稀释 100 倍，4℃处理 2h，接种 35～45 日龄 SPF 鸡 10 只，收集 72～144h 内死亡的具有典型病变的 SPF 鸡法氏囊和脾脏，按照 1∶5 的比例加入灭菌生理盐水，捣碎，氯仿处理后 5000rpm 离心，取上层清液即为生产用种毒。

2. 病毒增殖

将处理好的生产用种毒稀释 100 倍，按照 0.1mL/羽剂量点眼滴鼻接种 35～45 日龄 SPF 鸡，观察 SPF 鸡发病及死亡情况，记录发病、死亡数量，解剖观察死亡 SPF 鸡病变。无菌操作收集 SPF 鸡法氏囊和脾脏备用。

3. 处理

将收集鸡法氏囊和脾脏按照 1∶5 的比例加入灭菌生理盐水，捣碎，反复冻融 3 次，加入氯仿处理后离心取上清液。

4. 灭活

加入终浓度为 0.1%的甲醛溶液，摇匀，37℃密闭灭活 24h。期间每 4～6h 振摇 1 次。灭活完成后置 2～8℃保存，不得超过 3 个月。

5. 灭活检验

35～45 日龄 SPF 鸡 10 只，每只肌肉注射灭活毒液 2mL，饲养观察 14d，SPF 鸡不出现发病与死亡。

6. 配制油乳佐剂免疫原

1）油相制备

10号白油94份、司本-80 6份、硬脂酸铝2%。硬脂酸铝与少量白油混合加热熔化后，再加入司本-80充分搅拌，补足白油，混匀后分装，116℃下30min灭菌。10℃保存，不超过30d。

2）水相制备

按灭活毒液96份，吐温-80 4份配制。吐温-80事先加入带玻璃珠的瓶中灭菌，然后加入少量灭活免疫原，振摇使吐温-80完全溶解。最后加入余下的免疫原，充分振摇混匀。

3）乳化

按油相3份、水相1份的比例进行配制。取油相、水相搅拌均匀，加入高压均质机中，调节压力为35MPa，乳化至物理性状检验合格。加入终浓度为0.01%的硫柳汞防腐，分装。

4）半成品检验

(1) 无菌检验。按现行《中华人民共和国兽药典》进行检验，应细菌生长。

(2) 免疫原性测定。以0.5mL/只的剂量皮下注射接种产蛋鸡，15d后，再以1.0mL/只剂量加强免疫。2周后收集鸡蛋，按蛋黄与生理盐水1∶3（V/V）稀释，加入与蛋黄等体积的三氯甲烷，充分振摇，离心分离上清液，即为待测样品。琼扩试验测定，样品中法氏囊抗体效价≥1∶16为合格。

（二）高度免疫程序

基础接种：法氏囊油乳佐剂免疫原皮下注射接种健康产蛋鸡，剂量为0.5mL/只。

第2次接种：基础免疫接种后间隔15d，皮下注射，剂量为1.0mL/只。

第3次接种：第2次接种后间隔15d，皮下注射，剂量为1.0mL/只。

以后每隔8～10周，皮下注射接种1次，剂量为0.5mL/只。

（三）高免蛋收集

第3次接种后第7d开始，每隔3d抽样，测定高免蛋蛋黄中法氏囊特异抗体效价，当抗体效价达到1∶32及以上时，收集高免鸡蛋，2～8℃贮存时间不超过7d。

（四）法氏囊精制蛋黄抗体制造

(1) 蛋壳消毒。取高免蛋，浸入加热至42℃的0.1%新洁尔灭水溶液中浸泡消毒15min。蛋壳污染严重的，应事先选出，单独消毒并用清水冲洗干净后，再浸泡消毒1次。浸入水温为90～95℃的水浴中消毒5s，取出后晾干或吹干。在送入打蛋车间内时，蛋壳表面喷洒酒精消毒后备用。

（2）蛋黄分离。手工或机械打蛋。打蛋时应充分除去蛋清（白）、胚盘和系带，收集蛋黄。

（3）灭活Ⅰ。将收集的蛋黄充分搅拌，使蛋黄呈均匀膏状，启动蠕动泵，将蛋黄液泵入夹层反应罐中，加入与蛋黄等体积的注射用水（注射用水先经80℃ 30min消毒，并冷却至65℃以下），搅拌混匀后，60～65℃保温（灭活）30min。

（4）酸化萃取。夹层反应罐中先加入蛋黄体积6倍的注射用水（预先用盐酸调节pH3.0，冷却至4℃）。然后，转入灭活后的蛋黄液，边加边搅拌，待蛋黄液的温度降至4℃时，保温静置过夜。酸化完成后，过滤取上清液。

（5）灭活Ⅱ。在分离的上清液中加入终浓度为0.2%的辛酸作灭活剂和萃提剂，搅拌，室温放置2h（加抗生素，甲醛，过夜）。

（6）粗滤及深滤。用孔径为0.22μm的筒式滤芯过滤。

（7）超滤浓缩。经截除分子量为10kDa的中空纤维超滤柱浓缩。

（8）灭活Ⅲ。按终浓度为0.1%加入甲醛溶液，充分搅拌混匀，密闭灭活2h。

（9）调整溶液pH为6.8～7.2。

（10）除菌过滤。用0.45μm和0.22μm筒式滤芯除菌过滤。

（11）组批、分装。

（五）成品检验

检验实验最终成品。

复习思考题

（1）名词解释：治疗用生物制品、卵黄抗体

（2）画出抗病血清、卵黄抗体的制造流程。

（3）免疫血清、卵黄抗体的作用机理是什么？

（4）治疗用生物制品分为哪几类？各举一例。

（5）使用免疫血清的应注意的问题是什么？

（6）简述免疫血清、卵黄抗体的基本制造过程。

项目九 微生态制剂

【学习目标】

(1) 了解微生态制剂的分类与作用机理。

(2) 掌握微生态制剂在动物生产上的应用。

(3) 了解我国批准生产的微生态制剂种类及质量标准。

【技能目标】

能够将动物微生态制剂合理应用在动物生产中。

微生态制剂是指一类可以通过有益的微生物活动或相应的有机物质，帮助宿主建立新的肠道微生物区系，动物微生态的平衡是保证动物健康的重要因素之一。根据微生态平衡的原理制备的动物微生态制剂对动物呈现一系列的有益作用，在畜牧业上有广泛的应用：我国已批准生产 5 类微生态制剂，并制定了相应的质量标准微生态制剂。

任务一 微生态制剂的认知

一、微生态制剂的概念和种类

(一) 动物微生态制剂的概念

动物微生态制剂是指在动物微生态学理论的指导下，采用有益微生物、微生物代谢产物或其他物质，经特殊工艺制成的、用于调整动物微生态平衡，以达到抗病和提高动物生产性能的生物制剂。正常动物的体表以及体内与外界相通的腔道中存在着大量的微生物，它们对宿主非但无害，而且有益，甚至是必需的，称为正常微生物群。正常微生物群是动物在进化过程中不断与外界环境相互作用中形成的，其中微生物的种类和数量繁多，它们与动物机体的内外环境共同形成了一个相对稳定的微观生态环境，称为动物微生态。

微生物、动物机体和外界环境三者是相互依赖、相互影响、相互制约的关系。在一定条件下，微生物与宿主机体之间处于稳定统一的状态，不同种微生物的数量和组成基本不变，这种外界环境、宿主、微生物之间的协调统一的关系即为动物微生态平衡。

（二）动物微生态制剂的分类

1. 根据用途分类

根据微生态制剂的用途可分为微生态兽药、微生物饲料添加剂、微生物发酵剂、微生物环境净化剂。

1）微生态兽药

微生态兽药又称药用微生态制剂，是利用不同的微生态制剂调整失去平衡的菌群以达到治疗疾病的目的。主要用于腹泻、肠炎、消化不良等消化道疾病，也用于治疗其他部位细菌感染，如乳房炎、子宫炎等。目前此类产品有调痢生、宫康素、乳孕生等。

2）微生物饲料添加剂

微生物饲料添加剂又称饲用微生物添加剂，是添加入饲料的微生态制剂，利用制剂中微生物发挥病原菌的拮抗作用、促进饲料消化和吸收、合成营养、刺激免疫等机制，达到提高饲料利用率、维持健康、提高生产性能的目的。中华人民共和国农业部公告第658号《品种目录（2006）》中规定允许用于添加剂的微生物有地衣芽孢杆菌、枯草芽孢杆菌、双歧杆菌、粪肠球菌、乳酸肠球菌、嗜酸乳杆菌、干酪乳杆菌、乳酸乳杆菌、植物乳杆菌、乳酸片球菌、戊糖片球菌、产朊假丝酵母、酿酒酵母、沼泽红假单胞菌、保加利亚乳杆菌等。

3）微生物发酵剂

用不同种类的微生物组合而成的，主要用于有害饲料原料（如棉籽粕）的发酵脱毒、粗饲料（如秸秆）发酵、青贮饲料制备等。

4）微生物环境净化剂

利用多种微生物合理配合，用于分解或消除动物排泄物或环境中有害物质，改善动物的生存环境，利于动物健康。

2. 根据组成分类

根据微生态制剂的组成可分为益生菌、益生元和合生素。

1）益生菌

益生菌又称益生素，是活菌制剂及其代谢产物。

2）益生元

益生元是指能够选择性地促进宿主肠道内原有益细菌生长繁殖的物质，如双歧因子、各种寡糖类物质、某些中草药成分等。

3）合生素

合生素是指益生菌和益生元同时并存的制剂，此类制剂服用后到达肠腔可使进入的益生菌在益生元的作用下，再行繁殖增多，使之更有利于发挥抗病、保健的有益作用。

二、动物微生态制剂的作用机理

使用微生态制剂的目的是使动物体内的正常菌群恢复或尽快建立。但各种微生态制剂中所含微生物的种类有差异，在体内，微生态制剂通过下述途径发挥对机体的有益作用。

（一）调整微生态平衡

健康动物体内的微生物菌群处于平衡状态，有益微生物是优势菌群并起主要作用，但是当机体受到疾病因素的影响时，体内微生物处于失衡状态，病原微生物占优势时，就会诱发各种疾病。微生态制剂产品可以补充有益菌群的数量，抑制病原微生物的生长和繁殖，使动物体内的微生物菌群重新处于平衡状态，保持动物机体处于健康状态。

（二）微生物夺氧理论

肠道内厌氧菌占大多数，微生态制剂中有益的耗氧微生物在体内定植，可降低局部氧气的浓度，扶植厌氧微生物的生长，提高其定植能力，从而使失调的微生态恢复平衡，达到抗病治病的目的。

（三）生物拮抗理论

在微生物系统内，少数优势微生物种群起控制作用，一旦失去优势种群，就可导致微生物失调，微生态制剂中的活菌大多为机体正常菌群中的一员，具有定植性、排他性、繁殖性，进入机体后能对致病菌群产生拮抗作用，有一些微生物还可以产生药理活性物质，直接调节微生物区系，抑制病原菌，控制病害发生，还有一些微生物在发酵和代谢过程中通过提高或降低某些酶的活性而改变有害微生物的代谢环境，不利于其生长。

（四）微生物屏障理论

正常微生物群可构成机体的防御屏障，微生物群有序的定植于黏膜、皮肤等表面或细胞之间，形成生物屏障，这些屏障可以阻止病原微生物的定植，起着占位、争夺营养等作用，饲喂微生态制剂后，机体能产生生物防御屏障作用。

（五）增强机体免疫理论

微生态制剂可以成为非特异性免疫调节因子，增强吞噬细菌的吞噬能力，通过提高抗体水平和巨噬细胞活性，刺激免疫系统的防御能力，减少肠内有毒物质的产生，促进肠道蠕动，维持黏膜结构完整，从而保证了微生态系统中能量流、物质流和基因流的正常运转。

（六）营养物质合成理论

正常微生物群与营养物质之间有着密切的关系，一些微生物在发酵或代谢过程中会产生生长激素等生理活性物质，有助于食物消化和营养物质吸收，可促进代谢。微生态制剂在肠道内定位繁殖，还可产生多种有利于动物机体生长的B族维生素、氨基酸，多种活性较强的淀粉酶、脂肪酶、蛋白酶类、生长刺激因子，从而提高饲料转化率，促进动物增重。

任务二 动物微生态制剂的应用

一、动物微生态制剂在动物生产中的应用

（一）作为生物兽药

用于动物疾病的防治。特别是防治多种动物胃肠道疾病方面，微生态制剂解决了临床上一些抗菌药物达不到治疗目的的难题。

（二）作为饲料添加剂

预防疾病和改善动物的生产性能。活菌饲料添加剂的使用不仅降低发病率、死亡率，而且显著地提高饲料转化率、增重率、禽类的产蛋量和奶牛的产奶量。

（三）作为发酵剂

用于饲料发酵。

（四）用于环境净化

进行粪尿污染的处理及水质净化。例如微生态制剂的嗜胺菌可利用消化道游离的氨、胺及吲哚等有害物质，使肠道粪便与血中氨下降，排出的氨也减少。

二、影响动物微生态制剂应用效果的因素及解决方法

（一）菌种本身的特性是发挥其效能的关键因素

由于多数微生态制剂是以活菌形式发挥作用的，如双歧杆菌、乳酸菌、芽孢杆菌、酵母菌类，大多数要通过消化道途径发挥作用，这就决定其必须经过胃的酸性环境和十二指肠上部的胆汁分泌区。在研制微生态制剂的剂型上，必须加大力度，采取科学措施，以提高制剂抵御胃酸杀伤的能力。

（二）宿主因素对微生态制剂性能的影响

1. 宿主的年龄或饲养阶段

宿主因素对微生态制剂的影响也是多方面的，宿主的生理性状改变，如年龄的改变（幼龄、育成期和老龄期或断奶期和泌乳期等）都会影响微生态制剂的应用效果。实际生产中，应根据动物的生理特点、生长时期及不同目的选择相应的微生态制剂，

如防治1～7日龄仔猪腹泻首选植物乳酸菌、乳酸片球菌、粪链球菌等产酸的制剂；促进仔猪生长发育、提高日增重和饲料报酬则选用双歧杆菌等菌株；反刍动物则选用真菌类，以曲霉较好，可加速纤维素的分解。预防动物常见疾病主要选用乳酸菌、片球菌、双歧杆菌等产乳酸类的细菌效果会更好；促进动物快速生长、提高饲料效率则可选用以芽孢杆菌、乳酸菌、酵母菌和霉菌等制成的微生态制剂。

2. 宿主动物的饲料成分

饲料成分对微生态制剂功效的发挥也有影响。某些食物成分可以使胃酸或胆汁酸分泌增多，影响微生态制剂在经过胃或十二指肠时的存活率。目前动物饲料中常规成分对微生态制剂应用效果影响的研究较少，与其他饲料添加剂配伍使用研究较多，如与寡糖、酸化剂、中草药、肽等配伍使用有相当好的效果。在使用过程中，一方面应注意对微生态制剂菌株寡糖、酸化剂、中草药、肽等的种类进行筛选，使之能协同发挥作用；另一方面，应注意配伍双方适宜比例，使其达到最佳的配伍使用效果。

3. 宿主动物的肠道菌群状态

宿主肠内的微生物菌群对微生态制剂在宿主肠道中发挥作用具有多方面的影响。通常宿主肠道的正常菌群对外来菌群具有强烈的定植抗力，作为非宿主原有正常菌群成员的微生态制剂很难在宿主肠道中黏附定植。如果宿主处于菌群失调状态，微生态制剂就很容易发挥其作用，效果更明显。

（三）生产条件对微生态制剂性能的影响

生产工艺条件对微生态制剂发挥其功效具有很大影响，如菌株在发酵时的生长条件以及发酵结束的时间，都会影响菌体的存活率。同一初始菌株，由于发酵条件不同，其终端代谢产物不同，作为微生态制剂的作用效果也会有很大不同。可以重点考虑使用真空冷冻干燥技术和微胶囊技术，制剂采用真空包装或充氮气包装。

（四）使用方法、使用剂量缺乏评价标准等因素对微生态制剂性能的影响

服用剂量和服用次数的不同影响微生态制剂的应用效果。一般认为，在饲料中添加微生态制剂用于促生长或预防疾病，至少每克饲料应含有10^6个有效活菌，否则难以发挥明显的功效。避免与抗菌类药物合用，微生态制剂是活菌制剂，而抗生素具有杀菌作用，一般情况下不同时使用。但是当消化道病原体较多时，而微生态制剂又不能取代肠道微生物时，可以先用抗生素调理肠道，然后用微生态制剂，使非病原菌及微生态制剂中的有益菌成为肠道内的有益菌群。

任务三 动物微生态制剂的生产工艺流程

微生态制剂从小试→中试→产业化三个环节的生产工艺均略有不同。目前我国微

生态制剂产业化的生产工艺可概括为能源系统、空气压缩净化系统、大罐发酵培养控制系统、干燥系统和检验系统共5个系统。

(1) 能源系统主要提供蒸汽，其次为电。

(2) 空气压缩净化系统流程：空气→空气压缩机→贮气罐→灭菌罐→总过滤器→分过滤器→无菌空气→培养罐，通过此系统为嗜氧菌在大罐内生长繁殖提高无菌空气。

(3) 大罐发酵培养控制系统流程：玻瓶摇振培养→一级种子罐培养→二级种子罐培养→生产罐培养。由自动控制系统对培养过程中的培养温度、pH、空气流量、罐内气压、每分钟搅拌次数等参数进行控制。

(4) 干燥系统是除去发酵液中水分的过程，可通过连续离心、板框过滤、低温真空浓缩等方法去掉发酵液中大部分水分，然后与载体混合后干燥，也可将发酵液加载体直接进行干燥。干燥的方法有：气流干燥、喷雾干燥等。

(5) 检验系统是5个系统中的中枢机构，主要作用是承担种子培养，保证菌种纯净，按时检测发酵液中有益菌的生长情况，半成品和成品检验等。

任务四 我国批准生产的微生态制剂种类及质量标准

一、蜡样芽孢杆菌活菌制剂（Ⅰ）

该制剂的菌种是蜡样芽孢杆菌的DM423菌株。经液体培养后加适宜赋形剂，干燥制成的粉剂或片剂。粉剂为灰白色或灰褐色干燥粗粒状；片剂外观完整光滑，类白色，色泽均匀。每1g制剂含非病原菌应不超过1000个。其质量标准除按《成品检验有关规定》进行检验外，应做如下检验。

（一）活芽孢计数

每批（组）随机抽取3个样品，各取1g用灭菌生理盐水作100倍稀释，然后10倍系列稀释至10^{-10}，接种鲜血马丁琼脂平板2个，每个接种0.1mL，37℃培养24h，计算平均菌数。以3个样品中最低芽孢数为该批制剂的菌数，每1g制剂含活芽孢数不少于5亿个。

（二）鉴别检验

用本品培养选出的蜡样芽孢杆菌接种鲜血琼脂平板培养，呈现β溶血；取其菌落与用本菌制的抗血清混合，应发生凝集；与用SA38菌株制的抗血清混合不发生凝集。

（三）安全检验

(1) 用5～10日龄雏鸡10只，每天每只投服本制剂1g（菌数不少于5亿个），连服3d。另取同条件雏鸡10只作对照，同时饲养观察10d。均应健活。或试验组和对照组合计死亡数不超过3只，且试验组的死亡数不超过对照组，为合格。

(2) 用体重18～22g小鼠10只，每只口服制剂0.1g，观察10d，应健活。

检验合格的制剂应在室温干燥处保存，有效期1年。用于治疗雏鸡、仔猪、犊牛、家兔、羔羊等幼小动物的腹泻，并促进其生长。

二、蜡样芽孢杆菌活菌制剂（Ⅱ）

本制剂应用的菌种为蜡样芽孢杆菌SA38，剂型为粉剂或片剂，粉剂为灰白色或灰褐色的干燥粗粉，片剂外观完整光滑、类白色或白色片。产品的杂菌检验、病原性鉴定、活芽孢计数、安全检验等方法同蜡样芽孢杆菌活菌制剂（Ⅰ），鉴别检验类似于蜡样芽孢杆菌活菌制剂（Ⅰ），但本菌在血琼脂平板上不溶血，与DM菌株制的抗血清混合不发生凝集。

三、嗜酸乳杆菌、粪链球菌和枯草杆菌活菌制剂

本制剂用嗜酸乳杆菌、粪链球菌和枯草杆菌经适宜培养后加入赋形剂，冷冻真空干燥制成混合菌粉，加载体制成粉剂或片剂。粉剂为灰白色或灰褐色干燥粗粉或颗粒状；片剂外观完整光滑，类白色，色泽均匀。每1g制剂含非病原菌应不超过10000个。其质量标准除按《成品检验的有关规定》进行检验外，应做如下检验。

（一）活菌计数

（1）每1g制剂应含活嗜酸乳杆菌1000万个以上。取样品1g用灭菌脱脂奶作10倍系列稀释到第10管。置37℃培养24～28h，第8管（即1亿倍稀释管）以前各管应均匀生长并凝固。

（2）每1g制剂应含活粪链球菌100万个以上。取上述稀释培养管的第5管（即10万倍稀释管）涂片染色镜检有粪链球菌菌体即可判为合格。或者取样品1g用灭菌生理盐水作1万倍稀释，接种2个含2%乳糖牛心汤琼脂平板，各0.1mL，置37℃培养48h，两个平板上粪链球菌菌落总数应不少于20个。

（3）每1g制剂应含活枯草杆菌10000个左右。取样品1g，用灭菌生理盐水作100倍稀释，接种2个普通营养琼脂平板，各0.1mL，置37℃培养48h，两个平板上枯草杆菌菌落总数应不少于20个。

（二）安全检验

用5～10日龄雏鸡10只，抽取3个样品混合，取20g混入饮水或饲料中，当日服完，连服3d，每只鸡服5g左右，观察10d。同时设立条件相同的对照组。两组死亡数应不超过3只，试验组死亡数不得超过1只。检验合格的制品保存在25℃以下，有效期为1年。用于治疗沙门氏菌及大肠杆菌引起的下痢，如雏鸡白痢、仔猪黄白痢、犊牛下痢。并有调整肠道菌群失调，促进畜禽生长作用。

四、蜡样芽孢杆菌和粪链球菌活菌制剂

本制剂为饲料添加剂。用无毒性链球菌和蜡样芽孢杆菌分别培养后，培养物加适宜赋形剂经干燥制成，为灰白色干燥粉末。每1g制剂含芽孢数应不少于5亿个，链球

菌应不少于100亿个。杂菌检验和安全性检验同蜡样芽孢杆菌制剂（Ⅰ）。杂菌病原性鉴定同嗜酸性乳杆菌、粪链球菌和枯草杆菌活菌制剂。本品不得与抗菌药物或抗菌药物添加剂同时使用；勿用50℃以上热水溶解。避光室温保存，有效期6个月。

五、脆弱类拟杆菌、粪链球菌和蜡样芽孢杆菌活菌制剂

本制剂用脆弱类拟杆菌、粪链球菌和蜡样芽孢杆菌培养后加适宜赋形剂，经抽滤干燥制成的白色或黄色干燥粗粉或颗粒。每克制剂含非病原菌应不超过10000个。其质量标准除按《成品检验的有关规定》进行检验外，应做如下检验。

（一）活菌计数

（1）每克制剂含活脆弱类拟杆菌应不少于100万个。取本品10g，用PBS做10倍系列稀释到第5管，接种2个血平板，各0.1mL，置37℃厌氧培养48h。2个平板上脆弱类拟杆菌菌落总数应不少于20个。

（2）每克制剂应含活粪链球菌1000万个以上。检验方法同上。

（3）每克制剂应含活蜡样芽孢杆菌1000万个以上。取本品10g，用灭菌生理盐水作10^{-6}稀释，接种于2个GAM平板上，各0.1mL，置37℃培养24～48h，2个平板上蜡样芽孢杆菌菌落总数应不少于20个。

（二）安全检验

同蜡样芽孢杆菌活菌制剂（Ⅰ），检验合格制剂在室温干燥的条件下保存，有效期1年。用于沙门氏菌和大肠杆菌引起的细菌性下痢，如雏鸡白痢、仔猪白痢、仔猪黄痢等防治。

复习思考题

（1）微生态制的作用机理与应用效果是怎样的？

（2）我国批准生产的微生态制剂有哪些？

（3）影响动物微生态制剂应用效果的因素及解决方法是什么？

项目十　生物制品制造新技术

【学习目标】

(1) 掌握基因工程疫苗的种类和用途。

(2) 了解生物技术诊断制剂的种类。

(3) 了解新型抗体工程技术。

(4) 了解反义 RNA 技术。

【技能目标】

能够制备单克隆抗体。

20 世纪 80 年代随着现代生物技术的兴起，特别是 DNA 重组技术的出现，为研制新一代的疫苗提供了崭新的方法，产生了基因工程疫苗。基因工程疫苗是使用重组 DNA 技术克隆并表达保护性抗原基因，利用表达的抗原产物活重组体本身制成的疫苗。主要包括基因工程亚单位疫苗、基因工程活载体疫苗、核酸疫苗、基因缺失疫苗、多肽疫苗等。

任务一　基因工程疫苗

与传统疫苗相比，基因工程疫苗有以下优点：①把保护性抗原基因插入载体的能力，修饰的载体能表达来自病原微生物的保护性抗原基因。细菌和病毒载体，都能产生兼有活疫苗和灭活苗优点的疫苗，这种类型的疫苗具有亚单位苗的安全性又具有活疫苗的效力；②易于大规模使用（喷雾或气雾）；③生产费用相对较低。另外，还有一些病毒需要分子生物学技术开发新型疫苗，它们包括：①有不能或难以用常规法培养的病毒，如新城疫弱毒株在鸡胚成纤维细胞上生长不良；②常规疫苗效果差或反应大，如传染性喉气管炎疫苗；③有潜在致癌性或免疫病理作用的病，如白血病、法氏囊病、马立克病；④能够降低成本，简化免疫程序的多价疫苗，如传染性支气管炎血清型多而且各型之间交叉保护性差，也可以将几个疾病的病毒抗原在同一载体上表达而生产出一次接种预防多种疾病的多价苗，实现这一计划只有通过基因工程技术才有可能做到；⑤有些病原微生物对人类危害较大，在培养过程中很容易散毒或感染研究和生产人员，如SARS病毒。基因工程提供了一个研制疫苗的更加合理的途径，现在可以在相对可以预测的情况下生产无致病性的、稳定的细菌和病毒，这与常规活疫苗研制的经典发展历程相反，同时还能生产与野生病原可区分的疫苗，有助于疫病的诊断和扑灭。

一、基因工程亚单位疫苗

基因工程亚单位疫苗又称重组亚单位疫苗或生物合成亚单位疫苗，是利用DNA重组技术，将编码病原微生物保护性抗原的基因导入真核或原核细胞，使其在受体细胞中高效表达，分泌保护性抗原肽链。提取保护性抗原肽链，加入佐剂即制成基因工程亚单位疫苗。它只含有病原体的一种或几种抗原，而不含有病原体的其他遗传信息。原则上讲，用这些疫苗接种动物，都可使之获得抗性而免受病原体的感染。亚单位疫苗不含有感染性组分，因而无须灭活，也无致病性。迄今，已研制出许多亚单位疫苗。有病毒性疾病的和细菌性疾病的，也有激素类的亚单位疫苗。

亚单位疫苗是利用单一蛋白质抗原分子来诱导免疫反应的。因此，在研制亚单位疫苗时，首先要明确编码具有免疫活性的特定抗原的DNA，一般选择病原体表面糖蛋白编码基因；而对于易变异的病毒（如A型流感病毒）则可选择各亚型共有的核心蛋白的主要保护性抗原基因序列。其次，应用重组DNA技术研制亚单位疫苗，还必须有合适的表达系统用来生产基因产物。每一系统的目标都是为了达到所需基因产物的高水平表达。因此，研究和了解各种表达系统中基因表达和产物稳定性的调节和控制参数是十分重要的工作。用于亚单位疫苗生产的表达系统主要有大肠埃希氏菌、枯草杆菌、酵母、昆虫细胞、哺乳类细胞、转基因植物、转基因动物。基因工程亚单位疫苗分以下3类。

1. 细菌性疾病亚单位疫苗

传统的菌苗用全菌、细菌胞壁抽提物或培养肉汤粗滤液制成，除保护性免疫原外，还含有很多不相关的和有毒的成分。鉴定和分离致病菌关键的免疫原和毒力因子是研究细菌性亚单位疫苗的基础，现已研制出包括产肠毒素性大肠杆菌病、炭疽、链球菌病和牛布鲁氏菌病等的亚单位疫苗，都能对相应的疾病产生有效的保护甚至对不同血清型的疾病也有交叉保护作用。

2. 病毒性疾病亚单位疫苗

研制病毒性亚单位疫苗比细菌性亚单位疫苗简单，病毒病原体只编码少数几种基因产物，几乎所有病毒基因组已经被克隆和完全测序，这为病毒性亚单位疫苗的研制提供了有利条件。目前已商品化或在中试阶段的病毒性疾病的亚单位疫苗主要有乙型肝炎、口蹄疫、狂犬病等十几种亚单位疫苗。

3. 激素亚单位疫苗

通过激素调控促进动物生长是生物技术研究的重要课题之一。动物的生长主要受生长激素的调节，而生长激素的分泌受到生长抑制素的抑制。所谓生长抑制素疫苗是以生长抑制素作免疫原，使免疫动物的生长抑制素水平下降，生长激素释放增多，使牛、羊等家畜获得显著的增重效果。国内已有商品化的生长抑制素基因工程疫苗。

用生物系统生产亚单位成分是有利的，因为生物系统不仅能有效地大量生产这些复杂的大分子物质，而且能对多肽做复杂的修饰，以保证其免疫原性。用基因重组技术生产免疫原作为疫苗还有两个优点：一是将高度危险和致病的病原体的具有免疫原性的蛋白质编码基因转移到不致病而且无害的微生物，用于大量生产，增加了安全性；二是亚单位疫苗可以用于外来病病原体和不能培养的病原体，扩大了用疫苗控制疫病的范围。缺点是开发、生产成本费用较高，同时免疫原性比复制性完整病原体的差，需要多次免疫才能得到有效保护。

二、基因工程活载体疫苗

基因工程活载体疫苗是用基因工程技术将保护性抗原基因转移到载体中使之表达的活疫苗。这种活体重组疫苗可以是非致病性微生物通过基因工程的方法使之携带并表达某种特定病原物的抗原决定簇基因，产生免疫原性；也可以是致病性微生物通过基因工程的方法修饰或去掉毒性基因以后，仍保持免疫原性。在这种疫苗中，抗原决定簇的构象与致病性病原体抗原的构象相同或者非常相似。目前有多种理想的病毒载体，如痘病毒，腺病毒和疱疹病毒等都可以用于活载体疫苗的制备。活载体疫苗兼有死疫苗和活疫苗的许多优点，而且又为多价苗和多联苗的生产开辟了一条新的道路。

1. 复制性活载体疫苗

复制性活载体疫苗以某种非致病性病毒（株）或细菌为载体来携带并表达其他致病性病毒或细菌的保护性免疫抗原基因。即用基因工程方法，将一种病毒或细菌免疫相关基因整合到另一种载体病毒或细菌基因组 DNA 的非复制必需片段中构成重组病毒或细菌，在被接种的动物体内，特定免疫基因可随重组载体病毒或细菌的复制而适量表达，从而刺激机体产生相应的免疫抗体。包括病毒活载体疫苗和细菌活载体疫苗。病毒活载体疫苗常作为载体的病毒有痘苗病毒、禽痘病毒、火鸡疱疹病毒、腺病毒、伪狂犬病毒、反转录病毒、慢病毒等。此疫苗具有常规疫苗的所有优点，而且便于构建多价疫苗，建立鉴别诊断方法。细菌活载体疫苗是指将病原体的保护性抗原或表位插入已有细菌基因组或其质粒的某些部位使其表达。或将病原体的保护性抗原或其表位在细菌的表面表达。目前主要有沙门氏菌活载体疫苗、大肠杆菌活载体疫苗、卡介苗活载体疫苗以及以单核细胞增多性李斯特菌和小肠结肠耶尔森氏菌为载体的其他细菌活载体疫苗。

复制性活载体疫苗都有一个共同的缺陷，即畜禽体内的抗载体病原的抗体会干扰或完全抑制活载体的复制，从而影响了插入基因的表达。因此这类疫苗不能用于已有抗活载体抗体的畜禽和二次免疫。

2. 非复制性活载体疫苗

非复制性活载体疫苗又称活-死疫苗，这类基因工程疫苗的构建方法与前一类复制性活载体疫苗相同，但选用的载体病毒不能在免疫接种动物的体内复制，只产生顿挫感染。不过，特定强毒的免疫原性基因仍能在接种动物体内少量表达，并足以刺激保护性免疫反应。例如以金丝雀痘病毒（CPV）为载体表达狂犬病病毒囊膜糖蛋白基因的重组病毒疫苗用来预防人和哺乳动物的狂犬病。此外，以 CPV 为载体在整合进犬瘟热病毒、猫白血病病毒、马的日本脑炎病毒、马流感病毒的相应免疫原基因后，也已在实验室中显示出良好的免疫效果。

研制活病毒载体疫苗，除安全性外还要考虑成本效益。选择理想的载体是活载体疫苗研制及应用成功的关键。目前常用的有痘病毒载体疫苗，痘病毒是已知的最大的动物病毒，基因组长达 300kb，可以容纳大片段外源基因，是构建多价或多联疫苗的理想载体。除痘病毒外，疱疹病毒和腺病毒也被选作载体。疱疹病毒作为载体的优点是：能刺激很强的细胞免疫应答和强而持久的体液免疫应答；基因组大，能容纳较大的外源基因片段；特异宿主范围窄，不像痘病毒那样存在种间扩散等问题。腺病毒也能引起好的体液和细胞免疫应答，在自然呼吸道感染情况下还能产生好的黏膜免疫应答，腺病毒的特异宿主范围也窄，这些都是用作疫苗载体的有利条件。以疫苗株沙门氏菌和卡介苗作为外源基因的载体已越来越引起研究者们的兴趣。细菌载体本身具有佐剂的作用，能刺激产生强的 B 细胞和 T 细胞免疫应答。口服沙门氏菌还能刺激黏膜免疫，无需注射，因此用它作载体更具吸引力。

活载体疫苗优点是：①活载体疫苗可同时启动机体细胞免疫和体液免疫，避免了灭活疫苗的免疫缺陷；②可以同时构成多价以至多联疫苗，例如以鸡痘病毒为载体的鸡马立克氏病-新城疫-鸡痘三联疫苗等，既能降低生产成本，又能简化免疫程序，还能克服不同病毒弱毒疫苗间产生的干扰现象；③疫苗用量少，免疫保护持续时间长、效果好，不需添加佐剂，降低了成本；④不影响该病的监测和流行病学调查。缺点是：①痘苗病毒能在哺乳动物体内复制，而与天花病毒类似的痘苗病毒在动物上应用会进化出对人类有致病性的新病毒，引起未种痘病毒疫苗人群感染，并使极少数感染者发病，因而重组痘病毒疫苗难以商品化；②活载体疫苗在二次免疫时还会诱发针对载体的排斥反应等。

三、基因标记疫苗

基因标记疫苗是人为使病毒的某一基因完全缺失或发生突变从而使该病毒的野毒株毒力减弱，不再引起临床疾病，但仍能感染宿主并诱发保护性免疫力。包括基因突变疫苗及基因缺失疫苗。该类疫苗安全性好、不易返祖；其免疫接种与强毒感染相似，机体可对病毒的多种抗原产生免疫应答；免疫力坚实。免疫期长，尤其是适于局部接种，诱导产生黏膜免疫力。最有代表性的例子是猪伪狂犬病毒（PRV）糖蛋白 E 基因缺失（gE^-）及胸腺核苷酸激酶基因突变失活（TK^-）株的活疫苗，gE 和 TK 基因产物的缺失，使野毒 PRV 的致病性显著减弱。其免疫力不仅与常规的弱毒疫苗相当，而且由于其 gE 基因的缺失，使其成为一种标记性疫苗。即用该疫苗免疫的猪在产生免疫力的同时不产生抗 gE 抗体，而自然感染的带毒猪具有抗 gE 抗体，可用于疫苗株与野生感染株的区分，从而有利于该病的监测与根除。缺点是猪 PRV 基因缺失疫苗株可与野生型强毒株进行基因重组，从而使重组病毒毒力增强。而猪 PRV 基因缺失疫苗株和野生型强毒株均可在非靶动物浣熊体内存活并繁殖，这就为 2 个毒株间的基因重组，进而导致毒力增强提供了先决条件。

四、核酸疫苗

核酸疫苗又名基因疫苗或 DNA 疫苗，是一种或多种抗原编码基因克隆到真核表达载体上，将构建的重组质粒直接注入到体内而激活机体免疫系统，因此也有人称之为 DNA 免疫。1995 年，WHO 在日内瓦召开国际会议，将其统一命名为核酸疫苗。它所合成的抗原蛋白类似于亚单位疫苗，区别只在于核酸疫苗的抗原蛋白是在免疫对象体内产生的。研究发现，对肌肉直接进行 DNA 注射能够得到表达的蛋白产物，并指出这可能为发展疫苗提供了新的途径。

基因疫苗与重组亚单位疫苗一样，都是利用单一蛋白质抗原分子来诱导免疫反应，因此，首先要明确编码具有免疫活性的特定抗原的 DNA，其次是选择合适的质粒载体。核酸疫苗大多采用质粒作载体。常用的质粒载体启动子多为来源于病毒基因组的巨细胞病毒（CMV）早期启动子，具有很强的转录激活作用；另外，疫苗 DNA 中还可包含一些合适的增强子、终止子、内含子、免疫激活序列及多聚腺苷酸信号等。

基因疫苗导入动物体的方法和途径主要有注射、粒子轰击技术和口服、鼻内滴注等。核酸疫苗能引起多种免疫反应：体液免疫反应，细胞毒 T 淋巴细胞免疫反应和辅助 T 细胞反应。

核酸疫苗具有独特的优点：①抗原合成和递呈过程与病原的自然感染相似，通过 MHCⅠ类和Ⅱ类分子直接递呈免疫系统，特别是特异性 $CD8^+$ 淋巴细胞（CTL）的免疫反应，这是灭活疫苗和亚单位疫苗不能比拟的；②免疫原的单一性，只有编码所需抗原基因导入细胞得到表达，载体本身没有抗原性，而重组的病毒活载体疫苗除了目的基因表达外，还有庞大而复杂的免疫蛋白；③易于构建和制备，稳定性好，成本低廉，适于规模化生产，但其潜在的危险性也非常令人担忧：①被注射的、可由宿主吸收的 DNA 有可能被整合到宿主的染色体中，并引起插入突变，在理论上，外源 DNA 引入体内敏感细胞中可能通过插入活化致癌基因，插入激活宿主细胞原致癌基因或插入灭活抑制基因引起肿瘤细胞形成，尽管这种概率很低；②外源抗原的长期表达可能导致不利的免疫病理反应；③使用编码细胞因子或协同刺激分子的基因可能具有额外的危害；④有可能形成针对注射 DNA 的抗体和出现不利的自身免疫紊乱；⑤所表达的抗原可能产生意外的生物活性。

五、多肽疫苗

多肽疫苗也称为表位疫苗，是用化学合成法或基因工程手段合成病原微生物的保护性多肽或表位并将其连接到大分子载体上，再加入佐剂制成的疫苗。多肽疫苗的研究最早始于口蹄疫病毒（FMDV）疫苗，主要集中在FMDV的单独B细胞抗原表位或与T细胞抗原表位结合而制备的多肽疫苗研究。虽然取得了一定的进展，但仍未获得一种具有理想保护作用的合成肽疫苗。分析多肽疫苗免疫效果不佳的原因主要有：①疫苗缺乏足够的免疫原性，很难如蛋白质抗原那样诱导集体的多种免疫反应；②B细胞和T细胞抗原表位很难发挥协同作用；③缺乏足够多的B细胞抗原表位的刺激。针对提高多肽疫苗的免疫原性，进行了许多研究，如独特型肽疫苗、热休克蛋白-肽复合体疫苗等。一般来说单独的抗原决定簇的免疫原性较弱，所以通常要与载体偶联，或以融合蛋白的形式进行免疫，还可以与细胞因子一起作用，以提高免疫原性。试验证明，热休克蛋白-肽复合体可以诱发很强的细胞反应，有持续时间较长，又有记忆功能且不需要佐剂等优点。

六、转基因植物可食疫苗

转基因植物可食疫苗是利用分子生物学技术，将病原微生物的抗原编码基因导入植物，并在植物中表达出活性蛋白，人或动物食用含有该种抗原的转基因植物，激发肠道免疫系统，从而产生对病毒、细菌、寄生虫等病原微生物的免疫能力。

与常规疫苗相比较，转基因植物疫苗具有独特的优势：①可食用性，使用方便。将表达抗原的植物直接饲喂动物，给药过程非常方便，避免了繁琐的免疫程序；②生产成本低廉，易大规模生产。只需适宜的场地、水、肥和少量农药，不需严格的纯化程序；③使用安全，没有其他病原污染，其他疫苗在大规模细胞培养或繁殖过程中，很容易发生病原微生物特别是霉形体的污染，而转基因植物疫苗不存在这一问题，植物病毒不感染人和动物；④转基因植物能对蛋白质进行准确的翻译后加工修饰，使三维空间结构更趋于自然状态，表达的抗原与动物病毒抗原有相似的免疫原性和生物活性；⑤投递于胃肠道黏膜表面，进入黏膜淋巴组织，能产生较好的免疫效果，传统的非经肠道疫苗几乎不能产生特异的黏膜免疫。尽管转基因植物生产基因工程疫苗有许多优点，但就目前技术而言，仍存在疫苗在植物中的表达水平较低、提纯困难、口服时有被消化可能等问题。

七、抗独特型疫苗

抗独特型疫苗是免疫调节网络学说发展到新阶段的产物。抗独特型抗体可以模拟抗原，刺激机体产生与抗原特异性抗体具有同等免疫效应的抗体，由此制成的疫苗称为抗独特型疫苗，又称内影像疫苗。抗独特型疫苗不仅能诱导体液免疫应答，亦能诱导细胞免疫应答。

抗独特型疫苗有许多优点：①可以不接触活的病原微生物及其组成成分，因而很安全；②用杂交瘤细胞在体外产生大量单克隆抗独特型抗体比较容易，花费小，生产周期短，浓缩纯化简单方便；③抗独特型疫苗较非活化病毒能诱导更多的活性T、B细胞反应；④抗独特型疫苗对新生儿有特别价值；⑤抗独特型疫苗仅启动其携带内影像抗原决定簇的抗体反应；⑥能模仿选择性抗原决定簇使其被工程化。同时，独特型疫

苗也存在许多问题：①最困难的是在很多可能的抗独特型抗体中筛选特异的抗独特型抗体；②抗独特型抗体是异种蛋白，重复免疫人可致血清病；③抗独特型疫苗免疫还不能提供完全的保护；④由于抗独特型网络的复杂性，当一些抗独特型抗体活化保护性免疫时，另一些抗独特型抗体可能启动病理性反应。目前已有许多研究工作用抗独特型抗体制作的实验室疫苗，接种动物能抵抗病原的感染，如伪狂犬病病毒、牛疱疹病毒-Ⅰ、新城疫病毒和弓形虫等。抗独特型抗体疫苗目前尚处于实验室阶段，达到临床使用的研究目标依然任重道远。

任务二　生物技术诊断制剂

随着分子生物学技术的飞速发展，新型诊断技术不断涌现，与之配套的生物技术诊断制剂也应运而生。大致包括重组表达抗原、聚合酶链式反应、基因芯片、核酸探针等。

一、重组表达抗原

基因工程重组表达抗原是用DNA重组技术，将编码特定抗原的基因插入到原核或真核表达质粒，再转入宿主细胞中表达，然后运用生物化学分离、纯化技术等制成诊断用重组表达抗原。重组表达抗原具有高特异性、高纯度、均质性好、重复性强、成本较低并能大批量生产等优点。同时对一些病原尚无法培养以及高危病原体的诊断抗原制备，应用生物技术具有无可比拟的优点。

二、聚合酶链式反应

聚合酶链式反应又称为体外基因扩增技术，是20世纪80年代中期发展起来的体外核酸扩增技术。它具有特异、敏感、产率高、快速、简便、重复性好、易自动化等突出优点；能在一个试管内将所要研究的目的基因或某一DNA片段于数小时内扩增至十万乃至百万倍，使肉眼能直接观察和判断。PCR技术是生物医学领域中的一项革命性创举和里程碑。

PCR技术用于动物疫病的诊断主要是检测病原，做早期诊断和传染源的鉴定。它不仅可以检测活的病原体，而且还可检出已灭活的病原体，只要病原体的核酸未降解，因此，当由于各种原因无法进行病原分离与鉴定时（如人工方法不能培养或极端危险不宜培养），该技术将发挥巨大作用。疫病的病原体主要有真核生物、原核生物和非细胞型生物三大类。每类病原体都有其特异性的核酸，检测出特异性核酸就能确定病原体。目前可以在因特网的Genbank中检索到大部分病原体的特异性核酸序列。PCR技术就是根据已知病原体特异性核酸序列，设计合成与其5′端同源、3′端互补的2条引物。在体外反应管中加入待检的病原体核酸（模板DNA）、引物、4种寡核苷酸（dNTP）和具有热稳定性的TaqDNA聚合酶，将反应管置于自动化热循环仪（PCR仪）中，在适当条件下，经过变性、复性、延伸3个过程即为一个循环，一般进行

20～30次循环后即可检测反应结果。如果引物上的碱基与待检病原体的核酸序列相匹配，合成的核酸产物就会以 2^n（n 为循环次数）呈指数递增。产物经琼脂糖凝胶电泳，可见到预期大小的 DNA 条带出现，借此可做出确切诊断。目前，PCR 技术与其他技术相结合又衍生出一系列相关技术，如 RT-PCR、ELISA-PCR、套式 PCR、多重 PCR 等。

三、核酸探针技术

所谓核酸探针即是指一段用放射性核素或其他标记物（如酶与荧光素等）标记的与目的基因互补的 DNA 片段或单链 DNA 和 RNA。根据其来源可分为 cDNA（互补 DNA）探针、基因组探针、寡核苷酸探针与 RNA 探针。

cDNA 探针是以 mRNA 为模板，在逆转录酶的催化下合成一条与 mRNA 互补的 DNA 链（cDNA），用碱除去 mRNA，在 DNA 多聚酶催化下合成第二条 DNA 链，形成双链 DNA，再将其插入适当的载体质粒，转入细菌中扩增保存。

基因组探针是把染色体 DNA 通过超声击断或以限制性内切酶不完全水解，获得许多染色体 DNA 随机片段，选择长度 15～20kb 的 DNA 片段重组到 λ 噬菌体中，经体外包装转染大肠杆菌，在固体培养基上形成许多噬菌斑，利用原位杂交法筛选出含目的基因的 DNA 片段，再次克隆到大肠杆菌质粒中保存，需要时扩增。

寡核苷酸探针为人工合成的 DNA 片段，一般长 20～50 个 bp（碱基）。可根据已知 DNA 或 RNA 序列合成精确互补的 DNA 探针；如不知核酸序列，可依据其蛋白产物的氨基酸顺序推导出核酸序列合成 DNA 探针。由于 DNA 自动合成仪的出现使探针的合成十分方便。

RNA 探针制备的技术路线为：将一段含完整或部分基因的 DNA 片段插入重组质粒的多克隆位点，以内切酶在插入片段中某一适当部位或在插入片段下游的某一部位消化重组质粒，使之成为线性 DNA，在相应的 DNA 依赖性 RNA 聚合酶催化下，以含目的基因的 DNA 片段为模板合成 RNA 探针。由于 RNA 探针为单链，杂交时不存在第二条链的竞争，所以其敏感性较经缺口平移标记的 DNA 探针要高。

核酸探针主要用于生物学基础研究（如遗传基因研究）和病原微生物检测（病原诊断）。在用于病原检测时，由于其敏感精确、方便快速并能进行病原组织细胞定位（原位杂交）等诸多优势而使其应用范围越来越广泛。近年来，非同位素探针有替代同位素探针的趋势（因同位素探针操作不安全、废物不易处理、价格昂贵且半衰期短）。

四、基因芯片

基因芯片又称 DNA 微阵列、DNA 芯片或寡核苷酸微芯片，是指将许多特定的寡核苷酸片段或基因片段作为探针，有规律地排列固定于支持物上，然后与待测的标记样品中的基因按碱基配对原理进行杂交，再通过激光共聚焦荧光检测系统等对芯片进行扫描，并配以计算机系统对每一探针上的荧光信号作出比较和检测，从而迅速得出所需的信息。基因芯片可用于基因表达谱分析、新基因的发现、基因突变与多态性分析、基因组文库等。

任务三　抗体工程技术

一、单克隆抗体技术

（一）概述

1975年德国科学家Kohler和英国科学家Milstein利用杂交瘤技术将产生抗体的B淋巴细胞与骨髓瘤细胞融合，成功的建立了单克隆抗体制备技术。由于单克隆抗体在生命科学领域的巨大贡献，此技术获得1984年的诺贝尔医学和生理学奖。单克隆抗体又简称为单抗，是指由一个B细胞分化增殖的子代细胞（浆细胞）产生的针对单一抗原决定簇的抗体。

与多克隆抗体比较，单抗具有高特异性、高纯度、均质性好、重复性强、效价高、成本低并可大量生产等优点。

（二）原理

小鼠受到外界抗原刺激后可诱发免疫反应，由B淋巴细胞产生相应的抗体，；肿瘤细胞在体外培养的条件下可以无限传代，是“永久”的细胞。把小鼠的骨髓瘤细胞与经过免疫的小鼠脾细胞在聚乙二醇等介导下发生融合，融合后的杂交瘤细胞具有两种亲本细胞的特性，一方面可以分泌特定的抗体，另一方面也具备了肿瘤细胞无限增殖的能力，可在体外培养条件下或移植到体内无限增殖，从而分泌大量单克隆抗体。

（三）制备技术

将经预定抗原免疫的淋巴细胞与失去次黄嘌呤-鸟嘌呤磷酸核糖转移酶（HGPRT）或胸腺嘧啶核苷酸激酶（TK）合成能力的骨髓瘤系细胞融合，产生杂交瘤细胞，经过培养、筛选或克隆化，获得既能分泌针对预定抗原的单抗又有无限增殖能力的杂交瘤细胞系，这就是淋巴细胞杂交瘤技术，是制备单抗的关键技术。

制备单克隆抗体包括抗原制备、动物免疫、细胞融合、选择杂交瘤、检测抗体、杂交瘤细胞的克隆化、冻存以及单克隆抗体的大量生产。

1. 抗原制备

制备抗体的抗原种类几乎没有限制，病毒、细菌等病原微生物及对免疫动物来讲为异种的外来物质，凡是具有抗原性质的物质均可制备单克隆抗体。抗原可以是全病毒、亚单位组分或者是纯化分子，也可以是蛋白质、多糖、脂类等。

2. 动物免疫

一般使用BALB/c小鼠，也可用大鼠或仓鼠。免疫效果直接影响到细胞融合。一般要在融合前两个月左右确立免疫方案开始初次免疫，免疫方案应根据抗原的特性不同而定。

(1) 颗粒性抗原免疫性较强，不加佐剂就可获得很好的免疫效果。下面以细胞性抗原为例的免疫方案：

初次免疫 1×10^7/0.5mL ip（腹腔内注射）

↓2～3周后

第二次免疫 1×10^7/0.5mL ip

↓3周后

加强免疫（融合前3d）1×10^7/0.5mL ip或iv（静脉内注射）

↓

取脾融合

(2) 可溶性抗原免疫原性弱，一般要加佐剂，常用佐剂：弗氏完全佐剂，弗氏不完全佐剂。要求抗原和佐剂等体积混合在一起，研磨成油包水的乳糜状，放一滴在水面上不易马上扩散呈小滴状表明已达到油包水的状态。商品化弗氏完全佐剂在使用前须振摇，使沉淀的分枝杆菌充分混匀。

3. 细胞融合

用于细胞融合的骨髓瘤细胞应与免疫动物属同一品系。目前已有多种可用于融合的骨髓瘤细胞，其中以SP2/0最为常用。

1) 免疫脾细胞悬液的制备

取经免疫的BALB/c小鼠，摘除眼球放血。将小鼠处死，无菌摘除脾脏，研磨制取脾B淋巴细胞悬液，经氯化铵破碎红细胞后，洗涤调整细胞浓度为10^8/mL备用。

2) 骨髓瘤细胞悬液的制备

收取经倍比传代生长24h的骨髓瘤细胞数毫升，经洗涤后计数备用。

3) 细胞融合

将免疫脾B淋巴细胞与骨髓瘤细胞按一定比例［1∶(1～10)］混合后离心弃上清，缓慢加入融合剂——50%聚乙二醇(PEG4000)，间隔1min后，缓慢滴入无血清培养液，终止融合剂的作用，经洗涤去除融合剂后加入所需要的细胞培养液，分装于96孔细胞培养板内继续培养。

4. 杂交瘤细胞筛选

由于融合剂的作用为非特异性的，即细胞管中，杂交瘤细胞有骨髓瘤细胞-B淋巴细胞、B淋巴细胞-B淋巴细胞、骨髓瘤细胞-骨髓瘤细胞融合的细胞。因此，必须选择出既能连续生长又具有分泌抗体的融合细胞，即骨髓瘤细胞-B淋巴细胞融合的杂交瘤细胞。HAT培养基可选择性培养出骨髓瘤细胞-B淋巴细胞融合细胞。培养后，应用敏感的血清学方法检测各孔中的抗体。视抗原性质不同，可采用放射免疫分析、酶联免疫吸附试验、间接免疫荧光抗体试验、反向间接血凝试验等。通过检测筛选出抗体阳性孔。

5. 杂交瘤细胞的克隆及建株

杂交瘤细胞培养上清特异性抗体检测的阳性孔，大多数情况下产生抗体的杂交瘤

集落不是来自单个细胞，其中可能混有不分泌抗体的细胞克隆，而且其比分泌抗体的融合细胞生长快，因此细胞融合检测后，对阳性孔应尽早克隆化。克隆化的方法有：

1）有限稀释法

将阳性孔的细胞稀释至一定的浓度，然后加入 96 孔细胞培养板中使其尽可能成单个细胞，每天用倒置显微镜观察确证是一个细胞生长。

2）软琼脂培养法

将一定浓度的待克隆的细胞与 2%的琼脂糖培养液混合，倒入培养皿凝固后作为底层，然后将阳性孔细胞悬于预热至 45℃的培养基中与等量 2%琼脂糖混合，再加于平皿内，置 CO_2 培养箱培养，经 1～2 周后可见小白点，即为一个克隆，自软琼脂上吸出移入培养板中培养即可获得单个克隆的杂交瘤细胞。

杂交瘤细胞研制过程中应注意建株的整个过程。第一次融合细胞在每次克隆过程中，包括融合细胞检测，均应对检测阳性的细胞扩大培养，冻存一定量的细胞；经过3～4次克隆，100%杂交瘤细胞孔为分泌抗体阳性细胞；扩大培养，冻存较为大量的细胞数，建立一个较完整的原始细胞库，包括原始融合细胞、每次克隆的细胞及建株的细胞。

6. 单抗的生产

获得稳定的杂交瘤细胞克隆后，可根据需要大量制备单克隆抗体。目前用于制备的方法主要有两种。一种是动物体内诱生法，为国内外实验室所广泛应用；另一种是体外培养法，是目前工业化生产常采用的方法。

1）动物体内诱生法

将杂交瘤细胞注入同一品系的动物腹腔，诱生腹水，而在腹水中即含有高滴度的所需要的单克隆抗体。一般情况下，腹水中的特异性单克隆抗体的浓度在 2～5mg/mL。一般一次可收腹水 5～10mL，间隔 3～4d 采一次，可多次反复采集。为了刺激腹水产生，应在注射杂交瘤细胞前 2 周给动物腹腔注射液体石蜡或降植烷 0.5mL。

2）体外培养法

杂交瘤细胞不是严格贴壁依赖细胞，它既可以进行单层细胞培养，又可以进行悬浮培养。

二、基因工程抗体

随着 DNA 重组技术以及其他分子生物学技术的发展，人们利用基因工程技术来制备抗体分子，这种抗体分子称为基因工程抗体。与鼠源性单克隆抗体相比，基因工程抗体具有许多优点：

（1）通过基因工程技术的改造，可以最大程度降低抗体的鼠源性，降低甚至消除人体对抗体的排斥反应。

（2）基因工程抗体的分子小，穿透力强，更易到达病灶的核心部位。

（3）可以根据治疗的需要，制备多种用途的新型抗体。

（4）可以采用原核、真核细胞或植物等多种表达系统大量生产抗体分子，成本大大降低。目前基因工程抗体有以下几种类型。

（一）嵌合抗体

嵌合抗体是指在同一抗体分子中含有不同种属来源抗体片段的抗体，又称杂种抗体。这种抗体是应用重组 DNA 技术从小鼠杂交瘤细胞基因组中分离和鉴定出抗体基因的功能性可变区，与人免疫球蛋白（Ig）恒定区基因拼接后，构建成人-鼠嵌合的重链、轻链基因，再导入骨髓瘤细胞，经过筛选即可得到分泌人-鼠嵌合抗体的骨髓瘤细胞，其所分泌的嵌合抗体与原杂交瘤细胞分泌的抗体特异性和亲和性相同，但减少了抗体中的鼠源性成分。

（二）重构抗体

重构抗体是在嵌合抗体的基础上发展起来的。由于人-鼠嵌合抗体的可变区仍然保留着小鼠抗体的结构，因而不能完全克服其在人体内的免疫原性，从而限制了嵌合抗体的重复给药。因此为进一步减少鼠源蛋白在嵌合抗体内的含量，将鼠抗体超变区基因嵌入人抗体 Fab 骨架区的编码基因中，再将此 DNA 片段与人 Ig 恒定区基因相连，然后转染杂交瘤细胞，使之表达嵌合的 V 区抗体。实际上就是在人抗体可变区序列内嵌入鼠源抗体的高变区基因序列，通过这种置换为人类抗体提供了一个新的抗原结合部位。

（三）小分子抗体

利用细菌表达决定抗体特异性的结构域，所得到的抗体大小只为完整 IgG 分子的 1/3～1/2，因此成为小分子抗体。其具有以下优点：①小分子抗体的制备方法方面比其他的基因工程制备的抗体更加简单；②从抗体的免疫原性考虑，小分子的抗体的免疫原性要比原来的 McAb 弱得多；③由于没有 Fc 片段，使得小分子抗体不能够与靶细胞的 Fc 受体结合，能够集中到达肿瘤部位；④如果在小分子抗体的基因的 3′端接上适当的酶基因或者毒素蛋白基因的话，那么就会大量产生酶联抗体和免疫毒素；⑤由于其分子量比较小，小分子抗体更容易通过血管壁，进入实体肿瘤部位，对于肿瘤的治疗是非常有效的；⑥另外正因为其没有 Fc 段，这样小分子抗体在体内的半衰期比较短，周期比较大，有利于放射免疫成像系统对肿瘤的检测；⑦由于其在大肠杆菌中的表达，这就可以通过发酵生产抗体，从而降低了生产成本，使得抗体治疗技术能够适应更广大的患者，使其得到普及。根据小分子抗体结构的特点，分为以下两种。

1. Ig 相关分子

将抗体分子的部分片段（如 V 区或 C 区）连接到与抗体无关的序列上（如毒素），就可创造出一些 Ig 相关分子。例如将有治疗作用的毒素或化疗药物取代抗体的 Fc 片段，通过高变区结合特异性抗原，连接上的毒素可直接运送到靶细胞表面，起“生物导弹“的作用。

2. 单链抗体

单链抗体是将 Ig 的 H 链和 L 链的 V 区基因相连，转染大肠杆菌表达的抗体分子，又称单链 Fv（single chain fragment of variable region，sFv）。sFv 穿透力强，易于进入局部组织发挥作用。

（四）噬菌体抗体

将抗体可变区基因与编码噬菌体外壳蛋白的基因融合而成的一种基因工程抗体。携带此融合蛋白基因的噬菌体感染细菌，所分离的噬菌体克隆表面表达抗体片段（通常为单链 Fv 或 Fab），可与特异性抗原结合。

噬菌体抗体库技术的原理，简言之就是用 PCR 技术从人免疫细胞中扩增出整套的抗体重链可变区（VH）和轻链可变区（VL）基因，克隆到噬菌体载体上并以融合蛋白的形式表达在其外壳表面。这样一来噬菌体 DNA 中有抗体基因的存在，同时在其表面又有抗体分子的表达，就可以方便地利用抗原—抗体特异性结合而筛选出所需要的抗体，并进行克隆扩增。使抗体基因以分泌的方式表达，则可获得可溶性的抗体片段。在建库过程中如果将 VH 和 VL 随机组合，则可建成组合抗体文库；如果抗体 mRNA 来源于未经免疫的正常人，则可以在不需要细胞融合的情况下建立起人天然抗体库。

构建噬菌体抗体库通常包括以下几个过程：①从外周血或脾、淋巴结等组织中分离 B 淋巴细胞，提取 mRNA 并反转录为 cDNA；②应用抗体轻链和重链引物，根据建库的需要通过 PCR 技术扩增不同的 Ig 基因片段；③构建噬菌体载体。噬菌体抗体库载体有 λ 噬菌体、丝状噬菌体和噬菌粒三种，其中后二者是目前构建表面表达的噬菌体抗体库（surfacedisplayantibody library）常用载体；④表达载体转化细菌，构建全套抗体库。通过多轮的抗原亲和吸附-洗脱-扩增，最终筛选出抗原特异的抗体克隆。

1. 模拟天然全套抗体库

抗体文库可以达到或超过 10^{11} 库容，所以能包含 B 细胞全部克隆。建库的外源基因来自人体外周血，骨髓或脾脏的淋巴细胞提取的 mmDNA，mmDNA 反转录形成 cDNA，这些 mRNA 是人体多克隆细胞的总 mRNA。使用的通用引物采自多个人体，具有人的种属普遍性。抗体的 VH 和 VL 基因的随机重组也增加了抗体的多样性。

2. 避免使用人工免疫和杂交瘤技术

由于抗体库的大容量和极高的筛选效率，使得可以调出任意抗体基因，用基因工程方法制备抗体，从而避免了使用人工免疫动物和细胞融合技术。

3. 可获得高亲和力的人源化抗体

在噬菌体抗体库技术中，VH 和 VL 基因的随机重组模拟了体内抗体亲和力成熟的过程，所用的抗体基因又来自人体，因此，所产生的抗体必然都是高亲和力的人源化抗体。

三、催化抗体

（一）概述

催化抗体也叫抗体酶，是利用化学和免疫学相结合的方法，将经过特殊设计并合成的有机分子作为半抗原，借助杂交瘤技术而制备的具有某种特异性催化作用的单克隆抗体。其具有酶的催化性和抗体的特异性，能选择性催化相应底物。抗体酶的多样性、特异性和稳定性，已形成了生物界中一个崭新的超分子体系，它把免疫学、酶学理论的发展和抗体在医药及工业等领域的应用推向一个新水平。近年来，对抗体酶的制备、催化反应特性及分子结构等已进行了一些研究。

（二）制备

1. 细胞融合法

用设计好的半抗原，通过间隔链与载体蛋白（如牛血清白蛋白）偶联制成抗原。然后对此抗原进行免疫，使宿主有机体针对抗原产生抗体，产生抗体的脾脏细胞与骨髓细胞相融合。融合得到的杂交细胞既能产生抗体又能在体外培养。将杂交体克隆化，即产生单一均匀抗体。

2. 抗体结合位点化学修饰法

抗体酶和酶一样也可以用化学修饰法加以改造。对抗体酶进行结构修饰的关键是找到一种温和的方法在抗体结合位置或附近引入具有催化功能的基因。游离巯基就是适合的基团之一，它具有高亲核性，易于氧化，以及能通过二硫化物进行交换反应或亲电反应而选择性修饰的特点。

3. 引入辅助因子法

很多天然酶活性中心都含有金属离子。Lerner 等将金属离子引入抗体酶，成功地催化了肽键的选择性水解。用三乙撑胺 Co^{3+} 盐作为金属离子辅因子，所用半抗原分子带有一肽键，且通过羧酸根及仲胺基与金属离子相连。将此半抗原通过共价键连接在载体蛋白上免疫动物后产生的抗体，在金属离子复合物作为辅因子的参与下，这些抗体酶能选择性水解甘氨酸和丙氨酸之间的肽键，其转化数达 6×10^{-4}。

4. 用生物工程的方法产生抗体

Fab 片断由轻链和重链的 VH 及 CH1 部分组成，作为一种催化剂，抗体酶有这样的片断就行，无须完整的抗体分子。从人或动物的抗原中抽取基因，然后用酶反应复制基因的聚合酶链反应（PCR）技术重新铸造轻链和重链，这样就可以把这些基因组合成 100 万个含有成对轻链和重链的基因库。这些基因库是存储在细菌病毒里，通过

随机地将基因和轻重链结合的方法，就可大量制造 Fab 片断了。片断里的基因是通过细菌的形式表达出来的。这就可在细菌培养中繁殖数百万计不同抗体。

5. 拷贝法

用酶作为抗原免疫动物得到抗酶的抗体，再将此抗体免疫动物并进行单克隆化，获得单克隆的抗抗体。对抗抗体进行筛选，获得具有原来酶活性的抗体酶。

6. 共价抗原免疫法

在亲和标记抑制剂基础上发展起来的新的抗体酶制备方法。以亲和标记剂为半抗原，则抗体结合部位将产生与亲和基团电荷性质相反的基团，如亲核性，亲电性氨基酸，酸性氨基酸，碱性氨基酸等。

（三）应用

1. 抗体酶在帮助戒毒方面的应用

Landry 等用可卡因水解的过渡态类似物-磷酸单酯为半抗原，产生的单克隆抗体能催化可卡因分解，其催化活性和血液中催化可卡因的丁酰胆碱酯酶差不多，水解后可卡因片断失去可卡因刺激功能。因此，用人工抗体酶的被动免疫也许能阻断可卡因上瘾，达到戒毒目的。

2. 抗体酶用于肿瘤治疗

目前正在发展一种称为抗体介导前药治疗（ADEPT）技术，即将能水解前药释放出肿瘤细胞毒剂的酶和肿瘤专一性抗体相偶联，这样酶就会通过和肿瘤结合的抗体而存在于细胞的表面。静脉给药后，当药物扩散至肿瘤细胞的表面或附近，抗体酶就会将前药迅速水解释放出抗肿瘤药物，从而提高肿瘤细胞局部药物浓度，增强对肿瘤的杀伤力，达到提高肿瘤化疗效果的目的。

知识链接

反义 RNA 技术

1. 概述

反义技术是 20 世纪 80 年代提出的一种全新的基因工程技术。它是从反向遗传学的角度认识结构基因的功能和基因表达的调控。根据目前的研究，反义技术可以定义为：根据碱基互补原理，用人工合成或生物体合成的特定互补的 DNA 或 RNA 片段或其化学修饰产物，导入靶细胞，形成 mRNA-DNA 或 mRNA-RNA 杂交双链，从而抑制或封闭基因表达，使其丧失活性，达到基因控制和治疗的目的。

反义 RNA 技术是反义技术中一种重要的基因工程技术。它是指能与特定 mRNA

互补结合的RNA片段。这种反义RNA与mRNA形成一个双体结构，从而阻止mRNA有效翻译。反义RNA存在于原核生物与真核细胞中。目前，实现反义RNA抑制基因表达的方法有三种。第一种是把合成的一段短的反义寡核苷酸直接导入细胞；第二种是将反义RNA与表达载体相连，然后将表达载体导入细胞，实现反义RNA的转录；反义基因以相反的方向插入到特异的启动子和终止子之间。在转录时其与特异的目的基因片段互补结合。第三种就是RNA干涉（RNAi）。反义RNA可以从复制、转录、翻译等3个水平上发挥功能。在复制水平上，反义RNA可作为DNA复制的抑制因子，它可与引物RNA前体互补结合，抑制DNA的复制，从而控制复制频率。在转录水平上，反义RNA可与mRNA 5′末端互补而阻止RNA的转录。反义RNA更主要的调控功能表现在翻译水平上。如在原核生物反义RNA可与mRNA 5′端编码区包括SD序列的结合，直接抑制翻译；或与mRNA 5′端编码区主要是起始密码子AUG结合抑制翻译起始；或是与靶mRNA的非编码区互补结合，使mRNA构象改变，影响其与核糖体结合间接抑制了mRNA的翻译。在真核生物中反义RNA的调控方式主要有：影响mRNA前体的剪接；影响mRNA前体的转移；影响真核mRNA分子5′和3′端正常的修饰，如加帽和加尾的修饰等。还有人认为，反义RNA会激活RNase H，RNase H专一性降解DNA-RNA杂合双链中的RNA，造成转录过程中尚未从DNA模板上剥离下的RNA链被降解。

2. 特点

（1）反义RNA可以高度专一地调节某一特定基因的表达，不影响其他基因表达。反义基因的不同区段抑制效率不同，基因的部分片段（小至41 bp）就可起到抑制效果，抑制程度理论上为0～100%，这不同于基因的完全致死抑制，因此可从转基因个体中筛选到所需要的基因型。

（2）转化到植物中的反义RNA的作用类似于遗传上的缺陷型，表现为显性性状。所以被转化的植物材料不必为纯合体就可表现相应性状，避免了二倍体内等位基因的显隐性干扰。

（3）反义基因整合到植物的基因组中，可独立表达和稳定遗传，后代符合孟德尔遗传规律。

（4）利用反义基因不必了解其靶基因所编码的蛋白质结构，可省去对基因产物研究工作。

（5）反义基因不改变靶基因的结构，在应用上更加安全。

利用反义基因技术人为地控制生物体内某些基因的表达，在植物基因工程中有巨大应用前景的研究。世界上第一个基因工程商业化园艺产品，就是利用反义基因技术将反义PG基因转入番茄得到的耐贮运的番茄。RNAi作用具有特异、快速、高效等特点，已经成为分子病毒学领域中病毒基因功能和防治病毒感染的研究热点。

复习思考题

（1）名词解释：基因工程活载体疫苗、抗独特型疫苗、核酸探针、基因芯片、反义 RNA

（2）什么是基因工程疫苗？与常规疫苗比较有何优点？

（3）基因工程活载体疫苗、核酸疫苗的概念是什么？有哪些种类？有何优缺点？

（4）什么是单克隆抗体？如何制备？

（5）什么是基因工程抗体和催化抗体？有哪些类型？

项目十一 兽医生物制品质量检验技术

【学习目标】

(1) 掌握疫苗检验程序和方法。

(2) 掌握诊断、治疗用生物制品的检验程序和方法。

【技能目标】

(1) 能够对疫苗进行安全检验和效力检验。

(2) 会诊断用生物制品的效价测定和特异性检验。

(3) 能够对治疗用生物制品进行安全检验和效力检验。

生物制品生产的原材料包括菌（毒、虫）种到中间产品及半成品的检查，直至最终的成品检验，都属于质量检验范围。质量检验是生物制品生产的重要组成部分，在保证生物制品质量方面具有重要作用，因此《兽用生物制品规程》对每种制品都作出了明确的检验规定。根据生物制品生产的特点，本节重点介绍兽医生物制品成品的质量检验。

任务一 活疫苗检验

一、活疫苗检验程序与方法

细菌性和病毒性活疫苗质量检验程序如图 11.1 和图 11.2 所示。

(一) 抽样

取样是质量检验的基础，必须按取样规定抽取一定数量能代表全体被抽样产品的样本来进行质量检验，检验的结论才是可信的。取样工作由质量管理部门负责，由专职的取样员取样。同批冻干制品分若干柜冻干者，应以柜为单位，同批冻干制品分为若干组分装时应逐组随机抽样检验，抽取样品数量一般留样为 3 次全检量，重点留样为 7 次全检量。一般每批抽样 80～180 瓶。每件被取样上都要贴上标签。并作取样记

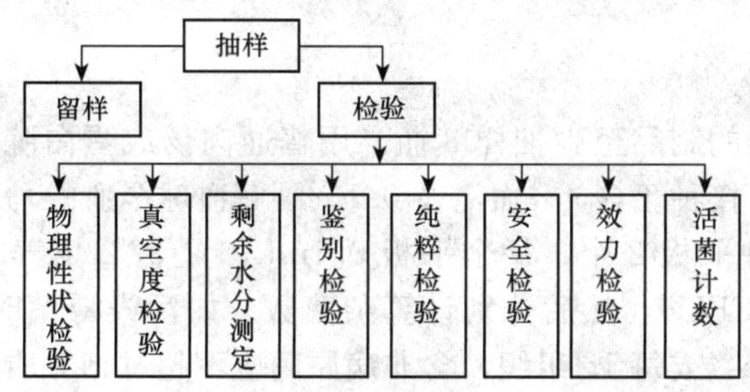

图 11.1 细菌性活疫苗质量检验程序

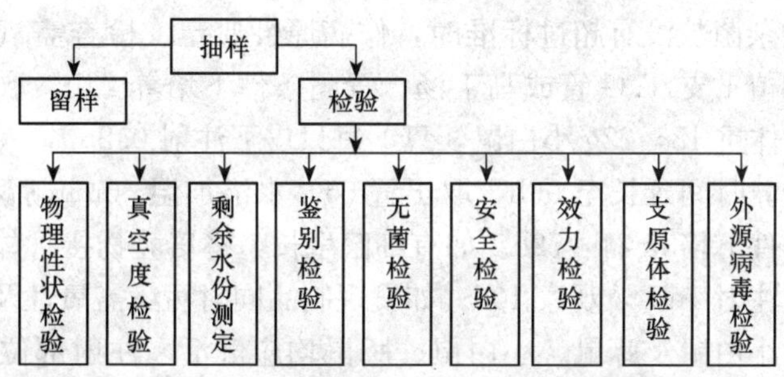

图 11.2 病毒性活疫苗质量检验程序

录，内容包括取样日期、品种、代号、规格、批号、数量、来源、包装、必要的取样说明和取样人签名。

（二）物理性状检验

冻干疫苗为海绵状疏松团块，无异物和干缩现象，易与瓶壁脱离，加稀释液后迅速溶解。多为微黄色、灰白色或暗白色，组织苗多呈淡红色或暗赤色。

（三）无菌检验或纯粹检验

生物制品（除另有规定者外）都不应有外源微生物污染。因此，各类生物制品必须按规定进行无菌检验或纯粹检验，生物制品的无菌检验或纯粹检验按照每个批次进行，按生产瓶数的1%抽取样品，但不能少于5瓶，最多不超过10瓶，逐瓶进行检验。全部操作应在无菌条件下进行。

细菌性活疫苗将备检样品恢复原量，接种硫乙醇酸盐培养基（T.G）小管及酪胨琼脂（G.A）斜面或适于本菌生长的其他培养基各2支，每支0.2mL，置37℃、25℃各一支；葡萄糖蛋白胨汤（G.P）小管1支，接种0.2mL置25℃，均培养5d。含抗生素的病毒性活疫苗的无菌检验，先将制品做10倍稀释，用T.G培养基50mL，接种供试品1.0mL，置37℃培养，3日后吸取培养物分别接种T.G小管和G.A斜面各两支，每支0.2mL，置37℃、25℃各一支；葡萄糖蛋白胨汤（G.P）小管1支，接种0.2mL置25℃，均培养7d。每批抽样的样品（除允许含一定量非病原者外）应全部无菌或纯粹生长。

组织苗允许有一定量非病原菌生长，如有菌生长，应做杂菌计数和病原性鉴定。

1. 杂菌计数

每批有杂菌污染的制品至少抽样 3 瓶，用普通肉汤或蛋白胨水分别按头份（或羽份）数作适当稀释，接种于含 4%血清及 0.1%裂解血球全血的马丁（或 G.A）琼脂平板上，每个样品接种平板 2 个，每个平板 0.1mL，置 37℃培养 48h 后，再移置室温 24h，数杂菌菌落（CFU），然后分别计算杂菌数。如污染霉菌时，亦作为杂菌计算。任何 1 瓶疫苗每头份（或每 1g 组织）含非病原菌应不超过相关质量标准规定。

2. 病原性鉴定

组织苗污染的杂菌数没有超过标准时，作病原性鉴定。检查需氧菌时，将污染需氧性杂菌管培养物移植 1 支 T.G 管或马丁汤，置同条件下培养 24h，取培养物用蛋白胨水稀释 100 倍，接种体重 18～22g 小白鼠 3 只，每只皮下注射 0.2mL，观察 10d。检查厌氧菌时，将杂菌管培养时间延长至 96h，取出置 65℃水浴加温 30min 后移植 T.G 或厌气肉肝汤 1 支，在同条件下培养 24～72h。如有细菌生长，将培养物接种体重 350～450g 的豚鼠 2 只，每只肌肉注射 1mL，观察 10d。如发现制品同时污染需氧性及厌氧性细菌，则按上述要求同时注射小白鼠及豚鼠。小白鼠、豚鼠均应健活。注射部位不应出现化脓或坏死。如有死亡或局部化脓、坏死，证明有病原菌存在时，判定该批制品不合格。

（四）支原体检验

每批制品取样 3～5 瓶，冻干制品加液体培养基复原成混悬液后混合，需同时用以下 2 种方法检测。

1. 接种液体培养基培养

将疫苗混合物 5mL，接种小瓶液体培养基中，再从小瓶中取 0.2mL 移植接种于 1 小管液体培养基中，将小瓶与小管放 37℃培养，分别于接种后 5d、10d、15d 从培养瓶中取 0.2mL 培养物移植到小管液体培养基内，每日观察培养物有无颜色变黄或变红，若无变化，则在最后一次移植小管观察 14d 后，停止观察。在观察期内，如果发现小瓶或任何一支小管培养物颜色出现明显变化，在原 pH 变化达±0.5 时，应立即移植于小管液体培养基和固体培养基，观察在液体培养基中是否出现恒定的 pH 变化，及固体上有无典型的“煎蛋”状支原体菌落。

2. 接种琼脂固体平板培养

在每次液体培养物移植小管培养的同时，取培养物 0.1～0.2mL 接种于琼脂平板，置含 5%～10%二氧化碳、潮湿的环境、37℃下培养。此外，在液体培养基颜色出现变化，在原 pH 变化达±0.5 时，也同时接种琼脂平板。每 5～7d，在低倍显微镜下观察，检查各琼脂平板上有无支原体菌落出现，经 14d 观察，仍无菌落者停止观察。每次检查需同时设阴、阳性对照，在同条件下培养观察。检测禽类疫苗时用滑液支原体作为对照，检测其他疫苗时用猪鼻支原体作为对照。接种被检物的任何一个琼脂平板上出

现支原体菌落，判疫苗不合格；若阳性对照中至少一个平板出现支原体菌落，而阴性对照中无支原体生长，则检验有效。

（五）外源病毒检验

1. 禽源活疫苗的检验

用鸡胚检查法和用细胞检查法，做COFAL试验及荧光抗体检测。

1）鸡胚检查法

取样品2～3瓶混合后，用抗特异性血清中和后作为检品。选9～11日龄SPF鸡胚20个，分成2组，第1组10个胚经尿囊腔内接种0.1mL（至少含10羽份）；第2组10个胚经绒毛尿囊膜接种0.1mL（至少含10个使用剂量），在37℃培养7d。弃去24h内的死胚，但每组胚须至少存活8/10，试验方可成立。胎儿应发育正常，绒毛尿囊膜无病变。取鸡胚液作血凝试验，应为阴性。用鸡胚检查法无结果或可疑时，可用鸡检查法检验1次。

2）鸡检查法

用适于接种本疫苗日龄的SPF鸡20只，点眼、滴鼻接种10羽份疫苗，肌肉注射100羽份疫苗，接种后21d，按上述方法重复接种1次，第1次接种后42d采血，进行有关病原（表11.1）的血清抗体检测。在42d内，不应有疫苗引起的局部或全身症状和呼吸道症状或死亡。如有死鸡，应做病理学检查，证明是否由疫苗所致。血清抗体检测时，除本疫苗所产生的特异性抗体外，不应有其他病原的抗体存在。

表11.1 用鸡检查法检验外源病毒时检查的病原及其检验方法

病　原	检查方法	病　原	检查方法
鸡传染性支气管炎病毒	HI/ELISA	鸡传染性法氏囊病病毒	AGP/ELISA
鸡新城疫病毒	HI	禽网状内皮组织增生症病毒	IFA/ELISA
禽腺病毒（有血凝性）	HI	鸡马立克氏病病毒	AGP
禽A型流感病毒	AGP/HI	禽淋巴白血病病毒	ELISA
鸡传染性喉气管炎病毒	中和抗体/ELISA	禽脑脊髓炎病毒	ELISA
禽呼肠孤病毒	AGP/ELISA	鸡痘病毒	AGP/临床观察

3）细胞检查法

取2个方瓶（100mL容量）的CEF（培养24h左右），接种中和后的疫苗0.2mL（2～20羽份），培养5～7d，观察细胞，应不出现CPE。上述培养的细胞弃去培养液，用PBS洗细胞面3次，加入0.1%（*V*/*V*）鸡红细胞悬液覆盖细胞面，4℃放置60min，用PBS轻轻洗涤细胞1～2次，在显微镜下检查红细胞吸附情况，应不出现由外源病毒所致的红细胞吸附现象。

4）检测禽白血病病毒

（1）样品处理及接种。将样品用M-199培养基复原，4℃，10000～12000g离心10～15min，取上清，然后加入相应抗血清，置37℃中和60min后接种CEF细胞，37℃下吸附30min，弃去接种液，加入细胞生长液，次日换成维持液。同时设正常细胞和培养液作对照。

(2) 细胞培养的传代与处理。待细胞培养5～7d后，按常规方法消化、收获细胞，将其中1/2细胞做上标记，置－60℃以下作检验用(P_1)，其余细胞分散到2个瓶中。培养7d后，按同样方法收获细胞，留样(P_2)如果继续传第三代，收获(P_3)所有对照组按同样方法处理。将P_1 P_2 P_3的细胞培养物包括对照冻融3次，并做上标记。

(3) 病毒对照。去掉细胞生长液，分别加入RAV_1和RAV_2 0.5mL，置37℃下吸附30min，直接加入培养液，同样品连传3代，任何一代阳性对照应在最后进行。

(4) 样品收集完毕后做两日COFAL试验或ELISA试验。

(5) 判定。COFAL试验以50%为反应终点，任何孔溶血率高于50%时判为阴性，低于50%时判为阳性。ELISA试验以相关的试剂盒的标准为判定标准。

5) 禽网状内皮组织增生症病毒(REV)污染检验法(IFA法)

(1) 样品处理及接种。

样品处理同禽白血病病毒检测法。处理好的样品接种1个25cm^{2}左右的CEF单层，置37℃吸附60min，弃去接种液，用含3%牛血清的M-199培养液洗CEF单层2次，2mL/次，每瓶细胞加7～8mL含3%牛血清的M-199培养液，37℃培养7d。同时设立正常细胞作阴性对照。

(2) 病毒对照。

将鸡网状内皮组织增生症病毒稀释至10$TCID_{50}$/mL模拟相应检验样品的处理方法处理后，接种CEF，作为病毒(阳性)对照。

(3) 细胞培养的传代及处理。

将上述样品经过适当处理或按常规方法消化、收获后，将其中1/10细胞用含3%牛血清的M-199培养液稀释，接种48孔板每样接种4孔，每孔0.5mL，剩余的细胞置－15℃保存备用。将接种的48孔板培养5d，进行荧光染色，至阳性对照检测为REV阳性时，细胞培养物不必继续传代。

(4) 判定。

当病毒对照接种的4个孔中全部出现特异性绿色荧光，细胞对照孔均未出现特异性绿色荧光时，检验结果成立；否则检验结果不成立，需重新检验。待检样品接种的4个孔中，只要有1孔出现特异性绿色荧光，即判定该样品中污染了REV，样品外源病毒检验结果判为不符合规定。

2. 非禽源制品的检验

1) 细胞的选择与样品的培养

每一种样品应接种以下细胞：绿猴肾(Vero)传代细胞；疫苗靶动物的胚胎细胞，或新生动物细胞，或细胞系。

将已处理过的样品接种已长成良好单层的细胞，每个样品至少接种1.0mL(至少含10头份)，另至少设一瓶正常细胞对照，每一种细胞总培养时间应不少于14d。培养期间至少应继代1次。最后一次继代的细胞单层数量和培养面积应符合荧光抗体检查法、致细胞病变和红细胞吸附性外源病毒的检验的要求。

2）检查方法

（1）荧光抗体检查法。

样品分别经丙酮固定后，以适宜的荧光抗体进行染色、镜检。检查每种病毒时，应各用 3 组细胞单层，一组为被检组；一组为由中国兽医药品监察所提供的接种 100～300FAID$_{50}$特定病毒的阳性对照；一组为正常细胞对照。被检组至少取 4 个细胞覆盖率在 75%以上的细胞单层，总面积不少于 6cm^2。当对照组出现特异荧光，正常细胞无荧光时，若被检组出现任何一种特异荧光，为不合格。若阳性对照组不出现特异荧光或荧光不明显，或正常细胞出现不明显荧光，为无结果，可以重检。

（2）致细胞病变检查法。

取经传代后培养至少 7d 的细胞单层（每个 6cm^2）一个或多个进行检验。用适宜染色液，对细胞单层进行染色。观察细胞单层，检查包涵体、巨细胞或其他由外源病毒引起的细胞病变的出现情况。如果出现外源病毒所致的特异性细胞病变，判为不合格。如果疑有外源病毒污染，又不能通过其他试验排除这种可能性时，则判为不合格。

（3）红细胞吸附性外源病毒的检验。

选 2 个经传代后至少培养 7d 的细胞单层（每个 6cm^2）以 PBS 洗涤细胞单层 2～3 次，加入适量 0.2%豚鼠红细胞和鸡红细胞的等量混合悬液，以覆盖整个单层表面为准。红细胞悬液可在加入前混合，亦可分别滴加于不同的细胞单层上。分别在 4℃和 20～25℃培养 30min，用 PBS 洗涤，检查红细胞吸附情况。若出现红细胞吸附现象，判不合格；若疑有外源病毒污染，但又不能通过其他试验排除这种可能性时，则作不合格论。

（六）鉴别检验

保证活疫苗内微生物的纯净，细菌性活疫苗经常根据细菌的形态学及生化特点进行鉴别，而病毒性疫苗主要通过抗血清进行体外中和，再将中和物接种到敏感禽胚或细胞中，通过禽胚的典型病变或细胞病变（CPE）进行鉴别。

（七）安全检验

安全性是生物制品最重要的条件，各种制品都必须安检合格者方可出厂。

1. 安全检验内容

1）检验外源性污染

外源性致病性细菌、非病原菌、病毒及支原体在制品中的出现，都属于制品被污染，是影响制品安全性的重要方面。

2）检查残余毒力或毒性物质

所谓残余毒力是指生产这类制品的菌（毒）种，本身是活的减毒株或弱毒株，允许有轻微毒力的存在，能在接种的机体内表现出来。这种残余毒力的大小，按制品的不同而有不同的指标要求。检查对胚胎的毒性：有的病毒致弱毒株虽对免疫动物已经致弱，但还能通过孕畜影响胚胎。如国外猪瘟的某些弱毒株，就可通过孕猪的胎盘屏障传给胚胎以致造成死胎、胎儿畸形或生后发育不良等。

2. 安全检验要点

成品的安全检验主要用动物进行，所有的实验动物为普通级或清洁级动物，有的制品要求使用 SPF 动物。凡能以小动物作出正确判断者，则多用实验小动物。禽用疫苗则可直接以使用对象动物作安全检验。安全检验剂量应大于使用剂量，通常高于免疫剂量的 5～10 倍，以确保疫苗的安全性，必要时还要用同源动物进行复检。

3. 安全检验判断

安全检验期内死亡的动物经解剖明确非制品所致者可以重检，如检验结果可疑难以判定时，应以加倍头数的该种动物重检。

凡规定用多种动物进行安检的制品，多种动物都要合乎检验标准，如牛瘟兔化绵羊化活疫苗用小鼠和豚鼠两种动物检验，两种均应安全合格。

用小动物检验不合格者，有的规定可用使用对象动物重检。但用使用对象动物检验不合格者，不能再以小动物重检。

（八）效力检验

制品的效力，广而言之，是指它的使用价值。效力不好的制品，如为疫苗和类毒素，则无法有效地控制疫情；如为治疗用的血清，则无法医治病畜，从而使疫病蔓延；如为诊断制品，则影响检疫及诊断的正确性。

活疫苗的效力取决于接种动物的毒量，即一定量病毒（细菌）才能在体内增殖到一定程度，促使机体产生免疫应答。若活的病毒（细菌）数量不够，则达不到免疫效果。所以常以测定抗原量来检查制品的效力。所以应测定制品的最小免疫量。制品的抗原量并非愈多愈好，应选择其适当有效量，规定上限和下限，过多还会出现副作用。效力检验方法分为两大类：一是体外测定法；二是机体内试验法。根据各类制品的不同，大体可分为以下几种检验方法。

1. 动物保护力试验

兽用生物制品较为常用的检验方法。所用动物依制品而异，但使用的敏感小动物应是与使用的对象动物有平行关系者，禽类疫苗一般均使用对象动物作检验。有的制品没有相应的小动物，就只能使用对象动物检验，如羊痘疫苗只能用羊效检。动物保护试验的方法虽有许多种，但凡需攻毒者，均应设立同品种和同来源的同批动物作为对照组，并必须在特设的隔离强毒动物舍内进行。

1）定量免疫定量强毒攻击法

以待检制品接种动物，经 2～3 周后，用相应的强毒攻击。观察动物接种后所建立的自动免疫抗感染水平，即以动物的存活或不受感染的情况来判定制品的效力。

2）定量免疫变量攻击法

把动物分为两大组，一为免疫组，一为对照组，两大组各分为相等的若干小组，每小组的动物数相等。免疫动物均用同一剂量的制品接种免疫，经一定时间后，与对

照组同时用不同稀释倍数强毒攻击，比较免疫组与对照组的存活率。

3）变量免疫定量攻击法

将疫苗稀释为各种不同的免疫剂量，并分别接种动物，间隔一定时间待动物的免疫力建立以后，各免疫组均用同一剂量的强毒攻击，观察一定时间，用统计学方法计算能使50%的动物得到保护的免疫剂量。

4）被动免疫抗体测定

用经高度免疫的动物抗病血清注射易感动物，经一定时间（一般1～3d）用相应的强毒攻击，观察血清抗体被动免疫所引起的保护作用。

2. 活菌计数与病毒量的滴定

1）活菌计数

某些活疫苗的菌数与保护力之间有密切而稳定的关系，因此可以不用动物来测保护力，只需要进行细菌计数。活菌数能达到使用剂量规定要求者，即可保证免疫效力。如无毒炭疽芽孢苗计活芽孢数，每1mL含活芽孢数应在1500万～2500万个，即可获得理想的免疫保护效率。

2）蚀斑计数或其他滴定病毒量的方法

鸡马立克氏病活疫苗采用蚀斑计数。猪瘟细胞活疫苗，可测定其对兔的感染量，5万倍为合格；鸡新城疫低毒力活疫苗则测定EID_{50}，每头份含$EID_{50}\geqslant 10^6$为合格。如用细胞培养，则用$TCID_{50}$来计算其病毒滴度。

3. 血清学试验

疫苗接种动物体后，可产生相应抗体，并可保持较长时间，抗体水平的消长情况也反映制品的一个方面。检测的方法包括凝集试验、沉淀试验、间接血凝试验、血凝抑制试验、中和试验、标记抗体检测试验等。

4. 稳定性试验

制品的质量不仅表现在出厂时效力检验的结果，还表现在出厂后野外使用时效力的稳定性上。世界卫生组织（WHO）对各类制品的稳定性都有一定的界限要求。

（九）剩余水分测定

冻干制品都要求测定水分含量。水分含量高低，直接影响制品的质量和保存稳定性。冻干制品剩余水分不应超过4.0%。剩余水分测定方法有以下两种。

1. 真空烘干法

取样品置于含有五氧化二磷的真空烘箱内，抽真空度达2.67kPa，加热至60～70℃干燥3h，两次烘干到达恒重（恒重指物品连续两次干燥后质量差异在0.5mg以下的重量）为止，减失的重量即为含水量。含水率计算公式为

含水率%=（样品干前重量－样品干后重量）/样品干前重量×100%

2. 卡式测定法

卡式测定法亦称费休氏法，是利用化学方法来测定制品的含水量。卡式试剂用的化学试剂为碘、二氧化硫、甲醇和吡啶。其原理为：碘和二氧化硫在吡啶和甲醇溶液中能与水起定量反应。碘变为碘化物，溶液由原来的棕红色变为无色。因此，可用肉眼来观察终点，根据碘和二氧化硫的用量计算制品的含水量。

（十）真空度检验

对于采用真空密封，并用玻璃容器盛装的冻干制品，可以使用高频火花真空测定器测定冻干制品的真空度。如果容器内出现白色、粉色和紫色辉光，则真空度为合格。注意放电火花不应指向容器内的制品部分，否则会损伤制品。

二、几种常用活疫苗质量检验

本节介绍几种常用活疫苗成品质量检验技术，重点介绍安全与效力检验方法与质量标准，其他检验项目按《成品检验的有关规定》进行检验，不再详细介绍。

（一）禽多杀性巴氏杆菌病活疫苗

本品为禽多杀性巴氏杆菌弱毒株，冷冻真空干燥制品。

1. 安全检验

按瓶签注明的羽份，用20%铝胶生理盐水稀释为1mL疫苗含100羽份。选择2～4月龄（G190E40株选择3～4月龄）的SPF鸡4只，各肌肉注射1mL，观察14d，应全部健活。

2. 效力检验

按瓶签注明的羽份，用20%铝胶生理盐水稀释为1mL含1羽份。选择2～4月龄（G190E40株使用3～6月龄）的SPF鸡10只，5只肌肉注射1mL，14d后，连同条件相同的对照鸡5只，各肌肉注射致死量的C48-1强毒菌液，观察14d，对照鸡全部死亡，免疫鸡至少保护4只合格。

（二）猪丹毒活疫苗

本品为猪丹毒杆菌弱毒GC42株或G4T10株，冷冻真空干燥制品。

1. 鉴别检验

用明胶培养基穿刺培养，G4T10株有细而短的分支，GC42株呈线状生长。

2. 活菌计数

用马丁肉汤稀释后，按活菌计数方法进行计数，每头份G4T10活菌数不低于

5×10^8CFU，GC42 活菌数不低于 7×10^8CFU。

3. 安全检验

用 20%铝胶生理盐水稀释，皮下注射体重 20～22g 小白鼠 10 只，每只 2 头份，观察 14d，注射 GC42 疫苗应全部健活，注射 G4T10 疫苗者至少 8 只健活。否则，可用小白鼠重检一次，若仍不符合标准，可用猪安检一次。

4. 效力检验

用小白鼠检验：用 20%铝胶生理盐水稀释成每 1mL 含 0.1 头份，皮下注射体重 16～18g 小白鼠 10 只，每只 0.2mL（含 1/50 头份）。14d 后，连同对照小白鼠 6 只，其中 3 只对照小白鼠和免疫小白鼠各皮下注射 1000MLD 的猪丹毒 1 型和 2 型（各 1 株）强毒菌的混合菌液，另 3 只对照小白鼠各皮下注射 1MLD 的猪丹毒杆菌强毒的混合菌液。观察 10d，注射 1000MLD 的对照小白鼠应全部死亡，注射 1MLD 对照小白鼠至少死亡 2 只，免疫小白鼠至少保护 8 只。也可用猪检验，攻毒后对照猪 5 头发病至少 80%且死亡至少 40%，免疫猪 5 头全部健活；或对照猪全部死亡，免疫猪至少保护 80%。

（三）猪多杀性巴氏杆菌病活疫苗

本品为多杀性巴氏菌弱毒 679-230 株或 EO630 株，冷冻真空干燥制品。

1. 活菌计数

按瓶签注明的头份，用马丁肉汤稀释，按活菌计数方法进行，每头份活菌数应不少于 3×10^8CFU。

2. 安全检验

679-230 株下列方法任选其二：用体重 18～22g 小白鼠 5 只，各皮下注射 20%铝胶生理盐水稀释的疫苗 0.2mL，含 1/30 个头份；或用体重 300～400g 豚鼠 2 只，各皮下或肌肉注射 2.0mL，含疫苗 15 个头份；或用体重 15～30kg 猪 2 头，各口服 100 个头份。均观察 10d，应全部健活。

E0630 株疫苗：用 1.5～2.0kg 家兔 2 只，每只皮下注射用 20%铝胶生理盐稀释的疫苗 1.0mL，含 10 个头份，观察 10d，应全部健活。

3. 效力检验

679-230 株疫苗：用体重 16～18g 的小白鼠 10 只，各皮下注射 20%铝胶生理盐水稀释的疫苗 0.2mL，含 1/150 头份，14d 后，连同对照小白鼠 3 只，各皮下注射 C44-1 强毒菌液 30～40MLD；另用对照鼠 3 只，各皮下注射 1MLD，观察 10d，注射 30～40 个 MLD 的对照小白鼠全部死亡，注射 1MLD 的对照小白鼠至少死亡 2 只，免疫鼠至少保护 8 只。也可用猪检验，攻毒后对照猪全部死亡时，免疫猪至少保护 75%，或对照猪死亡 50%，免疫猪全部保护。

E0630 株疫苗下列方法任选其一。

（1）用体重 16～18g 的小白鼠 10 只，各皮下注射 0.2mL（含 1/30 头份），14d 后，连同对照小白鼠 3 只，各皮下注射 C44-8 强毒菌液 2MLD；另用对照鼠 3 只，各皮下注射 1MLD，观察 10d，攻击 2 个 MLD 的对照鼠全部死亡，1 个 MLD 的对照鼠至少死亡 2 只，免疫鼠至少保护 8 只。

（2）用体重 1.5～2.0kg 家兔 6 只，各皮下注射 1.0mL（含 1/3 头份），14d 后，连同对照家兔 2 只，各皮下注射 C44-8 强毒菌液 80～100CFU 活菌，观察 10d，对照全部死亡，免疫至少保护 2 只。也可用断奶 1 个月后猪检验。

（四）羊败血性链球菌病活疫苗

本品为羊链球菌弱毒株 F60，冻干制品。

1. 活菌计数

注射用苗，每头份活菌应不少于 2×10^6 CFU；气雾用苗，每头份活菌不少于 3×10^7 CFU。

2. 安全检验

将疫苗用缓冲肉汤稀释后，皮下注射体重 1.5～2.0kg 家兔 2 只，每只 20 头份。或皮下注射绵羊 2 只，每头 200 头份，观察 21d，均应健活。

3. 效力检验

将疫苗用生理盐水稀释成每 1mL 含活菌 5×10^5 CFU，用 1～2 岁绵羊 7 只，4 只各尾根皮下注射 1.0mL，经 21d 后，连同对照羊 3 只，每只绵羊各静脉注射 1MLD 的羊链球菌强毒菌液，观察 21d，对照羊全部死亡，免疫羊至少保护 3 只；对照羊死亡 2 只，免疫羊应全保护。

（五）鸡毒支原体活疫苗

本品为鸡毒支原体弱毒株，接种适宜的培养基培养，经冻干制成。

1. 安全检验

按瓶签注明的羽份用无菌生理盐水或注射用水溶解，并稀释到 10 羽份/0.05mL，点眼接种 10～20 日龄 SPF 鸡 10 只，同时设同条件对照鸡 5 只，观察 10d，应无临床症状，解剖气囊应无病理损伤。

2. 活菌计数

活菌含量达到 10^8 CCU/mL，判为合格。

（六）鸡马立克氏病活疫苗

本品系自然低毒力的马立克氏病病毒 814 株或火鸡疱疹病毒，收获感染 CEF 细胞，

制备鸡马立克氏病 814 弱毒疫苗和马立克氏病火鸡疱疹病毒疫苗（Fc-126 株），为冻干制品。鸡马立克氏病病毒 I 型 CVI988/Rispens 株为收获感染 CEF 细胞，加入适宜冷冻保护液制成的淡粉色或乳白色混悬液。

1. 鉴别检验

以 100～200PFU 的病毒液与抗 MD（或火鸡疱疹病毒）特异血清等量混合，18～22℃中和 30min，接种 CEF 细胞，与接种病毒的对照组比，蚀斑减少率在 95%以上。

2. 安全检验

下列方法任选其一。

（1）1～3 日龄 SPF 雏鸡 20 只，其中 10 只肌肉或皮下注射疫苗 0.2mL，含 10 个使用量，观察 21d，对照组至少存活 8 只，免疫组非特异性死亡数不超过对照组，疫苗判为合格。

（2）鸡马立克氏病病毒 I 型 CVI988/Rispens 株，取 1 日龄 SPF 雏鸡至少 25 只每只颈背部皮下注射疫苗 0.2mL（含 10 羽份），观察 21d。检验期间应至少存活 20 只，否则为无结果。若出现疫苗本身所至病变或死亡，判不合格；若存活数少于 20 只，但无疫苗本身所致的病变或死亡，可以重检一次，若不重检，判不合格。

3. 效力检验

蚀斑计数：每批疫苗抽样 3 瓶，分别用 SPG 稀释，取适当稀释度，每个稀释度接种 3 个已长成良好单层细胞的 30mL 容量瓶，每瓶 0.2mL，在 37～38℃吸附 60min，加入含 2%牛血清 199 营养液，继续培养 24h，弃营养液，覆盖含 5%牛血清 199 营养琼脂糖，每瓶 3mL，待凝固后，瓶倒置，继续培养 5～7d，进行蚀斑计数。一般选择蚀斑数在 30～150 个的细胞瓶进行计数，肉眼观察，以记号笔在瓶底面点数，求出同一稀释度 3 瓶的平均蚀斑数，计算出每瓶疫苗所含蚀斑数。以 3 瓶疫苗各稀释度中的最低平均数核定该批疫苗每羽份中所含的蚀斑数，应不低于 2000PFU，判疫苗合格。蚀斑应典型、清晰，形态不规则，边缘不整齐，直径 0.5～1.5mm，呈乳白色，与同时设立的参照品蚀斑一致。鸡马立克氏病病毒 I 型 CVI988/Rispens 株蚀斑计数：每批疫苗抽样 3 瓶，37℃温水融化后，用专用配套稀释液（适宜温度为 25±2℃）稀释。取适当稀释度接种，每个稀释度接种 5 个已长成良好单层鸡胚成纤维细胞的平皿，每个平皿接种 0.2mL。37℃吸附 1h 后，每皿加入维持液 6.0mL。同时设立空白对照 2 个平皿和标准病毒样品对照 5 个平皿。置 37.5℃±0.5℃、5%CO_2培养箱培养 6 日，不得移动，第 7 日进行蚀斑计数。先计算同一稀释度 5 个平皿的平均蚀斑数，再计算出每瓶疫苗所含蚀斑数。标准病毒样品 5 个平皿间的 PFU 误差不超过±10%。以 3 瓶中最低平均数核定该批疫苗每羽份中所含的蚀斑数，应不低于 3000PFU。

（七）鸡新城疫活疫苗

包括鸡新城疫病毒中等毒力 Mukteswar 株（I 系）和低等毒力弱毒株 HB1（Ⅱ系）、

F、LaSota或Clone30株，为冷冻干燥疫苗。

1. 鉴别检验

将中等毒力疫苗用灭菌生理盐水稀释至10^3 ELD_{50}/0.1mL（低等毒力疫苗稀释至$10^{5.0}$ EID_{50}/0.1m），与等量抗鸡新城疫病毒特异性血清混合，置室温中和1h后，接种10日龄SPF鸡胚10个，观察120h。在接种后24～120h内不应引起特异死亡，至少有8/10接种鸡胚健活，鸡胚液作红细胞凝集试验，应为阴性。

2. 安全检验

1）中等毒力疫苗

用2～8月龄健康易感鸡4只，每只肌肉注射10个使用量的疫苗，观察14d，允许有轻微反应，但须在14d内恢复，疫苗判为合格。如有1只鸡出现腿麻痹，不能恢复时，允许用8只鸡重检1次，重检结果如有1只鸡出现上述相同反应，疫苗判定为不合格。

2）低等毒力疫苗

用2～7日龄SPF雏鸡20只，分成两组，第一组10只，每只滴鼻接种疫苗0.05mL（含10羽份）；第二组10只，不接种作为对照，两组在同条件下分别饲养管理，观察10d，应无不良反应。如有非特异性死亡，免疫组与对照组均不应超过1只。

3. 效力检验

1）中等毒力疫苗

下列方法任选其一。

（1）用鸡胚检验。

用灭菌生理盐水稀释至1羽份/0.1mL，再作10倍系列稀释，取三个稀释度如10^{-4}、10^{-5}、10^{-6}各尿囊腔内接种10日龄SPF或无鸡新城疫抗体鸡胚5个，每胚0.1mL，置37℃继续孵育，观察24～72h，记录死亡情况，死亡胎儿应有明显病痕。同一稀释度的死胚液等量混合，测定血凝价，在（1∶80）～（1∶640）［微量法（1∶64）～（1∶512）］判为感染，计算ELD_{50}，每羽份≥10^5 ELD_{50}。

（2）用鸡检验。

用2～8月龄健康易感鸡4只，各肌肉注射1/100使用剂量的疫苗1mL，10～14d后，与同条件未免疫对照鸡3只同时注射10^5 ELD_{50}的鸡新城疫北京株强毒1mL，观察10～14d，免疫鸡须全部健活，对照鸡全部发病并至少死亡2只，判为合格。

2）低等毒力疫苗

将疫苗用灭菌生理盐水稀释至1羽份/0.1mL，再作10倍系列稀释，取10^{-5}、10^{-6}、10^{-7}3个稀释度，分别尿囊腔内接种10日龄SPF鸡胚5个，每胚0.1mL，置37℃，在48～120h死亡的鸡胚，随时取出，收获鸡胚液，将同一稀释度的鸡胚液等量混合，分别测定红细胞凝集价。至120h，取出所有活胚，逐个收获鸡胚液，分别测定红细胞凝集价，凝集价≥1∶160（微量法1∶128）者判为感染，计算半数感染量，每羽份≥$10^{6.0}$ EID_{50}，判为合格。也可用鸡攻毒检验，对照鸡5只应全部发病死亡，免疫

鸡10只至少保护90%，疫苗判为合格。

（八）鸡新城疫、传染性支气管炎二联活疫苗

本品系用鸡新城疫病毒La Sota或HB1株、传染性支气管炎病毒H120株或H52株，接种于SPF鸡胚培养，收获含毒胚液经冻干制成。

1. 鉴别检验

将疫苗稀释至1羽份/1mL，与等量抗鸡新城疫、抗鸡传染性支气管炎病毒特异性血清混合，室温中和1h后，尿囊腔内接种10日龄SPF鸡胚10个，每胚0.2mL，置37℃孵育，观察24～144h，应不引起特异死亡及鸡胚病变，并至少有8个鸡胚健活，鸡胚液作鸡红细胞凝集试验，应为阴性。

2. 安全检验

1）La Sota或HB1＋H120二联活疫苗

将疫苗用生理盐水稀释，用4～7日龄SPF鸡20只，10只各滴鼻接种0.05mL（含10羽份），另10作对照，观察14d，应全部健活。如有非特异性死亡，免疫组与对照组均应不超过1只。否则可重检一次。

2）La Sota或HB1＋H52二联活疫苗

用21～30日龄SPF鸡10只，每只滴鼻接种疫苗0.05mL（含10羽份），观察14d，应不出现任何症状和死亡。

3. 效力检验

1）La Sota或HB1＋H120二联活疫苗

用鸡胚检验：将疫苗用生理盐水稀释至1羽份/0.5mL，分别装入两个试管中，每管1mL，第一管加入等量的鸡新城疫抗血清，第二管加入等量传染性支气管炎抗血清。在室温中和1h（中间摇1次），此时病毒含量为0.1羽份/0.1mL，即10^{-1}。两个试管均继续10倍系列稀释，第一管取10^{-2}、10^{-3}、10^{-4} 3个稀释度各尿囊腔内接种10日龄SPF鸡胚5个，每胚0.1mL，置37℃，接种后24～144h死亡，或至144h存活的鸡胚中出现失水、蜷缩、发育小（接种胎儿比对照最轻胎儿重量低2g以上）等特异性病变胚为感染，计算EID_{50}，每羽份≥$10^{3.5}EID_{50}$，传染性支气管炎部分判为合格。第二管取10^{-5}、10^{-6}、10^{-7} 3个稀释度接种鸡胚5个，每胚0.1mL，随时取出48～120h死胚，收获鸡胚液，同稀释度等量混合，至120h取出活胚，逐个收获胚液，分别测定红细胞凝集价，1∶160以上判为感染，计算EID_{50}，每羽份≥$10^{6.0}EID_{50}$。鸡新城疫部分判为合格。也可用鸡检验，分别同鸡新城疫活疫苗和鸡传染性支气管炎活疫苗（H120株）。

2）La Sota或HB1＋H52二联活疫苗

将疫苗用灭菌生理盐水稀释至1羽份/0.1mL。鸡新城疫部分用鸡攻毒检验，对照鸡5只应全部发病死亡，免疫鸡10只至少保护90%；鸡传染性支气管炎部分用鸡检验，H120 株免疫鸡攻毒保护率为 80%以上，对照鸡发病为 80%以上。H52 测其中和抗体效价，应不低于 1∶8，疫苗判为合格。

（九）鸡传染性法氏囊病中等毒力活疫苗

疫苗为鸡传染性法氏囊病中等毒力 B87 株或 NF8 株，冷冻干燥制品。

1. 鉴别检验

将疫苗稀释至 $10^{3.0}$ ELD_{50}/0.1mL，与等量鸡传染性法氏囊病抗血清混合，置室温或 37℃中和 1h 后，经绒毛尿囊膜接种 10～12 日龄鸡胚 5 个，每胚 0.2mL，同时设对照鸡胚 5 个，各接种病毒液 0.1mL（含 $10^{3.0}$ ELD50），置 37℃孵育 168h。中和组鸡胚应全部健活，对照组鸡胚应至少死亡 3 只以上，鸡胚尿囊液对鸡红细胞凝集试验（HA）阴性。

2. 安全检验

用 7～14 日龄 SPF 鸡 20 只，10 只各点眼或口服接种疫苗 10 羽份，另 10 只作空白对照，分别饲养，观察 14d，应全部健活。试验结束后，剖检免疫组与对照组鸡，法氏囊应无明显变化（色泽、弹性及大小等），如有非特异性死亡，两组总和不应超过 3 只，且免疫组死亡数不应超过对照组。

3. 效力检验

病毒含量测定：将疫苗用灭菌生理盐水稀释成每 0.2mL 含 1 羽份，再继续作 10 倍系列稀释，取 10^{-2}、10^{-3}、10^{-4} 三个稀释度，各绒毛尿囊膜接种 10～12 日龄 SPF 鸡胚 5 个，每胚 0.2mL，置 37℃孵育 168h，计算 ELD_{50}，每羽份病毒含量≥$10^{3.0}$ ELD_{50}。也可用 2～4 周龄 SPF 鸡进行攻毒检验，攻毒对照组 5 只囊病率在 80%以上，免疫组 10 只法氏囊应 80%以上无病变，健康对照组法氏囊应无任何变化。NF8 株还可做雏鸡免疫抗体效价测定：将上述鸡接种 1/5 羽份疫苗，20d 后，采血，测定血清中和抗体效价，免疫组每只鸡的中和抗体效价应不低于 1∶320，对照组应不高于 1∶20。

（十）鸡传染性喉气管炎活疫苗

疫苗为鸡传染性喉气管炎病毒 K317 株，由感染的 SPF 鸡胚绒毛尿囊膜，经冷冻干燥制成。

1. 安全检验

用 21～35 日龄 SPF 鸡 5 只，每只点眼或滴鼻接种疫苗 0.1mL（含 10 羽份），观察 14d，应无异常反应，或在接种后 3～5d 有轻度眼炎或轻微咳嗽，而 2～3d 后恢复正常。

2. 效力检验

用鸡胚效验：将疫苗稀释成每 1mL 含 5 羽份，再继续作 10 倍系列稀释，取 10^{-2}、

10^{-3}、10^{-4}三个稀释度，各绒毛尿囊膜接种10～11日龄鸡胚5个，每胚0.2mL，37℃培养120h，鸡胚绒毛尿囊膜呈明显增厚，有灰白色病斑，判为感染，计算EID_{50}，每羽份应≥$10^{2.7}EID_{50}$。也可用35～56日龄鸡攻毒效检，对照鸡4只至少3只出现眼炎和呼吸道症状，免疫鸡5只全部无症状。

（十一）鸭瘟活疫苗

本品为鸭瘟鸡胚化毒株，收获感染鸡胚液、胎儿及绒毛尿囊膜混合研磨或收获细胞培养物，经冻干制成。

1. 鉴别检验

将疫苗用灭菌生理盐水稀释至含$100ELD_{50}$/0.1mL，与等量抗鸭瘟病毒特异血清混合，置室温中和1h后，经绒毛尿囊膜接种9～10日龄SPF鸡胚10个，每胚0.2mL，同时设病毒对照鸡胚5个，每胚接种未中和的疫苗病毒液0.1mL（含$100ELD_{50}$），置37℃观察168h，病毒对照组的鸡胚应全部死亡，中和组的鸡胚应不发生死亡。

2. 安全检验

用2～12月龄易感鸭5只，各肌肉注射疫苗1.0mL（含10羽份），观察14d，应不出现由疫苗引起的任何局部和全身不良反应。如果有轻微反应，应在14d内恢复。

3. 效力检验

下列方法任选其一。

（1）按瓶签注明羽份，用生理盐水稀释成每0.2mL含1羽份，再继续做10倍系列稀释，取3个稀释度，各绒毛尿囊膜接种9～10日龄SPF鸡胚5枚，每胚0.2mL，37℃孵育168h，24h以内死亡的鸡胚弃去不计，根据24～168h的死胚计算ELD_{50}。每羽份应≥$10^{3.0}ELD_{50}$。

（2）用2～12月龄鸭7只，4只各肌肉注射疫苗1.0mL（含1/50羽份），另3只作对照。接种14d，每只鸭肌肉注射鸭瘟病毒强毒1.0mL（含$10^{3.0}$MLD），观察14d。对照鸭全部发病，且至少死亡2只，免疫鸭全部健活，如果有反应，应在2～3d内恢复。

（十二）鸭病毒性肝炎活疫苗

本品为鸭病毒性肝炎弱毒株，收获感染鸡胚液、胎儿及绒毛膜混合研磨，制成湿苗或冻干苗。

1. 安全检验

用1～7日龄易感鸭10只，5只各肌肉注射疫苗1.0mL（含10羽份），5只作对照，观察10d，均应健活。

2. 效力检验

用1～3日龄无母源抗体鸭20只，肌肉注射疫苗10只，另10只作对照。7d后，每只鸭攻击1万倍LD_{50}强毒，观察7～14d。对照组死亡80%以上，免疫组存活80%以上判为合格。

（十三）小鹅瘟活疫苗

本品为小鹅瘟鸭胚化弱毒GD株，收获感染鸭胚胚液，经冷冻干燥制成。

1. 鉴别检验

将疫苗用灭菌生理盐水作适当稀释（如$100ELD_{50}$）后，与等量抗小鹅瘟病毒特异性血清混合，置室温中和1h后，经尿囊腔接种8日龄无小鹅瘟抗体的鸭胚10个，每胚0.3mL，同时设病毒对照和灭菌生理盐水对照鸭胚各5个，每胚接种未中和的疫苗病毒液或生理盐水0.3mL。观察240h，病毒对照组的鸭胚应全部死亡，中和组和生理盐水对照的鸭胚应不发生死亡。

2. 安全检验

按瓶签注明羽份，用灭菌生理盐水稀释成每1mL含10羽份，肌肉注射4～12月龄母鹅4只，每只1mL，观察14d，应无临床反应。

按瓶签注明羽份，稀释成每1mL含10羽份，肌肉注射3～6日龄雏鹅10只，每只0.5mL，观察10d，应全部健活。

3. 效力检验

下列方法任选其一。

（1）按瓶签注明羽份稀释，取10^{-2}、10^{-3}、10^{-4}3个稀释度，各尿囊腔接种8日龄鸭胚5个，每胚0.3mL，观察10d，记录72～240h死亡鸭胚数，计算ELD_{50}，每羽份病毒含量应≥$10^{3.0}ELD_{50}$。

（2）用成年鹅4只，分别采血10mL，分离血清混合，备用。然后肌肉注射1羽份的疫苗，21～28d后，采血，分离血清混合，将接种疫苗前后的2次血清分别与小鹅温病毒GD株在鸭胚中作中和试验，两次ELD_{50}对数值之差应≥2为合格。

（十四）狂犬病活疫苗

本品系采用狂犬病Flury毒株鸡胚低代毒（LEP），接种BHK-21细胞培养，收获细胞培养物，加入适宜稳定剂，经冷冻真空干燥制成。

1. 特异性检验

将疫苗用pH为7.2的磷酸盐缓冲液恢复为每1mL含5头份，作10^{-2}稀释，与等量狂犬病病毒阳性血清（中和指数1000以上）混合，置37℃水浴中和1h后，脑内注射11～13g小白鼠4只，每只0.03mL，观察14d，应健活。

2. 安全检验

按瓶签注明头份，用磷酸盐缓冲液复原后，肌肉注射成年家兔4只，每只2.5头

份；选3月龄以上的（无狂犬病抗体）犬2只，肌肉注射疫苗每只10头份；观察21～28d，家兔和犬均不应出现任何狂犬病症状。

3. 效力检验

按瓶签注明头份，用磷酸盐缓冲盐水（PBS，每头份0.2mL）复原后，再进行10倍稀释至10^{-5}系列，取三个滴度，各脑内注射11～13g小鼠4只，每只0.03mL。观察14d，记录注射5d以后的特征性发病死亡鼠，按Reed-Muench法计算LD_{50}。每0.03mL病毒含量应≥$10^{4.0}LD_{50}$。

（十五）伪狂犬病活疫苗

本品系用伪狂犬病病毒（Bartha-K61弱毒株）接种SPF鸡胚成纤维细胞培养，收获培养物加适宜稳定剂，经冷冻真空干燥制成。用于预防猪、牛及绵羊伪狂犬病。

1. 安全检验

按瓶签注明头份用PBS稀释为每5mL含14头份，肌肉注射6～18月龄、无伪狂犬病毒中和抗体的绵羊2只，每只5mL，观察14d，应无临床反应。

2. 效力检验

下列方法任择其一。

按瓶签注明头份，用PBS做10倍系列稀释，取适宜稀释度，每个稀释度各接种鸡胚成纤维细胞4小瓶，每瓶0.1mL，补充维持液0.9mL。观察并记录CPE，计算$TCID_{50}$。每头份应≥$5\times10^{3.0}TCID_{50}$。

按瓶签注明头份，用PBS稀释为每1mL含0.2头份，用6～18月龄、无伪狂犬病毒中和抗体的绵羊7只，4只各肌肉注射1.0mL，另3只作对照。接种14d，每只绵羊各肌肉注射强毒1.0mL（含$10^{3.0}LD_{50}$），观察14d。对照羊至少2只发病死亡，免疫羊应全部保护。

（十六）羊痘活疫苗

本品系用山羊痘病毒（弱毒株）接种于绵羊睾丸细胞，收获病毒培养物，加适量稳定剂，经冷冻真空干燥制成。

1. 鉴别检验

将疫苗用0.5%乳欧液或0.5%乳汉液作100倍稀释，与等量抗山羊痘病毒特异性血清混合，37℃水浴中和1h后，接种绵羊羔睾丸单层细胞，观察6d，应不出现CPE。

2. 安全检验

按瓶签注明头份，用生理盐水稀释成每1.0mL含4头份，胸腹部皮内注射山羊3只，每只2颗，每颗0.5mL，观察15d。至少应有2只羊出现直径为0.5～4.0cm微红或无色痘肿反应，持续 4d 以上，逐渐消退，间或有轻度体温反应，但精神、食欲应正常。但若有 1 只羊痘肿直径大于 4cm；或出现紫红色、严重水肿、化脓、结痂，或全身性发痘等反应，判不安全。

3. 效力检验

下列方法任选其一。

（1）用羊检验：按瓶签注明头份，用生理盐水稀释成每 1.0mL 含 0.02 头份，胸腹部皮内注射山羊 3 只，每只 2 颗，每颗 0.5mL，观察 15d，在接种后 5～7d 应至少应有 2 只羊出现直径为 0.5～3.0cm 微红或无色痘肿反应，持续 4d 以上，逐渐消退，发痘羊间或有轻度体温反应，但精神、食欲应正常。

（2）病毒含量测定：按瓶签注明头份，将疫苗用 0.5%乳欧液或 0.5%乳汉液作 10 倍系列稀释，取 3 个适宜稀释度，每个稀释度接种绵羊睾丸细胞 4 小瓶，每瓶 0.1mL，补充维持液 0.9mL，观察 CPE，计算 $TCID_{50}$，每头份病毒含量应≥$10^{3.5}$ $TCID_{50}$。

任务二 灭活疫苗检验

一、灭活疫苗检验程序与方法

灭活疫苗检验程序如图 11.3 所示。

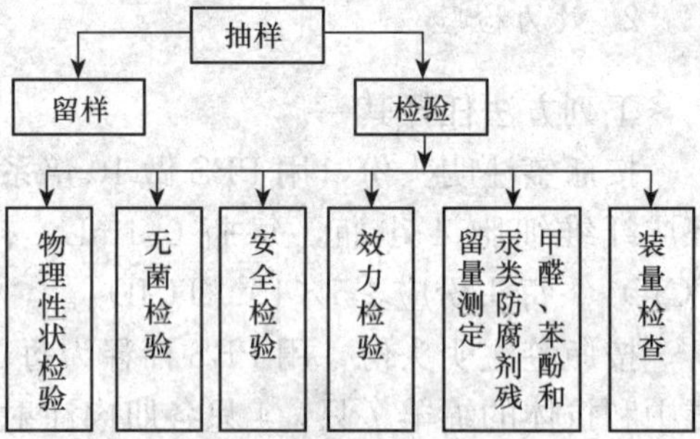

抽样
留样
检验
物理性状检验
无菌检验
安全检验
效力检验
甲醛、苯酚和汞类防腐剂残留量测定
装量检查

图 11.3 灭活疫苗检验程序

（一）抽样

应随机抽样并注意代表性。抽样贯穿封口全过程。每批灭活疫苗随机抽取 30～50 瓶。

（二）物理性状检验

灭活苗多为油乳剂灭活苗、铝胶盐类灭活苗及蜂胶佐剂灭活苗。铝胶盐类灭活疫苗静置后，上层为淡黄色（或黄褐色）澄明液体，下层为灰白色沉淀，振摇后呈均匀悬液。油乳剂苗外观呈乳白色，还应检查黏度和稳定性。取疫苗 10mL 加入装于离心管内，以 3000r/min 离心 15min，管底析出的水相应不多于 0.5mL。用旋转式黏度计测定矿物油佐剂度苗的黏度应不超过 200cp。

（三）无菌检验

含甲醛、苯酚、汞类等防腐剂和抗生素的制品，检验时将样品 1mL 接种于 50mL T.G 培养基（冻干制品做 10 倍稀释），放置 37℃培养，3d 后移植 T.G、G.A 小管各 2 支：每支 0.2mL，放置 37℃、25℃各一支；接种 G.P 小管 1 支接种 0.2mL 置 25℃；均培养 7d。应无菌生长。

（四）安全检验

灭活疫苗安全检验内容包括以下两项：

(1) 杀菌、灭菌或脱毒情况检查。灭活疫苗都是以致病微生物加入甲醛或其他灭活剂灭活，而类毒素则是加入甲醛将毒素脱毒。但如灭活不彻底或脱毒不完全。都影响制品的安全性。

(2) 毒性检查主要是对灭活菌苗或类毒素制品。这类制品虽经杀菌或脱毒，仅具有抗原性。但其本身的某些成分，当接种一定量时，可对机体产生有害反应，即毒性反应，如伤寒和副伤寒疫苗的人体反应就属于毒性反应。

灭活疫苗的安全检验要点及安全检验判断同活疫苗安全检验。

（五）效力检验

主要采用定量免疫定量强毒攻击法、定量免疫抗体检测法。

（六）甲醛含量测定

《兽用生物制品规程》规定：含梭菌芽孢杆菌的制品（羊三联四防中腐败梭菌、产气荚膜梭菌）中残余甲醛含量不得超过0.5%的甲醛溶液量（40%甲醛）；其他制品中不应超过0.2%甲醛溶液量。

（七）苯酚含量测定

制品中苯酚含量应不超过0.5%。

1. 对照品溶液的制备

取苯酚适量，加水制成每1mL含0.1mg的溶液，即得。

2. 供试品溶液的制备

取供试品1.0mL，置50mL量瓶中，加水稀释至刻度，摇匀，即得。

3. 检查法

分别精密量取对照品溶液和供试品溶液各5.0mL，置100mL量瓶中，加水30mL，分别加醋酸钠试液2.0mL，对硝基苯胺、亚硝酸钠混合试液1.0mL，混合，再加碳酸钠试液2.0mL，加水至刻度，充分混匀，放置10min后，在550nm的波长处测定吸收度，计算即得。

$$\text{苯酚含量\%（g/mL）}=0.5\times\frac{\text{供试品溶液的吸收度}}{\text{对照品溶液的吸收度}}\%$$

（八）硫柳汞含量测定

制品中硫柳汞含量应不超过0.01%。

1. 对照品溶液的制备

精密称取干燥至恒重的二氯化汞 0.1354g，置 100mL 量瓶中，加硫酸液（0.5mol/L）使溶解并稀释至刻度，摇匀，即为汞浓溶液，每 1mL 溶液中含 1.0mg 的 Hg。

精密量取汞浓溶液 5.0mL 于 100mL 量瓶中，用硫酸液（0.5mol/L）稀释至刻度，摇匀，即为每 1mL 溶液中含 50μg 的标准汞溶液。

2. 测定法

1）油乳剂疫苗消化

精密量取摇匀的本品 1mL，置 25mL 凯氏烧瓶（瓶口加小漏斗）中，加硫酸 3mL、硝酸溶液（1→2）0.5mL，小心加热，待泡沸停止，稍冷，加硝酸溶液（1→2）0.5～1mL，再加热消化，如此反复加硝酸溶液（1→2）0.5～1mL 消化，加热达白炽化 15min 后，溶液与上次加热后的颜色无改变为止，放冷，加水 20mL，放冷至室温，即得。

2）其他疫苗消化

精密量取摇匀的本品（相当于汞 25～50μg）置 25mL 凯氏烧瓶（瓶口加小漏斗）中，加硫酸 2mL、硝酸溶液（1→2）0.5mL，加热沸腾 15min，如溶液颜色变深，再加硝酸溶液（1→2）0.5～1mL，加热沸腾 15min，放冷，加水 20mL，放冷至室温，即得。

3）滴定

将上述消化液移入 125mL 分液漏斗，用水分多次洗涤凯氏烧瓶，使总体积为 80mL，加 20%盐酸羟胺试液 5mL，摇匀，用 0.00125%双硫腙滴定液滴定，开始时每次滴定 3.0mL 左右，以后逐渐减少，至每次 0.5mL，最后可少至 0.2mL，每次加入滴定液后，强烈振摇 10s，静置分层，弃去四氯化碳层，继续滴定，直至双硫腙的绿色不变，即为终点。

4）对照品滴定

精密量取对照品溶液 1mL（含汞 50μg），置 125mL 分液漏斗中，加硫酸 2.0mL，水 80mL，20%盐酸羟胺试液 5mL，用双硫腙滴定液滴定，操作同上。

$$\text{汞类含量\%（g/mL）}=\frac{\text{供试品滴定数（mL）}}{\text{对照品滴定数（mL）}}\times\frac{0.0101}{\text{供试品数（mL）}}\%$$

以上公式用于非油乳剂疫苗。油乳剂疫苗应为上述计算公式结果再除以 0.6。

（九）装量检查

取供试品 5 个（装量在 50mL 以上取 3 个），使之恢复至室温，开启时注意避免损失。用经标化的吸管（或注射器）或/和量筒进行装量检查。每个供试品的装量，均应不低于瓶签的标识量。如有 1 个容器装量不符合规定，则另取 5 个（或 3 个）复查，应全部符合规定。

二、几种常用灭活疫苗质量检验

本节介绍几种常用灭活苗成品质量检验技术，重点介绍安全与效力检验方法与质量标准，其他检验项目按《成品检验的有关规定》进行检验。

（一）鸡传染性鼻炎灭活疫苗

本品系采用副鸡嗜血杆菌A型菌种接种于适宜培养基培养，收获培养物，用甲醛溶液灭活后，加油佐剂混合乳化制成。

1. 安全检验

用60～90日龄的SPF鸡8只，每只皮下注射疫苗1.0mL，观察14d，应无异常反应。

2. 效力检验

用60～90日龄的SPF鸡12只，8只皮下注射疫苗0.5mL（含1羽份）。1个月后，连同对照鸡4只，各眶下窦内注射副鸡嗜血杆菌C-Hpg-8株鸡肉汤16h培养物0.2mL（含至少一个发病量），观察14d，对照鸡全部发病（面部出现一侧或两侧眶下窦及周围肿胀并有流鼻涕或兼有流泪者），免疫鸡至少保护6只；对照鸡3只发病，免疫鸡至少保护7只。

（二）仔猪大肠埃希氏菌病三价灭活疫苗

本品系采用分别带有K88、K99、987P纤毛抗原的大肠埃希氏菌，在适宜培养基中培养，将培养物加入甲醛灭活，加氢氧化铝胶制成。

1. 安全检验

用体重18～22g小白鼠5只，各皮下注射疫苗0.5mL，观察10d，应全部健活。用体重40kg以上健康易感猪4头，各肌肉注射疫苗10mL，观察7d，应无明显不良反应。

2. 效力检验

用反向间接血凝（RIHA）试验测定疫苗中的三种纤毛抗原的RIHA效价，K88及K99≥40倍、987P≥160倍时判为合格。

（三）羊快疫、猝狙（或羔羊痢疾）、肠毒血症三联灭活疫苗

本品系采用腐败梭菌C型（或B型）和D型产气荚膜梭菌接种于适宜培养基培养，收获培养物，用甲醛溶液灭活脱毒后，加入氢氧化铝胶制备而成。用于预防羊快疫、猝狙、肠毒血症。

1. 安全检验

用体重1.5～2.0kg兔4只，各肌肉或皮下注射疫苗5.0mL，观察10d，均应健活，注射部位不应发生坏死。

2. 效力检验

1）免疫攻毒法

用体重1.5～2.0kg兔或1～3岁体重相近的绵羊24只，分成4组，每组6只，其

中 4 只各皮下或肌肉注射，兔 3.0mL，绵羊 5.0mL，另 2 只作对照。免疫 14～21d 后，每只兔或羊各注射强毒。对照兔或羊全部死亡，免疫兔或羊至少保护 3 只。

第 1 组肌肉注射 1MLD 的腐败梭菌强毒菌液，观察 14d（用胰酶消化牛肉汤生产的疫苗，可静脉注射 1MLD 的腐败梭菌毒素，观察 3～5d）；第 2、3 和 4 组分别静脉注射 1MLD 的 C 型（或 B 型）、D 型产气荚膜梭菌毒素，观察 3～5d。

2）血清学方法

用体重 1.5～2.0kg 兔或 6～12 月龄的绵羊 4 只，皮下或肌肉注射，兔 3.0mL，绵羊 5.0mL，另 2 只作对照。每只接种后 14～21d，采血，分离血清，将 4 只动物的血清等量混合，取 0.4mL，分别与 0.8mL 本疫苗成分相应的毒素混合，置 37℃ 中和 40min，然后静脉注射体重 16～20g 小鼠各 2 只，0.3mL 每只，同时各用同批小鼠 2 只，分别注射 1MLD 相同毒素作对照。检测腐败梭菌毒素中和抗体效价小鼠观察 3d；检测其他毒素中和抗体效价小鼠观察 1d。判定结果。

（四）禽流感灭活疫苗

本品为 A 型禽流感病毒 H_9N_2 株，经鸡胚培养，制备的油乳剂灭活疫苗。

1. 安全检验

用 4～5 周龄 SPF 鸡 10 只，各颈部皮下注射疫苗 2.0mL，观察 14d，应全部存活，且不出现因疫苗引起的局部和全身的不良反应。

2. 效力检验

用 4～5 周龄 SPF 鸡 10 只，每只颈部皮下注射疫苗 0.3mL。接种后 14d 日或 21d，连同条件相同的对照鸡 5 只，分别采血，分离血清，用禽流感病毒 H9 亚型抗原测定 HI 抗体。免疫组应至少有 9 只鸡 HI 抗体效价≥6log2，对照鸡均应为阴性。

（五）鸡新城疫灭活疫苗

本品为鸡新城疫病毒弱毒 LaSota 株，经鸡胚培养，制备的油乳剂灭活疫苗。

1. 安全检验

用 30～60 日龄 SPF 鸡 6 只，每只肌肉或颈背部皮下注射疫苗 1.0mL，观察 14d，应不出现由疫苗引起的任何局部和全身反应。

2. 效力检验

采用血清学方法进行检验，结果不符合规定时，可采用攻毒法进行检验。

（1）血清学方法用 30～60 日龄 SPF 鸡 15 只，其中 10 只各皮下注射 20μL（1/25 羽份），另 5 只作为对照，3～4 周后，每只鸡采血分离血清，进行 HI 抗体效价测定。对照鸡 HI 抗体效价应均不高于 1∶4，免疫鸡 HI 抗体效价的几何平均值应不低于1∶16。

(2) 用30～60日龄SPF鸡15只，其中10只各皮下或肌肉注射20μL（1/25羽份），另5只作为对照，3～4周后，每只鸡肌肉注射鸡新城疫病毒北京强毒株0.5mL（含10^5 ELD_{50}），观察14d，对照组全部死亡，免疫组至少保护7只。

（六）猪繁殖与呼吸综合征灭活疫苗

本品为猪繁殖与呼吸综合征病毒NVDC-JXAl株，经Marc-145细胞培养，制备的油乳剂灭活疫苗。

1. 安全检验

取3～4周龄PRRSV抗原、抗体阴性猪5头，每头耳后部肌肉注射疫苗4mL，观察21d，应不出现由疫苗引起的局部和全身不良反应。

2. 效力检验

取3～6周龄PRRSV抗原、抗体阴性（附注3、4）猪10头，其中5头耳后部肌肉注射疫苗2ml，另5头作为对照，同条件下饲养。28d后，所有猪对侧耳后部肌肉注射PRRSV NVDC-JXAl株强毒3mL（含10^5 $TCID_{50}$），每日测温并观察21d。5头对照猪应全部发病，且至少2头死亡；免疫猪应至少4头健活。

（七）猪细小病毒病灭活疫苗

本品系猪细小病毒弱毒株，经胎猪睾丸细胞培养，制备的油乳剂灭活疫苗。

1. 安全检验

用猪瘟中和抗体、猪细小病毒HI抗体阴性猪2头，各深部肌肉注射疫苗10mL。观察21d，无注苗引起的不良临床反应。用2～4日龄同窝乳鼠至少5只，各皮下注射疫苗0.1mL，观察7d，应健活。如有死亡，可重检一次。

2. 效力检验

用体重350g以上HI抗体阴性豚鼠4只，各肌肉注射疫苗0.5mL。28d后，连同条件相同的对照豚鼠2只，采血，测定抗体。对照豚鼠HI抗体应为阴性，注苗豚鼠应有3只出现抗体反应，其HI效价≥64。如达不到上述要求，可复检1次。

（八）口蹄疫灭活疫苗

本品系牛源或猪源强毒株，通过BHK_{21}培养，灭活后加矿物油佐剂乳化而成。也可以鼠化、兔化弱毒苗为基础，加入灭活剂制备而成。

1. 安全检验

1) 牛苗

用体重350～450g豚鼠2只，各皮下注射疫苗2.0mL；取体重18～22g小鼠5只，各皮下注射疫苗0.5mL，观察7d。应不出现疫苗引起的局部和全身不良反应。

2）猪苗

用体重1.5～2kg家兔2只，各腹腔注射疫苗3mL，观察10d，均应健活。用中和试验方法检测无口蹄疫抗体的30～40日龄仔猪2头，各两侧耳根后肌肉分点注射疫苗2头份，观察14d，应不出现口蹄疫症状或死亡。

2. 效力检验

1）牛苗

用6月龄牛17头，其中15头平均分3组。疫苗分为1头份、1/3头份、1/9头份3个剂量组，每组剂量各颈部肌肉注射5头牛。另2头对照。接种21d后，每头牛舌上表面两侧分两点皮内注射牛O型或A型口蹄疫强毒株，每点0.1mL（共0.2mL，含$10^{4.0}ID_{50}$）观察10d。对照牛均应有至少3个蹄出现水泡或溃疡。免疫牛，除注射部位外，任一部位出现典型的口蹄疫水泡或溃疡时，判为不保护；仅舌面出现水泡或溃疡，而其他部位无病变时，判为保护。根据免疫牛保护数计算疫苗的PD_{50}。每头份疫苗应至少含$3PD_{50}$。

2）猪苗

用40kg左右、无口蹄疫抗体的架子猪15头，平均分3组。疫苗分为1头份、1/3头份、1/9头份3个剂量组，每组耳根后肌肉注射5头猪。28d后，连同对照猪2头，各耳根后肌肉注射病毒强毒1mL（含$10^{3.0}ID_{50}$），观察10d。对照猪至少1个蹄出现水疱或溃疡。免疫猪出现口蹄疫症状判为不合格。根据免疫猪的保护数计算疫苗PD_{50}。每头份疫苗至少含$3PD_{50}$。

任务三 诊断用生物制品检验

一、诊断用生物制品质量检验程序与方法

诊断用生物制品质量检验程序与方法如图11.4所示。

（一）抽样

随机抽样，每批灭活疫苗随机抽取20～40瓶。

（二）物理性状

诊断生物制品包括诊断菌液、毒液或抗原、诊断血清和定型血清标记抗体、诊断用毒素和菌素以及核酸探针和PCR诊断液等。诊断抗原有液态制品和冷冻干燥制品，冻干品多为微黄色、乳白色海绵状疏松团块，易与瓶壁脱离，加稀释液后迅速溶解。诊断抗体多为免疫血清，橙黄色或略带棕红色澄明液体，也可制成冻干品。

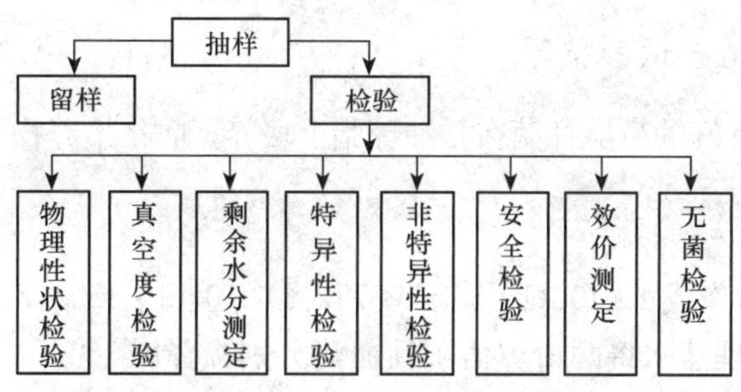

图 11.4　诊断用生物制品质量检验程序

（三）无菌检验

含甲醛、苯酚和汞类等防腐剂及抗生素的制品同活疫苗的无菌检验；不含防腐剂、抗生素的制品同灭活疫苗的无菌检验，但制品均应无菌生长。

（四）效价测定

多采用血清学试验，使用标准阳性抗原或抗体进行测定。

（五）特异性检验

有些诊断抗原和诊断抗体还要进行特异性检验，以保证诊断的特异性和敏感性。使用标准阳性抗原或抗体进行检验。

（六）非特异性检验

有些诊断抗原和诊断抗体还要进行非特异性检验，以保证诊断的特异性和敏感性。多使用生理盐水、磷酸盐缓冲液或阴性血清进行检验。

（七）剩余水分、真空度测定

如果制品为冻干制品，剩余水分及真空度都应符合其规定。其测定方法同冻干活疫苗。

二、几种常用诊断抗原的质量检验

本节主要介绍常用诊断抗原的成品质量检验技术，重点介绍效价测定与特异性检验方法与质量标准，其他检验项目按《中国兽药典》进行检验。

（一）炭疽沉淀反应标准抗原

将抗原性良好的各菌种接种普通肉汤培养，经收获、干燥、浸泡、滤过制成。

效价检验。将待检抗原用生理盐水稀释成 1∶5000、1∶10000 及 1∶20000，与标准炭疽沉淀素血清分别进行环状沉淀试验。1∶5000、1∶10000 分别在 30s、60s 内呈现环状阳性反应，1∶20000 在 1min 内不出现阳性反应，抗原对健康马血清须为阴性反应为合格。

（二）鼻疽补体结合试验抗原

本品系用抗原性良好的鼻疽杆菌在甘油琼脂上培养，收集培养物、浸泡、取上清制成。

1. 效价测定

将抗原用生理盐水作成1∶10、1∶50、1∶75、1∶100、1∶150、1∶200、1∶300、1∶400和1∶500稀释。用生理盐水将两份鼻疽阳性血清分别稀释成1∶10、1∶25、1∶50、1∶75和1∶100，在58～59℃水浴灭活30min，用各血清稀释液分别与抗原稀释液作补体结合试验。如表11.2～表11.4所示。

表11.2 鼻疽补体结合反应抗原效价测定

抗原稀释度	1∶10	1∶50	1∶75	1∶100	1∶150	1∶200	1∶300	1∶400	1∶500
抗原/mL	0.5	0.5	0.5	0.5	0.5	0.5	0.5	0.5	0.5
血清/mL	0.5	0.5	0.5	0.5	0.5	0.5	0.5	0.5	0.5
1个工作量补体/mL	0.5	0.5	0.5	0.5	0.5	0.5	0.5	0.5	0.5
37～38℃水浴20min									
2个单位溶血素/mL	0.5	0.5	0.5	0.5	0.5	0.5	0.5	0.5	0.5
2.5%绵羊红细胞	0.5	0.5	0.5	0.5	0.5	0.5	0.5	0.5	0.5
37～38℃水浴20min									

表11.3 受检抗原的各种稀释度对第一份阳性血清的各种稀释度的反应结果（举例）

阳性血清的稀释度	抗原稀释度								
	1∶10	1∶50	1∶75	1∶100	1∶150	1∶200	1∶300	1∶400	1∶500
	补体结合反应结果（溶血%）								
1∶10	0	0	0	0	0	0	10	20	40
1∶25	0	0	0	0	0	0	10	30	60
1∶50	10	0	0	0	0	10	20	40	60
1∶75	20	20	10	10	0	10	40	60	100
1∶100	40	20	20	20	10	40	100	100	100

表11.4 受检抗原的各种稀释度对第二份阳性血清的各种稀释度的反应结果（举例）

阳性血清的稀释度	抗原稀释度								
	1∶10	1∶50	1∶75	1∶100	1∶150	1∶200	1∶300	1∶400	1∶500
	补体结合反应结果（溶血%）								
1∶10	10	0	0	0	0	10	20	50	90
1∶25	30	20	10	10	0	10	20	60	90
1∶50	30	20	20	20	10	40	40	80	100
1∶75	50	40	40	40	30	80	80	100	100
1∶100	70	60	50	40	40	100	100	100	100

对两份阳性血清各种稀释度均发生最强的抑制溶血现象的抗原最高稀释倍数，即为抗原效价。在本例中抗原效价为1∶150。说明被检抗原效价在1∶100以上为合格。

2. 特异性检验

取1份鼻疽阴性马血清，作1∶5和1∶10稀释，在58～59℃水浴中灭活30min，与新制抗原的1个工作量作补体结合试验，必须为阴性，且抗原无抗补体作用为合格。

（三）布鲁氏菌病水解素

本品系用变态反应原性良好的布鲁氏菌接种适宜培养基，培养物经硫酸溶液水解而制成。

1. 安全检验

用体重18～22g的小白鼠6只，各腹腔注射水解菌素0.5mL，观察10d，应全部健活。

2. 效价检验

体重350～500g的豚鼠，各皮下注射适量布鲁氏菌令其感染。30～45d后，用水解素参照品1∶10稀释液0.1mL，接种于臂部皮内，经24～48h，如果反应面积在100mm^2以上，认为豚鼠可用于效价测定。将10只合格的豚鼠腹部两侧去毛，并将被检水解素和水解素参照品分别稀释5～10倍，腹部皮内各注射0.1mL，分左右两侧注射。同时设对照组，取体重350～500g的健康豚鼠2只，接种方法与剂量同上分别注射被检水解素和参照品于腹部两侧。注射后24h和48h各观察1次，24h和48h被检菌素与参照品10只致敏豚鼠肿胀面积的总和相比较，两者相差不超过10%，同时对照组豚鼠无反应为合格。

（四）结核菌素变态反应抗原

本品系牛型或禽型结核菌株，经培养基培养、灭活、滤过除菌、提纯或浓缩制成。

1. 安全检验

体重350～400g的豚鼠2只，腹腔注射菌素1mL，观察10d，应全部健活。

2. 效价测定

将豚鼠致敏，挑选合格的豚鼠用于效价测定。检验时被检菌素和标准菌素只用于一个相同的稀释度，牛型菌素均被稀释成1∶1000，禽型结核菌素均稀释为1∶100，在致敏豚鼠皮下测定，被检菌素与标准菌素反应面积的比值应在0.9～1.1合格。

3. 特异性检验

1）牛型结核菌素

健康易感牛20头，分两组，每组20头。第一组颈左侧皮内注射被检菌素，右侧注射标准菌素。第二组颈左侧皮内注射标准菌素，右侧注射被检菌素。注射剂量每1mL含10万IU的菌素0.1mL，注射后72h判定。被检菌素和标准菌素对牛无非特异性反应，为合格。

2）禽型结核菌素

健康易感鸡20头，分两组，每组20只。第一组肉髯左侧皮内注射被检菌素，右侧注射标准菌素。第二组肉髯左侧皮内注射标准菌素，右侧注射被检菌素。注射剂量每1mL含25000IU的菌素0.1mL，注射后24h和48h分别观察反应。被检菌素和标准菌素对鸡无非特异性反应，为合格。

三、几种常用诊断抗体的质量检验

诊断抗体的质量检验程序与方法与治疗用抗血清类似。这里只介绍两个常见的标记抗体的质量标准与检验方法。

（一）猪瘟病毒荧光抗体

1. 猪瘟病毒的荧光抗体染色

用猪瘟病毒实验感染猪2头及同窝健康对照猪1头，分别作扁桃体冰冻切片被检猪瘟病毒荧光抗体染色试验。感染猪的扁桃体隐窝上皮细胞浆应显明亮的黄绿色特异荧光。而健康对照猪扁桃体隐窝上皮细胞浆应不显荧光。

2. 荧光的特异性鉴定

采用荧光抑制试验，将两组感染猪瘟病毒的猪扁桃体冰冻切片，分别用猪瘟病毒高免血清和健康猪血清在37℃处理30min后，用pH7.2的磷酸盐缓冲液洗净，进行荧光抗体染色。经猪瘟高免血清处理的扁桃体切片，不出现荧光或荧光显著减弱；而经阴性血清处理的切片，隐窝上皮细胞仍出现明亮的黄绿色荧光。

（二）猪瘟病毒酶标记抗体

效价测定。取酶标记抗体3支，分别用灭菌PBS作5、10、15倍稀释，并分别与已知猪瘟阳性和阴性的肾脏触片作酶标记抗体试验。当1∶10以上（含1∶10）稀释的酶标记抗体使阳性触片中细胞的胞质染成棕黄色，而阴性触片中细胞的胞质不显色判为合格。

任务四 治疗用生物制品检验

一、治疗用生物制品质量检验程序与方法

治疗用生物制品质量检验程序与方法如图11.5所示。

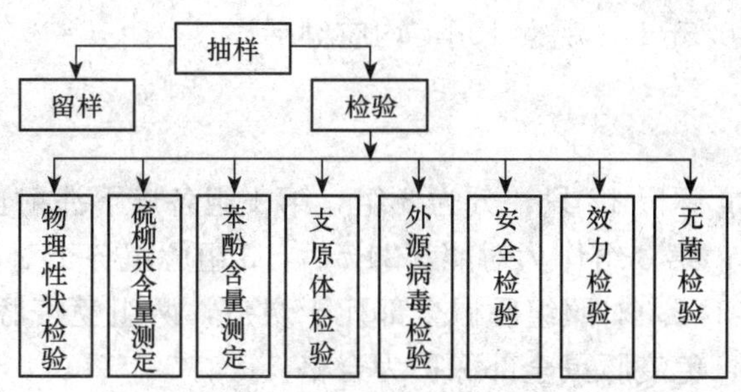

图 11.5 治疗用生物制品质量检验程序

（一）抽样

应随机抽样并注意代表性。抽样贯穿封口全过程。每批制品随机抽取 30～40 瓶。

（二）物理性状

治疗用生物制品目前主要是免疫抗血清和卵黄抗体。免疫抗血清为淡黄色澄明液体，久置后，有少量沉淀；卵黄抗体为黄色胶体溶液，久置后出现沉淀，震摇后沉淀立即消失，不形成凝块。

（三）无菌检验

治疗用生物制品中都含有防腐剂或抗生素，无菌检验必须先扩大培养，然后再移植检验。方法同灭活疫苗。所有制品应无菌生长。

（四）安全检验

使用动物，大动物用抗血清多用实验动物，禽用抗血清用本动物检验。所有制品应安全。

（五）效力检验

采用免疫动物攻毒保护试验或血清学试验进行效价测定。常用免疫动物有豚鼠、家兔、猪等。

（六）硫柳汞、苯酚含量测定

分别按“灭活疫苗质量检验技术”中硫柳汞、苯酚含量测定进行，应符合规定。

二、几种常用治疗用生物制品的质量检验

（一）炭疽抗血清

本品系用炭疽弱毒芽孢苗接种马，采血分离血清，加适当防腐剂制成。

1. 安全检验

用体重 350～450g 豚鼠 2 只，各皮下注射血清 10mL；用体重 18～22g 小白鼠 5

只，各皮下注射血清0.5mL。观察10d，均应健活。

2. 效力检验

用体重200～300g豚鼠12只，分为3组，第1组各皮下注射血清0.5mL；第2组各皮下注射血清1mL；第3组作为对照。24h后，3组豚鼠各于对侧皮下注射Ⅱ号炭疽芽孢苗0.2mL，观察14d。对照组豚鼠全部死于炭疽，两组免疫豚鼠共至少保护6只；如对照豚鼠死亡3只，免疫豚鼠全部保护为合格。

（二）羔羊痢疾抗血清

本品系B型产气荚膜梭菌菌株，免疫绵羊后，采血分离血清制成。

1. 安全检验

用体重16～20g小白鼠5只，各静脉注射血清0.5mL。用体重250～450g豚鼠2只，各皮下注射血清5mL。观察10d，均应健活。

2. 效价测定

用体重16～20g小白鼠作中和试验，0.1mL血清能够中和B型毒素1000MLD以上为合格。如血清不能中和B型毒素1000MLD，而仅能中和500MLD以上，可以折算中和效价，加大使用剂量。如其中和量达不到500MLD，则该批血清应废弃。

（三）猪瘟抗血清

本品系用猪瘟活疫苗基础免疫猪后，再用猪瘟强毒强化免疫，采血、分离血清，加适当防腐剂制成。

1. 安全检验

用体重18～22g小白鼠5只，各皮下注射血清0.5mL；体重1.5～2kg家兔2只，各皮下注射10mL；体重350～400g豚鼠2只，各皮下注射3mL。观察10d，均应健活。

2. 效力检验

用体重25～40kg同来源无猪瘟中和抗体的猪7头，分成2组：第1组4头，按每1kg体重0.5mL注射血清，同时注射猪瘟病毒石门系强毒株血毒1mL。第2组3头，仅注射强毒株血毒1mL作为对照。对照猪应于注射血毒后24～72h内体温上升，随之呈现典型猪瘟症状，并于16d内至少有2头死于急性猪瘟。第1组的4头猪，观察16d，至少健活3头为合格。

（四）破伤风抗毒素

本品系破伤风梭菌制备的免疫原，多次免疫健康马，采血分离血清制成，或经处

理制成精致抗毒素。

1. 安全检验

用体重350～400g豚鼠2只，各皮下注射10mL（分两侧注射，各5mL）待检破伤风抗毒素，观察10～14d，应全部健活，应无脓肿及坏死，不应有局部反应和体重下降。

2. 效价测定

破伤风试验毒素用50%甘油生理盐水稀释，用小白鼠测定L+/10的含量。用时以1%蛋白胨水稀释至每1mL含5个L+/10。破伤风标准抗毒素每1mL含4个抗毒素单位（IU），用时以生理盐水稀释成每1mL含0.5IU。

1）抗毒素稀释

将待检抗毒素用生理盐水稀释成不同稀释度，然后取各稀释度的抗毒素1mL，分别装于小管中，标明样品号数及稀释度。

2）抗毒素和试验毒素混合

将上述稀释的待检抗毒素中各加入稀释好的试验毒素（每1mL含5个L+/10）1mL，充分振荡，加塞密封。另取1管加标准抗毒素1mL（含0.5IU），然后加入试验毒素1mL作为对照。将上述各管在37℃感作45～60min。

3）注射小白鼠

毒素与抗毒素结合完毕后，每一稀释度皮下注射体重17～19g小白鼠2只，每只0.4mL，对照管用同样条件的小白鼠2只，各皮下注射0.4mL。小白鼠应分开饲养，观察发病情况。试验动物的反应："—"无反应；"+"腰部隆起；"++"躯背弯曲明显，后肢僵直；"+++"全身症状严重；"++++"全身僵直处于濒死状态；"S"其他疾病符号。

4）结果判定

对照动物应在72～120h内全部死亡，与对照动物同时死亡或之后死亡的待检抗毒素的最高稀释度的一半即为待检抗毒素的抗毒素单位（IU）。每毫升的抗毒素效价不少于2400IU。

（五）小鹅抗瘟血清

本品系小鹅瘟强毒株，经免疫健康山羊，采血、分离血清制成。

1. 安全检验

取3日龄内无母源抗体易感健康雏鹅10只，肌肉注射待检小鹅瘟抗血清1.0mL，10d内应无任何不良反应。

2. 效价测定

用琼脂扩散（AGP）试验检测小鹅瘟抗血清的抗体效价，应不低于1∶16。

（六）鸡传染性法氏囊病高免卵黄抗体

1. 安全检验

取30日龄健康敏感鸡30只平均分为3组，其中10只肌肉注射高免卵黄液2mL/只，另10只肌肉注射4mL/只，其余10只注射灭菌生理盐水2mL作为对照，观察10d。另取25～30周龄产蛋鸡10只，肌肉注射或皮下注射高免卵黄液3mL/只，观察7～10d。所有注射鸡应健康，无明显症状。

2. 效价测定

用琼脂扩散（AGP）试验检测高免卵黄液中IBD的抗体效价。在琼脂培养基上打梅花孔后，在中心孔加法氏囊标准抗原约50μL。第1孔加法氏囊标准阴性血清；第2孔加法氏囊标准阳性血清。3、4、5、6孔分别加1∶4、1∶8、1∶16、1∶32的待检卵黄液。每孔以加满为度。在37℃下自由扩散24～48h。结果判定应不低于1∶16。

技能训练一　仔猪副伤寒活疫苗的检验

【目的要求】

掌握仔猪副伤寒活疫苗的检验程序与方法。

【器具材料】

培养箱、隔离器、高压灭菌器、净化工作台、仔猪副伤寒活疫苗、家兔、普通肉汤、普通琼脂、T.G、G.A、G.P小管培养基、注射器、吸管、试管等。

【操作步骤】

（1）物理性状。

灰白色海绵状疏松团块，易与瓶壁脱离，加稀释液后迅速溶解。

（2）纯粹检验。

按本项目任务一进行，应纯粹。在净化工作台内完成。

（3）活菌计数。

按瓶签注明头份，用普通琼脂平板做活菌计数。按活疫苗检验相关规定（活菌计数）进行，每头份活菌数不少于30亿个。

（4）安全检验。

按瓶签注明头份，用普通肉汤或蛋白胨水稀释，皮下注射体重1.5～2kg兔2只，每只1.0mL（含2头份），在隔离器内饲养与观察21d，应存活。

（5）剩余水分测定。

按活疫苗检验相关规定（剩余水分测定）进行，应不超过4.0%。

（6）真空度测定。

按活疫苗检验相关规定（真空度测定）进行，应符合规定。

技能训练二　猪瘟活疫苗的检验

【目的要求】

掌握猪瘟细胞活疫苗和组织活疫苗检验程序与方法。

【器具材料】

培养箱、分析天平、净化工作台、笼具、猪瘟细胞活疫苗、18～22g 小白鼠、1.5～2kg 家兔、健康易感猪、灭菌生理盐水、T. G、G. A、G. P 小管培养基、灭菌注射器、针头、镊子、吸管、试管、温度计等。

【操作步骤】

1. 物理性状

细胞苗为淡黄色、组织苗为淡红色海绵状疏松团块，易与瓶壁脱离，加稀释液后迅速溶解。

2. 无菌检验

按活疫苗检验相关规定（无菌检验或纯粹检验）进行，在净化工作台内完成，应无菌生长。

3. 支原体检验

按活疫苗检验相关规定（支原体检验）进行，在无菌条件下进行，应无支原体生长。

4. 鉴别检验

将疫苗用灭菌生理盐水稀释成为每 1mL 含有 100 个兔的 MID 的病毒悬液，与等量的抗猪瘟病毒特异性血清充分混合，置 10～15℃中和 1h，其间振摇 2～3 次。同时设立病毒对照和生理盐水对照。中和结束后，分别兔耳静脉注射兔 2 只，每只 1.0mL。接种后，上下午各测体温一次，48h 后，每隔 6h 测体温一次，除病毒对照组应出现热反应外，其余 2 组在接种后 120h 内应不出现热反应。

5. 外源病毒检验

按活疫苗检验相关规定（外源病毒检验）进行，应符合规定。组织苗不进行外源病毒检查。

6. 安全检验

1）用鼠安检

按瓶签注明头份，将疫苗用生理盐水稀释成每 1mL 含 5 头份疫苗，皮下注射体重

18～22g 小白鼠 5 只，各 0.2mL，肌肉注射体重 350～400g 豚鼠 2 只，各 1.0mL。观察 10d。应全部健活。

2）用猪安检

选用无猪瘟中和抗体断奶猪，接种前观察 5～7d，每日上、下午各测体温一次。挑选体温、精神、食欲正常者使用。每批冻干疫苗样品或同批各亚批样品等量混合，按瓶签注明的头份用灭菌生理盐水稀释成每 1mL 含 6 头份疫苗，肌肉注射猪 4 头，每头 5.0mL（含 30 头份）。接种后，每日上、下午各测体温 1 次，观察 21d。体温、精神、食欲与接种前相比没有明显变化；或体温升高超过 0.5℃，但不超过 1℃，稽留不超过 4 个温次；或减食不超过 1 日；如果有 1 头猪体温升高 1℃以上，但不超过 1.5℃，稽留不超过 2 个温次，疫苗也可判为合格。如有 1 头猪的反应超过上述标准；或出现可疑的其他体温反应和其他异常现象时，可用 4 头猪重检 1 次。重检的猪仍出现同样反应，疫苗应判为不合格。

组织苗同时按上述方法进行安检，细胞苗只用猪安检。

7. 效力检验

下列方法任选其一。

1）用家兔效检

按瓶签注明头份，用无菌生理盐水将每头份疫苗稀释 750 倍（组织苗 150 倍），接种体重 1.5～3kg 家兔 2 只，每只兔耳静脉注射 1.0mL。家兔接种后，上下午各测体温 1 次，48h 后，每隔 6h 测体温 1 次，根据体温反应和攻毒结果进行综合判定。

结果判定：

注苗后，当 2 只家兔均呈定型热反应（＋＋），或 1 只兔呈定型热反应（＋＋）、另 1 只兔呈轻热反应（＋）时，疫苗判为合格。

注苗后，当 1 只家兔呈定型热反应（＋＋）或轻型热反应（＋），另 1 只兔呈可疑反应（±）；或 2 只家兔均呈轻热反应（＋）时，可在接种后 7～10 日攻毒（接种新鲜脾淋毒或冻干毒）。攻毒时，加对照兔 2 只，攻毒剂量为 50～100 倍乳剂。每兔耳静脉注射 1.0mL。

攻毒后的体温反应标准如下：

热反应（＋）：潜伏期 24～72h，体温上升呈明显曲线，升高 1℃以上，稽留 12～36h。

可疑反应（±）：潜伏期不到 24h 或 72h 以上，体温曲线起伏不定，稽留不到 12h 或超过 36h 而不下降。

无反应（－）：体温正常。

攻毒后，当 2 只对照兔均呈定型热反应（＋＋），或 1 只兔呈定型热反应（＋＋），另 1 只兔呈轻热反应（＋），而 2 只接种疫苗兔均无反应（－），疫苗判合格。

接种疫苗后，出现其他反应无法判定时，可重检。用家兔做效检，不应超过 3 次。

2）用猪效检

每头份疫苗稀释 300 倍（组织苗 150 倍），肌肉注射无猪瘟中和抗体的猪 2 头（组

织苗 4 头)，每头 1.0mL。接种后 10～14d，连同对照猪 3 头，各注射猪瘟石门系血毒 1.0mL（10^5MLD），观察 16d。对照猪全部发病，且至少死亡 2 头，免疫猪全部健活或稍有体温反应，但无猪瘟临床症状。如对照猪死亡不到 2 头，可重检。

8. 剩余水分测定

按活疫苗检验相关规定（剩余水分测定）进行，应不超过 4.0%。

9. 真空度测定

按活疫苗检验相关规定（真空度测定）进行，应符合规定。

技能训练三 牛多杀性巴氏杆菌病灭活疫苗的检验

【目的要求】

掌握牛多杀性巴氏杆菌病灭活疫苗检验程序与方法。

【器具材料】

培养箱、隔离器、高压灭菌器、净化工作台、分析天平、牛多杀性巴氏杆菌病灭活疫苗、家兔、易感牛、T.G 小瓶培养基、T.G、G.A、G.P 小管培养基、灭菌注射器，针头、镊子、吸管、试管、碘酒棉、酒精棉等。

【操作步骤】

1. 物理性状

本苗为氢氧化铝胶苗，静置后，上层为淡黄色澄明液体，下层为灰白色沉淀，振摇后呈均匀悬液。

2. 无菌检验

按灭活疫苗检验相关规定进行，在净化工作台内完成，应无菌生长。

3. 安全检验

用体重 1.5～2kg 家兔 2 只，各皮下注射疫苗 5.0mL；同时用体重 18～22g 小白鼠 5 只，各皮下注射疫苗 0.3mL，观察 10d，应全部健活。应在隔离器内饲养与观察。

4. 效力检验

按下列方法任择其一。均在隔离器内饲养与观察。

1）用家兔效检

用体重 1.5～2.0kg 兔 6 只，4 只皮下或肌肉注射疫苗 1mL；另 2 只作对照。接种后 21d，每只兔各皮下注射 1MLD C45-2 株强毒菌液，观察 8d，对照兔应全部死亡，免疫兔至少保护 2 只。

2）用牛效检

用体重100kg左右的健康易感牛7头，4头皮下或肌肉注射疫苗4.0mL，另3头作对照。接种21d后，每头牛各皮下或肌肉注射10MLD C45-2株强毒菌液，观察14d，对照牛全部死亡，免疫牛应至少保护3头；对照牛死亡2头，免疫牛应全部保护。

5. 甲醛含量测定

按灭活疫苗检验相关规定进行，应符合规定。

6. 苯酚含量测定

按灭活疫苗检验相关规定进行，疫苗中苯酚含量应不超过0.15%。

7. 硫柳汞含量测定

按灭活疫苗检验相关规定进行，疫苗中硫柳汞含量应不超过0.005%。

8. 装量检查

应符合规定。

技能训练四　鸡减蛋综合征灭活疫苗的检验

【目的要求】

掌握鸡减蛋综合征灭活疫苗检验程序与方法。

【器具材料】

培养箱、净化工作台、离心机、孵化器、分析天平、鸡减蛋综合征灭活疫苗、1%鸡红细胞悬液、T.G小瓶培养基、T.G、G.A、G.P小管培养基、灭菌注射器、吸管、试管、微量板、移液器、21～42日龄的SPF鸡、碘酒棉、酒精棉等。

【操作步骤】

1. 物理性状

（1）外观。乳白色乳剂。

（2）剂型。为油包水型。取一清洁吸管，吸取少量疫苗滴于冷水中，除第一滴外，均应不扩散。

（3）稳定性。取疫苗10mL加入装于离心管内，以3000r/min离心15min，管底析出的水相应不多于0.5mL。

（4）黏度。用旋转式黏度计测定，黏度应不超过200cp。

2. 无菌检验

按灭活疫苗检验相关规定进行，应无菌生长。在净化工作台内完成。

3. 安全检验

用21～42日龄的SPF鸡10只，每只肌肉注射疫苗1.0mL，在隔离器内饲养与观察14d，应不出现由疫苗所引起的任何局部和全身不良反应。

4. 效力检验

用21～42日龄的SPF鸡20只。10只肌肉或皮下注射疫苗0.5mL，另10只作对照，在隔离器内饲养。接种21～35d，采血，测定HI抗体，免疫鸡HI抗体效价几何平均值应不低于1∶128，对照鸡HI抗体价应不高于1∶4。

5. 甲醛含量测定

按灭活疫苗检验相关规定进行，应合格。

6. 硫柳汞含量测定

按灭活疫苗检验相关规定进行，疫苗中硫柳汞含量应不超过0.01%。

7. 装量检查

应符合规定。

知识链接

活菌计数

取菌液或疫苗进行10倍系列稀释，在一定条件下培养，所得细菌菌落数乘以稀释倍数，即为原液总活菌数。

1. 表面培养测定法

每个样品取1mL，用制品要求的稀释液做10倍系列稀释，每个稀释度换一支吸管。具体方法是：准确吸取菌液1mL，放入盛有稀释液9mL的第1支试管中（不接触液面），另取一支吸管将第1管液体混合均匀后，吸取1mL放入盛有稀释液9mL的第2管中，依次稀释至最后一管。根据对样品含菌数的估计，选择适宜稀释度，吸取最终稀释度的菌液接种适宜的培养基平板3个，每个滴0.1mL，使菌液散开，置37℃晾干后，翻转平板，培养24～48h（亦可适当延长）。

2. 混合培养测定法

稀释方法同上，取最终稀释度的菌液接种3个平板，每个1mL，然后将溶化并冷至45℃的普通琼脂注入平板中，轻轻摇动平板，使稀释的菌液与培养基混合均匀，待琼脂凝固后，翻转平板，置37℃培养24～48h（亦可适当延长）。

3. 菌落计算

肉眼观察菌落在平板底面点数，算出3个平板的平均菌落数，乘以稀释倍数（表面培养法应再乘以10），即为每1mL原液所含总菌数。最终稀释度一般选取每个平板上的菌落数为40～200的稀释度。如有片状菌落生长，或同一稀释度的不同平板间菌落数相差50%以上时应重检。

4. 成品检验

每批制品取样3个，以3个样品中的最低菌数来核定每批的使用头剂。

复习思考题

(1) 图示活疫苗、灭活疫苗的检验程序。

(2) 活疫苗、灭活疫苗的主要检验项目有哪些?

(3) 活菌苗为什么要进行纯粹检验?

(4) 活菌计数的方法与判定标准是什么?

(5) 如何进行无菌检验或纯粹检验? 无菌检验时为何先用T.G小瓶培养基培养，然后再移植培养?

(6) 活疫苗为何要进行支原体检验及外源病毒检验?

(7) 安全检验的判定原则是什么?

(8) 灭活疫苗的物理性状主要包括哪些检验项目? 如何进行检验?

(9) 目前我国的兽用生物制品的效力检验主要采用的方法是什么?

(10) 攻毒保护试验的基本要求是什么?

(11) 兽用生物制品中甲醛、苯酚、硫柳汞含量标准是什么?

(12) 图示诊断用、治疗用生物制品的检验程序。

(13) 诊断用、治疗用生物制品的主要检验项目有哪些?

项目十二 兽医生物制品生产用主要设备

【学习目标】

(1) 掌握灭菌设备及使用方法。

(2) 掌握微生物装置及应用。

(3) 掌握乳化设备及使用方法。

【技能目标】

(1) 能操作高压灭菌器和干热灭菌箱。

(2) 会使用净化工作台。

工欲善其事，必先利其器。在现代生物制品的规模化大生产中，设备起着非常关键的作用。生产设备主要指可满足兽药生产需要的各种装置或器具。

任务一 灭菌设备

一、干热灭菌器

干热灭菌是用干热空气进行灭菌的方法，均采用电加热，可自动控温，温度调节范围在室温至400℃，温差±1℃。干热灭菌器主要分为箱式和层流隧道箱式，按GMP标准要求，必须使用双扉型箱式嵌墙结构，在操作区将消毒物品装箱，灭菌后从净化区取出。

(一) 类型及特点

目前的电热干燥箱都带有电热鼓风数显控温、超温报警及漏电保护装置，外壳喷塑，内胆采用耐腐蚀、易清洗的不锈钢板制造。干燥灭菌层流隧道烘箱适用于分装作业线中管子瓶、安瓿瓶等玻璃容器的干燥灭菌过程，是现代化生物药厂大规模干燥灭菌玻璃容器所必须，具有灭菌可靠、处理数量大、节省劳力的优点。

（二）使用方法

灭菌开始应把排气孔敞开，以排除冷气和潮气。灭菌器升温必须缓慢均匀，不能剧增，尤其是130～160℃不宜突击加温。要保持被灭菌物品均匀升温。干热灭菌法所用的温度一般规定为160～170℃，时间为1～2h。灭菌结束，必须让灭菌器内温度下降到60℃以下，才能缓慢开门，否则可能引起棉花纸张起火、器皿炸裂。灭菌物品应放入已灭菌物品存放室，并做好记录，灭菌物品一般要求5d内用完。

（三）注意事项

适用于耐高温的物品以及不能使用湿热方法灭菌、潮湿后容易分解或变性的物品。生产所用的玻璃瓶、注射器、试管、吸管、培养皿和离心管等常用干热法灭菌。玻璃瓶和各种玻璃器皿灭菌前必须完全干燥，以免破裂。装灭菌物品时要留有空隙，不宜过紧过挤。各种灭菌物品必须包扎装盒，瓶口与试管口塞好棉花塞，再用纸包扎，以保证干热灭菌后不被污染。包扎的纸张不能与干燥箱壁接触，以免烤焦，灭菌后棉花与纸张发黄但不烧焦是正常的。

二、高压蒸汽灭菌器

高压蒸汽灭菌器有立式和卧式两种，按GMP标准要求，大型高压蒸汽灭菌器（图12.1）应为双扉箱式嵌墙结构，两端开门，使操作区与净化区完全隔开。大量物品灭菌消毒多用卧式方型压力蒸汽灭菌器，消毒小量物品多用手提式压力蒸汽灭菌器，（图12.2）。

图12.1 双扉箱式高压蒸汽灭菌器

图12.2 小型高压蒸汽灭菌器

（一）使用方法

准备→开饱和蒸汽→夹层预热→夹层冷凝水排出→放置待灭菌物品（装锅）→锁

紧器门→用抽空器排出器内空气→蒸汽输入器室→排放器室内空气→开始灭菌（逐步增大蒸汽输入量，器内压力和温度达到要求的高度）→维持灭菌所需时间→灭菌完毕（逐步关小进汽阀门，压力和温度缓慢下降）→用抽空器抽出器室的蒸汽，使灭菌物品干燥→控制干燥所需时间→干燥完毕→关闭蒸汽总阀门→夹层蒸汽排出→器室送入空气→压力真空表指针降到“0”→开启器门→取出灭菌物品→清洗器室→器门小开，器室通风→结束灭菌工作。

（二）灭菌时间和温度

不同灭菌物品灭菌的时间和温度有不同的要求。常用的培养基、溶液、玻璃器皿、用具等，一般在0.1MPa压力、121℃下15～30min可达灭菌目的。灭菌过的物品作好“已灭菌”的标志，送入灭菌物品存放室。

（三）灭菌操作注意事项

1. 准备工作

详细检查灭菌器，预热，排去冷凝水，查清灭菌物品的种类、数量。按灭菌温度和时间的要求，组合装锅。

2. 装锅

检查物品的包装质量。培养基、溶液应及时装锅。玻瓶应垫紧靠实，灭菌物品之间应有一定的间隙，尤其是培养基、疫苗瓶、橡胶制品等更不能紧密堆压。

3. 增压

掌握进汽的速度和数量，逐步达到温度和压力的要求，必须采用饱和蒸汽灭菌。

4. 保持

要求压力与温度准确稳定。如意外减压，应记明时间，及时补足。

5. 减压

逐步减少蒸汽进入量，压力缓慢均匀下降。从增压到开盖（门），排除回水的阀门应始终微开，器室内不能积水。

6. 结束出锅

待气压表指针降到“0”时，放入空气，缓慢开盖（门），检查灭菌效果，注意校对温度、灭菌物品是否进水、破损、崩塞等现象，必须及时联系补做。

7. 记录

各种灭菌物品的品种、容器、数量、灭菌温度与时间、灭菌过程中的异常情况，以及操作时间与负责人等都必须如实记录，及时讨论研究，总结归档。

8. 安全措施

蒸汽压力灭菌器是受压容器，务必保证设备完好，安全阀、压力表、温度计灵敏准确。用前检查，定期检修，校正仪表，技术鉴定。平时防锈，冬天防冻。

9. 灭菌物品保存期

工具、用具、器皿、工作衣帽等灭菌后保存期不超过 48h；培养基、溶液等应保存于干燥冷暗处，最好 72h 内使用，最长保存期不能超过 5d。

三、电离辐射灭菌

利用 γ 射线、伦琴射线或电子辐射穿透物品、杀死其中微生物的灭菌方法称为电离辐射灭菌。该方法是在常温下进行，特别适用于各种怕热物品的灭菌，最适合于大规模灭菌。目前国内外大量一次性使用的医用制品都已经采用辐射灭菌，各种 SPF 动物的饲料使用辐射灭菌后，不但其营养成分不被破坏，而且使用安全、保存期长。

辐射灭菌的优点是：①消毒均匀彻底；②价格便宜，节约能源，辐射灭菌 $1m^3$ 的物品比用蒸汽灭菌的费用低 2/3～3/4；③可在常温下灭菌，特别适用于热敏材料；④不破坏包装，消毒后用品可长期保存；⑤消毒的速度快，操作简便；⑥穿透力强。本法唯一的缺点是一次性投资大，并要培训专门的技术人员管理。

四、无菌室（洁净室）

目前，根据兽药 GMP 要求，开始应用净化空气进入无菌室。净化空气所用的洁净技术，是将经过调温调湿和过滤的无菌空气送入无菌室，通过排气孔循环，使室内的空气对外保持一定的压力（正压或负压），外界的有菌空气不能进入，室内的细菌数越来越少，同时室内可以保持恒温恒湿和空气新鲜。洁净无菌室空调过滤系统的设备有空调机、循环风机、过滤机、送回风管道等，其循环流程如图 12.3 所示。

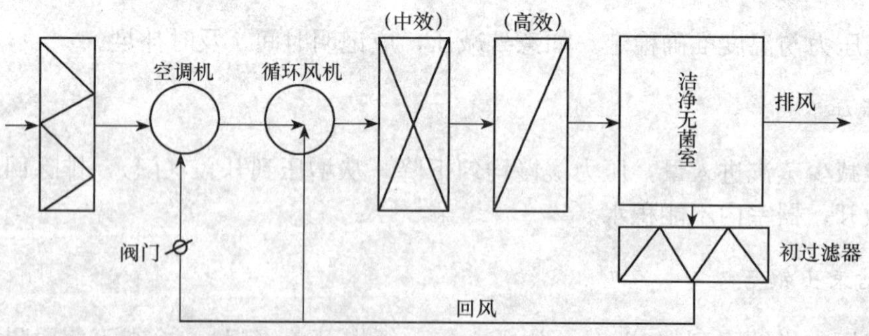

图 12.3 洁净无菌室空调过滤系统循环流程

无菌室的大小可根据操作人员和器材的多少而定。有连续工序的可以两个无菌室相邻接。为了有利于无菌室的清扫和消毒，平时无菌室内除放置工作台和工作凳以及必要的物品如酒精灯、消毒液等外，不应放置其他物品。在每次使用前，一般无菌室开紫外光灯照射不少于 1～2h，照射有效距离为 1.25m。使用后应开紫外光灯照射不少

于 30min。洁净无菌室则在工作开始前 30～40min，只需运转通风一定时间即可达到无菌要求。操作人员须根据兽药 GMP 相关规定穿戴灭菌衣帽口罩进入。

五、净化工作台

净化工作台应安装在无菌室或洁净室使用，其型号很多，工作原理基本相似。基本采用垂直层流的气流形式，由上部送风体，下部支承柜组成。变速离心风机将负压箱内经被滤器过滤后的空气压入静压箱，再经高效过滤器进行二级过滤。从高效过滤器出风面吹出的洁净气流，以一定的和均匀的断面风速通过工作区时，将尘埃颗粒和生物颗粒带走，从而形成无尘无菌的工作环境。

操作及注意事项：使用时应提前 30min 打开紫外线杀菌灯，处理净化工作区内台面积累的微生物，30min 后关闭杀菌灯，启动送风机。新安装或长期未使用的工作台，工作前必须对工作台和周围环境先用超净真空

吸尘器或不产生纤维的工具，认真进行清洁工作，再采用药物灭菌法或紫外线灯杀菌处理。净化工作区内严禁存放不必要的物品，以保证洁净气流流型不受干扰。净化工作区内应尽量避免做明显扰乱气流流型的动作。定期（一般 3～6 个月）检测，不符合技术参数要求时应采取相应措施，使其达到最佳工作状态。

任务二　微生物培养装置

一、温室

温室是生物制品制造的必备设备。用于细菌或病毒繁育，一般为 37～38℃，其温度调节采用电子控温仪（热敏元件等组成），且用导电表等仪表作为自动调温装置，以能达到自控的目的。为使温室内空气能自然交换，在温室门框上装有风扇和可以开放的通风小孔。温室的进门处应有缓冲间。为了便于清洁卫生和温室内的消毒，四墙和地板必须光洁。温室的温度有些也有特殊要求，如培养霉菌需 20～25℃，也有的制品检查污染的杂菌需用 30℃培养。温室的湿度也是随各种制品的要求而设置的。其他小型的各种温箱则是温室的缩小，但比温室具有更高的精密度。

二、细胞培养转瓶机

用于大量培养细胞的一种设备。生物制品厂、中试车间多用大型转瓶机，可在 4～6 层的架子上同时放置 18～72 个 10L 的转瓶。这种大型转瓶机都安装在自动控温的温室中，并设有高温及低温的报警装置，转瓶机的动力由电动机提供，通过变速箱使转瓶的转速控制在 9～12r/h。实验室及小规模生产用的转瓶机可安放在温箱中。

三、发酵培养罐

可进行细菌和细胞的培养，目前各生物制品企业均用自动发酵培养罐（图 12.4）培养细菌，生产规模可观。培养罐可自动调温、调 pH，用无级调速电动机、磁搅拌、

消泡、控制氧压、自动补液、换液、自动高压灭菌、自动计算呼吸商等精密仪表，而罐体结构均为不锈钢质。这种深层悬浮培养法的优点是可使细胞培养有比较一致的环境，抽样时有高度一致性，特别便于生物化学的分析及细胞动力学的研究，特别便于对单位体积内细胞数目增长情况的研究，也是一个大量生产优质疫苗的方法。目前悬浮培养罐有1000L不锈钢培养罐，全自动装置可由电脑来控制，1个主机可控制12个培养罐，操作起来既方便又准确，更可控制污染。

图12-4 自动发酵培养罐

四、生物反应器

用生物反应器大规模培养动物细胞比目前常用的静止培养、转瓶培养有更多的优越性。可连续进行培养，生产效率提高200%～300%；有完善的由计算机控制的检测及培养系统，保证了运行的安全；生物反应器体积小，减少了生产车间所需的净化空间面积；可以随时采样观察，由于自动化程度高，污染率很低。动物细胞培养用生物反应器可用于培养悬浮生长或贴壁生长的动物细胞，可生产疫苗、单克隆抗体、干扰素、激素等（图12.5）。

图12.5 生物反应器

反应器控制系统由高性能、智能化的微机控制仪及附属功能电路和器件所组成，实现了空气、氧气、氮气和CO_2与pH、溶氧的关联控制，能准确控制温度、转速、pH、溶解氧浓度和液位，全封闭轴向磁力驱动装置保证了抗污染的密封性能。灌注系统体积小，适于罐内安装，具有效率高的特点。应用微载体培养系统灌注速率为15L/d，也适用于分批的、间歇换液或连续的培养工艺。

反应器与国产的“连续电热式蒸汽发生器”配套后可就地消毒灭菌。

五、微生物浓缩装置

为有效地连续对微生物、抗体及生物制剂进行浓缩、分离，必须使用超滤器。根据不同用途、不同容量，超滤器可组成多种型式，即内压型、外压型和实验型。它们都是以中空纤维超滤膜组件为主体，辅以不锈钢离心泵、ABS工程塑料管件、阀门、压力表、流量计和预处理部分构成。中空纤维膜为不对称半透性膜，呈毛细管状，膜的外表面和内表面存在致密层，可分别形成外压或内压。在压力作用下，原液在膜内或膜外流动。体积大于微孔的溶质截留在原液内，小于微孔的溶质则随溶剂透过膜，对微粒、胶体、细菌以及各种大分子有机物具有良好的分离作用，从而可达到物质分离、浓缩和提纯的目的。

内压型（超滤型）以获得纯净的超滤液为目的，主要用于提纯、除菌。外压型（浓缩型）以浓缩为目的，原液循环浓缩直至达到需要的浓度为止，主要用于有用物质的回收。实验型适合实验室和科学研究，装置小，为单根超滤组件，配置适当的输液泵组成。超滤前原液需进行预处理。在启动加压泵时，应将泵出口阀门关闭，浓缩阀、超滤阀、水箱阀全开，等泵运转平稳后，再缓慢开启泵出口阀放进水，使系统内压力逐渐上升，并同时调节超滤液与浓缩液流量的比值，一般浓缩型为1∶(3～5)；超滤型为（1～7）∶1。为了提高装置的通量，抑制淤塞，必须严格地进行定时清洗。清洗液可根据超滤原液组分的不同，分别采用0.2mol/L氢氧化钠或0.2mol/L盐酸溶液，或过氧化氢、次氯酸钠以及各种合成洗涤剂或酶等。

六、孵化器

按GMP标准的要求，易消毒、易清洗。新型孵化器多是高分子材料制造的，耐热、耐湿，抗酸碱及消毒药，供SPF鸡胚使用的孵化器，还具有空气过滤系统，保证进入的空气呈无菌状态（100级）。

为保证孵化器的精确运行，要求控制器控制精确、稳定可靠、经久耐用和便于维修。控制系统包括控温系统、控湿系统、报警系统（超温、冷却、低温、高湿和低湿）及机械传动系统等。为使胚胎正常发育和操作方便，要求保温性能好，孵化器的上下、左右、前后各点的温度差应在±0.28℃范围内。箱壁一般厚50mm，多用聚苯乙烯泡沫或硬质聚氨酯泡沫塑料直接发泡的隔热材料制造。孵化器的门应有良好的密封性能，这是保温的关键。为使胚胎充分而均匀受热，要求蛋盘通气性能好，目前多用质量好的工程塑料制品。

任务三　乳化设备

一、胶体磨

立式胶体磨（图12.6）是制造油佐剂疫苗的工具之一，但由于其耐磨性较差及受电压影响大的缺点，从而影响了灭活疫苗的质量，如果掌握及调试得好，还是可以作为油乳剂制造及抗原与油预混合的设备。立式胶体磨是通过转齿和定齿作相对运动，

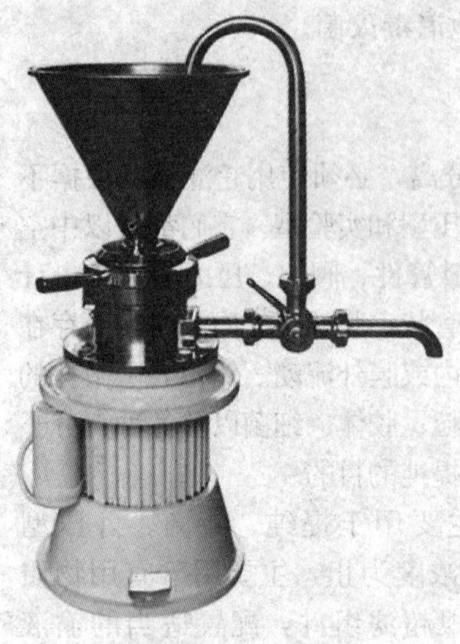

图 12.6 胶体磨

将油佐剂与抗原通过其间隙时受到强大的剪切力、摩擦力、离心力和高频振动，从而使佐剂与抗原乳化，其乳化的液珠直径在 1～5μm。实验室或小剂量制备乳剂灭活苗可使用胶体磨，没有条件也可用组织捣碎机替代。

二、高压匀浆泵

随着油佐剂灭活疫苗推广应用，其制苗的乳化设备已由原来应用胶体磨，改用高压匀浆泵。这是一种制备超细液-液乳化物或液-固分散物的通用设备，其主要加工部件具有极高的耐腐蚀性和良好的耐磨性，对加工乳化的油佐剂、抗原均不会产生不良影响。

如国产的 GYB30-6D 型高压匀浆泵由高压往复柱塞泵和匀质器组成，疫苗的乳化加工是在匀质阀内进行。油佐剂及抗原在高压下进入可调节的间隙，使油乳剂和抗原获得极高的流速（200～300m/s），从而在匀质阀里形成一个巨大的压力下跌，产生空穴效应；湍流和剪切力的作用，将原先粗糙的油佐剂和抗原加工成极细微的颗粒，仅 0.25～2μm。该机匀质阀的压力可在 0～60MPa 范围内任意选择。每小时最大制苗量为 30L，最高压力为 60MPa。

三、乳化装置

用于规模化油乳剂疫苗生产，由贮油罐、油相制备罐、水相制备罐、剪切泵、乳化罐及贮苗罐组成。

操作步骤：先打开油相制备罐通向乳化罐的阀门，并打开贮油罐压缩空气阀门，给贮油罐加压，再打开乳化罐的无菌呼吸器的阀门，然后缓慢打开乳化罐上的进油阀门。油相进入乳化罐后，启动搅拌电机，使电机缓慢搅拌。关闭贮油罐上控制压缩空气的手动球阀。打开冷却水循环的手动球阀。打开水相罐通往乳化罐的阀门，并打开水相罐压缩空气的阀门，给水相罐加压，打开乳化罐上的无菌呼吸器的手动隔膜阀，慢慢开启乳化罐上的水相进入的阀门，使流量计的指针缓慢上升。将水相输入乳化罐内。从乳化罐加样口按比例加入 1%的硫柳汞溶液，硫柳汞的最终浓度为 $1/10^4$。然后打开乳化罐的出料阀门同时开启乳化机，开始乳化，打开贮苗罐的进料阀门将乳化好的乳剂苗输入至贮苗罐中。

任务四 疫苗冷冻真空干燥、分装与包装设备

一、冷冻真空干燥设备

冷冻真空干燥设备，简称冻干机。冻干机由制冷系统、真空系统、加热系统和控

制系统四部分组成，包括冻干箱、冷凝器（或称水汽凝集器、冷阱）、真空泵组、制冷压缩机组、加热装置、控制装置等。

冻干箱内设有若干层搁板，冻干的制品在隔板上，搁板内置有冷冻管和加热管，分别对制品进行冷冻和加热。冷凝器内装有螺旋状冷凝蛇管数组，其操作温度应低于干燥箱内制品的温度，工作温度可达－60～－45℃，其作用是将来自制品所升华的水蒸气进行冷凝，以保证冻干过程的进行。真空泵组对系统抽真空，冻干箱中绝对压力应保持在0.13～13.3Pa。小型冷冻干燥机组通常采用罗茨真空泵或滑片泵等组成；大型机组可采用多级蒸汽喷射泵组成。制冷压缩机组对冻干箱中的搁板及冷凝器中的冷冻盘管降温，冻干箱中的搁板可降至－40～－30℃。常用的冷冻剂有氨、氟利昂、二氧化碳等。加热装置供制品在升华阶段时升温用，应能保证干燥箱中搁板的温度达到80～100℃，加热系统可采用电热、辐射加热或循环油间接加热。控制装置是利用计算机输出程序控制整个工作系统正常运转。控制装置先进程度最能体现整机水平。

新型冻干机冻干箱内的板层上有液压装置，箱内可通入高压热蒸汽，能够实现箱内自动压瓶塞和在线高压消毒。

二、生产冷冻干燥疫苗的分装包装设备

要求便于流水作业、配套安装与使用。目前我国在生产冻干苗中使用的设备，比较好的是由理瓶旋转工作台、多头分装机、胶塞定位机、收集器、压盖机、贴签机、封口机、包装机等组成的作业流水线。

（一）理瓶旋转工作台

要求安装在无菌室内，是输送经灭菌的分装苗瓶进行分装的第一步。为使苗瓶及时、准确、有序地输送给分装机，采用的疫苗瓶必须有一定规格，并经严格挑选，灭菌彻底。消毒无菌室之后，将分装瓶口朝上送入旋转台。理瓶旋转工作台有不同的型号，现仅以意大利产MTR型旋转台（图12.7）简要介绍如下。

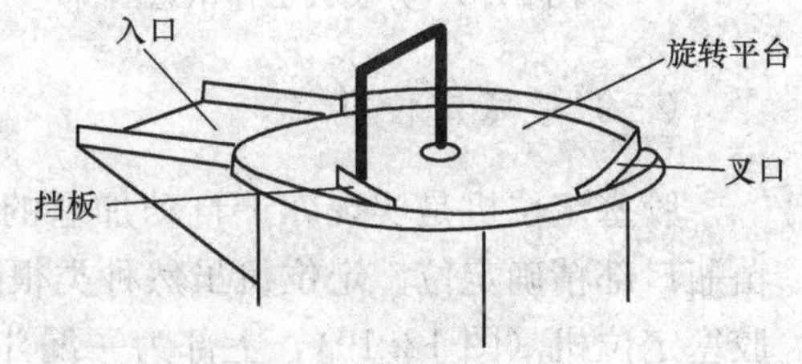

图12.7 理瓶旋转工作台

此旋转理瓶台上部为直径1m的旋转平台。经灭菌处理后的苗瓶自平台入口处被推入旋转平台，随平台的旋转运动，苗瓶再被挡板推向平台边缘，最外层的苗瓶经过叉口进入轨道。未进入轨道的苗瓶继续旋转，二次经挡板推向平台边缘，直至进入轨道。进入轨道的苗瓶依次排列，进入分装机轨道。

此设备采用无级调速电动机，使供瓶速度与分装机运转同步。此设备除与分装机联接外，视生产情况再与加塞机、压盖机、贴签机、包装机等设备联接，是生产流水线的“龙头”。

（二）多头自动分装机

多头自动分装机是指有3个以上分装头，分装速度每小时达5000瓶以上的高速分

装机。其型号很多，分装速度各异，但都有分装精度高、分装速度快的特点。在各种分装机中，意大利产 M26/8 型八头分装机，适用于分装各种小装量的疫苗，每小时可分装 1 万～1.2 万瓶，分装速度可以调节。靠不锈钢活塞上下运动抽吸将疫苗压入苗瓶。活塞头部带有旋转式分流阀，控制吸入和压出。其工作方式如图 12.8 所示。当活塞向下运动，分流阀转到供苗管道开启位置排苗开口关闭，疫苗被吸入活塞筒；当活塞向上运动，分流阀旋转 180°，关闭供苗开口，开启排苗开口，使苗压入分装瓶，完成定量分装。由于采用旋转式分流阀，分装精度大大提高。

8 个分装头可分别单独调整分装量，也可多头同时进行调整，确保分装量准确可靠。所有接触疫苗的部分，均为不锈钢制造，拆装方便，利于清洗和灭菌处理（图 12.9）。

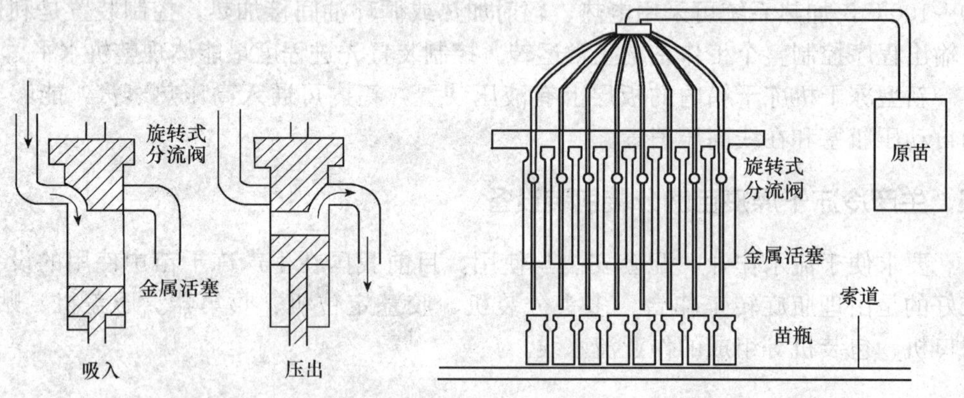

图 12.8 分装头工作示意图

图 12.9 多头分装机

（三）胶塞定位机

胶塞定位机是实现冻干自动加塞的关键设备。其作用是将已经灭菌处理的胶塞在苗瓶口部精确定位。定位机虽然种类很多，但其工作原理基本相同，如进口的 M22 型胶塞定位机（图 12.10），上部为一漏斗形电磁振荡料斗，用来存放备用的经灭菌处理的胶塞。由于电磁振荡的结果，胶塞在料斗内跳动，并沿料斗内壁上的导轨向上爬升，到达顶部以后，胶塞沿导轨下落，到达转动的真空吸盘。吸盘与送瓶成反方向运动。吸盘真空是由安装在机器下部的一台小型真空泵操作，经管道连通转动吸盘；吸盘的吸头吸住胶塞，继续向下旋转到 90°时，正好达到瓶口位置，自动放气，胶塞脱离吸盘，在瓶口处定位。

供瓶系统采用螺旋杆传送，瓶口位置十分精确；瓶塞紧密配合，高速运行，胶塞在瓶口精确定位，为冻干自动压塞做好了准备。

（四）自动灌装半加塞联动机

此类机规格型号很多，但都具有分装精度高、速度快的特点，所有接触疫苗部分的零部件均为优质不锈钢制造，利于清洗和灭菌消毒，符合 GMP 标准的要求。今以国

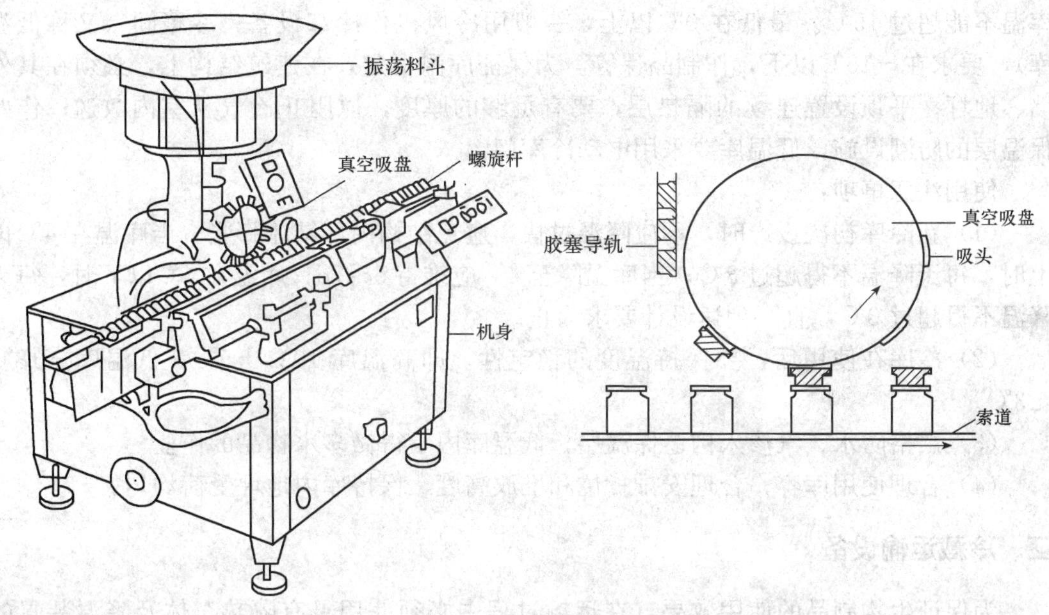

图 12.10 胶塞定位机

产 DG 系列自动灌装半加塞联动机为例予以介绍。本机适用于冷冻干燥制品在冻干前的灌装、半加塞工序，其工作程序是将灭菌瓶传送到转盘上，由送瓶转盘送入间隙运动的星形拨盘上进行定位分装、半加塞，然后装入冻干盘内。本机适用的瓶子为 2、7、10 及 25mL 等各种药用玻璃瓶。

三、瓶装液体制剂分装包装设备

瓶装液体制剂分装包装设备种类很多，主要设备有工作台、灌装机、加塞机、加铝帽（轧盖）机、贴签机、装盒或装箱机，如组成自动生产线，还应包括洗瓶机、干燥灭菌机。

安瓿的针剂包装比较复杂而精细，因为要在分装后马上封口，要有热源供应，传送系统要轻而稳。由于瓶装液体制剂包装设备与安瓿针剂包装设备有很多共同的部分，同时灌装机又较安瓿灌封机构造简单，因而德国 Bosch 公司将两套设备联合组成了安瓿和管子瓶联合灌装封口机，不但减少了占地面积，而且可一机多用。

任务五 冷藏设备

一、冷库

冷库可分中、小型两类。小型只设冷藏间或活动冷库。中型冷库房，一般由主体建筑和附属建筑两部分组成。主体建筑包括冷藏库和空调间；附属建筑包括包装间、真空检验室、准备间、机房、泵房、配电房等。

保温性能应符合生物制品贮藏保管的最基本要求。空调间（又称高温库），其最高库温不能超过 15℃。最低在 0℃以上，一般用冷风机作冷却设备；冷藏间（又称低温库），要求在－15℃以下，作制品保管。为保证库温恒定，在建筑结构上，必须在其外墙、地坪、平顶设置连续的隔热层，要有足够的厚度，以阻止冷气从室内散逸；作好保温层的防潮设施，低温库要采用电动冷库门。

使用注意事项：

（1）新冷库初次投产时，不应降温过快，避免结构内部结冰膨胀。当库温在 4℃以上时，每天降温不得超过 3℃；当库温降至 4℃应维持 5～7d；库温在 4℃以下时，每天降温不得超过 3℃，直至到达设计要求为止。

（2）冷库在使用后，要保持温度的稳定性，即高温库 10℃±5℃；低温库－18℃±3℃。

（3）严格防水、汽渗入构造保温层；低温库内不得做多水物品的作业。

（4）合理使用库容，合理安排货位和堆放高度，保持库内地坪受荷均匀。

二、冷藏运输设备

为保证生物制品的使用效果，在运输过程中必须使用具有隔热车体及降温装置的冷藏车。这类车按性能来说可分为机器冷藏车与冰箱冷藏车。目前我国使用的冷藏汽车，多数都是冰箱冷藏车，这种车造价低，使用维修方便。无论任何类型的冷藏车，都必须具有：①运行平稳，具有良好的隔热车体，减少车内与外界的热交换；②设有制冷降温装置，适应生物制品的保存条件；③设有空气循环装置，以保证车内温度的均衡；④设有温度指示，最好有自动控制仪表，以控制车内温度。

保温箱无制冷系统，可以软木、玻璃纤维和聚氨酯泡沫塑料为保温材料。内外层常用镀锌钢板和铝板为保护层。不能自动降温至冰点以下，而是使用时将冷冻干燥的生物制品置于箱内，并加入一定的冰块，严密加盖。箱内可保持 20h 不解冻，能维持运输途中的低温保存。目前国内兽用冷冻干燥制品的运输，多使用这种简便的保温箱。

三、液氮罐

液氮罐是专供贮存液氮用的容器，液氮的温度可达－196℃，属超低温，因而是保存活细胞、活组织、生物制品、冷冻精液、微生物等理想容器。液氮罐的构造和玻璃热水瓶一样，能防止热的传导、辐射和对流。液氮罐都是双壁的，两壁之间有一夹层。夹层空隙越大，真空度越高，蓄冷的时间也越长。目前生产的生物容器蓄冷时间为 180～210d，真空度一般为 1.33×（10^{-7}～10^{-4}）Pa。液氮罐使用年限一般为 5～10 年。

新罐或使用后液氮挥发已净和清洗后待用的容器，在使用前，先加入适量液氮预冷 30min 左右，然后加满其余的液氮，充装后的液面应略低于颈管。液氮充满后，液氮出现沸腾不止或罐的上半部结霜，证明此缸的性能已不正常。放入或提取罐内的贮存物时，要迅速浸入或离开液氮面，取出被保存物的动作要快、准、稳。搬运或移动液氮容器应提起把手，不得推拖，要轻拿轻放。运输中应防止过大的特别是突然颠簸。贮存物贮存于液氮罐，应对贮存的目的和内容进行编号，存放数量、制作日期等进行详细登记，以防混乱。应按时补充液氮，液氮量不能低于容器贮量的 2/3（下限）。取

用贮存物以竹制镊子最为理想，切忌使用金属制品。

任务六　污物处理设备

由于生物制品都是用病原体进行制造和检验的，如果排放到外界，会造成环境污染，引起动物疫病流行，甚至危害人类健康。根据国家有关环境保护法规和农业部发布的《兽用生物制品规程》（以下简称《规程》）中“防止散毒办法”的各项具体规定，制定严格的防止散毒措施是非常重要的。

一、污水处理

生物制品企业产生的污水，需经无害化处理，检验合格后才能排放。通常采用高压热蒸汽灭菌法。生产和检验的污水直接排放到污水储罐中，当收集于污水储罐中的污水达到一定量时，向储罐夹层中通入蒸汽，待罐内温度达到100℃，煮沸60min，关闭蒸汽阀，降温后经检测合格后排放。强毒舍产生的污水排入污水管网集中到污水池，高压蒸汽灭菌，经检测合格后排放到污水处理站进行二次处理。

污水排放标准：

（1）生化需氧量（5d，20℃）达到60mg/L，生化需氧量越高，表示水中有机污染物越多。

（2）化学需氧量重铬酸钾法达到100mg/L，氧化剂也可用高锰酸钾。

（3）动物检测：根据生产生物制品种类选用下列动物，每月对污水监测1次，注射的动物观察10d，应全部健活。家兔2只，皮下注射2mL；豚鼠2只；肌肉注射1mL；小鼠2只，皮下接种0.5mL；鸽子2只，肌肉注射1mL；鸡2只，肌肉注射1mL；猪2头，皮下注射10mL。

二、带毒粪便及垫草的处理

采用生物发酵法进行。原则是每池装满后能自然发酵2年以上。发酵池的内外墙除用水泥砂浆粉刷外，还应涂沥青防水层，防止池内污水渗漏，池外地表、地下水渗入影响发酵效果。这种发酵池为了便于清除，应一半设在强毒区内，一半设在隔离区外，以便发酵彻底后，启盖清出粪便和残渣、垫草的腐烂物。强毒区试验研究和质检过程中产生的废弃物和污物、动物粪便、垃圾要经高压无害处理后移出工作区，对不宜高温处理的应做消毒液浸泡消毒处理。

三、动物尸体处理

所有感染疫病死亡的动物以及注射强毒耐过的动物，试验结束后须宰杀，将尸体用高压蒸汽（121℃，30min）消毒、焚尸炉焚烧或化制后，按粪便残渣处理办法进行生物发酵处理，安全可靠。

知识链接

生物制品的冷冻真空干燥技术

生物制品中的有效成分，通常由蛋白质、脂肪、糖和核酸组成。它们可能是一个单一的分子，也可能是具有一定组织结构的细菌和病毒。这些物质不但都有固定的分子结构，而且还具有一定的空间结构。如果在分子结构和空间位置的排列上发生了变化，都可能引起变性失活或死亡。

生物制品往往是以水溶液的状态存在并起活性作用。但随着溶液温度的升高，分子拥有较多的能量，易与外界物质起化学反应，导致变性或失活。因此在生物制品的科研和生产中，一个重要的课题就是，如何防止引起生物活性物质变化的化学反应的发生？如果这一点不能完全做到，那么至少应该找出一个尽可能降低这些化学反应速度的方法。冷冻真空干燥是降低和阻止这些化学反应速度的有效方法。

一、冻真空干燥技术的原理与特点

冷冻真空干燥又称冷冻干燥，简称冻干。它是物质干燥的一种方法。

(一) 冷冻真空干燥技术原理

将含有大量水分的生物活性物质先行降温冻结成固体，再在真空和适度加温(一般不超过40℃)条件下使固体水分子直接升华成水汽抽出，最后使生物活性物质形成疏松、多孔样固状物(图12.11)。

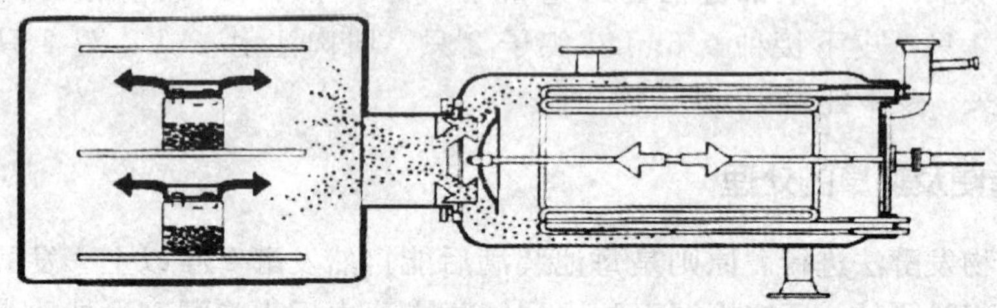

图12.11 制品冻结真空干燥蒸发过程模型图

制品冻干过程的物理变化是液态→固态→气态的过程。在冻干过程中，溶质颗粒之间的“液态桥”已被冻成“固态桥”，两颗粒间的相对位置已经被固定下来，并且两颗粒之间不存在气液界面的表面张力。随着溶剂的不断升华，“固态桥”不断减少，但两颗粒之间的相对位置已不再发生变化，直至“固态桥”完全消失(图12.12)。

(二) 冷冻真空干燥技术优点

冷冻真空干燥全过程都在低温真空条件下进行，所以冷冻真空干燥在生物医

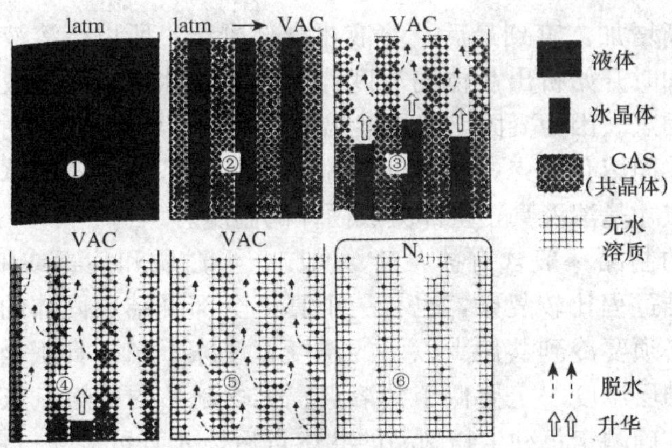

图 12.12　制品冻干过程的物理变化

学上与其他干燥法相比有无法比拟的优点：

(1) 能有效地保护热敏性物质的生物活性，如微生物、抗原物质、血清制品、酶和激素等经冷冻干燥后生物活性影响甚微。由于是在低温下干燥，不使蛋白质产生变性，不会使微生物之类失去生物活力；且物质中的挥发性成分和受热变性的营养成分和芳香成分损失很小；另外在低温干燥过程中，微生物的生长和酶的作用几乎无法进行，能最好地保持物质原来的性状。

(2) 能有效地降低氧分子对微生物和酶等生物活性物质的作用，从而保护这些物质的性状。因一般在真空下干燥，氧气极少，使易氧化的物质得到了保护。

(3) 由于物质是在冻结状态下升华干燥，干燥物呈海绵状结构，体积几乎不变，加水后能迅速溶解并恢复原有状态。冻干时物料中的冰晶消失，原先为冰晶所占据的空间成为空穴，因此冻干层呈多孔蜂窝状海绵体结构。

(4) 可除去冻干物质中96%以上的水分，对冻干物的长期保藏十分有利。

(三) 冷冻真空干燥技术的应用

该技术已广泛应用于医药行业如生物工程、生物制品、天然药、抗菌素、兽药、保健品等；微生物和藻类方面；制作用于光学显微镜、电子扫描和透射显微镜的小组织片；食品的干燥。其他领域的应用，如化工、宇航、军队、登山、航海、探险等。

二、共熔点与测定方法

(一) 共熔点概念与意义

溶液或悬浊液的冰点与水的冰点不同。水在0℃时结冰，溶液或悬浊液的冰点低于0℃。溶液的结冰过程与水也不一样。水有一个固定的结冰点，水在0℃时结冰，水的温度并不下降，直到全部水结冰之后温度才下降。但溶液不是在某一固定温度完全凝结成固体，而是在某一温度时，晶体开始析出。随着温度的下降，晶体的数量不断增加。直到最后，溶液才全部凝结。所以，溶液在某一温度范围内凝结，当冷却时开始析出晶体的温度称为溶液的冰点。而溶液全部凝结的温度称为溶液的凝固点。因为凝固点就是熔化的开始点（即熔点），对于溶液来说也就是溶质和溶媒共同熔化的点，所以又叫做共熔点。可见溶液的冰点与共熔点是不相同的。共熔点才是溶液真正全部凝成固体的温度。

需要冻干的制品一般含有盐、糖、明胶、蛋白质和病毒或细菌等多种组分。因此，它的冻结过程比较复杂，也有一个真正全部凝结成固体的温度。冻干制品在升华开始时必须要冷到共熔点以下的温度，使冻干制品真正全部冻结。在一次干燥中物料冻结层温度一定要低于共溶点。生物制品的共熔点依其组成成分而不同，因此必须准确测定每种生物制品的共熔点后，才有可能获得最佳的冻干效果。共熔点的数值从 0～40℃不等，与制品的品种、保护剂的种类和浓度有关。浓度高，共熔点则低。

（二）共熔点的测量方法

冻结过程中，不可能从外表观察来确定制品是否完全冻结成固体，也无法用测量温度来确定制品内部的结构状态。但随着制品结构变化，制品电阻率会发生很大变化。因为溶液是离子导电，冻结时离子被固定不能运动，因此全部冻结后电阻率明显增大。如果有少量液体存在时，电阻率将显著下降。因此测量制品的电阻率，即可确定制品的共熔点。

测量共熔点时，将一对白金电极和一支温度计浸入待测样品液体中，并将电极、温度计、仪表与记录仪连接，然后将溶液物质冷冻到－40℃以下，直至电阻达无穷大，随后缓慢升温至电阻突然降低时的温度即为该溶液物质的共熔点温度。也可用 2 根适当粗细而又互相绝缘的铜丝和一支温度计插入盛放制品的容器中，再放入冻干箱内的观察窗孔附近，固定，然后与其他制品一起预冻。此时，可用万能电表（万用表）不断地测量在降温过程中的电阻数值。开始时电阻值很小，以后逐步增高。到某一温度时电阻突然增大，几乎是无穷大，这时的温度值便是共熔点数值。

三、冻干机组与冻干程序

（一）冻干机组

制品的冷冻真空干燥需要在一定装置中进行。这个装置叫做冷冻真空干燥机，简称为冻干机。冷冻真空干燥系统由制冷系统、真空系统、加热系统和控制系统 4 部分组成（图 12.13）。

1. 制冷系统

由冷冻机、冻干箱和冷凝器内部的管道等组成。冷冻机的功能是使冻干箱和

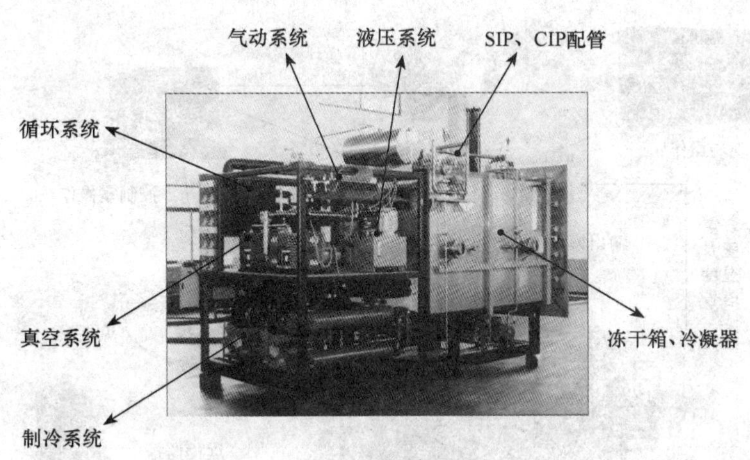

图 12.13　冻干机的组成

冷凝器进行制冷，以维持冻干过程中的低温环境。

2. 真空系统

构成冻干机组的真空系统由冻干箱、冷凝器、真空泵、真空管道和真空阀门所组成。冻干时采用的真空范围为 66.66～0.13Pa，要求在 0.5h 左右内达到要求的真空度。

3. 加热系统

不同冻干机组有不同的加热方式，有利用电直接加热法，也有利用循环泵将中间介质循环加热方式。加热系统可使冻干箱加热至 50℃，使物质中的水分不断升华而干燥。

4. 控制系统

由各种控制开关、指示和记录仪表及自动化元件等组成。控制系统的功能是对冻干机组进行手动或自动控制，使其正常运行，保证冻干制品的质量（图 12.14）。

5. 冻干箱

制品在其内部完成冷冻真空干燥过程的容器。为一个能制冷到－40℃、加热到 50℃并能控制温度高低的温箱，同时也是个被抽成高真空的密闭容器。物质在箱内进行冷冻并在真空下使水分子升华凝结在冷凝器内，从而达到干燥。

6. 冷凝器

是一个制冷和真空的密闭器，内有一个能降低－40℃以下的大面积金属表面，通过大口径真空阀门与冻干箱连接。其作用是捕捉冻干箱体内升华出的水蒸气。

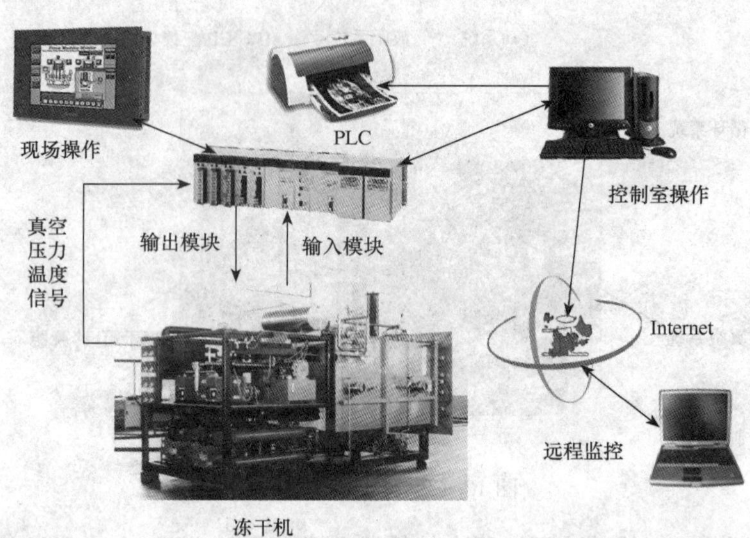

图 12.14 冻干机控制系统

冻干箱内升华出的水汽在冻干箱和冷凝器的压差推动下，以冰霜形式凝结在冷凝器表面，待冻干结束，冰霜融化后排出。

（二）冻干程序

生物制品冷冻干燥的程序包括：液状制品分装→冻干箱进行空箱降温→装箱→预冻→抽真空（冷凝器应达到－40℃左右）→第一步加热（温度低于共熔点）→第二步加温（最高温度保持数小时）→加塞封口→结束冻干，放气进入干燥箱。

冻干过程的三个重要阶段是：预冻、升华干燥阶段（第一干燥阶段）、解吸干燥阶段（第二干燥阶段）。

1. 预冻

冷冻干燥之前，先将溶液物质在低温（－40℃以下）下冻结，称为预冻。

预冻的目的是为了固定产品，以便在一定的真空度下进行升华。如果产品没有冻实，则抽真空时产品会沸腾并冒出瓶外；如不经过预冻直接抽真空，当压力降到一定程度时，液体就会被抽去。这种情况也叫蒸发，这种蒸汽叫做不饱和蒸汽，如果制品冻结不实而抽真空，液体中的气体迅速逸出而引起“沸腾”的现象。制品如在“沸腾”中冻结，有部分可能逸出瓶外，引起药物损失或使制品表面凹凸不平。

由此可见，共熔点的温度是保证产品正常干燥的最安全的温度，只能比它低，不能高于共熔点温度。冻干制品升华前，温度要设在制品的共晶点以下 10～20℃左右。但如果产品温度冻得过低，则是浪费了能源和时间，而且还会降低某些产品的存活率。生物制品一般预冻时间为 3～4h，即可开始升华。

2. 真空干燥

液体制品的冷冻干燥要求在冻结和真空状况下进行，在液体制品真正全部冻结之后，就要迅速建立必要的真空度，以促进制品中水分的迅速升华。

制品的干燥可分为两个阶段，在制品内的冻结冰消失之前称第一阶段干燥，又称升华干燥阶段；在制品内的冻结冰消失之后称第二阶段干燥，又称解吸干燥阶段。

(1) 升华干燥阶段：在共熔点温度将物质中的冻结水除去的过程称为升华。

在升华干燥阶段（第一干燥阶段），热量从搁板通过玻璃瓶或托盘传送转换到冻结冰晶体内，并传导至制品的表面；冰晶体升华过程产生的水蒸气通过制品枝状孔隙（干燥通道）跑到制品表面；从制品表面出来的水蒸气进入真空冷凝器（水分捕集器）；水蒸气在真空冷凝器中凝结成冰（图 12.15）。

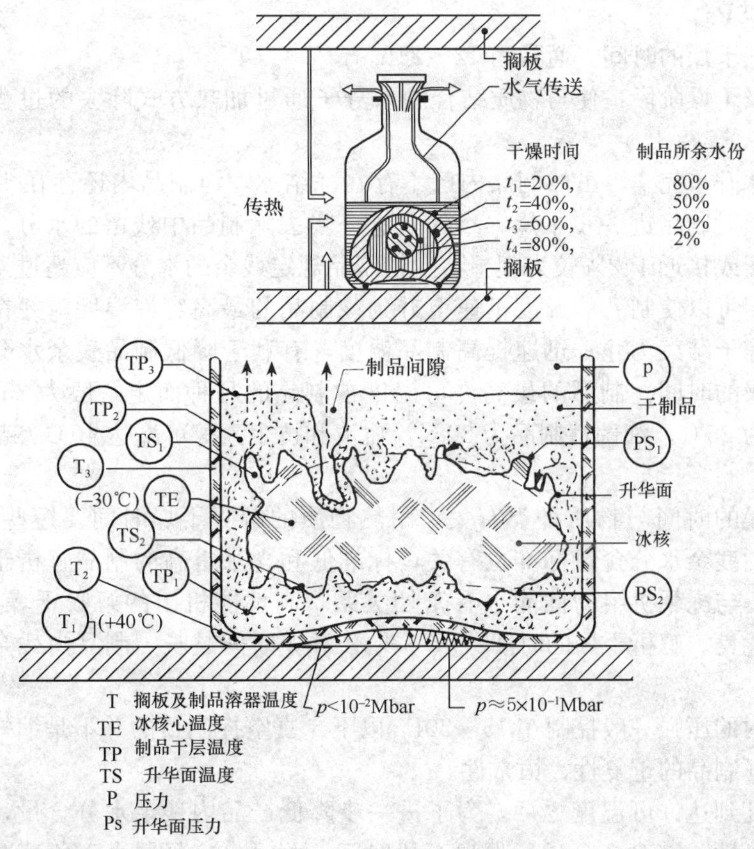

图 12.15　水汽和升华热的传送

升华阶段必须对制品进行加热，但加热量不能使制品的温度超过其自身共熔点温度。因此搁板温度要加以控制，温度低于共熔点温度过多，则升华速率降低，升华时间会延长；如果高于共熔点温度，则制品会发生熔化，干燥后的制品会出现体积缩小。出现气泡、颜色加深和溶解困难等现象。若制品已经部分干燥，但温度却超过了其共熔点，此时将发生制品熔化现象，而此时熔化的液体，对冰饱和，对溶质却未饱和，因而干燥的溶质将迅速溶解进去，最后浓缩成一薄僵块，外观极为不良，溶解速度很差，若制品的熔化发生在大量升华后期，则由于熔化的液体数量较少，因而被干燥的孔性固体所吸收，造成冻干后块状物有所缺损，加水溶解时仍能发现溶解速度较慢。因此升华阶段制品的温度要求接近共熔点温度，但又不能超过共熔点温度。

冷冻干燥时冻干箱内的压强也要控制在一定范围之内，压强低有利于制品内冰的升华，但压强太低对传热不利，制品不易获得热量，升华速率反而降低。压强太高，升华速率减慢，制品吸收热量减少，制品自身的温度上升，当高于共熔点温度时，制品将发生熔化、造成冻干失败。因此，冻干箱内的压强（真空度）一般为 10～30Pa。

整个升华干燥的时间，通常为 12～24h。

(2) 解吸干燥阶段：使与物质结合的水分子通过加热方式除去的过程称为解吸干燥。

制品内冰升华完毕，虽然制品内已不存在冻结冰，但制品内还存在 10%左右的水分。必须对制品进一步干燥。目的是进一步去除制品中残留的水分。药品水分含量以低于或接近于 2%较为理想，生物制品规定残余的水分不应超过 4%。

该阶段，可以使制品的温度迅速上升到该制品的最高容许温度，并在该温度一直维持到冻干结束为止。迅速提高制品温度，有利于降低制品残余水分含量和缩短解吸干燥的时间。制品的最高许可温度视制品的品种而定一般为 25～40℃。病毒性制品为 25℃，细菌性制品为 30℃，血清和抗生素等可高达 40℃，甚至更高的温度。

解析干燥的时间与物质种类有关，耐热物质的解吸干燥时间要短些。另外，与干燥制品的残余水分含量标准也有关，标准低和含水量高的制品解析干燥时间就短；无疑，与冻干机组的性能也有密切关系，高性能机组的解吸干燥时间短，制品质量也优良。解析干燥的时间一般不少于 2h，时间越长，制品内残余水分的含量越低。

冻干箱内的压强一般控制在 15～30Pa 以下。真空控制目的并不是缩短干燥时间，而是保证制品的重复性、恒常性。

产品温度到达许可温度之后，为了进一步降低产品内残余水分含量，使得产品有好的均一性，需对产品进行保温一段时间。此时，冷凝器由于负荷减少达到了极限低温，这样冻干箱和冷凝器之间水蒸气压力差达到了最大值。这种状况非常有利于产品内残余水分的逸出。

需要精确的温度监控装置，确定二次干燥的终点，干燥时间过长将导致能源

浪费、成本升高的不良后果。从另一个方面看，如果二次干燥的温度偏低，冻干箱真空度偏高，干燥速度会很慢，当二次干燥时间过短时，又会使产品水分含量超标。

冻干终点判断方法：

压力升高法：在冻干结束之前，把冻干箱和冷凝器之间的阀门关闭 3min 左右，观察冻干箱内压力升高情况。如果压力没有明显上升或上升很少，说明产品已基本干完，可以结束冻干。

露点测量法：用露点测定仪，通过测量冻干箱内露点的变化，得知制品中的含水量。

3. 加塞与压盖

冻干程序结束，冻干箱仍处于真空状态，放入无菌干燥空气或氮气后才能打开箱门，取出制品。干燥制品一旦暴露在空气中，即迅速吸收空气中的水分而潮解，并增高制品的含水量，因此必须十分注意迅速加塞和压盖。

目前，冻干机采用冻干将结束时在箱内进行加塞。即采用有特殊装置的冻干箱和特制的瓶与塞相配合来完成。冻干箱配有液压或气压压塞的动力装置，具有四脚的丁醛胶塞安置在冻干瓶口上，在真空下或在放入惰性气体下进行自动压塞。该方法可从根本上防止干燥制品受空气中水分和氧气的影响。

4. 冻干曲线与时序

冷冻干燥生物制品，需要有一定的物理形态、均匀的颜色、合格的残余水分含量、良好的溶解性、高的存活率或效价以及较长的保存期。为了能得到优质的制品，除需控制制品配制过程和冻干后的密封保存外，更要全面控制冷冻干过程每一阶段的各个参数。无论是手工操作冻干机，还是自动控制冻干机，相关的各种操作都要依据冻干曲线和时序来进行。冻干曲线是冻干箱板层温度与时间之间的关系曲线，一般以温度为纵坐标，时间为横坐标如图 12.16 所示。它反映了在冻干过程中，不同时间板层温度的变化情况。冻干时序是指在冻干过程中的不同时间各种设备的启闭运行情况。

5. 做好冻干产品的关键要素

1）冻干制品的组分和浓度

生物制品通常由水、生物活性物质（微生物、酶、蛋白质等）和保护剂（渗透剂、非渗透剂）组成，其中除水以外的物质应含有一定比例，才能保持冻干后的干物质具有一定的理化性状，通常在 4%～25%。选择合适浓度的保护剂，使干燥制品的结构疏松多孔，减少干燥层的阻力。所以，冻干制品的组分和浓度不同，会直接影响冻干制品的物理性状和效力（图 12.17）。

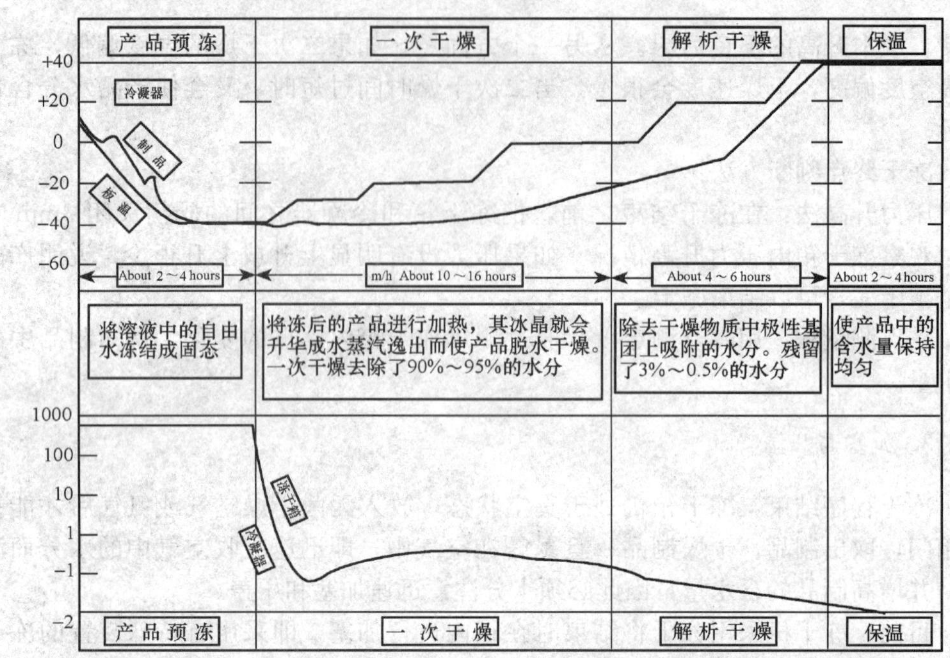

图 12.16　冻干曲线示意图

（自左而右浓度为1%、5%、10%、15%）

葡萄糖作保护剂的冻干后脂质体

（自左而右浓度为1%、5%、10%、15%）

蔗糖作保护剂的冻干后脂质体

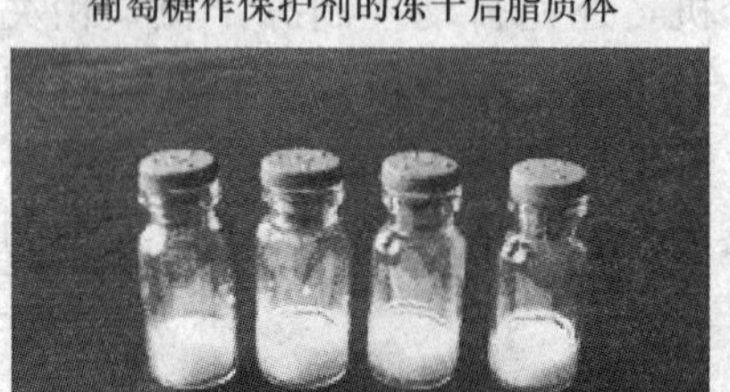

（自左而右浓度为1%、5%、10%、15%）

甘露醇作保护剂的冻干后脂质体

（自左而右浓度为1%、5%、10%、15%）

海藻糖作保护剂的冻干后脂质体

图 12.17　保护剂不同组分浓度冻干效果

注：从冻干后照片可看出，以葡萄糖作赋形剂的冻干脂质体发生起泡和体积膨胀现象，外观很差；以蔗糖和甘露醇作赋形剂的冻干脂质体发生轻微收缩；而以海藻糖作赋形剂的冻干脂质体体积不变，外观较好

2）冻干工艺曲线

影响冻干曲线的主要参数是：温度、真空度、时间。

（1）温度：由搁板的温度和冷凝器的温度控制。

预冻最低温度、升华干燥温度、解吸干燥温度即冻干过程温度不同，即使冻干同一种产品也会呈现不同的冻干工艺曲线。制品加热的最高许可温度、板层加热的最高许可温度根据制品来决定，在升华时板层的加热温度可以超过制品的最高许可温度。但在冻干后期板层温度需下降到与制品的最高许可温度相一致。

（2）真空度：指冻干箱、冷凝器的真空度。

冷冻干燥时干燥腔室的压强是有一定限度的。压强低有利于冰的升华，但压强太低则会对传热不利，产品不容易获得热量，同时容易造成产品内部温度分配不均匀，局部温度过高会发生熔化塌方等；压强太高时，产品内部的冰升华速率将减慢，产品吸收的热量增加，于是产品自身的温度上升，当高于共熔点时产品将熔化，造成冻干的失败。实验表明冻干箱内的压强低于10Pa时，气体的传导传热将小到可以忽略不计；而压强大于30Pa时气体的对流传热就明显加强。冻干箱的合适压强一般认为在10～30Pa较为合适。

（3）时间：时间长短取决于温度、真空度和制品种类、装量和容器。

物质在冻干时，容器的表面积与物质厚度比是一定的，即冻干与装量有关。表面积大、厚度小有利于水分子升华，冻干容易而质量理想。装量多的冻干的时间也长。通常装量为容器容量的1/5～1/4，一般分装厚度不宜大于15mm。底部平整和较薄的瓶子传热较好，冻干时间短，反之，冻干时间长。

冻干的总时间：冻干的总时间是指预冻时间、升华时间和第二阶段干燥时间之和。为18～24h，有些特殊的制品需要几天时间。

除了以上几个要素外，冻干工艺曲线从深层次讲还跟制品过冷的程度，结晶的程度；崩解温度或共晶温度；溶液的结晶热；共熔点等因素有关。

3）冻干机要求

（1）满足GMP要求：材料为316L不锈钢；能承受内外压；箱内转角设置成便于清洗的大圆角；带有在线清洗和在位灭菌装置。

（2）性能卓越：包括冻干机的真空性能，冷凝器的温度和效能等，性能良好的冻干机，制品冻干的时间较短。冻干机性能的优劣直接关系到冻干曲线的制订。冻干机型号不同，性能各异。因此尽管是同一制品，当用不同型号的冻干机进行冻干时，曲线也不可能是不一样的。

（3）能量随意调节：制品冻结过程中如果是低温快冻对于保证质量有利，形成的微结晶，得到的外观好，溶解速度也快。低温慢冻形成粗结晶（图12.18），但是慢冻一般对制品质量，特别是含活性的酶类或活菌活病毒等的存活率极为不利。冻干机能量可随意调节才可能冻出外观好，存活率高的理想制品。

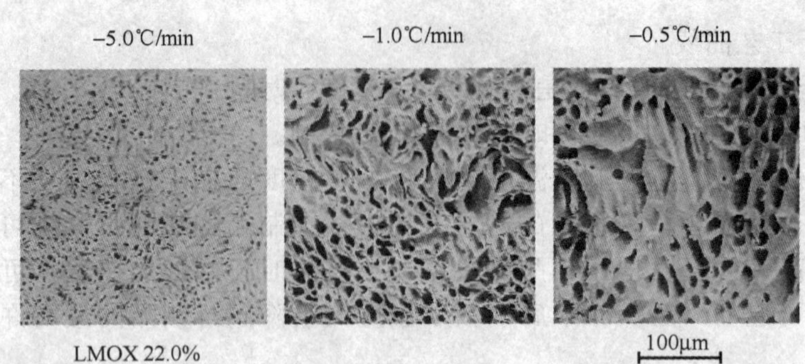

图 12.18　不同冷却速率下晶体的大小

（4）重演性强。重演性强的冻干机，筛选出的好的冻干曲线才得以重现。

总之，要取得好的冻干效果，除了要选择好的冻干机，减少机器的管道阻力；合理设计瓶、塞，减小瓶口阻力；选择平底、薄瓶传热好、四叉塞，瓶塞配套。还要试验筛选最优的保护剂组方和冻干曲线。

复习思考题

（1）生物制品生产中常用的灭菌净化设备有哪些？如何使用？

（2）微生物培养需要哪些重要装置？举例说明其特点。

（3）兽用生物制品规模化生产中乳化设备包括哪几部分？如何完成乳化的全过程？

（4）生物制品企业为什么使用冷藏设备？如何选择使用？

（5）兽用生物制品企业废弃物是如何处理的？如果不处理会什么不良后果？

（6）冷冻真空干燥技术的原理和特点是什么？

（7）冻干机由哪几部分组成？简述冻干程序。

（8）做好冻干产品的关键要素是什么？

项目十三 兽药生产质量管理规范

【学习目标】

(1) 掌握实施兽药 GMP 的概念、目的、意义和主要内容。

(2) 了解兽药 GMP 的来历及其作用特点。

(3) 了解兽用生物制品生产质量管理基本要求。

【技能目标】

(1) 会对洁净室进行悬浮尘埃粒子计数。

(2) 会对洁净室进行沉降菌计数。

从原材料投产到用户使用中一系列因素（包括人员、设施和管理等）都对药品的质量起着决定作用，而对于成品某些因素是无法检查和检验的。只有实行 GMP 管理，对生产全过程每一步骤做最大可能的控制，才能更为有效地符合所有质量要求和设计规范。

任务一 兽药 GMP 概述

一、兽药 GMP 的概念

GMP 是英文 good manufacturing practice for drugs 的缩写，可直译为“优良药品的生产实践”。《兽药 GMP》是《兽药生产质量管理规范》的简称。《兽药 GMP》是兽药生产的优良标准，是在兽药生产全过程中，用科学合理、规范化的条件和方法来保证生产优良兽药的整套科学管理的体系。《兽药 GMP》实施的目标就是对兽药生产的全过程进行质量控制，以保证生产的兽药质量是合格优良的。

二、兽药 GMP 发展概况

GMP 是从药品生产实践中获取经验教训的总结。人类社会在经历了 12 次较大的药物灾难，特别是20世纪出现了最大的药物灾难“反应停”事件后，公众要求对药品制订严格监督的法律制度。最早的GMP是由美国坦普尔大学6名教授编写制订的，1963年美国国会第一次颁布了第一部GMP。1967年世界卫生组织在《国际药典》的附录中收载了GMP，20世纪70年代后，世界上很多国家都先后制订了本国的GMP，作为本国药品管理的法定性文件。1988年，我国卫生部制订颁布了《药品生产质量管理规范》。1989年我国农业部颁布了《兽药生产质量管理规范（试行）》，经过13年的试行，2002年3月19日又发布了修订后的新版《兽药生产质量管理规范》，自2002年6月19日起施行，到2005年12月31日为实施过渡期，从2006年1月1日起强制实施。

三、实施兽药GMP的目的

实施兽药GMP是为了确保兽药生产全过程的各个环节都有制度、规章、标准加以约束，从而使最终产品的质量达到安全、有效、均一、稳定。

四、实施兽药GMP的意义

实施兽药GMP为生产出高质量的兽药提供了科学的管理制度，兽药质量的提高可以促进养殖业的发展；使我国的兽药产品可以进军国际市场，参与世界竞争，真正与国际接轨；保证兽药质量、规范兽药生产活动，是我国兽药事业发展史上的一个里程碑。

五、《兽药GMP》的主要内容

现行《兽药GMP》分为正文和附录两部分，其中正文共14章、95条，附录包括总则、无菌兽药、非无菌兽药、原料药、生物制品和中药制剂6个方面的内容。

第一章　总则　说明制定《兽药GMP》的法规依据是《兽药管理条例》，同时明确《兽药GMP》是兽药生产和质量管理的基本准则。

第二章　机构与人员　规定企业应建立生产和质量机构，并规定了企业各级管理人员及生产操作和质量检验人员的素质、上岗资格及培训要求。

第三章　厂房与设施　规定企业生产环境、厂区布局、一般生产区、洁净厂房、仓储、质量检验及生产设施的要求。

第四章　设备　规定企业必须具备与所生产产品相适应的生产和检验设备，并规定设备管理和计量检定等方面的要求。

第五章　物料　对生产所需的原辅材料包装的质量与使用，以及原辅材料、包装材料与成品的贮存等方面的要求，做出明确的规定。

第六章　卫生　规定企业的厂区、厂房、设备、原辅包装材料及人员的卫生要求。

第七章　验证　规定厂房、设施、设备以及生产工艺等需经验证方可投入生产。

第八章　文件　规定企业应有的各类文件及其起草、修订、审查、批准、撤销、印刷及管理的要求。

第九章　生产管理　规定了生产文件的制订和生产过程的控制和要求。

第十章　质量管理　规定了质量管理部门在兽药生产企业中的地位以及质量管理

部门的各项主要职责。规定了质量标准及质量管理文件的制订、质量检验及质量控制工作的要求。

第十一章 产品销售与收回 规定了有关销售的各项管理要求，重点是对售出的产品应有可追溯性，并及时回收缺陷的产品。

第十二章 投诉与不良反应报告 规定兽药生产企业应建立兽药不良反应监察报告制度，对兽药出现不良反应、质量问题及安全问题应及时收集并上报有关部门。

第十三章 自检 规定兽药生产企业应制定自检工作程序和自检周期，并定期组织自检。

第十四章 附则 对《兽药GMP》涉及的有关专业术语进行注释。

附录 列入不同类别兽药生产质量管理的特殊要求。

任务二 兽用生物制品生产质量管理规范

一、兽用生物制品的特点和生产中应遵循的原则

兽用生物制品由于制品种类的不同，使用的原辅材料和采用的生产工艺也不一样，从而决定了生物制品在生产过程中的不同技术要求。

（一）兽用生物制品的特点

（1）由于动物种类多，疫病多，相关病原十分复杂，为了满足动物疫病诊断、预防和治疗的需要，兽医生物制品的品种多，但大多产量比较低，在生产方式上多采用集中轮换生产。

（2）兽医生物制品生产工艺特殊，最终产品不能灭菌消毒，因此在生产过程中必须严防产品的污染和交叉污染。

（3）兽医生物制品是用活的微生物特别是用致病性微生物经加工制成，在生产过程中要防止由于病原体的逃逸而造成对环境的污染，特别是使用外来病原微生物、某些基因工程体和生物危险度为1、2级的病原微生物制备生物制品时必须有严格的隔离设施。

（4）由于某些用来制造兽医生物制品和检验用的微生物对人体有致病性，因此生产和检验人员必须采取特殊的防护措施。

（二）生产中应遵循的原则

（1）保证原辅料的一致性。制造生物制品的原辅材料多数具有生物活性，其成分复杂，必须对生产中的原辅材料建立相应标准，进行严格的质量控制。

（2）保证生产过程各个环节条件的一致性。兽医生物制品生产工艺复杂，生产过程环节较多，而且微生物自身存在易变性，要保证制品的最终质量必须严格执行《兽药生产质量管理规范》和制品生产规程，满足制品生产过程的各种特定要求。

（3）保证制品质量检验条件的一致性。制品的质量检测多采用生物学、微生物学、

免疫学等技术和其他分析方法，对反映制品安全、生物活性、生物效价、免疫效力等的检定，必须采用同质性的生物材料（包括实验动物）和一致性的检验条件，并有同质性标准物质作对比试验。

二、兽用生物制品生产质量管理基本要求

（一）兽药 GMP 对机构与人员的基本要求

兽药生产企业应建立生产和质量管理机构，各类机构和人员职责应明确，并配备一定数量的与兽药生产相适应的具有专业知识和生产经验的管理人员和技术人员。兽药生产管理部门负责人和质量管理部门负责人均应由专职人员担任，并不得互相兼任。质量检验人员应经省级兽药监察所培训，经考核合格后持证上岗。质量检验负责人的任命和变更应报省级兽药监察所和中国兽医药品监察所备案。

（二）兽药 GMP 对厂房和设备的基本要求

兽药生物制品企业的厂房与设施主要包括生产车间、仓储室、质检室、生产与检验用动物房、污水处理系统、动物粪便处理系统、动物尸体处理系统、动力供应系统等。

厂房的设计既要保证产品质量又要防止微生物对环境产生污染，为此，对厂房要进行洁净度控制。活微生物的培养、加工，特别是有致病作用的病原体的培养加工应在厂房的洁净/隔离区或洁净/控制区内进行，并保持相对负压；灭活后微生物的操作、细胞和培养基制备等应在洁净区内进行，并保持相对正压；聚合酶链式反应试剂（PCR）的生产和检定必须在各自独立的洁净/隔离环境中进行，以防在扩增时形成气溶胶造成交叉污染；厂房建筑与设施要符合生物安全级别相应的标准；生物制品的生产也可以在洁净/控制区内进行，但必须采用完全密闭并已热压灭菌的装置。

根据制品制造工序的不同要求，其空气洁净度级别控制要求也不同。

万级背景下的局部百级：细胞的制备、半成品制备中的接种、收获及灌装前不经除菌过滤制品的合并、配苗、灌封、冻干、加塞、添加稳定剂、佐剂、灭活剂等。

万级：半成品制备中的培养过程，包括细胞的培养，接种后鸡胚的孵化，细菌培养及灌装前需经除菌过滤制品、配制、精制、添加稳定剂、佐剂、灭活剂、除菌过滤、超滤等；体外免疫诊断试剂的阳性血清的分装、抗原、抗体分装等。

10 万级：鸡胚的前孵化、溶液配制与灭菌、血清提取、轧盖及制品最终容器的精洗、消毒、发酵培养密封系统环境等。

厂房应有污水处理设施，将被微生物污染的废水集中处理。致病性微生物，特别是高致病性病原体可用高温灭菌方法，其他微生物可用化学消毒药品处理。生产和检验中产生的污水要做无害化处理并经检验合格后方可排放。

质检室的布局要与生产区域分开或隔开，自成独立系统。质检室的实验室应根据制品的品种、剂型、质量标准或特殊要求来确定，一般应设置准备室、常规检验室、仪器室、细菌类制品检验室、病毒类制品检验室、支原体检验室、强菌（毒）实验室。

为避免交叉污染和防止污染环境，质检室应有防止散毒的设施。操作室可采用局部净化或使用洁净工作台，操作致病性微生物可采用生物安全柜或洁净/隔离负压工作

室，其等级应与致病性微生物性质一致。对检验操作结束后的污染物品应在原位消毒、灭菌后，方可移出检验区，污水应纳入厂区污水处理系统进行无害化处理。

动物房要与生产区严格分开。强毒动物房应有严格的隔离设施。采用动物组织、脏器、血液等为原料制备生物制品的企业，应设置生产用动物房。检验动物房，一般要求设置安检动物房、免疫动物房、攻毒动物房，其规模应能满足检验的需要。生产与检验动物房均应设置解剖室，且生产用动物房的解剖室环境应能满足无菌采集的需要。动物房应有污水、粪便和带毒动物尸体处理设施。污水、动物粪便、垫草、带毒动物尸体应进行无害化处理。带毒动物尸体的无害化处理可采用双扉式高压灭菌柜。

生物制品的活性原材料、半成品、成品的保存有特定条件要求，仓储设施应满足生产和检验的需要。要有2～8℃、－15℃等冷库。

总之，兽用生物制品生产企业厂区周围应无明显污染（包括空气、水和声音），厂区内应卫生整洁，绿化良好，尽量做到无暴露地面。厂房建筑材料要求易于保持清洁。要有适用的足够面积的厂房进行生产和质量检验工作，保持水、电、汽（气）供应良好，做到：同一生产区和邻近生产区进行不同疫苗的生产工作，应互无妨碍和污染；能够整齐合理地安置各种设备和物料；工序衔接要合理，人流、物流分开，防止不同物料混淆或交叉污染。洁净区的温度和湿度应与其生产及工艺要求相适应（温度控制在18～24℃，相对湿度控制在45%～65%为宜）。100级洁净区不宜设地漏，操作人员不应裸手操作，手部应及时消毒。操作烈性传染病病原、人畜共患病病原、芽孢菌应在专门的厂房内的隔离或密闭系统内进行，其生产设备须专用，并有符合相应规定的防护措施和消毒灭菌、防散毒设施。厂房内的水、电、汽（气）输送管线均应设在技术夹层内，应有防尘、防昆虫、防鼠及防污染设施。建筑表面应力求光滑，无缝隙，无脱落或不吸附粉尘，并有适用的照明、取暖、通风和必要的空调设施及卫生设施。

（三）兽药GMP对设备的要求

选购设备的原则既便于生产和使用，又能够保证产品质量，防止污染和混药，利于维修和保洁。

生产企业所采用的生产设备和工具体现了工艺的先进程度。不同生物制品的生产应有与生产相适应的设备，其设计和构造要符合每种产品生产的特别需要。投产前需进行性能及状态的验证；培养罐等封闭性容器密封性要好，应能在原位清洗并采用蒸汽灭菌；对管道系统、阀门和通气过滤器等连接设备要便于清洁和灭菌，应能防止不同微生物或产品间的混杂。对生产过程中的设备，应有灭菌与非灭菌的明显状态标志并定期保养检修。

用于生产和检验的仪器、仪表、量器、衡器等的适用范围和精密度应符合生产和检验的要求，有明显的合格标志，并定期经法定计量部门校验。

（四）兽药GMP对物料的基本要求

物料是原料、辅料及包装材料的总称。原料是指用于药品生产的、规定质量的、所有的有效成分。辅料是构成药物制剂必不可少的组成部分，虽无疗效，但与制剂的成形、稳定性及成品的质量和药物代谢动力学方面都有密切的联系，因此，在药品的生产过程中，应将辅料与原料同样要求，并进行同样的管理。包装材料包括内外包装物料及标签、使用说明书。生物制品生产所用物料的购入、贮存、发放、使用等应制定管理制度。

（五）兽药 GMP 对卫生及无菌管理的基本要求

"生产处处防污染"是兽药 GMP 的主要内容之一。兽药生产企业应有防止污染的卫生措施，制订环境、工艺、厂房、人员等各项卫生管理制度，并由专人负责。

生产无菌制品，必须在专用的洁净室内进行。所谓洁净室是指一个封闭的隔离空间，通过特殊的高效空气过滤器输入洁净空气，使该区域达到要求的洁净度。对该区域的温度、湿度、压力及换气频率都应作严格控制，并有仪表显示。通常采用垂直层流室、水平层流室或局部层流室，洁净度可达 100 级。乱流洁净室的效果较差。为保证洁净效果，应在洁净室入口处设更衣室和物流气闸室。另外，在洁净室内不应存放不必要的物料，特别是未灭菌、除菌的器具或材料。一切要接触制品的用具、容器及加入制品的材料，用前必须严格灭菌。

应特别注意的是污染的主要来源是操作人员。据有关报道，人在静止休息时每分钟可释放约 15 万个颗粒（$>0.5\mu m$），在站立说话时每 1min 可释放约 100 万个颗粒，走动时每 1min 可释放约 300 万个颗粒，其导致污染的概率为 80%～85%，操作及操作室因素占 15%～20%。因此，在洁净室的工作人员应控制在最少人数。无菌操作人员必须严格执行无菌操作细则，按无菌操作要求进行，不得佩带任何首饰，也不宜涂抹脂粉。

洁净区和需要消毒的区域，应选择使用一种以上的消毒方法，定期轮流使用，并进行检测，以防止产生耐药菌株。洁净室不得安排三班生产，每天必须有足够时间用于消毒。更换品种时也必须至少有 6h 的间歇。

（六）兽药 GMP 对验证的基本要求

验证指能证实任何程序、生产过程、设备、物料、活动或系统确能导致预期结果的有文件证明的一系列活动。验证的内容包括生产工艺、检验方法、原材料、设备、设施、仪器以及操作人员等。通过验证，可以考查工艺、方法及设备的有效性，对生产工艺提出问题，预防生产失败，保证生产质量的连续一致性。兽药 GMP 规定厂房、设施、设备以及生产工艺等需要验证才能投入生产。

生物制品的验证应包括：制备系统、厂房洁净级别、灭菌设备（蒸汽消毒柜和干烤箱）、除菌和超滤设备、灌装及洗瓶系统、关键设备（如生物发酵罐、反应罐、纯化装置等）、检验计量的验证、消毒剂消毒效果的验证及原料药生产的验证。

根据验证对象和验证目的，提出验证项目，制定验证方案，经审核、批准后，组织实施；在进行验证的过程中，按验证方案进行，并做好验证资料收集和记录；验证完毕后，根据验证结果写出验证报告、验证意见，经审批，方可投入生产和检验之用。

验证的方式可以分为四种类型：前验证、同步验证、回顾验证和再验证。

产品验证和生产工艺应根据国家审核、批准的生产工艺和产品质量标准来进行验

证，如生产工艺流程、质量控制方法、主要原辅材料、主要生产设备等发生改变而影响产品质量时，应进行再验证。

（七）兽药GMP对文件的基本要求

兽药生产过程中，要做到一切要有文字规定，一切要按规定办事，一切活动要记录，一切要有数据说话，一切工作要有人签字负责。文件类型分为制度、标准和记录（凭证）三大类。标准类文件包括技术标准、管理标准和工作标准。生产企业应有生产管理、质量管理、物料管理、人员培训、卫生管理、销售管理等各项制度和记录。

（八）兽药GMP对生产管理的基本要求

生产企业应根据国家批准的生产工艺和质量标准，制定企业的生产工艺规程、岗位操作法和标准操作规程。

1. 生产过程的管理

生产过程实际上包含了两个过程，一是物料的加工过程，即原辅料—加工—成品入库的过程；二是文件的传递过程，即从生产指令开始，下发各种批生产文件，完成各种批生产记录，最后逐级上报汇总，所以，生产过程的管理也是各级人员依据标准文件，在物料加工过程中对各个环节的质量控制。

（1）兽药生产企业应严格按照企业制定的产品工艺规程、标准操作规程（SOP）和岗位操作法进行各个生产工序上的操作，做好质量控制要点，以及上、下工序交接和复核要求等。

（2）兽药生产应有完整的操作记录，记录应该根据工艺程序、操作要点等内容设计和编制。由岗位操作人员填写，其他人员不能替代，岗位负责人或岗位工艺员审核并签字，以示负责。对不符合要求的填写方法，或填写上的错误，必须由填写人查明原因并更正，在更正处签上名字。生产部门负责人审核并签字。最后送质量管理部门，由质量管理部门审核通过后，决定产品的发放。

（3）批号的管理：在规定期限内具有同一性质和质量，并在同一连续生产周期中生产出来的一定数量的兽药为一批。用于识别“批”的一组数字或字母加数字称为批号。每批产品均应编制生产批号。使用批号可以追溯该批兽药的生产历史和生产质量的全过程。通常的批号编制为：年—月—流水号。

（4）生产过程中产生污染和混淆的可能随时存在，必须在全过程各个环节都加强管理和监控。对生产中的原材料、设备、生产方法、生产环境、人员操作等五大引起污染和混淆的因素进行严格控制并采取相应的措施。

2. 包装和标签

只有经质量控制部门检验，符合质量标准的疫苗才能进行包装。包装用标签（盒签及瓶签）和使用说明书的文字内容应符合本疫苗规程要求，并经质量控制部门审订和批准。各种制品包装后，要及时清场，作好清场记录。

除成品外，所有检验用试剂、生产专用溶液、原液及半成品，都应贴有标签，注明品名、批号、日期及浓度，有的应规定效期。

3. 核对

为防止差错，GMP要求对生产全过程进行核对。包括生产流程及记录，检验方法及结果，半成品及成品的转移，成品的标签、品名、规格、批号、失效期等。对一些关键步骤及内容，如疫苗转移记录及凭据和发出疫苗的鉴定报告等应进行双核对。

（九）兽药GMP对质量管理的基本要求

兽药生产企业设置独立的质量管理部门，负责对生产全过程的质量监督管理和质量检验，受企业负责人直接领导，生产管理部门负责人和质量管理部门负责人均应由专职人员担任，并不得互相兼任。质量管理部门应配备一定数量的质量管理和检验人员，并有与兽药生产要求相适应的场所、仪器、设备。

企业必须执行并依据兽药法定标准，制定企业标准如：成品的企业内控标准、半成品（中间产品）的质量标准、原辅料质量标准、包装材料的质量标准、工艺用水质量标准等。

质量检验包括产品最终检验和试验及生产前期的准备阶段和生产过程中间的检验和试验。在生产过程中所涉及的物质，必须进行检验和试验，以提供该物质符合质量标准规定的证据，才可以投放到工序中去。

（十）兽药GMP对产品销售与回收的要求

产品销售是生产企业采用一定的技术措施，通过一定的运输方式，把产品出售给客户获得利益的一种经济活动，是联系企业和用户的纽带，是实现企业正常运转的必要条件。

1. 产品销售原则

合格的兽药产品方能销售，兽药成品只有经企业质量管理部门检验合格，签发成品检验合格报告单后方能销售，有下列情况之一的兽药不能销售。

(1) 未经企业质量管理部门检验合格的兽药。

(2) 无批准文号的兽药。

(3) 与国家法律法规规定不符的兽药产品。

(4) 无商标的兽药。

(5) 无生产批号的兽药。

(6) 标签、说明书等资料不全的兽药。

(7) 包装不牢固、破损或标签模糊不清的兽药。

(8) 变质或被污染的兽药。

(9) 无口岸药检所检验合格报告书的进口兽药。

(10) 不注明或超过规定期限的兽药。

2. 建档

兽药产品售出后，销售部门应建立顾客档案，以准确、客观、真实反映顾客情况，为用户访问及售后服务做准备。每批兽药均应填写销售记录。

3. 退货和回收

企业应建立批退货和回收的书面程序，应有记录；因质量原因退货和回收的生物制品，应在QA部门监督下销毁，涉及的其他批号，应同时处理。

（十一）兽药GMP对投诉与不良反应报告的要求

企业应建立生物制品不良反应监察报告制度，对有使用制品出现不良反应的情况，应及时派人去使用部门调查处理，并将调查处理情况及时向所在地兽医行政管理部门和国家兽医行政管理部门报告。

（十二）兽药GMP对企业自检的要求

企业应按兽药GMP要求定期组织全面质量检查，自检应按预定的程序进行，并接受上级兽药管理部门的检查和监督。自检应有自检记录和自检报告，自检记录应归档。

技能训练一 洁净室悬浮粒子测试

【目的要求】

（1）掌握洁净室尘埃粒子数的标准。

（2）学会洁净室尘埃粒子数计数的方法。

【测试仪器】

尘埃粒子计数器。

【操作步骤】

1. 测定的标准

悬浮粒子测定的标准如表13.1所示。

表13.1 悬浮粒子测定的标准

洁净度级别	法定标准	
	尘粒数/m^3	
	≥0.5μm	≥5μm
100	≤3500	0
10000	≤350000	≤2000
100000	≤3500000	≤20000

2. 测试方法

1）测试条件

(1) 测试温度和湿度。洁净室的温度控制在18～26℃，相对湿度控制在30%～65%。

(2) 压差。不同洁净度的洁净室之间的压差应≥5Pa，洁净室>缓冲间。

2）测试状态

(1) 静态测试时室内测试人员不得多于2人。

(2) 测试报告中应标明测试时采用的状态。

3）测试时间

(1) 对单向流，净化操作台，测试应在净化空气调节系统正常运行时间不少于10min后开始。

(2) 对非单向流（缓冲间），测试应在净化空气调节系统正常运行时间不少于30min后开始。

3. 悬浮粒子计数

1）洁净室悬浮粒子测试的最少采样点及其布置

最小采样量如表13.2所示。

表13.2 悬浮粒子测试的采样点及采样量

区　域	面　积	洁净度（级别）	最少采样点数目	最小采样量/（L/次）	
				≥0.5μm	≥5μm
净化工作台	$0.8m^2$	100	2～3	5.66	15
洁净室	$4.8m^2$	10000	2	2.83	8.5
缓冲间	$2.4m^2$	100000	2	2.83	8.5

2）采样点的位置

(1) 采样点一般在离地面0.8m高度的水平面上均匀布置。

(2) 对于水平单向流的净化工作台，采样点一般在工作台面上0.2m高度的平面上均匀布置。

3）采样点的限定

对任何洁净室或局部空气净化区域，采样点的数目不得少于2个。总采样次数不得少于5次，每个采样点的采样次数可以多于1次，且不同采样点的采样次数可以不同。

4. 结果计算

悬浮粒子浓度的采样数据应按下述步骤作统计计算。

1）采样点的平均粒子浓度

$$A=\frac{C_1+C_2+\cdots+C_N}{N}$$

式中：A——某一采样点的平均粒子浓度（粒/m^3）；

C_1——某一采样点的粒子浓度（粒/m^3）；

N——采样点的采样总次数（次）。

2）平均值的均值

$$M=\frac{A_1+A_2+\cdots+A_L}{L}$$

式中：M——洁净区的平均粒子浓度，即平均值的均值（粒/m^3）；

L——某一洁净室内的总采样点数（个）。

3）标准误差

$$Se=\sqrt{\frac{(A_1-M)^2+(A_2-M)^2+\cdots+(A_L-M)^2}{L(L-1)}}$$

式中：Se——平均值均值的标准误差（粒/m^3）。

4）置信上限

$$UCL=M+t\times Se$$

式中：UCL——平均值均值的95%置信上限（粒/m^3）；

T——95%置信上限的 t 分布系数（表13.3）。

表13.3　95%置信上限的 t 分布系数

采样点 L	2	3	4	5	6	7	8	9	≥9
t	6.31	2.92	2.35	2.13	2.02	1.94	1.90	1.86	—

注：当采样点多于9点时，不需要计算 UCL。

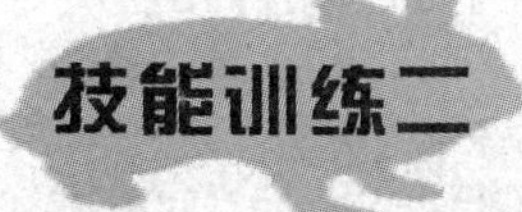

技能训练二　洁净室沉降菌测试

【目的要求】

（1）掌握洁净室沉降菌数的标准。

（2）学会洁净室沉降菌测定的方法。

【测试器具】

高压灭菌器、恒温培养箱、培养皿、培养基（营养琼脂培养基）。

【操作步骤】

1. 测定的标准

沉降菌测定的标准如表13.4所示。

表13.4　沉降菌测定的标准

洁净度级别	法定标准/［个/（ϕ90mm·0.5h）］	洁净度级别	法定标准/［个/（ϕ90mm·0.5h）］
100	≤0.5	100000	≤3
10000	≤1.5	—	—

2. 测试方法

（1）将已制备好的培养皿按要求放置，打开培养皿盖，使培养基表面暴露 0.5h，再将培养皿盖盖上后倒置。

（2）全部采样结束后，将培养皿倒置于恒温培养箱中 30～35℃培养 48h。

（3）每批培养基可选定 3 只培养皿作对照试验，检验培养基本身是否污染。

（4）用肉眼直接计数，标记或在菌落计数器上点计，然后用 5～10 放大镜检查，有否遗漏，若培养皿上有 2 个或 2 个以上的菌落重叠，可分辨时，仍以 2 个或 2 个以上菌落计数。

3. 测试规则

1）测试状态

（1）沉降菌测试前，洁净室的温湿度须达到规定的要求；换气次数，空气流速必须控制在规定值内。

（2）测试前，洁净室应已经消毒过。

（3）测试状态为静态测试，并在报告中注明测试状态。

2）测试人员

（1）测试人员必须穿戴符合洁净室级别的工作服。

（2）静态测试时，室内测试人员不得多于 2 人。

3）测试时间

对单向流，如 100 级净化工作台，测试应在净化空调系统正常运行不少于 10min 后开始。

4）采样点数目及其布置

最少培养皿数如表 13.5 所示。

表 13.5 采样点数目及培养皿数

区　域	面积/m^2	洁净度级别	最少采样点数目	最少培养皿数
净化工作台	0.8	100	2～3	4
洁净室	4.8	10000	2	2
缓冲室	2.4	100000	2	2

采样点布置见“洁净室悬浮粒子测试操作规程”。

（1）采样点的布置，采样点的位置可以同悬浮粒子测试点。

（2）工作区采样点的位置离地 0.8～1.5m（略高于工作面）。

（3）可在关键设备或关键工作活动范围处增加采样点。

4. 结果计算

（1）用计算方法得出各个培养皿的菌落数。

（2）平均菌落数的计算：

平均菌落数 $$M=\frac{M_1+M_2+\cdots+M_n}{N}$$

式中：M——平均菌落数；

M_1——1 号培养皿菌落数；

M_2——2 号培养皿菌落数；

M_n——n 号培养皿菌落数；

N——培养皿总数。

复习思考题

(1) 基本概念：兽药 GMP、物料、质量管理、验证

(2) 实施《兽药 GMP》的目的和意义是什么？

(3) 简述兽用生物制品的特点及生产中应遵循的原则。

(4) 简述生物制品生产环境的空气洁净度级别要求？

(5)《兽药 GMP》共分多少章？各章主要内容是什么？

(6) 洁净室的尘埃粒子数和沉降菌数是如何测定的？

项目十四 免疫监测技术

【学习目标】

(1) 掌握免疫血清学技术的原理和分类。

(2) 了解常用的免疫血清学检测方法。

(3) 了解常用的试剂盒的使用方法。

【技能目标】

(1) 能够进行血液凝集试验和凝集抑制试验。

(2) 会猪瘟血清的 ELSIA 抗体检测。

抗原抗体反应是指抗原与相应的抗体之间发生的特异性结合反应。它既可以发生在体内，也可以发生在体外。在体内发生的抗原抗体反应是体液免疫应答的效应作用。体外的抗原抗体结合反应主要用于检测抗原或抗体。用于检测抗原或抗体的体外免疫反应技术又称为免疫检测技术，这类技术因一般都需用血清进行试验，称为免疫血清学技术。免疫血清学技术具有高度的特异性，广泛应用于微生物的鉴定、传染病及寄生虫病的诊断和监测。

任务一 免疫血清学技术

免疫血清学技术根据抗原抗体反应性质不同可分为凝集试验、沉淀试验、补体结合试验、中和试验、标记抗体技术等。

一、凝集试验

颗粒性抗原（细菌、螺旋体、红细胞等）与相应的抗体血清混合后，在电解质参与下，经过一定时间，抗原与抗体发生特异性结合，形成肉眼可见的凝集块，这种现象称为凝集反应。参加反应的颗粒性抗原称为凝集原，抗体称为凝集素。参与凝集试

验的抗体主要为 IgG、IgM。凝集试验可用于检测抗原或抗体。

根据试验中采用的方法、使用材料及检测目的不同，凝集试验通常有直接凝集试验、间接凝集试验、间接血凝抑制试验。

（一）直接凝集试验

细菌、红细胞等颗粒性抗原，在适当电解质参与下，可直接与相应抗体结合出现凝集现象，称为直接凝集试验（图 14.1）。直接凝集试验按操作方法可分为玻片法和试管法两种。

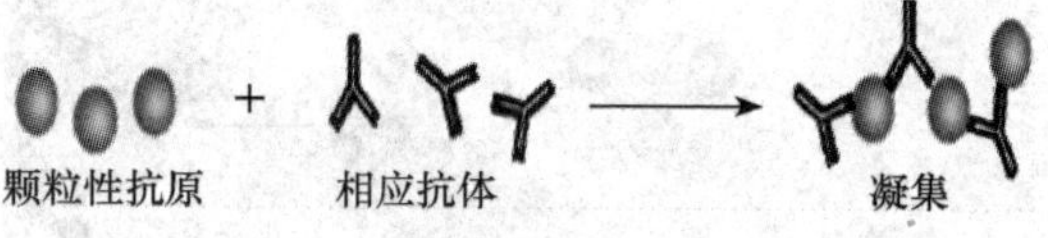

图 14.1　直接凝集试验

1. 玻片法凝集试验

玻片法凝集试验是一种定性试验，一般用于未知细菌的定性，如已知诊断血清在玻片上与待测细菌相混合，在电解质存在下，数分钟后，出现颗粒状或絮状凝集，即为阳性反应。此法简便快速、特异性强。适用于新分细菌的鉴定或分型。如沙门氏菌的鉴定、血型的鉴定。也可用已知的细菌抗原，检测待检血清中是否存在相应抗体，如布氏杆菌的玻板凝集反应和鸡白痢全血平板凝集试验等。具体操作方法：

（1）取一洁净载玻片 1 张，用蜡笔划分二等分。

（2）取 1∶5 或 1∶10 诊断血清（市售诊断血清已做稀释，用前不必再稀释）1 接种环置于玻片左端，在右端放一接种环生理盐水做对照。

（3）用接种环取待鉴定的细菌培养物少许，分别均匀混合于诊断血清及生理盐水滴中研磨混匀。

（4）结果判定：1～3min 后观察结果。生理盐水对照侧呈现均匀混浊，试验侧明显凝集，即为凝集反应阳性，说明被检细菌与已知诊断血清是相对应的；对照侧及试验侧均为混浊，不出现凝集，即为凝集反应阴性。

2. 试管凝集试验

试管凝集试验是一种既可定性又可定量的试验，可排除玻片法凝集试验的非特异凝集，用以检测待检血清中是否存在相应抗体及测定该抗体的含量。操作时，将待检血清用生理盐水作倍比稀释，然后加入等量的抗原，置 37℃水浴数小时观察。视不同凝集程度记录为＋＋＋＋（100％凝集）、＋＋＋（75％凝集）、＋＋（50％凝集）、＋（25％凝集）和－（不凝集）。以其＋＋以上的血清最大稀释度为该血清的凝集价（或称滴度）。常用于霍乱弧菌、布鲁氏杆菌、沙门氏菌等的鉴定。

（二）间接凝集试验

可溶性抗原（或抗体）吸附于免疫反应无关的颗粒（称为载体）表面，使其成为致敏载体，然后与相应的抗体（或抗原）相遇就会产生特异性结合，在电解质参与下，这些颗粒就会发生凝集现象。这种借助于载体的抗原抗体凝集现象就叫间接凝集反应（图 14.2）。根据试验时所用的致敏载体颗粒不同分为间接血凝、间接乳胶凝集（LAT）、炭粒凝集试验等。间接凝集反应的灵敏度比直接凝集反应高 2～8 倍，适用于抗体和各种可溶性抗原的检测，且微量、快速、操作简便、无需昂贵的实验设备、应用范围广泛。

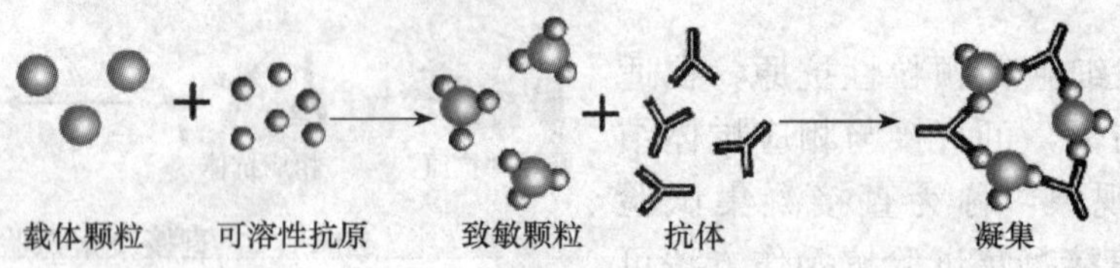

图 14.2　间接凝集试验

1. 乳胶凝集试验

利用聚苯乙烯乳胶微粒为载体的间接凝集试验，即用抗原或抗体致敏乳胶，再以此致敏乳胶检测相应的抗体或抗原。操作方法有试管法和玻片法。通常采用玻片法。在玻片上加待检样品一滴（约 50μL）和致敏的乳胶试剂一滴（约 50μL）混匀后，连续摇动 2～3min 即可观察结果。出现凝集大颗粒为阳性反应，保持均匀乳液不凝集为阴性反应，同时作阴、阳性对照。间接乳胶凝集目前用于禽流感病毒、猪伪狂犬病毒、猪细小病毒、脑膜炎双球菌的诊断。

2. 间接红细胞凝集试验

以红细胞为载体，将抗原（或抗体）直接吸附或通过化学偶联的方法结合在红细胞的表面制备致敏红细胞，致敏红细胞与相应的抗体（或抗原）发生凝集反应，称为病毒的血凝试验（HA），以此来推测被检材料中有无病毒存在，是非特异性的，但病毒的凝集红细胞的能力可被相应的特异性抗体所抑制，即红细胞凝集抑制（HI）试验，具有特异性。通过 HA-HI 试验，可用已知血清来鉴定未知病毒，也可用已知病毒来检查被检血清中的相应抗体和滴定抗体的含量。试验操作通常采用微量法，在微孔血凝板上进行，具体操作方法见技能训练一。

二、沉淀试验

可溶性抗原与相应抗体结合，在适量电解质存在下，形成肉眼可见的絮状白色沉淀，称之为沉淀试验。

沉淀试验的抗原，称之为沉淀原，有蛋白质、多糖及脂类，如细菌的外毒素、菌体裂解液、病毒、异体血清和组织浸出液等。沉淀原多为分子状态物质，单位体积中含量多，故作定量试验时常稀释抗原。抗体称为沉淀素。

（一）环状沉淀反应

在小试管中加入已知抗血清，然后小心地从壁缘加入待检抗原，使两者之间形

成清晰的两层分界面，数分钟后在两层液面交界处出现白色环状沉淀。兽医上主要用于炭疽病诊断、链球病菌的多糖抗原测定、肉品检验、法医上血痕鉴定及生物分类。

（二）琼脂扩散试验

琼脂扩散试验是以琼脂为介质的一种沉淀反应。琼脂是一种含有硫酸基的酸性多糖体，高温98℃时能溶于水，冷却凝固（45℃时）后形成凝胶，琼脂凝胶是一种多孔的网状结构。1%琼脂凝胶的孔径约为85nm，因为凝胶网孔中充满水分，小于孔径的抗原或抗体分子可在琼脂凝胶中自由扩散，由近及远形成浓度梯度，当二者在比例适当处相遇时，即可发生沉淀反应，因形成的抗原抗体复合物为大于凝胶孔径的颗粒，不能在凝胶中再扩散，由于琼脂的透明度高，就在凝胶中形成肉眼可见的沉淀带，称此试验为琼脂凝胶扩散试验。

琼脂扩散可分单扩散和双扩散。单扩散是抗原抗体中一种成分扩散，另一种成分均匀分布于凝固的琼脂凝胶中；而双扩散则是两种成分在凝胶内彼此都扩散；沉淀线的位置与抗原、抗体颗粒的大小、浓度，沉淀线的数目和所含抗原组分有关。

根据扩散的方向不同又分为单向扩散和双向扩散。向一个方向直线扩散者称为单向扩散，向四周辐射扩散者，称为双向扩散。故琼脂扩散可分为单向单扩散、单向双扩散、双向单扩散和双向双扩散四种类型。其中以双向双扩散应用最广泛。

1. 双向单扩散

双向单扩散又称辐射扩散，试验在玻璃板或平皿上进行，用1.6%～2.0%琼脂加一定浓度的等量抗血清浇成琼脂凝胶板，厚度为2～3mm，在其上打直径为2mm的小孔，孔内滴加相应抗原液，放入密闭湿盒中扩散24～48h。抗原在孔内向四周辐射扩散，在比例适当处与凝胶中的抗体结合形成白色沉淀环。此白色沉淀环的大小随扩散时间的延长而增大，直至平衡为止。沉淀环面积与抗原浓度成正比，因此可用已知浓度抗原制成标准曲线，即可用以测定抗原的量。

此法在兽医临床已广泛用于传染病的诊断，如鸡马立克氏病的诊断。即将马立克氏病高免血清浇成血清琼脂平板，拔取病鸡新换的羽毛数根，自羽毛根尖端1cm处剪下插入琼脂凝胶板上，阳性者毛囊中病毒抗原向周围扩散，形成白色沉淀环。

2. 双向双扩散

以1%琼脂浇成厚2～3mm的凝胶板，在其上按设计图形打圆孔或长方形槽，封底后在相邻孔（槽）内滴加抗原和抗体，饱和湿度下扩散24～96h，观察沉淀带。抗原抗体在琼脂凝胶中相向扩散，在两孔间比例最适的位置上形成沉淀带，如抗原抗体的浓度基本平衡时，沉淀带的位置主要决定于两者的扩散系数。但若抗原过多，则沉淀带向抗体孔增厚或偏移；若抗体过多，则沉淀带向抗原孔偏移。

双扩散主要用于抗原的比较和鉴定，两个相邻的抗原孔（槽）与其相对的抗体孔之间，各自形成自己的沉淀带。此沉淀带一经形成，就像一道特异性屏障一样，继续扩散而来的相同抗原抗体，只能使沉淀带加浓加厚，而不能再向外扩散，但对其他抗原抗体系统则无屏障作用，它们可以继续扩散。沉淀带的基本形式有以下三种。两相邻孔为同一抗原时，两条沉淀带完全融合，如二者在分子结构上有部分相同抗原决定簇，则两条沉淀带不完全融合并出现一个叉角。两种完全不同的抗原，则形成两条交叉的沉淀带。不同分子的抗原抗体系统可各自形成两条或更多的沉淀带（图 14.3）。

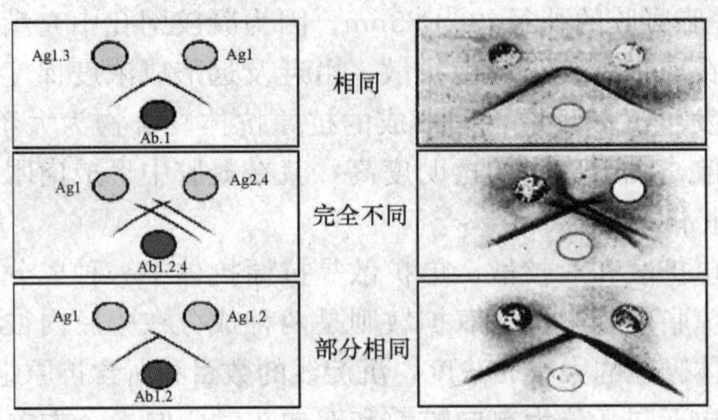

图 14.3　双向免疫扩散试验

双扩散也可用于抗体的检测，测抗体时，加待检血清的相邻孔应加入标准阳性血清作为对照。测定抗体效价时可倍比稀释血清，以出现沉淀带的血清最大稀释度为抗体效价。

目前此法在兽医临床上广泛用于细菌、病毒的鉴定和传染病的诊断。如检测马传贫、口蹄疫、禽白血病、马立克氏病、禽流感、传染性法氏囊病的琼脂扩散方法，已列入国家的检疫规程，成为上述几种疾病的重要检疫方法之一。

3. 免疫电泳

免疫电泳技术是把凝胶扩散试验与电泳技术相结合的免疫检测技术。即将琼脂扩散置于直流电场中进行，让电流来加速抗原与抗体的扩散并规定其扩散方向，在比例合适处形成可见的沉淀带（图 14.4）。此技术在琼脂扩散的基础上，提高了反应速度、反应灵敏度和分辨率。在临床上应用比较广泛的有对流免疫电泳和火箭免疫电泳等。

1）对流免疫电泳

将双向双扩散与电泳技术相结合的免疫检测技术。大部分抗原在碱性溶液（pH＞8.2）中带负电荷，在电场中向正极移动；而抗体带电荷弱，在琼脂电泳时，由于电渗作用，向相反的负极移动。如果将抗体置于正极端抗原置负极端，则电泳时抗原抗体相向泳动，在两孔之间形成沉淀带（图 14.5）。

试验时，首先制备琼脂凝胶板（免疫电泳需选用优质琼脂或琼脂糖），以 pH8.2～8.6 的巴比妥缓冲液制备 1%～2%琼脂，浇注凝胶板，厚约 4mm，待其凝固后，在琼脂凝胶板上打孔，挑去孔内琼脂后，将抗原置负极一侧孔内，抗血清置正极一侧孔内。

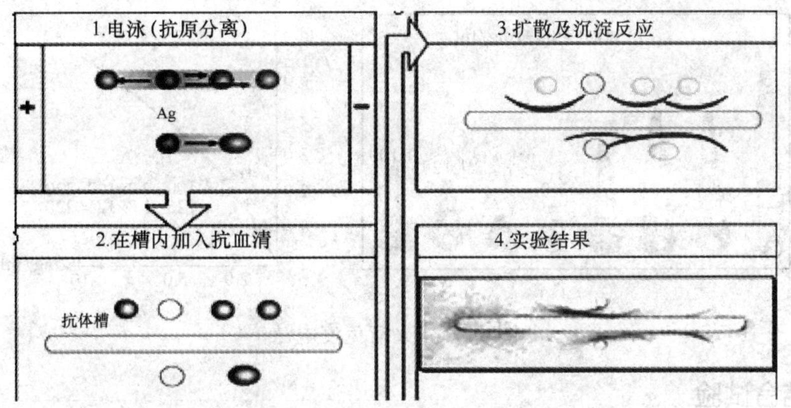

图 14.4 免疫电泳

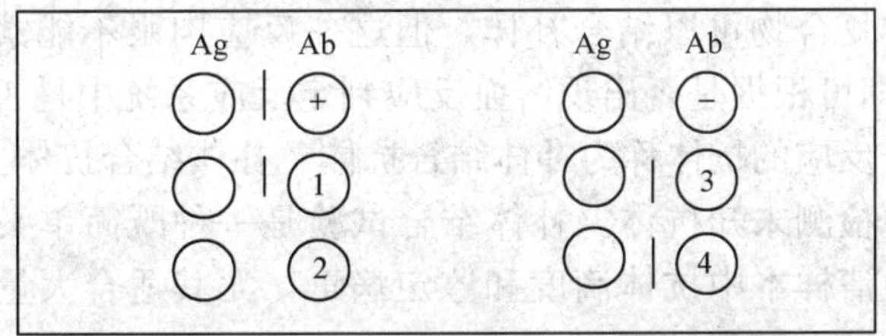

Ag抗原，Ab抗体+阳性血清−阴性血清，1、2、3、4为待检血清

图 14.5 对流免疫电泳

加样后电泳 30～90min，观察结果。沉淀带出现的位置与抗原抗体含量和泳动速度相关。如果抗原抗体含量相当，沉淀带在两孔间呈一条直线；若二者含量和泳动速度差异较大，沉淀带出现在对应孔附近，呈月牙形；如果抗原或抗体含量过高，可使沉淀带溶解。有时抗原量极微，沉淀带不明显，在这种情况下，可把它在 37℃中保温数小时，以增加清晰度。

对流免疫电泳比双向双扩散敏感 10～16 倍，并大大缩短了沉淀带出现的时间，简易快速，现已用于多种传染病的快速诊断。如口蹄疫、猪传染性水疱病等病毒病的诊断。

2）火箭免疫电泳

火箭免疫电泳是将辐射扩散与电泳技术相结合的一项检测技术，简称火箭电泳。将 pH8.2～8.6 的巴比妥缓冲液琼脂融化后，冷至 56℃左右，加入一定量的已知抗血清，浇成含有抗体的琼脂凝胶板。在板的负极端打一列孔，孔径 3mm，孔距 8mm，滴加待检抗原和已知抗原，电泳 2～10h。电泳时，抗原在含抗血清的凝胶板中向正极迁移，其前锋与抗体接触，形成火箭状沉淀弧，随抗原继续向前移动，此火箭状锋亦不断向前推移，原来的沉淀弧由于抗原过量而重新溶解。最后抗原抗体达到平衡时，即形成稳定的火箭状沉淀弧（图 14.6）。在试验中由于抗体浓度保持不变，因而火箭沉淀弧的高度与抗原浓度呈正比，本法多用于检测抗原的量（用已知浓度抗原作对比）。

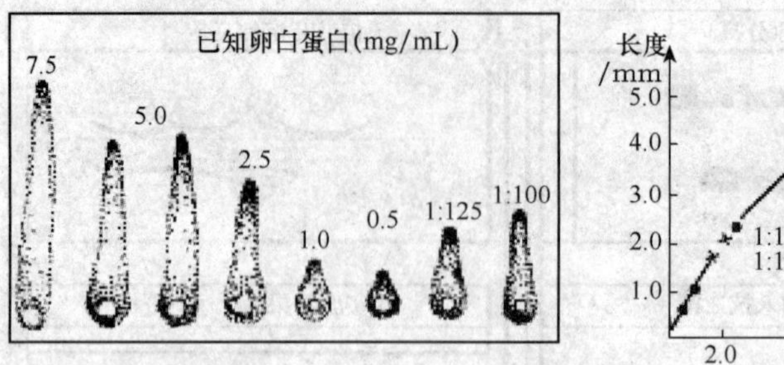

图 14.6 火箭免疫电泳

三、补体结合试验

补体结合试验（CFT）为经典的抗原抗体反应之一。应用可溶性抗原与相应抗体结合后，其抗原抗体复合物可以结合补体，但这一反应肉眼不能察觉，如再加入致敏红细胞（溶血系），即可根据是否出现溶血反应判定反应系统中是否存在相应的抗原和抗体。参与补体结合反应的抗体称为补体结合抗体。补体结合抗体主要为 IgG 和 IgM。通常是利用已知抗原检测未知抗体。补体结合试验是一种既简单又常用的血清学检测方法，常用于检测血清样本中抗体滴度和鉴定病毒，尤其适合大量血清样本中抗原或抗体滴度的检测。

（一）试验原理

补体结合试验的基本原理就是通过两个系统的反应来检测特异性的抗原或抗体。一个是特异性抗原-抗体系统，另一个是绵羊红细胞-溶血素系统。其中前一系统以特异性的抗原（或抗体）与相应的抗体（或抗原）进行结合，并通过指示系统（绵羊红细胞-溶血素系统）显示出肉眼可见的反应结果。在试验中，当抗原与抗体同时存在形成抗原-抗体免疫复合物时，反应体系中所加入的一定量补体被结合，溶血系统由于没有补体而不发生溶血，反应呈阳性结果；当反应体系中没有特异性抗原或特异性抗体时，由于单独存在的抗原或抗体中的补体结合位点不能暴露出来，因而无法结合补体，这时反应体系中所加入的补体可与溶血素结合而发生溶血，反应呈阴性结果（图 14.7）。

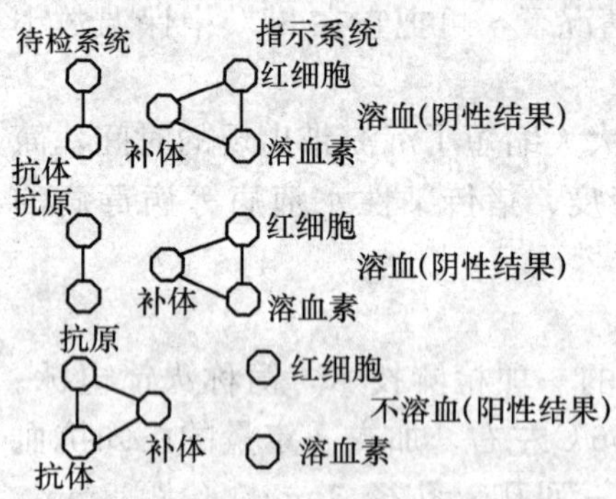

图 14.7 补体结合反应原理示意图

（二）试验材料

1. 补体稀释液

由于许多理化因素均能破坏补体的活性，补体需保存在含钙镁离子的生理盐水中（$CaCl_2 \cdot 2H_2O$ 1.0g，$MgCl_2 \cdot 6H_2O$ 0.2g，NaCl 8.5g，去离子水 1000mL，将上述物质充分溶解，分装后 121℃灭菌 20min，放置 4℃冰箱中保存备用）。

2. 绵羊红细胞

制备溶血素和进行补体结合试验，均需使用新鲜的绵羊红细胞。其制备方法是从绵羊颈静脉中抽取静脉血，将采集到的血液保存于 ALsever's（葡萄糖 2.05g，柠檬酸钠 0.8g，柠檬酸 0.055g，氯化钠 0.42g，去离子水 100mL，将各成分微热溶解并充分混匀，过滤分装后 115℃灭菌 20min，放置 4℃冰箱中保存备用）液中，加入 ALsever's 的量应不少于绵羊血，充分混匀后，4℃冰箱中保存可使用 3 周。也可将采集到的绵羊血先进行离心，将绵羊红细胞分离出，加入等量的 ALsever's 液，在放置 4℃冰箱中保存。整个制备过程均需无菌操作，以防止污染。

3. 溶血素制备

溶血素即免抗绵羊红细胞（SRBC）抗体，其简易快速的制备方法：将脱纤维 SRBC 反复洗涤，去除血浆蛋白，配成 50％SBRC 悬液，注射家兔，每日一次，一次 5mL，连续 5 次，最后一次注射 2d 后试血，效价达到 1∶3200 以上即可采血，分离出血清，56℃水浴灭活 30min，然后加入等体积的无菌中性甘油，放置 4℃冰箱中保存。如有冻干溶血素商品，临用时，用巴比妥缓冲液稀释。

4. 抗原

抗原质量的好坏会直接影响 CFT 试验结果，这主要是由于 CFT 的敏感性较差，且在结果判断时存在人为误差。因此要求用于 CFT 的抗原有较高的滴度和纯度，以提高与相应抗体的结合，并减少非特异性 CFT 反应。目前一般使用市售的抗原，对购回的抗原必须先进行抗原滴度的滴定，以确定其滴度，然后分装保存于低温冰箱中备用，对抗原的滴定必须采用方阵滴定法。

5. 免疫血清

免疫血清是用病原体免疫实验动物来制备。免疫成功后，采集血液，分离出血清，56℃水浴灭活 30min，分装，低温保存备用。目前市售的免疫血清多数是通过免疫家兔和豚鼠制备。

6. 补体

一般市售补体从健康实验动物血清中获得。为了避免个体差异应选取数只健康实验动物，进行空腹采血，立即放 4℃冰箱 2～3h，分离血清，数只动物血清混合后，少量分装，低温冰箱中保存备用。由于采集到的血清中可能含有待测抗原的特异性抗体，使用前必须进行检测，含有特异性抗体的血清不能作补体使用。进行人或哺乳类动物样本的 CFT，所使用的补体一般从豚鼠血清获得；而进行禽类样本的 CFT，所需的补体一般采用鸭血清。

（三）试验步骤（微孔塑料板法）

1. 稀释

可直接在微孔塑料板中进行，将待测血清按需要进行系列稀释，每孔保留不同稀释度的血清 25μL，每孔加入 25μL 抗原和 50μL 含两个单位的补体，轻拍混匀，将微孔塑料板放置 4℃冰箱中过夜。在试验中同时设置以下对照：

阳性对照：25μL 抗原＋25μL 阳性对照血清＋50μL 补体；

阴性对照：25μL 抗原＋25μL 阴性对照血清＋50μL 补体；

待检血清抗补体对照：25μL 待检血清＋25μL 稀释液＋50μL 补体；

抗原抗补体对照：25μL 抗原＋25μL 稀释液＋50μL 绵羊红细胞；

绵羊红细胞对照：50μL 稀释液＋50μL 补体；

补体对照：分别取 2 单位、1 单位和 0.5 单位的补体 50μL，各加 25μL 抗原＋25μL 稀释液。

2. 水浴混匀

取出微孔塑料板，于 37℃水浴 30min，每孔加入 50μL 已致敏绵羊红细胞（将 1%的绵羊红细胞和等体积含两个单位的溶血素混匀，放 37℃水浴致敏 30min）轻拍混匀，放 37℃水浴 30min，观察结果。

3. 判定

当阳性对照不发生溶血和阴性对照发生溶血时，试验结果可信。对结果的判定分别以“－、＋、＋＋、＋＋＋、＋＋＋＋”等不同的符号表示，“－”表示 100%溶血，“＋”表示 75%溶血，“＋＋”表示 50%溶血，“＋＋＋”表示 25%溶血，“＋＋＋＋”表示完全不溶血。通常溶血率高于 50%时判为阴性，低于 50%时判为阳性。

四、中和试验

病毒或毒素与相应的抗体结合后，失去对易感动物的致病力，即为中和试验。本试验主要用于：①从待检血清中检出抗体，或从病料中检出病毒，从而诊断病毒性传染病；②用抗毒素血清检查材料中的毒素或鉴定细菌的毒素类型；③测定抗病毒血清或抗毒素效价；④新分离病毒的鉴定和分型，中和试验不仅可在易感的实验动物体内进行，亦可在细胞培养上或鸡胚上进行。试验方法主要有简单定性试验、固定血清稀释病毒法、固定病毒稀释血清法、空斑减少法等。

（一）简单定性中和试验

用于检出病料中的病毒，亦可进行初步鉴定或定型。先根据病毒易感性选定试验动物（或鸡胚、细胞培养）及接种途径。将病料研磨，并稀释成一定浓度（100～1000LD_{50}或 $TCID_{50}$）。污染的病料需加抗生素（青霉素、链霉素各 200～1000 单位），或用细菌滤器过滤，与已知的抗血清（适当稀释或不稀释）等量混合，并用正常血清加

稀释病料作对照。混合后置37℃下1h，分别接种试验动物，每组至少3只。分别隔离饲喂，观察发病和死亡情况。对照动物死亡，而中和组动物不死，即证实该病料中含有与该抗血清相应的病毒。本法亦可用于毒素（如肉毒毒素）的鉴定和分型。

（二）固定血清稀释病毒法

多将病毒作10倍递增稀释，分置2列试管，第一列加正常血清（对照组），第二列加待检血清（试验组）。混合后，置37℃作用1h，将各管混合液分别接种选定的试验动物，每一稀释度用3～5只动物。接种后，逐日观察，并记录其死亡数，观察结束后，计算LD_{50}和中和指数（表14.1），本法适用于大量检样的检测。

表14.1 固定血清稀释病毒法中和试验（例一）

病毒稀释	10^{-1}	10^{-2}	10^{-3}	10^{-4}	10^{-5}	10^{-6}	10^{-7}	LD_{50}②	中和指数
正常血清对照组	—	—	—	4/4①	3/4	1/4	0/4	$10^{-5.5}$	$10^{3.3}=1.995$
待检血清中和组	4/4	2/4	1/4	0/4	0/4	0/4	0/4	$10^{-2.2}$	—

注：① 分母为接种数，分子为死亡数；
② LD_{50}计算见实例。
中和指数=中和组LD_{50}/对照组，$LD_{50}=10^{-2.2}/10^{-5.5}=10^{3.3}$

查3.3反对数是1995，故中和指数$10^{3.3}=1995$。也就是说该待检血清中和病毒的能力为正常血清的1995倍。本法多用以检出待检血清中的中和抗体，对病毒而言，通常中和指数大于50者判为阳性，10～49为可疑，小于10为阴性。

（三）固定病毒稀释血清法

用以测定抗病毒血清的中和价，将待检血清2倍递增稀释，加等量已知毒价的病毒液（与血清混合后，每一接种剂量含病毒100LD_{50}），摇匀后，置37℃作用1h，接种实验动物（表14.2）。

表14.2 固定病毒稀释血清中和试验（例二）①

血清稀释度②	1∶10	1∶20	1∶40	1∶80	1∶160	1∶320	1∶640	1∶1280	1∶2560	—	血清中和价（PD_{50}）④
正常血清	0/4③	—	—	—	—	—	—	—	—	—	—
康复血清	4/4	4/4	4/4	3/4	2/4	0/4	0/4	0/4	0/4	0/4	1∶141
免疫血清	4/4	4/4	4/4	4/4	4/4	4/4	4/4	2/4	0/4	0/4	1∶1280

注：① 接种剂量0.1mL，含病毒100LD_{50}；
② 系指与病毒混合后的稀释度；
③ 分母为接种数，分子为保护数；
④ PD_{50}为半数保护，其计算法同LD_{50}的计算。

（四）空斑减少法

在细胞培养上进行病毒中和试验，近年来多采用空斑减少法。先将病毒稀释成适当浓度，使每0.2mL含80～100个PFU（空斑形成单位），与不同稀释度的待检血清等量混合，置37℃作用1～2h，分别测定PFU，使空斑减少50%的血清稀释度即为该血清的中和价（表14.3）。

表14.3 空斑减少法中和试验示例

血清稀释倍数①		1∶16 (4^{-2})	1∶64 (4^{-3})	1∶256 (4^{-4})	1∶1024 (4^{-5})	1∶409 (4^{-6})	不加血清对照	中和抗体价②
待检血清A	空斑数	3	13	38	51	53	55	$4^{-3.6}$=1∶140
	空斑减少率	95%	76%	31%	7%	0%		
待检血清B	空斑数	—	8	25	51	56	55	$4^{-4.1}$=1∶290
	空斑减率数	—	85%	54%	7%	0%		
待检血清C	空斑数	—	—	6	22	44	55	$4^{-5.2}$=1∶1300
	空斑减少率	—	—	89%	59%	19%		

注：① 血清用4倍递增稀释；
② 空斑减少50%的血清稀释度，其计算法同LD_{50}的计算。

五、免疫标记技术

免疫标记技术就是利用荧光素、放射性核素、酶、胶体金、电子致密物质或化学发光物质等标记抗原或抗体作为试剂，检测标本中相应的抗体或抗原。免疫标记技术分为两类，一类是用于组织切片或其他标本中抗原或抗体定位，称为免疫组化技术；另一类用于检测体液标本中抗原或抗体的测定，称为免疫测定。免疫标记技术不仅特异、敏感、快速，而且能定性、定量和定位，因此目前广泛应用于科研、临床实验室中。

（一）荧光免疫技术

荧光免疫技术又称荧光抗体技术，是免疫标记技术中发展最早的一种，将荧光素如异硫氰酸荧光素（FITC）等以共价键的形式标记到抗体上，这种标记荧光素的抗体称为荧光抗体，标记后荧光抗体能保持与相应抗原结合的能力。利用荧光抗体可直接或间接检测抗原，目前这种方法在免疫试验中应用相当广泛。如在临床试验中用于细菌、病毒和寄生虫的检验，在基础科研中常用于组织、细胞等标本中抗原的鉴定与定位。

荧光抗体染色法有多种，常用的有直接法和间接法（图14.8）。现以诊断猪瘟为例介绍免疫荧光实验方法。

将冰冻的淋巴结进行切片，冰冻切片置载玻片上，用－30℃丙酮4℃固定30min。将固定好的切片用PBS漂洗，漂洗5次，每次3min。

1. 直接染色法

（1）染色。在晾干的标本片上滴加猪瘟荧光抗体，放湿盒内置37℃染色30min。

（2）洗涤。取出标本片，用吸管吸PBS冲去玻片上的荧光抗体，然后在大量PBS中漂洗，共漂洗5次，每次3min，再以蒸馏水冲洗晾干。

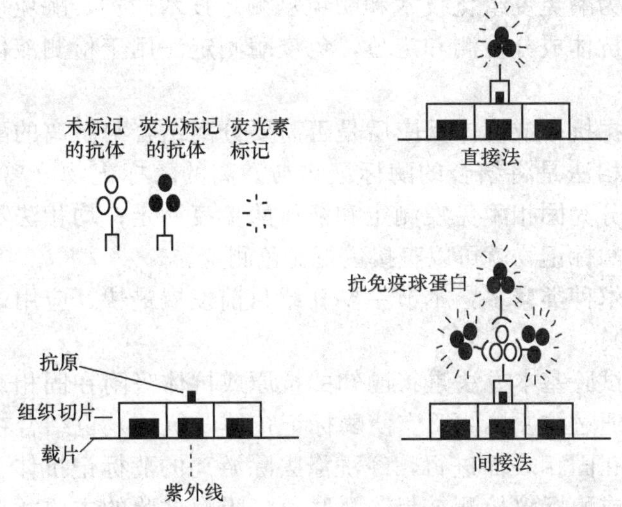

图 14.8 荧光抗体试验原理示意图

(3) 封载。滴加 pH9.0 缓冲甘油，封片，供镜检。

(4) 镜检。将染色后的标本片置荧光显微镜下观察，先用低倍物镜选择适当的标本区，然后换高倍物镜观察。用油镜观察时，可用缓冲甘油代替香柏油。

阳性对照应呈黄绿色荧光，而猪瘟自发荧光对照组和抑制试验对照组应无荧光。

(5) 结果判定标准。“＋＋＋＋”黄绿色闪亮荧光；“＋＋＋”黄绿色的亮荧光；“＋＋”黄绿色荧光较弱；“＋”仅有暗淡的荧光；“－”无荧光。

2. 间接染色法

(1) 一抗作用。在晾干的标本片上滴加猪瘟抗体（用兔制备），置湿盒，37℃作用 30min。

(2) 洗涤。用吸管吸取 PBS 冲洗标本片上的猪瘟抗体，后置大量 PBS 中漂洗，共漂洗 5 次，每次 3min。

(3) 二抗染色。滴加羊抗兔荧光抗体，置湿盒，于 37℃染色 30min。

(4) 洗涤。以吸管吸取 PBS 冲洗标本片上的荧光抗体，后置大量 PBS 中漂洗，共漂洗 5 次，每次 3min。

(5) 晾干。将标本片置晾片架上晾干。

(6) 镜检。同直接法。

(7) 结果判定。观察和结果记录同上，除阳性对照外，所有对照应无荧光。

(二) 酶免疫技术

酶免疫技术是一种将抗原与抗体的免疫反应与酶的高效催化作用结合在一起的免疫标记技术。将酶与抗原或抗体用交联剂结合起来，这种酶可以标记组织内的抗原或抗体或固相载体上的抗原或抗体发生特异性反应，加入相应酶底物，底物被酶催化生成有色产物，根据成色的深浅判定检测抗原或抗体的浓度或活性。

酶免疫技术分为酶免疫组化技术和酶免疫测定技术两类，酶免疫组化学法用于组织细胞中的抗原或抗体成分检测和定位，免疫酶测定法用于检测液体中可溶性抗原或抗体成分。

酶免疫测定根据抗原或抗体反应后是否需要分离结合与游离的酶标记物而分为异相和均相两类。异相法是将结合的酶标记物与游离的酶标记物分离后才能检测测定，异相酶免疫测定又分为固相酶免疫测定和液相酶免疫测定；均相法不需要分离结合的酶标记物与游离的酶标记物就可以直接进行显色测定。

由于酶免疫技术种类繁多，本节主要介绍目前发展最快、应用最广泛的酶联免疫吸附试验（ELISA）。

酶联免疫吸附试验基本方法是将已知的抗原或抗体吸附在固相载体（聚苯乙烯微量反应板）表面，通过抗原抗体反应使酶标记抗体（抗原）也结合在载体上，使酶标记的抗原抗体反应在固相表面进行，经洗涤去除游离的酶标记抗体（抗原）后，加入底物显色，以肉眼或酶标仪检测结果。酶联免疫吸附试验的主要类型有间接法、双抗体夹心法、竞争法、捕获法等（图 14.9）。

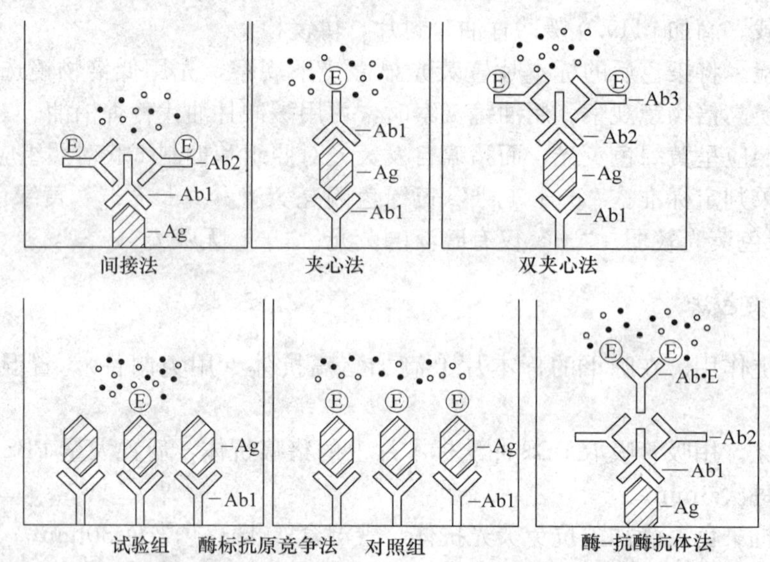

图 14.9 酶联免疫吸附试验示意图

1. 双抗体夹心法

双抗体夹心法是检测抗原最常用的方法，操作步骤如下：

（1）将特异性抗体与固相载体连接，形成固相抗体，洗涤除去未结合的抗体及杂质。

（2）加受检标本：使之与固相抗体接触反应一段时间，让标本中的抗原与固相载体上的抗体结合，形成固相抗原复合物。洗涤除去其他未结合的物质。

（3）加酶标抗体：使固相免疫复合物上的抗原与酶标抗体结合。彻底洗涤未结合的酶标抗体。此时固相载体上带有的酶量与标本中受检物质的量正相关。

（4）加底物：夹心式复合物中的酶催化底物成为有色产物。根据颜色反应的程度进行该抗原的定性或定量。

根据同样原理，将大分子抗原分别制备固相抗原和酶标抗原结合物，即可用双抗原夹心法测定标本中的抗体。

2. 间接法测抗体

间接法是检测抗体最常用的方法，其原理为利用酶标记的抗抗体以检测已与固相结合的受检抗体，故称为间接法。操作步骤如下：

（1）将特异性抗原与固相载体连接，形成固相抗原，洗涤除去未结合的抗原及杂质。

（2）加稀释的受检血清：其中的特异抗体与抗原结合，形成固相抗原抗体复合物。经洗涤后，固相载体上只留下特异性抗体。其他免疫球蛋白及血清中的杂质由于不能与固相抗原结合，在洗涤过程中被洗去。

（3）加酶标抗抗体：与固相复合物中的抗体结合，从而使该抗体间接地标记上酶。洗涤后，固相载体上的酶量就代表特异性抗体的量。例如欲测人对某种疾病的抗体，可用酶标羊抗人 IgG 抗体。

（4）加底物显色：颜色深度代表标本中受检抗体的量。

本法只要更换不同的固相抗原，可以用一种酶标抗抗体检测各种与抗原相应的抗体。

3. 竞争法

竞争法可用于测定抗原，也可用于测定抗体。以测定抗原为例，受检抗原和酶标抗原竞争与固相抗体结合，因此结合于固相的酶标抗原量与受检抗原的量呈反比。操作步骤如下：

（1）将特异抗体与固相载体连接，形成固相抗体，洗涤。

（2）待测管中加受检标本和一定量酶标抗原的混合溶液，使之与固相抗体反应。如受检标本中无抗原，则酶标抗原能顺利地与固相抗体结合。如受检标本中含有抗原，则与酶标抗原以同样的机会与固相抗体结合，竞争性地占去了酶标抗原与固相载体结合的机会，使酶标抗原与固相载体的结合量减少。参考管中只加酶标抗原，保温后，酶标抗原与固相抗体的结合可达最充分的量。洗涤。

（3）加底物显色：参考管中由于结合的酶标抗原最多，故颜色最深。参考管颜色深度与待测管颜色深度之差，代表受检标本抗原的量。待测管颜色越淡，表示标本中抗原含量越多。

4. 酶-抗酶抗体（PAP）法

本法又称 PAP-ELISA，此方法虽可提高试验的敏感性，但因不易制作理想的抗酶抗体，试验中较多干扰因素影响结果的准确性，因此较少采用。

（三）胶体金免疫技术

胶体金免疫技术是以胶体金作为示踪标志物应用于抗原抗体的一种新型的免疫标记技术。胶体金是由氯金酸（$HAuCl_4$）在还原剂如抗坏血酸、枸橼酸钠、鞣酸等作用下，被还原成为特定大小的金颗粒悬液，并由于静电作用成为一种稳定的胶体状态，称为胶体金。这种胶体金能与抗体等蛋白质大分子物质结合，胶体金与抗体结合后不影响抗体和抗原特异性结合的功能，因此可以用胶体金作为标记物来检测标本中的抗原或抗体。典型的颗粒方法有斑点金免疫渗滤试验和斑点免疫层析试验（ICA）等。目前在兽医的临床应用最多的是斑点免疫层析试验。

斑点免疫层析试验是以硝酸纤维素膜为载体，并利用微孔膜的毛细管作用，滴加在膜条一端的液体慢慢向另一端渗移，犹如层析一般。免疫金复合物干片粘贴在近硝酸纤维素膜条下端（C），膜条上测试区（T）包被有特异性抗体（或抗原），当试纸条下端浸入液体标本中或在加样孔中加入待检样品，下端吸水材料吸取液体向上端移动，流经C处时使干片上的免疫金复合物复溶，并带动其向膜条渗移。如标本中有特异性抗原（或抗体）时，可与金标抗体（或金标抗原）结合，形成的金标抗原-抗体复合物流至测试区被固相抗体所获，形成抗体-抗原-金标抗体（抗原-抗体-金标抗原）复合物，在膜上（T）显出红色线条。该试验简便、快速、单份测定，除试剂外无需任何仪器设备，且试剂稳定，因此特别适用于临床的快速检测。具体操作方法见本项目禽流感监测技术。

（四）化学发光免疫技术（CLIA）

化学发光免疫分析是将免疫反应和化学发光相结合而建立起来的一种新的非放射免疫技术，所以它具有灵敏度高、特异性强、方法稳定、简便快捷及无同位素污染等优点，这也成为一种重要的非同位素标记的免疫分析方法。目前已用于抗原、抗体、病原微生物及其代谢产物、药物、激素及其他生物活性物质的测定。

化学发光免疫分析属于标记抗体技术的一种，它以化学发光剂、催化发光酶或产物间接参与发光反应的物质等标记抗体或抗原，当标记抗体或标记抗原与相应抗原或抗体结合后，发光底物受发光剂、催化酶或参与产物作用，发生氧化还原反应，反应中释放可见光或者该反应激发荧光物质发光，最后用发光光度计进行检测。化学发光免疫分析最常见的有化学发光免疫分析、荧光免疫分析和化学发光酶联免疫分析三类。

任务二 常见诊断试剂盒和监测技术

一、常见的诊断试剂盒

诊断试剂逐渐向特异性强、灵敏度高、价格低廉、使用简单的家用诊断试剂及诊断自动化方向发展。家用诊断剂具有操作简便、方便及快速的特性。目前实验室常见的诊断试剂盒见表 14.4 和表 14.5。

表 14.4 猪用诊断试剂盒

试验种类	试剂盒名称	主要用途	检测样品
乳胶凝集试验	伪狂犬病乳胶凝集试验抗体检测试剂盒	检测抗体、血清学调查	血清
	猪细小病毒乳胶凝集试验抗体检测试剂盒	检测抗体、血清学调查	血清
	猪乙型脑炎乳胶凝集试验抗体检测试剂盒	检测抗体、血清学调查	血清
酶联免疫吸附试验	猪伪狂犬病病毒 ELISA 抗体检测试剂盒	检测抗体、血清学调查	血清
	猪乙型脑炎病毒 ELISA 抗体检测试剂盒	检测抗体、血清学调查	血清
	猪繁殖与呼吸综合征病毒 ELISA 抗体检测试剂盒	检测抗体、血清学调查	血清
	猪圆环病毒 2 型 ELISA 抗体检测试剂盒	检测抗体、血清学调查	血清
	猪瘟病毒 ELISA 抗体检测试剂盒	检测抗体、血清学调查	血清
	猪 O 型口蹄疫病毒 ELISA 抗体检测试剂盒	检测抗体、血清学调查	血清
	猪链球菌 2 型 ELISA 抗体检测试剂盒	检测抗体、血清学调查	血清
	猪传染性胸膜肺炎 ApxIV-ELISA 抗体检测试剂盒	区别野毒感染猪和疫苗免疫猪	血清
	猪伪狂犬病病毒 gE 蛋白 ELISA 抗体检测试剂盒	区别野毒感染猪和用 gE 基因缺失疫苗免疫猪	血清
	O 型口蹄疫病毒非构蛋白 3ABC-ELISA 抗体检测试剂盒	区别野毒感染猪和疫苗免疫猪	—

表 14.5 禽用诊断试剂盒

试验种类	试剂盒名称	主要用途	检测样品
酶联免疫吸附试验	禽流感病毒 ELISA 检测试剂盒	检测禽流感病毒	尿囊液和临床病料样本
胶体金试验	禽流感病毒胶体金检测试剂盒	检测禽流感病毒	尿囊液和临床病料样本
	H5 亚型禽流感病毒胶体金检测试剂盒	检测 H5 亚型禽流感病毒	尿囊液和临床病料样本
乳胶凝集试验	禽流感病毒乳胶凝集试验检测试剂盒	检测禽流感病毒	尿囊液和临床病料样本

二、几种常用的监测技术

（一）猪伪狂犬病抗体监测技术

猪伪狂犬病抗体检测方法主要有猪伪狂犬乳胶凝集试验，伪狂犬病毒血凝抑制试验，酶联免疫吸附试验、gpI 抗体酶联免疫吸附试验等方法，其中以乳胶凝集试验和血凝抑制试验因方法简便而在生产中较为常用。伪狂犬病乳胶凝集试验是用伪狂犬病毒致敏乳胶抗原来检测动物血清、全血或乳汁中的抗体。具有简便、快速、特异、敏感之优点。

1. 检测材料采集及处理

检测材料为血清时就按常规方法采血、分离血清，要求无腐败；如用全血，则用针尖刺破猪耳静脉，用吸头吸取血液1滴，直接载玻片上进行检测。如用乳汁做检测材料时就按常规方法采集初乳，经3000r/min离心10min，取上清液体作待测样品。

2. 器具材料

伪狂犬病乳胶凝集试验抗体检测试剂盒（由华中农业大学畜牧兽医学院研制），包括伪狂犬病毒致敏乳胶抗原，伪狂犬病毒阳性血清和阴性血清、稀释液、玻片、吸头和使用说明书。

3. 方法步骤

1）定性试验

取被测样品（血清、全血和乳汁）、阳性血清、阴性血清、稀释液各一滴，分置于玻片上。各加乳胶抗原1滴，用牙签混匀，搅拌并摇动1～2min，于3～5min内观察结果。

2）定量试验

先将血清在微量反应板或小试管内作连续稀释，各取1滴依次滴加于乳胶凝集反应板上，另设对照同上。随后各加乳胶抗原1滴。如上搅拌并摇动，判定结果。

3）结果判定

对照试验出现如下结果（图14.10）试验方可成立，否则应重试。阳性血清加抗原呈“＋＋＋＋”；阴性血清加抗原呈“－”；抗原加稀释液呈“－”。以出现“＋＋”以上凝集者判为阳性凝集，表明被检样品中含有猪伪狂犬抗体。

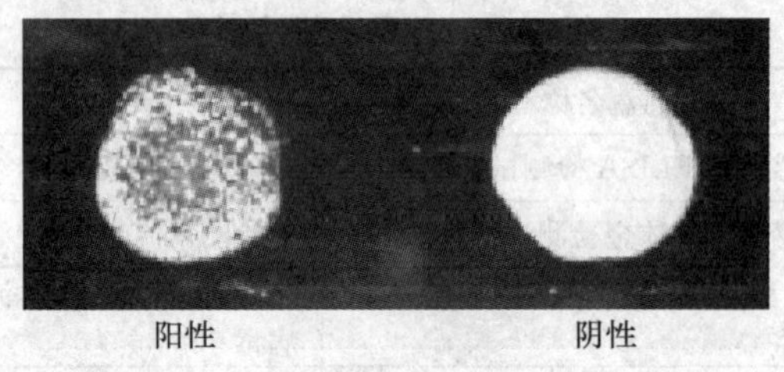
阳性　　阴性

图14.10　乳胶凝集试验检测结果

“＋＋＋＋”全部（100%）乳胶凝集，颗粒聚于液滴边缘，液体完全透明；“＋＋＋”大部分（75%）乳胶凝集，颗粒明显，液体稍混浊；“＋＋”约50%乳胶凝集，但颗粒较细，液体较混浊；“＋”有少许（25%）凝集，液体呈混浊；“－”液滴呈原有的均匀乳状。

4. 免疫监测的意义

（1）伪狂犬病乳胶定性凝集试验检测血清和乳汁中的抗体，用于伪狂犬病的检疫及流行病学调查。方法简便快速，结果特异性强。

（2）伪狂犬病乳胶定量凝集试验用于监测抗体，抗体效价低于1∶40时，不能抵抗伪狂犬病毒强毒攻击。需进行伪狂犬疫苗的免疫接种。

（二）猪瘟抗体监测技术

被检猪群随机抽样，抽样 3%～5%，一般种猪群每年监测两次，育肥猪在注苗后 20～30d 采血检测抗体。耳静脉采血，每头 3～5mL 分离血清，56℃水浴灭活 30min（破坏补体）作为待检血清，备用。检测方法主要有 ELISA 试验和间接血凝试验。猪瘟 ELISA 试验具体操作步骤见技能训练二，间接血凝试验操作内容如下。

1. 器具材料

猪瘟间接血凝抗原（猪瘟正向血凝诊断液，5mL/瓶，可检测血清 25～30 头份）、阳性对照血清、阴性对照血清、稀释液、待检血清（每份 0.2～0.5mL，56℃水浴灭活 30min）。检测前，应将冻干诊断液，每瓶加稀释液 5mL 浸泡 7～10d 后方可应用、96 孔 V 型血凝板、10～100μL 微量移液器、吸头、生理盐水。

2. 方法步骤

（1）稀释待检血清。在血凝板上的第 1～6 孔各加稀释液 50μL。吸取待检血清 50μL 加入第 1 孔，混匀后从中取出 50μL 加入第 2 孔，依次倍比稀释至第 6 孔，混匀后弃去 50μL，则第 1 孔至第 6 孔的血清稀释度依次为 1∶2、1∶4、1∶8、1∶16、1∶32、1∶64。第 8 孔加稀释液 50μL，作为稀释液对照孔。

（2）稀释阴性和阳性对照血清。在血凝板上的第 11 排第 1 孔加稀释液 60μL，取阴性血清 20μL 混匀，弃去 30μL，即为阴性血清对照孔。在血凝板上的第 12 排第 1 孔加稀释液 70μL，第 2～7 孔各加稀释液 50μL，取阳性血清 10μL 加入第 1 孔混匀，并从中取出 50μL 加入第 2 孔混匀后取出 50μL 加入第 3 孔，依次至 7 孔混匀后弃 50μL，该孔的阳性血清稀释度为 1∶512。

（3）加入抗原。向待检血清、稀释液对照孔、阴性和阳性对照血清孔中，每孔加入猪瘟间接血凝抗原 50μL，置于振荡器上震荡 2min，放置 20min 后判定结果。

3. 结果判定

先观察阴性血清对照孔和稀释液对照孔，红细胞应全部沉入孔底，无凝集现象（一）或呈（＋）的轻度凝集为合格；阳性血清对照应呈（＋＋＋）凝集为合格。

在以上 3 对照孔合格的前提下，观察待检血清各孔的凝集程度，以呈“＋＋”凝集的待检血清最大稀释度为其血凝效价（血凝价）。血清的血凝价达到 1∶16 为免疫合格，即猪瘟抗体间接血凝滴度在 1∶16 时作为可以抵抗猪瘟强毒攻击的最低保护水平。

“一”表示红细胞 100%沉于孔底，完全不凝集；“＋”表示约有 25%的红细胞发生凝集；“＋＋”表示 50%红细胞出现凝集；“＋＋＋”表示 75%红细胞凝集；“＋＋＋＋”表示 90%～100%红细胞凝集。

4. 注意事项

（1）污染严重或溶血严重的血清样品不宜检测。

（2）冻干血凝抗原，必须加稀释液浸泡 7～10d，方可使用，否则易发生自凝现象。

（3）用过的血凝板，应及时冲洗干净，勿用毛刷或其他硬物刷洗板孔，以免影响孔内光洁度。

（4）使用血凝抗原时，必须充分摇匀，瓶底应无血球沉积。

（5）液体血凝抗原 4～8℃贮存有效期 4 个月，可直接使用，冻干血凝抗原 4～8℃贮存有效期 3 年。

（6）如来不及判定结果或静置 2h 结果不清晰，也可放置第二天判定。

（7）每次检测，只设阴性、阳性血清和稀释液对照各 1 孔。

（8）稀释不同的试剂时，必须更换枪头。

5. 检测意义

（1）猪瘟单抗 ELISA 试验可区分免疫抗体和野毒感染而产生的抗体，可用于有散发性猪瘟场的净化和猪瘟的免疫效果的整体评价，但不能检测抗体效价，结果易受外界因素影响，且操作繁琐。若条件允许，两种方法结合使用更能表现免疫监测的意义。

（2）猪瘟间接血凝试验监测猪瘟抗体水平达 1∶16 以上者，能抵抗猪瘟强毒攻击，可有效预防猪瘟的发生。抗体水平低于 1∶16 者免疫失败。此法能够直观的测出抗体，方法简便、快捷易操作，但不能区分是否野毒感染。

（三）猪繁殖与呼吸综合征抗体监测技术

采用 ELISA 检测方法：常规方法采血分离血清，被检血清要求无污染、无腐败。

1. 器具材料

猪繁殖与呼吸综合征抗体监测 ELISA 试剂盒、包被 PRRSV 的 96 孔板 5 块、20 倍浓缩的洗液 120mL、3 倍浓缩的样品稀释液 100mL、酶标抗体（红色）30mL、阳性样品（黄色）2.2mL、阴性样品（蓝色）2.2mL、THB 底物 30mL、终止液 30mL、封盖膜 5 块、酶标仪。

2. 方法步骤

（1）试验前准备。被检血清用稀释液稀释 200 倍，备用。将 20 倍浓缩的洗液用灭菌水 20 倍稀释，备用。将 3 倍浓缩的样品稀释液用灭菌水 3 倍稀释，备用。将试剂放在室温，并轻摇混匀，记录所测样品和对照在平板的位置，阴阳对照用双份。

（2）加样。96 孔板去膜，加入 50μL 阴阳对照品和 200 倍稀释的被检血清，在 37℃条件下作用 60min。

（3）冲洗。用 300μL 的洗液洗 3 遍，并将平板颠倒在吸水纸轻敲 3～5 次，甩干。

（4）加酶标抗体。在每孔中加入 50μL 酶标抗体，盖上膜在 37℃条件下作用 60min。

（5）冲洗。用 300μL 的洗液洗 3 遍，并将平板颠倒在吸水纸轻敲 3～5 次，甩干。

（6）加底物。在每孔中加入 50μL 的底物，将平板在黑暗中 18～25℃条件下作

用 10min。

（7）中止反应。加入 50μL 的终止液，轻敲平板混匀，结束反应。

（8）测定。调整好酶标仪，在波长 450nm 读数并记录结果。

3. 结果判定

450nm 读数，阳性对照要大于 0.8，即阳性样品的读数是阴性的 4 倍，阳性值和阴性值之差不小于 0.5。

用 IRPC 值判定检测结果。IRPC≤20，样品阴性；IRPC＞20，样品阳性。

IRPC＝［（样品的 OD 值－阴性对照的 OD 值）/（阳性对照的 OD 值－阴性对照的 OD 值）］×100。

4. 注意事项

（1）试剂在使用前必须达到室温。

（2）样品稀释液现配现用。

（3）清洗液配好后 7d 内用完。

5. 检测意义

适合检测猪蓝耳病抗体，评估猪场蓝耳病疫苗免疫状况及感染猪的血清学诊断。

（四）口蹄疫抗体监测技术

猪口蹄疫抗体检测是猪口蹄疫实验室快速诊断、易感动物检疫、疫情监测、流行病学调查及口蹄疫与猪水泡病的鉴别诊断的主要方法。检测方法主要采用琼脂免疫扩散试验、间接血凝试验及酶联免疫吸附试验等，其中琼脂扩散试验被列入农牧渔业部《动物检疫规程》。常规方法采血分离血清，被检血清要求无污染、无腐败。

1. 琼脂免疫扩散试验

1）器具材料

Tris-HCl 缓冲液（Tris 2.42g，NaCl 3.8g，NaN_3 0.2g，无离子水 1000mL，用 HCl 调 pH 为 7.6）、口蹄疫 VIA 抗原、标准阳性血清、吸管、量桶、量杯、平皿（直径 5.5cm）、三角瓶、梅花型金属打孔器（外径 4mm）、加样器、印相暗盒或台灯等。

2）方法步骤

（1）被检血清和阳性血清均以 56℃灭活 30min。

（2）琼脂平板的制备。取琼脂糖 1g，Tris-HCl 缓冲液 100mL，装入三角瓶中，于沸水中加热或高压，将琼脂糖彻底溶化。吸取 7mL 琼脂液加到直径 5.5cm 的平皿里，制成 3mm 厚的琼脂板。待琼脂完全凝固后，加盖置于湿盒中，贮藏在 4℃冰箱中备用。

（3）打孔。用打孔器在琼脂板上打孔，并挑出孔中的琼脂块。

（4）加样。中心孔加 VIA 抗原，周围 1 孔和 4 孔加 FMD 阳性高免血清，2、3、5、6 孔加被检血清。

(5) 扩散。将加样的琼脂平皿置于湿盒里于室温（20～22℃）任其自然扩散。

(6) 观察。于24h进行第一次观察，72h进行第二次观察，168h作最后观察，观察时，可借助灯光或自然光源，特别是弱反应须借助强烈光源才能看清沉淀线。

3）结果判定

当1孔和4孔标准阳性血清与抗原中心孔之间形成沉淀线时，若被检血清孔与中心孔之间也出现沉淀线，并与阳性沉淀线末端相融合，则被检血清判为阳性。被检血清孔与中心孔之间虽不出现沉淀线，但阳性沉淀线的末端向内弯向被检血清孔，则被检血清判为弱阳性。如被检血清孔与中心孔之间不出现沉淀线，且阳性沉淀线直向被检血清孔，则被检血清判为阴性。

2. 间接血凝试验

1）器具材料

V型96孔血凝滴定板、玻璃板（与血凝板大小相同）、微量移液器（10～100μL）、塑料嘴、微量振荡器、1mL、5mL刻度玻璃管、玻璃中试管（内径1.5mm，长度100mm）、试管架（40孔）、口蹄疫各型和猪水泡正向间接血凝诊断液、口蹄疫O、A、C、Asia-1型阳性血清、SVD阳性血清、阴性血清、稀释液、口蹄疫正向间接血凝试验用抗原，阳性血清及配套试剂。

2）方法步骤

(1) 稀释待检血清。在血凝板上1～8孔各加稀释液50μL，取待血清50μL加入第1孔，混匀后从中取出50μL加入第2孔，混匀后从中取出50μL加入第3孔……直至第8孔混匀后从该孔中取出50μL丢弃，保持每孔50μL的剂量。此时1～8孔的血清稀释度依次为1∶2、1∶4、1∶8、1∶16、1∶32、1∶64、1∶128、1∶256。

(2) 稀释阴性对照血清。取中试管1支加稀释液1.5mL，再加阴性血清0.1mL，充分摇匀阴性血清的稀释度即为1∶16。

(3) 稀释阳性对照血清。取中试管5支，第1管加稀释液3.1mL，第2～5管分别加稀释液0.5mL，取阳性血清0.1mL加入第1管混匀后从中取出0.5mL，加入第2管混匀后从中取出0.5mL，加入第3管……直至第5管，此时各管阳性血清的稀释度依次为：1∶32、1∶64、1∶128、1∶256、1∶512。

(4) 滴加对照孔。取1∶16稀释的阴性血清50μL加入血凝板的第10孔；取1∶500稀释的阳性血清50μL加入第11孔；取稀释液50μL加入第12孔。

(5) 滴加正向血凝诊断液。取正向血凝诊断液充分摇匀（瓶底应无血球沉淀），每孔各加25μL后立即置微量振荡器上振荡1min，取下血凝板放在白纸上观察每孔中的血球是否均匀（孔底应无血球沉淀）。如仍在部分孔底出现血球沉积，应继续振荡直至完全混匀为止。

(6) 静置。将血凝板放在室温下（15～30℃）静置2h后判定检测结果，若结果不清晰或来不及判定，也可放置第二天判定。

3）判定标准

先观察10～12孔（对照孔），第10孔为阴性血清对照，应无红细胞凝集现象，红

细胞全部沉入孔底，形成小圆点或仅有25%红细胞有凝集（"+"的凝集）；第11孔为阳性血清对照，应出现"++"以上的凝集（50%以上的红细胞发生凝集），证明该批正向诊断液的效价达到1∶512为合格；第12孔为稀释液对照，红细胞也应全部沉入孔底或只有"+"的凝集。

在上述对照合格的前提下，观察待检血清各孔，以出现"++"凝集的待检血清最大稀释度为其抗体效价。例如检测接种口蹄疫O型灭活疫苗的猪群免疫水平时，某份血清1～7孔出现"++"或"++"以上（+++或++++）凝集而第8孔仅有"+"凝集，判定该份血清中的O型抗体效价为1∶128。

4）注意事项

（1）严重溶血和污染的血清样品不宜检测，以免产生非特异性反应。

（2）勿用90°和130°血凝板，以免误判。

（3）有时会出现"前带"现象，即第1～2孔红细胞沉淀，而在第3～4孔又出现凝集，这是由于抗原抗体比例失调所致，不影响结果的判定。

（4）血清必须是来自康复动物，至少是发病后10d的血清，否则不易检出。

5）检测意义

（1）口蹄疫琼脂免疫扩散试验方法简单，适合于口蹄疫的检疫和流行病学调查。

（2）口蹄疫间接红细胞凝集试验可用于免疫抗体检测，也可用于鉴别诊断型。O型抗体效价1∶128时，可抗口蹄疫强毒攻击，可有效预防口蹄疫的发生。该法简易、快速、特异、直观，是当前检测抗体的实用方法。鉴别试验可用于口蹄疫O、A、C、Asia型和猪水泡病的鉴别诊断。

（3）口蹄疫酶联免疫吸附试验主要用于区分疫苗免疫猪和野毒感染猪的检测。敏感性达90%，特异性达100%，检测血清操作简单，样品处理量大，2～3h即可得到结果。检测方法同技能训练二猪瘟单抗ELISA试验监测技术。

（五）禽流感病毒监测技术

禽流感的检测方法有血凝抑制试验、胶体金试验、乳胶凝集试验及酶联免疫吸附试验等。下面主要介绍胶体金试验。

禽流感病毒胶体金快速检测方法是以禽流感病毒NP蛋白单克隆抗体标记胶体金颗粒，利用免疫层析的原理而建立的禽流感病毒快速检测方法，可对鸡胚培养物、细胞培养物、泄殖腔拭子（或粪便）和组织浸出液等样品中的禽流感病毒进行检测。试纸条表面有两条线，一条为"T"线，代表检测线，用于检测禽流感病毒；另一条是"C"线，代表对照线，用于检验试验结果是否有效。加入样品液后，可以看到红色的液体在试纸条上涌动，如果试验操作正确，并且对照线中的试剂还有效，在"C"线（对照线）处会出现红色的条带。如果样品中含有足够量的禽流感病毒，在"T"线（检测线）处也会出现红色的条带，检测结果为试纸条上出现两条红色的条带。如果样品中不含有禽流感病毒，在"T"线（检测线）处就不会出现红色的条带，检测结果为试纸条上仅有一条带（对照线）。用于检测禽流感病毒，检测样品包括鸡胚培养物、细胞培养物、泄殖腔拭子（或粪便）和组织浸出液。

1. 器具材料

禽流感病毒检测试纸条（10 条/袋）、塑料吸头（10 个/袋）、棉拭子（30 个/袋）、样本处理液。

2. 方法步骤

（1）鸡胚分离病毒尿囊液样本的处理方法。尿囊液样本于 12000rpm 离心 2min 取上清待检。

（2）细胞培养病毒样本的处理方法。细胞培养液冻融一次，于 4℃下 12000rpm 后取上清待检。

（3）泄殖腔拭子检测样本的处理方法。将收集到粪便的棉拭子插入到含有处理液的样品管中，充分混合，使粪便样品溶解，4℃下 12000rpm 离心 10min，取上清待检。

（4）内脏组织检测样本的处理方法。称取内脏组织块 0.5g，置于匀浆器中，加灭菌生理盐水 1mL，研磨完全后取出组织浸出液，然后于 4℃下 12000rpm 离心 10min，取上清待检。

（5）定性试验。取适量的检测样品（100～120μL，滴管 5～6 滴），一滴一滴缓慢滴加到样品孔中，当看到有红色液体开始在试纸条上向前移动时，暂停滴加样品，隔 30s 后补加一滴，间隔 30s 后再补加一滴即可。加样完成后将试纸条平放在桌面上，5～20min内观察并记录结果。

3. 结果判定

阳性结果在试纸条上出现两条红色的条带（检测带和对照带）；阴性结果在试纸条上仅出现一条红色的条带（对照带）；无效结果在对照带处不出现红色的条带（图 14.11）。

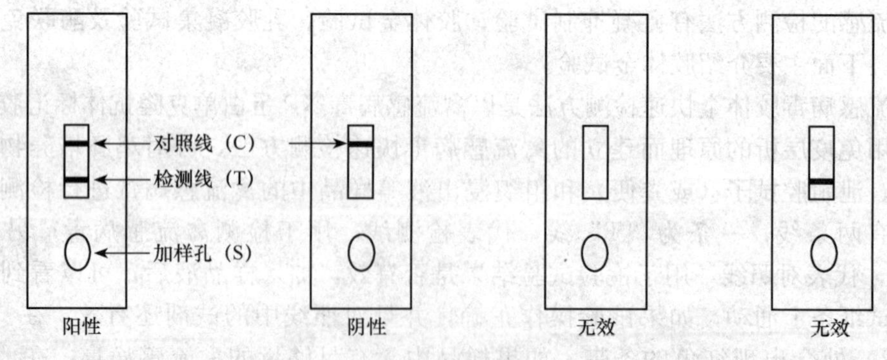

图 14.11 胶体金检测结果

4. 检测意义

（1）运用实验室血清学抗体检测技术是为了能及时掌握禽群的禽流感抗体水平

动态，提高对疫病的监控能力，对加强指导生产，提供合理免疫程序具有十分重要的意义。

(2) HI试验可用于免疫抗体检测，判定标准为HI小于或等于3log2，说明免疫鸡群抗体水平不能抵抗外来同血清型强毒攻击，需再次免疫；HI价大于或等于5log2，说明免疫鸡群可以抵抗外来同血清型强毒攻击。

(3) 乳胶凝集试验和胶体金试验主要适合禽流感病毒临床阳性标本的现场快速筛选，尤其适合发病区域的疫情检测，5min出结果。

(4) ELISA相对敏感性高，是血凝实验的100倍，与PCR的敏感性相当，适合禽流感病毒临床阳性标本的大量检测和流行病学调查。

技能训练一 鸡新城疫抗体监测技术

鸡新城疫病是危害养鸡业的一种严重传染病，对新城疫的防治要按免疫程序进行免疫。但首免日龄的确定、免疫后机体反应的效果如何，及其间隔多长时间进行第二次免疫，都取决于机体内的抗体水平。抗体可存在动物的血清中，可以通过免疫监测的方法检测出来。检测方法为血凝抑制试验。做HI试验之前，需先做微量血凝试验（HA试验）以确定在HI试验中所需要的抗原量。

被检鸡群随机抽样，每群采20～30份血样，分离血清。

【目的要求】

(1) 学会病毒的红细胞凝集试验和凝集抑制试验的原理和操作方法。

(2) 学会试验过程中4单位抗原的校正方法。

【材料与试剂】

(1) 材料：V型96孔微量血凝板、微型振荡器、移液器（25～50μL）、塑料离心管。

(2) 试剂：1%红细胞悬液、0.85%生理盐水、标准阳性血清、被检血清、浓缩抗原。

【操作步骤】

1. 血液凝集试验（HA）

在血凝板上1～12孔各加生理盐水25μL，取待检（已知）病毒25μL加入第1孔，混匀后从中取出25μL加入第2孔，混匀后从中取出25μL加入第3孔……直至第10孔混匀后从该孔中取出25μL丢弃，保持每孔25μL的剂量。此时1～10孔的病毒稀释度依次为1∶2、1∶4、1∶8、1∶16、1∶32、1∶64、1∶128、1∶256、1∶1024、1∶2048。第11孔对照孔滴加25μL病毒，做阳性对照；第12孔不加，作为阴性对照。然后1～12孔都滴加1%鸡红细胞悬液各25μL，在振荡器上混匀2～3min，置于20～25℃环境中20～30min后判定结果，以能使100%红细胞凝集的抗原最高稀释倍数作为判定终点（表14.6）。

表 14.6　96 孔板微量法红细胞凝集试验方法

孔号	1	2	3	4	5	6	7	8	9	10	11	12
抗原稀释倍数	2	4	8	16	32	64	128	256	512	1024	2048	对照
生理盐水/μL	25	25	25	25	25	25	25	25	25	25	25	25 弃去
病毒/μL	25	25	25	25	25	25	25	25	25	25	25	
1% 鸡红细胞悬液/μL	25	25	25	25	25	25	25	25	25	25	25	25
摇匀，置于 20～25℃，20～30min 后判定结果												

判定标准：

＋＋＋＋：管底呈细密的颗粒凝集，边缘不整齐。

＋＋＋：全管底呈光滑的均匀片层，边缘折叠。

＋＋：全管底呈光滑的均匀片层，如伞状。

＋：管底大部分复以光滑片层，边缘稍厚。

±：较“＋”面积更小，中央有沉积的红血球。

－：红细胞沉积在管底中央，如小圆盘或纽扣状。

＋＋：为滴定终点。

2. 血凝抑制试验（HI）

有些病毒具有凝集某种（些）动物红细胞的能力，称为病毒的血凝，利用这种特性设计的试验称红细胞凝集（HA）试验，以此来推测被检材料中有无病毒存在，是非特异性的，但病毒的凝集红细胞的能力可被相应的特异性抗体所抑制，即红细胞凝集抑制（HI）试验，具有特异性。通过 HA-HI 试验，可用已知血清来鉴定未知病毒，也可用已知病毒来检查被检血清中的相应抗体和滴定抗体的含量。具体操作方法如下：

1）$4HA_{100}$单位的抗原配制

4 个 100%血凝单位（即 $4HA_{100}$）抗原的稀释倍数＝使 100%红细胞凝集的抗原最高稀释倍数/4。

$4HA_{100}$单位的抗原检验按表 14.7 进行。检查抗原的血凝价是否准确，应将配制好的 $4HA_{100}$单位的抗原再用生理盐水稀释，使其稀释度为 1∶2、1∶3、1∶4、1∶5、1∶6、1∶7。将每一稀释度的抗原 25μL 加入生理盐水 25μL，最后加入 1%鸡红细胞悬液 25μL，用微量振荡器中速混匀，置室温（20～25℃），20～30min 后判定结果。将血凝板在 20～25℃下放置 20～30min 后，如果 1∶4 稀释度是 100%红细胞凝集终点，说明配制是 $4HA_{100}$单位的抗原；如果 100%红细胞凝集终点是 1∶5 或 1∶6，说明配制的 $4HA_{100}$抗原实际上高于 4 个单位；如果 100%红细胞凝集终点是 1∶2 或 1∶3，说明配制的 $4HA_{100}$抗原实际上低于 4 个单位。使用时应根据检验结果作适当调整，使抗原工作液确为 $4HA_{100}$。

表 14.7　$4HA_{100}$抗原的检验

孔号	1	2	3	4	5	6
$4HA_{100}$抗原稀释度	1∶2	1∶3	1∶4	1∶5	1∶6	1∶7
稀释的 $4HA_{100}$抗原/μL	25	25	25	25	25	25
生理盐水/μL	25	25	25	25	25	25
1%鸡红细胞悬液/μL	25	25	25	25	25	25
摇匀，置于 20～25℃，20～30min 后判定结果						

2）操作步骤

取 96 孔微量反应板，分别向 1～11 孔中加入 25μL 生理盐水，第 12 孔中加入 50μL 生理盐水。吸取 25μL 待检血清，加至第 1 孔内，充分混匀后，吸取 25μL 至第 2 孔，依次倍比系列稀释至第 10 孔，从第 10 孔中吸取 25μL，弃去。同时每块板上设标准阳性血清和阴性血清（未免疫的对照鸡血清）对照，稀释方法同上。分别向 1～11 孔中加入含 $4HA_{100}$单位的抗原 25μL，室温下（25℃左右）静置 10～20min。每孔中加入 25μL 1%鸡红细胞悬液，微量振荡器上轻轻振荡混匀，室温下（25℃左右）静置 20～30min。对照红细胞将呈显著纽扣状（表 14.8）。

表 14.8　96 孔板微量法血凝抑制试验

孔号	1	2	3	4	5	6	7	8	9	10	11	12
血清稀释倍数	2	4	8	16	32	64	128	256	512	1024	病毒对照	红细胞对照
生理盐水/μL	25	25	25	25	25	25	25	25	25	25	25	50
被检血清/μL	25	25	25	25	25	25	25	25	25	25	0	0
$4HA_{100}$ 抗原/μL	25	25	25	25	25	25	25	25	25	25	25	0
摇匀，室温下（25℃左右）静置 20～30min												
1% 鸡红细胞悬液/μL	25	25	25	25	25	25	25	25	25	25	25	25
摇匀，室温下（25℃左右）静置 20～30min 后判定结果												

（表中箭头示意：逐孔倍比稀释，第 10 孔吸出后弃去）

3）结果判定

凝集现象表现为红细胞平铺于 V 行底壁，凝集严重时红细胞膜片边缘可能出现卷边现象。未凝集的红细胞在 V 型血凝孔中呈现为明显得红色圆点。将反应板倾斜 45 度角后判定结果，当红细胞呈泪滴样流淌且没有凝集颗粒时为 100%抑制。当阴性血清 HI 效价≤2log2、阳性血清 HI 效价与已知结果相比误差≤log2 时，试验方可成立。以完全抑制 $4HA_{100}$单位抗原凝集的血清最高稀释度作为 HI 效价。

3. 检测意义

HI 试验可监测鸡群的免疫状态，鸡免疫 3 周后，采血测定 HI 价。HI 越高免疫效果越好，鸡的 HI 价低于 16 时被认为免疫失败，需要重新进行免疫。幼鸡与后备鸡要求在 16 以上，蛋鸡要求在 32 以上，种鸡要求在 64 以上。

技能训练二　猪瘟单抗 ELISA 试验监测技术

【目的要求】

学会被检样品的血清处理方法和间接 ELISA 试验的原理和操作步骤。

【材料与试剂】

猪瘟弱毒单抗纯化酶联抗原、猪瘟强毒单抗纯化酶联抗原、兔抗猪 IgG 酶标抗体、猪瘟阳性血清、猪瘟阴性血清、酶标板及其他必要的试剂。

【操作步骤】

1. 被检血清的制备

采集无污染的新鲜猪血 3mL，低速离心 2000～3000r/min 离心 5min，取上清，分装于离心管中，－20℃保存备用。

2. 间接 ELISA 试验

1）包被

用包被液将猪瘟弱毒单抗纯化酶联抗原、猪瘟强毒单抗纯化酶联抗原各作 100 倍稀释，以 100μL 分别加入做好标记的酶标板孔中，置湿盒于 4℃过夜。

2）洗涤

弃去孔内液体，用洗涤液洗涤 3 次，每次 3min，甩干。

3）加待检血清

用稀释液将待检血清作 400 倍稀释，每孔加 100μL。同时，将猪瘟阳性、阴性血清以 100 稀释作对照，置湿盒内 37℃作用 2h。

4）洗涤

弃去孔内液体，用洗涤液洗涤 3 次，每次 3min，甩干。

5）加酶标二抗

用稀释液将兔抗猪 IgG 辣根过氧化物酶作 100 倍稀释，用微量加样器每孔加入 100μL，置湿盒内 37℃作用 1.5～2h。

6）洗涤

弃去孔内液体，用洗涤液洗涤 3 次，每次 3min，甩干。

7）显色

每孔加入底物溶液 100μL，置湿盒内 37℃作用 10min 观察显色反应，一般阴性对照孔略微显色，立即加 2mol/L H_2SO_4 溶液终止反应，每孔 100μL。

8）结果判定

肉眼判定或用酶标仪测定 OD 值。以阴性孔作空白调零，于酶标仪上测定 490nm 波长的 OD 值。

9）结果判定标准

在猪瘟弱毒酶标板上：OD>0.2 为猪瘟弱毒抗体阳性，表明接种疫苗后产生高滴度的猪瘟抗体；OD<0.2 为猪瘟弱毒抗体阴性，表明接种疫苗后未产生猪瘟抗体；

在猪瘟强毒酶标板上：OD≥0.5 为猪瘟强毒抗体阳性，表明感染了猪瘟病毒；OD<0.5 为猪瘟强毒抗体阴性，表明检测猪没有感染猪瘟病毒，建议及时进行疫苗接种。

3. 注意事项

(1) 运输单抗纯化酶联抗原时，必须使用冰盒低温运输；猪瘟强弱毒单抗纯化酶联抗原在 4℃保存 6 个月，在－18℃保存 12 个月。

(2) 配制洗涤液时，应使用新鲜蒸馏水或无离子水，每次洗板后，尽量不使孔中有残余液体，以免影响结果。

(3) 底物溶液应临用前配制，待邻苯二胺完全溶解于底物缓冲液后再加过氧化氢，混匀后立即加入孔中。

(4) 终止反应后，应立即读数。

知识链接

聚合酶链式反应

聚合酶链式反应，即 PCR 技术，是一种在体外快速扩增特定基因或 DNA 序列的方法，故又称为基因的体外扩增法。可以对细菌、病毒等样品进行扩增试验从而提高检测的灵敏度，具有检测样品的量可以从皮克（$pg=10^{-12}g$）量级扩增到微克（$\mu g=10^{-6}g$）水平，病毒检测的灵敏度可达 3 个 RFU，细菌检测的最小检出率为 3 个细菌等优点。

早在 1971 年，Kleppe 就设想用聚合酶链式反应技术在体外扩增 DNA，由于 DNA 变性时温度较高，加入的 DNA 聚合酶很快失活，必须每扩增一个循环补加一次酶，难于实际应用。1976 年 Chien 从嗜热水生菌中分离出热稳定的多聚酶，使这种技术成为一种有实际意义的方法。1983 年 Mullis 正式确定了体外扩增 DNA 技术，1987 年获专利，称之为聚合酶链式反应，即 PCR 技术。现在 PCR 技术在生物学、医学和农业等科学上都得到广泛应用。

PCR 技术关键是引物和 Taq 酶。两个引物要求与欲扩增 DNA 片段两链 3′端互补。其机理是，在高温下模板 DNA 双链变性成两条单链，低温时引物和两条变性模板在互补区复性。中温条件下在引物 3′端以靶 DNA 为模板合成互补链。每经过一次这样的循环，DNA 数量增加一倍，一般扩增 30 循环，DNA 分子就扩增到 10^9 倍，扩增范围可达 10kb。扩增循环如果超过 35 次，由于酶活性降低，扩增产物增加，其他副产物也急剧积累，再加上其他因素影响，产生平台效应。这时再反应下去，效率急剧下降，非特异性产物增加，对扩增不利。由于 Taq 酶没有 3′→5′的外切活性，容易发生碱基错配而不能校正，有 2×10^4误差率，4×10^4碱基引起一个框架漂移。所以，用 PCR 扩增的 DNA 片段，进行分子克隆或其他研究时要慎重，以免发生谬误。

PCR 技术的基本原理类似于 DNA 的天然复制过程，其特异性依赖于与靶序列两端互补的寡核苷酸引物。PCR 由变性—退火—延伸三个基本反应步骤构成：

1. 模板 DNA 的变性

模板 DNA 经加热至 93℃左右一定时间后，使模板 DNA 双链或经 PCR 扩增形成的双链 DNA 解离，使之成为单链，以便它与引物结合，为下轮反应作准备。

2. 模板 DNA 与引物的退火（复性）

模板 DNA 经加热变性成单链后，温度降至 55℃左右，引物与模板 DNA 单链的互补序列配对结合。

3. 引物的延伸

72℃DNA 模板-引物结合物在 TaqDNA 聚合酶的作用下，以 dNTP 为反应原料，靶序列为模板，按碱基配对与半保留复制原理，合成一条新的与模板 DNA 链。

每完成一个循环需 2～4min，2～3h 就能将待扩目的基因扩增放大几百万倍。PCR 技术在兽医学中的应用已经非常广泛。近年来用以诊断动物病病毒病，如口蹄疫、蓝舌病、狂犬病、伪狂犬病、禽传染性支气管炎病、猫免疫缺陷病毒，疱疹病毒、轮状病毒，肝 DNA 病毒。牛恶性卡他热病毒、鸡贫血症病毒，小反刍动物死水病毒、猪细小病毒、非洲猪瘟病毒、水貉阿留申病毒、鱼传染性造血器官坏死病毒、马疱疹病毒Ⅰ型和 4 型病毒，还用于鲤鱼生长激素基因、虾杆状病毒蛋白基因和家畜性别鉴定等检测。

PCR 技术为疾病诊断提供了简便，快速、特异、敏感的检测手段，适于检测不宜分离培养或含量极微的样品中病原体特定基因片段的有无，或分析不同样品中此片段的异同。为了检测 RNA 样品可以先进行反转录，然后进行 PCR 扩增 DNA，这就是 RNA 的反转录-聚合酶链反应（RT-PCR）。PCR 与酶切图谱分析和分子杂交技术联合应用可获得更好的效果。另一方面，PCR 技术亦不断革新，如荧光 PCR、巢式 PCR、多重 PCR、定量 PCR 等的问世，使 PCR 用途越来越广。

高质量引物的设计与合成、PCR 扩增条件的选择等是保证 PCR 敏感与特异的关键因素。由于 PCR 技术需要较高的专业技术，且易出现假阳性结果，因而在兽医服务的现场使用上仍受到一定限制。相信随着该技术的不断完善与简化，它在疾病诊断中会发挥更大作用。

复习思考题

(1) 试述免疫监测常用血清学技术的类型及方法。

(2) 简述抗体监测被检血清的采集及处理方法。

(3) 间接凝集试验标记载体有哪些?

(4) 简述猪瘟抗体监测方法步骤及猪瘟抗体监测的实际意义。

(5) 简述口蹄疫抗体监测方法步骤及抗体监测的实际意义。

(6) 简述鸡新城疫抗体监测方法步骤及抗体监测的实际意义。

(7) 简述禽流感抗体监测方法步骤及抗体监测的实际意义。

(8) 简述猪繁殖与呼吸综合症抗体监测方法步骤及抗体监测的实际意义。

项目十五 生物制品的保存、运输和使用

【学习目标】

（1）掌握不同种类生物制品的运输、保存方法，使用注意事项。

（2）掌握免疫接种技术。

（3）了解免疫失败的原因及解决方法。

【技能目标】

（1）会常规生物制品能进行正确的运输与保存及鉴别。

（2）能够对动物进行免疫接种。

不同的生物制品要求不同的保存条件，必须按规定要求进行保存、运输和使用，保存、运输不当会使生物制品的质量明显下降，使用方法不对则起不到应有的作用。

任务一 生物制品的保存与运输

一、生物制品的保存

一般来说，灭活疫苗要保存于2～15℃的冷暗环境中，非经冻干的活菌苗（湿苗）要于4～8℃保存，这两种疫苗都不应冻结保存。冻干的活疫苗，低温冷冻−15℃以下保存，并且保存温度越低，疫苗病毒（或细菌）死亡越少。如猪瘟兔化弱毒冻干苗在−15℃可保存12个月，0～8℃保存6个月，25℃约10d。所有的疫苗保存温度均应保持稳定，温度高低波动大，尤其是反复冻融，疫苗病毒（或细菌）会迅速大量死亡。马立克氏病疫苗有一种细胞结合性疫苗，必须在液氮中保存和运输。免疫血清一般保存于2～8℃的冷暗处，冻干制品在−15℃以下保存。

二、生物制品的运输

运送前，生物制品要逐瓶包装，衬以厚纸或软草后装箱，防止碰坏瓶子，散播病

原体。运输途中避免高温、暴晒和冻融。若是活疫苗需要低温保存，可先将疫苗装入盛有冰块的保温瓶或保温箱内运送；北方寒冷地区要避免液体制剂冻结，尤其要避免由于温度高低不定而引起的反复冻结和融化。切忌把生物制品放在衣袋内，以免由于体温较高而降低疫苗的效力。大批量运输的生物制品置于冷藏箱内运输，选择最快捷的运输方式，到达目的地后尽快送至保存场所。需液氮保存的疫苗应置于液氮罐内运输。

任务二　生物制品的免疫接种

一、疫苗的使用

利用病原微生物、寄生虫及其组分或代谢产物制成的，用于人工主动免疫的生物制品称为疫苗。通过接种疫苗，刺激动物体产生免疫应答，从而抵抗特定病原微生物或寄生虫的感染，以达到预防疾病的目的。

（一）疫苗预防接种的类型

免疫接种可分为预防接种、紧急免疫接种和临时免疫接种。

1. 预防免疫接种

经常发生某些疫病的地区，或某些疫病潜在的地区，或受到邻近地区某些疫病经常威胁的地区，为了预防疫病的发生，平时使用疫苗、类毒素等生物制品有计划地给健康的动物群进行的免疫接种。实施预防接种要具有科学性与针对性。具体表现在：要拟定每年的预防接种计划；因地因时制定合理的免疫程序；免疫前的准备工作，如事先准备好接种的疫苗、器械，检查被接种动物的健康状况和数量，疫苗的选择使用等。

2. 紧急免疫接种

发生疫病时，为迅速控制和扑灭疫病的流行，对疫区和受威胁地区尚未发病的动物进行的免疫接种，称为紧急免疫接种。其目的是包围疫区、防止疫情向外扩散。紧急免疫接种常用高免血清和卵黄抗体，具有安全、产生免疫快的特点，但保护周期短，用量大，价格高。实践证明，当发生某些疫病（新城疫、猪瘟、传染性法氏囊病、兔瘟等疫病）时使用疫苗对健康畜群紧急免疫接种，可取得较好的效果。

3. 临时免疫接种

临时为避免某些疫病的发生而进行的免疫接种。如从外地引种、运输动物时，为避免途中或达到目的地后爆发某些疫病而临时进行的免疫接种。又如动物去势、手术时为防止某些疫病而进行临时免疫接种。

（二）疫苗免疫接种的方法

科学合理的免疫接种途径可以充分发挥体液免疫和细胞免疫的作用，提高动物机体的免疫应答能力。

1. 注射免疫法

可用于灭活疫苗与活疫苗的免疫接种。分为皮下接种、皮内接种、肌肉接种。注射接种剂量准确、免疫密度高、效果确实可靠，在生产实践中应用广泛。但费时费力，消毒不严格时易造成病原体人为传播和局部感染，而捕捉动物时易出现应激反应。

1）皮下接种

多用于灭活疫苗的接种。选择皮薄、被毛少、皮肤松弛、皮下血管少的部位。马牛等大家畜在颈侧中 1/3 部位，猪在耳根后或股内侧，犬羊宜在股内侧，家禽在颈部。注射部位消毒后，注射者右手持注射器，左手食指与拇指将皮肤提起呈三角形，沿三角形基部刺入皮下约注射针头的 2/3，将左手放开，再推动注射器活塞将疫苗徐徐注入。然后用酒精棉球按住注射部位，将针头拔出。

2）皮内接种

选择皮肤致密、被毛少的部位。马在颈侧、眼睑部位。牛、羊在颈侧，也可在尾根或肩胛中央部位。猪大多数在耳根后。鸡在肉髯部位。左手将皮肤捏起形成皱褶或以左手绷紧固定皮肤，右手持注射器，将针斜面朝上，针头与皮面平行刺入皮内 0.5cm 左右，放松左手，左手在针头与针筒交接处固定针头，右手持注射器，徐徐注入药液。如针头确在皮内，则注射器推进时感觉有阻力，同时注射处形成一个圆丘，突出于皮肤表面。皮内接种疫苗的使用剂量和局部副作用小，相同剂量的疫苗产生的免疫力比皮下接种高。生产中仅有羊痘弱毒苗、卡介苗、诊断液进行皮内接种。

3）肌肉注射

肌肉注射操作简单、应用广泛、副作用小，药液吸收快，免疫效果好。应选择肌肉丰满、血管少、远离神经干的部位。马、牛、猪、羊的肌肉接种，采用臀部和两侧颈部。鸡在胸部和大腿部接种，多用于一些活疫苗的接种。

进行注射免疫接种时，应注意：注射器械、畜禽接种的部位、操作过程均应严格消毒，否则容易诱发化脓性感染；应做到一畜一根注射针头，防止人为传播病原；动物保定确实，操作认真、细心，确保剂量准确，防止人畜伤害。

2. 口服免疫法

口服免疫法效率高、省时省力、操作方便，全群动物能在同一时间内共同接种，且对群体的应激反应小，但动物群体中抗体滴度不均匀，免疫持续期短，免疫效果易受多种因素的影响，适用于活疫苗。口服免疫时，应按畜禽数量和畜禽平均饮水量及摄食量，准确计算疫苗剂量。免疫前应停饮或停喂一段时间，疫苗混入饮水或饲料后，必须迅速口服，保证在最短的时间内摄入足量疫苗。稀释疫苗的水，应用纯净的冷水，在饮水中最好能加入 0.1%的脱脂奶粉。混有疫苗的饮水及饲料的温度，以不超过室温为宜，应注意避免疫苗暴露在阳光下。用于口服的疫苗必须是高效价的活疫苗，可增加疫苗用量，一般为注射剂量的2～5倍。

3. 气雾免疫法

气雾免疫法是用气泵产生的压缩空气通过气雾发生器（图15.1），将稀释疫苗喷出去，使疫苗形成直径0.01～10μm的雾化粒子，均匀地浮游在空气中，畜、禽通过呼吸道吸入肺内，以达到免疫。

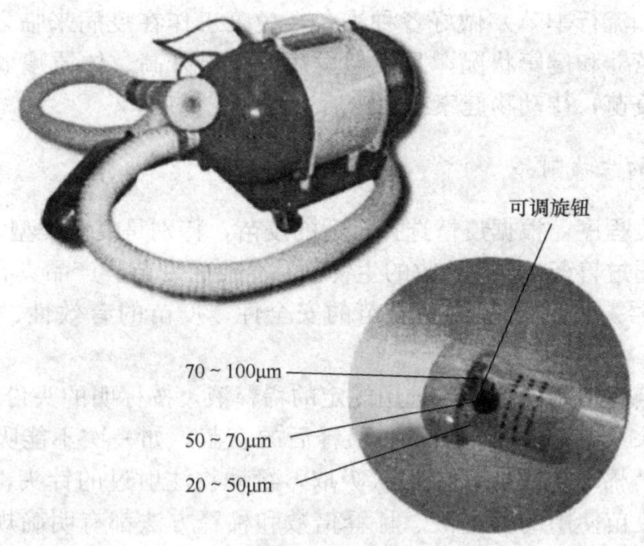

图15.1 可调式气溶胶气雾发生器

4. 滴鼻、点眼免疫法

鼻腔黏膜下有丰富的淋巴组织，禽类眼部有哈德氏腺，对抗原的刺激能产生较强的免疫应答反应，滴鼻时左手握住家禽，使一个鼻孔向上，另一个鼻孔用手堵住，右手拿滴管，对准向上的鼻孔缓缓滴入，使其自然吸入。点眼时，一个助手握住个翅膀和两条腿，点眼者左手固定禽头，使一侧的眼睛向上，右手持塑料的滴眼瓶，将疫苗滴进眼里。注意滴管消毒，滴头不要碰到眼球。

5. 刺种免疫法

常用于禽痘、禽脑脊髓炎等活疫苗的免疫接种。刺种时，先按规定剂量将疫苗稀释好，用接种针或沾水笔尖蘸取疫苗，在禽类翅膀内侧无血管处的翼膜刺种，刺种后7～10d，接种部位会出现红肿、结痂反应。

6. 涂擦法

主要用于禽痘和传染性喉气管炎强毒的免疫接种。在禽痘接种时，先拔去大腿处8～10根羽毛，然后用高压灭菌棉签（不能用化学消毒）蘸取疫苗，逆着羽毛生长的方向涂刷 3～5 下。鸡传染性喉气管炎强毒接种则用涂肛法，即用消毒的棉签或小刷子蘸取疫苗，直接涂擦在泄殖腔的黏膜上。

（三）疫苗接种的注意事项

1. 熟悉疫情动态和动物健康状况

为了保证免疫接种的安全和效果，最好于接种前对部分幼畜禽的母源抗体进行监测，选择最佳时机进行接种。了解本地、本场各种疫病发生和流行情况，依据疫病种类和流行特点（如流行季节）做好各种准备，免疫工作在疫病来临之前要完成。接种前要观察动物的营养和健康状况，凡疑似发病、体温升高、体质瘦弱、妊娠后期等的动物均不宜接种疫苗，待动物健康或生产后适时补充免疫。

2. 选用合格的生物制品

（1）结合免疫程序，根据疫情选择合适的疫苗，特别是疫苗类型。

（2）应选购通过兽药 GMP 验收的生物制品企业的疫苗。产品具有农业部正式生产许可证及批准文号。说明书应注明疫苗的安全性、疫苗的有效性、足够的疫苗含毒量等。

（3）按照疫苗的使用说明书，选用规定的稀释液，按标明的头份充分稀释、摇匀，注意注射器、针头及瓶塞表面的消毒。稀释后的疫苗，如一次不能吸完，吸液后针头不必拔出，用酒精棉球包裹，以便再次吸取，给动物注射过的针头，不能吸液，以免污染疫苗。各种疫苗使用的稀释液、稀释倍数和稀释方法都有明确规定，必须严格按照生产厂家的使用说明书进行。稀释疫苗用的器械必须是无菌的，否则不但影响疫苗的效果，而且会造成污染。用于注射的活疫苗一般配备专用稀释液，若无稀释液，可以用生理盐水稀释。饮水免疫，可用蒸馏水或纯净冷水，最好在饮水中按 0.1%浓度加脱脂奶粉，不能用含有消毒药物（如漂白粉）的水。稀释前先用酒精棉球消毒疫苗的瓶盖，然后用灭菌注射器吸取少量的蒸馏水注入疫苗瓶中，充分振荡溶解后，抽取溶解的疫苗放入干净的容器中，再用蒸馏水把疫苗瓶冲洗几次，使全部疫苗所含病毒（细菌）都被冲洗下来，然后按一定剂量加入蒸馏水。

3. 免疫接种器械的准备

免疫接种的注射器、针头和镊子等用具，应严格消毒。针头要经常更换，可以将换下的针头浸入酒精、新洁尔灭或其他消毒液中，浸泡 20min 后，用灭菌蒸馏水冲洗后重新使用。接种过程也应注意消毒，接种后的用具、空疫苗瓶也应进行消毒处理。免疫接种常用的器械主要为连续注射器（图 15.2）。

4. 选择接种方法

根据疫苗的种类不同、剂型不同、饲养规模不同，采取不同的免疫接种途径。免疫途径不同，产生的免疫效果也不一样。

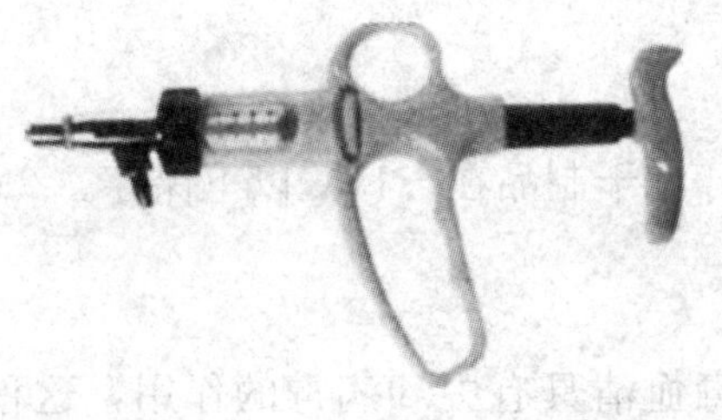
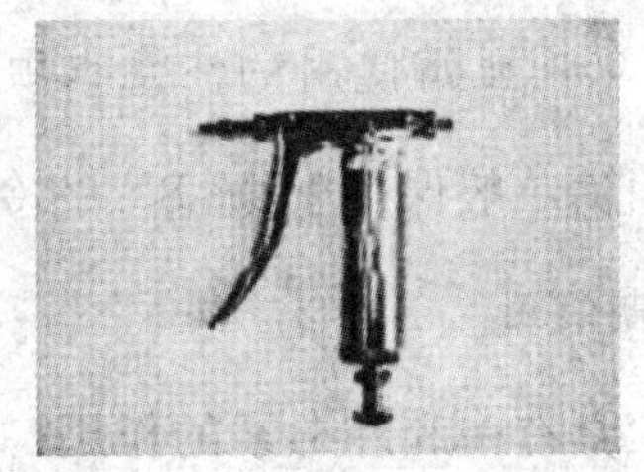

图 15.2　兽用连续注射器

5. 免疫接种记录

接种记录的内容包括疫苗的种类、批号、生产日期、厂家、剂量、稀释液，接种方法和途径、畜禽数量、接种时间、参加人员等，并对接种的检测效果进行记录。还应注明对漏免者补免的时间。同时，对接种的对象，注意接种后的临床观察，动物出现的不良反应也要予以记录。

6. 接种后动物的检查与护理

已经打开瓶塞或稀释过的疫苗，必须当天用完，未用完的处理后弃去。饮水、气雾、拌料接种疫苗的前 2d 和后 5d 不得让动物饮用消毒药（如高锰酸钾等），也不得进行任何消毒，使用弱毒菌苗的前后各一周内不得使用抗微生物药。接种疫苗后，有的可发生暂时性的抵抗力降低现象，应加强护理，同时特别注意控制家畜的使役，以免过分劳累而产生不良后果。有的免疫后可能引起过敏反应，应详细观察 1 周左右。发生严重过敏者，应立即用肾上腺素等药物脱敏，以免导致死亡。

二、免疫血清的使用

动物经反复多次免疫同一种抗原物质后，机体血清中存在大量针对此抗原的特异性抗体，采取此动物的血液分离血清，即为免疫血清，或称高免血清、抗血清，用于治疗和紧急预防。血清注入机体后可立即发挥抗病作用，但这种免疫力维持时间较短，一般为 2～3 周，故使用免疫血清进行传染病防治时应多次注射。临床上常用的有抗猪瘟血清、抗小鹅瘟血清、抗鸭病毒性肝炎血清、破伤风抗毒素等。

（一）免疫血清的种类

根据制备免疫血清所用抗原物质的不同，免疫血清可分为抗菌血清、抗病毒血清和抗毒素。根据制备免疫血清所用动物的不同，免疫血清还有同种血清和异种血清之分。用同种动物制备的血清称同种血清，用异种动物制备的血清称异种血清。抗细菌血清和抗毒素通常用大动物（马、牛等）制备，如用马制备破伤风抗毒素，用牛制备猪丹毒抗血清均为异种血清。抗病毒血清常用同种动物制备，如用猪制备猪瘟抗血清、用鸡制备鸡新城疫抗血清等。同种动物血清的产量有限，但免疫后不引起应答反应，因此比异种血清免疫期长。

（二）免疫血清使用的注意事项

免疫血清一般保存于2～8℃的冷暗处，冻干制品在－15℃以下保存。

1. 早期使用

抗毒素具有中和外毒素的作用，抗病毒血清具有中和病毒的作用，这种作用仅限于未和组织细胞结合的外毒素和病毒，而对已和组织细胞结合的外毒素、病毒及产生的组织损害无作用。因此，用免疫血清治疗时，愈早愈好，以便使毒素和病毒在未达到侵害部位之前就被中和而失去毒性。

2. 多次足量

应用免疫血清治疗虽然有收效快、疗效高的特点，但维持时间短，因此必须多次足量注射才能收到好的效果。

3. 血清用量

要根据动物的体重、年龄和使用目的来确定血清用量，一般大动物预防用量为10～20mL，中等动物5～10mL，家禽预防用量为0.5～1mL，治疗用量为2～3mL。

4. 途径适当

使用免疫血清适当的途径是注射，而不能经口途径。注射时以选择吸收较快者为宜。静脉吸收最快，但易引起过敏反应，应用时要注意预防。另外，也可选择皮下或肌肉注射。静脉注射时要预先加热到30℃左右，皮下注射和肌肉注射量较大时应多点注射。

5. 防止过敏

用异种动物制备的免疫血清使用时可能会引起过敏反应，要注意预防，最好用提纯制品。给大动物注射异种血清时，可采取脱敏疗法注射，必要时应准备好抢救措施。

任务三 免疫不良反应和免疫失败

动物接种疫苗后，除了正常的预防接种反应外，常常会发生免疫不良反应和免疫失败等问题，不仅达不到防疫治病的目的，还会造成一定经济损失，甚至引发疫病流行等严重后果。

一、免疫不良反应和免疫失败

（一）不良反应

1. 一般反应

少数家畜注苗后出现精神萎靡不振、食欲减退、体温微升现象。一般不需要处理，

属于正常反应，1～2d即可完全恢复。

家禽常见的不良反应有以下两种情况：

（1）呼吸道不良反应：雏鸡在接种传染性支气管炎疫苗发生呼吸道免疫反应，一般在寒冷的冬季易发生。因为养鸡场为保暖而紧闭门窗，致使鸡舍内空气污浊，有害气体增多，此时给鸡进行呼吸道病免疫接种，就会引起严重呼吸道免疫反应，常表现呼吸啰音、摇头和眼睑肿胀、流泪等症状。

（2）头颈部不良反应：选择在颈背部皮下注射疫苗时，因注射部位不当，针头刺到肌肉或神经，或将疫苗注入颈部肌肉，引起颈部活动僵硬，表现为扭曲状。腿部不良反应，选择在腿部肌肉注射疫苗时，因失手易造成血管或神经损伤，或注射疫苗的用量过大，或带菌免疫，引起腿部注射部位发炎，出现肿胀、跛行症状。

2. 严重反应

个别家畜注苗后出现急性过敏反应，呼吸加快、黏膜充血、肌肉震颤、胀气、流产。甚至口吐白沫，倒地不起抽搐，如抢救不及时可以导致死亡。

（二）免疫失败

从广义上说，免疫失败是机体在免疫过程中，由于某一种或某几种原因造成接种疫苗后群体或个体未达到预期免疫效果，而呈现的一种不健康状态的表现形式。从狭义上说，疫苗接种过的动物机体不产生相应的免疫应答或显著减弱，并由此造成不能预防相应疫病的现象称为免疫失败。免疫失败的主要临床表现如下。

（1）疫苗接种动物后仍发生相应的疾病。

（2）动物接种后虽不发生相应疾病，但机体抵抗力降低，使其发生混合感染的疾病增多。

（3）群体接种疫苗后虽未发生明显的疾病，但引起群体生产性能降低，如生长缓慢，饲料转化率降低，鸡群产蛋率下降，猪群生长缓慢等现象。

（4）注射接种后动物很快发生相应疾病死亡，或虽不死亡，也不表现临床症状，但体内检测不到抗体。

（5）隐性感染、持续感染和带毒动物及垂直感染现象。

二、影响免疫效果的因素

影响免疫效果的因素是多方面的，概括来说主要有以下几方面：疫苗因素、动物自身因素、免疫操作因素、外界环境因素等。

（一）疫苗因素

1. 疫苗本身的质量

1）疫苗被污染

按疫苗生产规程，制苗用的种蛋必须是SPF蛋。但在生产实践中，有些厂家往往为了追求利润不使用SPF种蛋，这样就易造成种蛋对疫苗的污染。

2）疫苗质量达不到规定效价

目前，市场上猪、鸡、犬用疫苗种类很多。有单价的、多联的，有灭活的、弱毒的，品种多，疫苗的质量也存在很大差异。个别疫苗生产厂家为了追求利益最大化，制造的疫苗效价偏低，而造成免疫失败。

3）疫苗种毒免疫原性较差

制造疫苗的毒株驯化不良或选择不当，其免疫原性差，用这样的疫苗免疫注射后机体所产生的抗体滴度偏低，而达不到理想的防病效果。

4）保护剂、冻干剂、佐剂的差异

在生产弱毒冻干苗时需要使用冻干保护剂，生产灭活苗和某些细菌苗时需要使用佐剂，使用的这些保护剂和佐剂的品种及质量的不同，所生产的疫苗的质量也存在很大差异。

2. 疫苗保存不当

疫苗在运输、保管及使用过程中没按要求在冷链下进行，疫苗失效。对那些瓶签说明不清、有裂缝破损、色泽性状不正常（如油乳剂灭活苗的破乳分层现象）或瓶内发现杂质异物等的疫苗，应停止使用。

3. 疫苗使用不当

1）疫苗选择不当

有些血清型较多的传染病，如大肠杆菌病、禽流感、传染性法氏囊病、传染性支气管炎等，没有选用与本地流行毒株相对应的血清型，造成免疫失败。

2）疫苗间干扰作用

将两种或两种以上无交叉反应的抗原同时接种时，机体对其中一种抗原的抗体应答显著降低，从而影响这些疫苗的免疫接种效果。

（二）易感动物机体状况因素

1. 遗传因素

动物机体对接种抗原有无免疫应答，在一定程度上是受遗传控制的，动物品种繁多，免疫应答各有差异，即使同一品种不同的个体，对同一疫苗的免疫反应强弱也不一致。有的动物甚至有先天性免疫缺陷，从而导致免疫失败。

2. 母源抗体干扰

通过胎盘、初乳或卵黄从母体所获得的抗体称为母源抗体。由于母源抗体的存在，幼龄动物对某些疾病具有较强的抵抗力，例如新生仔猪在2～3个月内对猪丹毒杆菌，新生羔羊对布氏杆菌具有较强的不感受性，关键在于获得了母源抗体。母源抗体不仅在抗病免疫中具有重要意义，而且对疫苗接种后机体的免疫应答也有严重干扰，因而对免疫程序有巨大影响。一般来说，传染性支气管炎的母源抗体可维持两周左右，鸡新城疫的母源抗体3周后完全消失，传染性法氏囊病的母源抗体可持续2～3周。雏鸡

的母源抗体又受母鸡循环抗体的影响，由于母鸡免疫接种经过时间的不同，或者是孵化的种蛋来自不同的鸡场，其后代雏鸡的母源抗体水平就会有较大的差异，所以就很难规定一个适用于各养殖场的免疫程序。不过对于母源抗体水平低而个体差异又较小的雏鸡，首次接种鸡新城疫疫苗时应在早龄进行，反之，母源抗体水平高的雏鸡，应推迟接种；对于母源抗体水平参差不齐，而又受到疫情威胁的雏鸡，应早接种，以后再重复接种。

3. 营养因素

维生素及许多其他养分都对鸡免疫力有显著影响。养分缺乏，特别是缺乏维生素A、D、B、E和多种微量元素及全价蛋白质时能影响机体对抗原的免疫应答，免疫反应明显受到抑制。试验表明，雏鸡断水、断食48h，法氏囊、胸腺和脾脏重量明显下降，脾脏内淋巴细胞数减少，网状内皮系统细菌清除率降低，即机体免疫能力下降。

4. 在疫病的潜伏期免疫接种

在疫病的潜伏期接种相应疫苗不但易造成免疫失败，还促使其发病及提高病死率。

5. 野毒早期感染或强毒株感染

机体接种疫苗后需要一定时间才能产生免疫力，而这段时间恰恰是一个潜在的危险期，一旦有野毒入侵或机体尚未完全产生抗体之前感染强毒，就导致疾病的发生，造成免疫失败。

6. 免疫抑制性疾病

免疫抑制因素对免疫效果影响也是很重要的因素。某些传染病如猪繁殖障碍与呼吸综合征、圆环病毒、传染性法氏囊病、马立克氏病、传染性贫血或寄生虫病、营养代谢性疾病、药物、毒素中毒等均会破坏机体的免疫系统，导致动物免疫功能受到抑制和免疫能力下降。

（三）免疫操作因素

1. 免疫程序不合理

目前没有适用于各地区及各饲养场的固定的免疫程序。应根据当地的实际情况制定。由于影响免疫的因素很多，免疫程序应根据疫病在本地区的流行情况及规律、畜禽的用途（种用、肉用或蛋用）、年龄、母源抗体水平、饲养条件，以及使用疫苗的种类、性质、免疫途径等方面的因素制定。另外，免疫程序应随情况的变化而做调整，不存在普遍适用的最佳免疫程序。血清学抗体检测是重要的参考依据。

免疫剂量、接种次数及时间间隔。在一定限度内，疫苗用量与免疫效果成正相关。过低的剂量刺激强度不够，不能产生足够强烈的免疫反应；而疫苗用量超过了一定的限度后，免疫效果不但不增加，还可能导致免疫受到抑制，称为免疫麻痹。因此，疫苗的剂量按照规定使用，不得任意增减。

疫苗使用时，在初次应答之后，间隔一定时间重复免疫，可刺激机体产生再次应答和回忆反应，产生较高水平的抗体和持久的免疫力。所以生产中常进行2～3次的连续接种，时间间隔视疫苗种类而定，细菌及病毒疫苗免疫应答产生快，间隔7～10d或更长一些。类毒素是可溶性抗原，免疫反应产生较慢，时间间隔至少4～6周。

2. 乱用药物

使用弱毒活疫（菌）苗前后几天，对畜禽进行喷雾消毒和饮水消毒；或使用抗菌药物，杀灭或抑制了疫（菌）苗的活性，降低了机体的免疫应答能力。另外，激素类免疫抑制剂的使用不当，也可造成免疫失败。抗菌素如氟苯尼考、磺胺药、地塞米松、氨茶碱等对疫苗免疫均有影响。饲料中如长期添加氨基糖苷类会削弱家禽免疫抗体的产生；土霉素气雾剂能影响新城疫疫苗抗体形成，T细胞是土霉素的靶细胞，应避免在饲料中长期添加土霉素。地塞米松可减少淋巴细胞产生，使用剂量过大或长期使用会造成免疫抑制。

3. 免疫操作不当

如在滴鼻滴眼免疫时，疫苗未能进入眼内、鼻腔；肌注免疫时，出现“飞针”，疫苗根本没有注射进去或注入的疫苗从注射孔流出，造成疫苗注射量不足。饮水免疫时，免疫前未限水或饮水器内加水量太多，使配制的疫苗未能在规定时间内饮完等。

4. 免疫途径不正确

如用正（副）黏病毒毒株生产的疫苗接种时滴鼻效果最好，其次是肌肉注射和皮下注射，痘病毒疫苗皮内注射或皮肤刺种优于其他免疫途径，狂犬病疫苗的免疫肌肉注射效果最好。有的将口服苗用作注射，将应该注射的做了口服，都会造成免疫失败。

5. 器械、衣物和用具消毒不严格

免疫接种时不按要求消毒注射器、针头、刺种针及饮水器等，使免疫接种成了带毒传播，反而引发疫病流行。

6. 疫苗稀释剂存在问题

疫苗稀释剂未经消毒或受到污染而将杂质带进疫苗；随疫苗提供的稀释剂存在质量问题；饮水免疫的，饮水器未消毒、清洗，或饮水器中含消毒药等都会造成免疫不理想或免疫失败。

（四）管理因素

1. 饲养管理不科学

有的饲养场只求多养、多获利，而未能考虑物质基础和技术条件。畜禽数量超负荷，密度过大，通风不良，空气中有害气体浓度过高，应激频繁，使机体的免疫应答能力降低，造成免疫失败。

2. 环境污染

近年来随着养殖业的发展，养畜数量猛增，饲养形式大多数属于高密度开放式饲养，包括密集式专业养鸡村、养猪村、养牛村等，对疾病没有采取综合性防治措施，消毒制度不严格，死鸡、死猪、死狗到处乱扔，更有甚者把病畜卖出，污染了畜禽舍内外环境，致使家畜禽在污染有大量病原微生物的环境里生活，因此，即使有良好的免疫程序，也很容易感染发病，造成免疫失败。

3. 饲料质量问题

某些混合料或添加剂厂家为了追求利润，不按质量标准配制，不是营养不全，就是变质发霉、盐分过量。如机体氨基酸不平衡或必需氨基酸不足，维生素缺乏或不平衡，矿物质和微量元素缺乏或不平衡，必需微量元素如铁、锌、铜等缺乏均会导致免疫功能降低。

4. 应激因素

由于各种因素造成的应激反应都会干扰免疫应答，如惊吓、注射、保定，光线过强、舍温过高、湿度过大、过敏反应等应激，都会影响免疫的效果。动物机体的免疫功能在一定程度上受到神经、体液和内分泌的调节，在环境过冷过热、湿度过大、通风不良、拥挤、饲料突然改变、运输、转群、注射、保定等刺激性应激因素的影响下，机体肾上腺皮质激素分泌增加。肾上腺皮质激素能显著损伤淋巴细胞，对巨噬细胞也有抑制作用，增加免疫球蛋白的分解代谢。所以，当动物处于应激反应敏感期时接种疫苗，就会减弱其免疫能力。

三、预防免疫不良反应与免疫失败的主要措施

(1) 重视动物养殖场的环境卫生，改善动物生态环境。加强饲养管理，提高动物的体质，增强动物抗病能力。加强检疫、消毒、隔离工作，防止传染病的水平传播。建立完善的生物安全体系。

(2) 结合本地区的疫情和本饲养场的病史，制定合理、科学的免疫程序。根据所饲养动物的用途、种类及饲养规模，选用不同的疫苗及制定不同的免疫程序。根据疫病的性质、疫苗的特点，采用合理、有效的免疫接种途径。注意所选择疫(菌)苗毒株的血清型，亚型或株型与本地、本场所流行的毒株的一致性。同时根据疫苗的性质和质量，正确地选择疫苗种类。采用正确的免疫操作方法，保证免疫质量。

(3) 加强免疫前检测工作，及时注意发现和淘汰带毒动物及隐性感染动物。特别注意能经胎盘或卵垂直传播的疾病和能产生免疫抑制的疾病，并防止母源抗体的干扰作用。根据免疫监测结果及突发疾病的性质，及时对免疫程序作出必要的修改和补充等。

技能训练 免疫接种技术

【目的要求】

（1）熟悉常用兽医生物制品的保存、运送和用前检查方法。

（2）掌握兽医生物制品的使用方法。

（3）熟悉免疫接种的组织与接种注意事项。

【实训材料】

1. 器材

5%碘酊、70%酒精、新洁尔灭或来苏儿等消毒剂；金属注射器（5mL、10mL、20mL 等规格）、玻璃注射器（1mL、2mL、5mL 等规格）、兽用连续注射器、针头（兽用 12～14 号、人用 6～9 号）、煮沸消毒锅、镊子、剪刀、剪毛剪、体温计、气雾免疫发生器、乳头滴管、桶、脸盆、毛巾、肥皂、纱布、脱脂棉、带盖搪瓷盘、出诊箱、工作服和帽、胶靴、免疫登记册或免疫卡片、疫苗稀释用瓶、动物保定用具。

2. 兽医生物制品

猪、牛、羊、禽、犬、兔等动物常用活疫苗及灭活疫苗，相应的稀释液；免疫血清、卵黄抗体。

3. 待免动物

猪、牛、羊、禽、犬、兔等动物。

【内容及方法】

本实训可在禽场、猪场、牛场、羊场、兔场、犬场进行，应视条件选择动物和免疫方法进行操作。

（一）预防接种前的准备

（1）根据动物免疫接种计划，确定接种日期及生物制品种类，准备足够的兽医生物制品、器材、药品、免疫登记表（卡片）。安排并组织培训动物接种和保定人员，进行免疫接种知识教育，包括接种规范操作，接种后的饲养管理及观察，动物保定的注意事项等。

（2）仔细对所使用的兽医生物制品进行用前检查，有下列情况之一者一律不得使用：没有瓶签或瓶签模糊不清；没有经过合格检查；过期失效；兽医生物制品的质量与说明书不符，如出现变色、潮解、板结、发霉、沉淀、有异物、有异味等；瓶盖不紧，瓶体破裂；未按规定方法保存。

（3）对预定预防接种的动物进行全面了解和临床观察，必要时进行体温检查。凡体质过于瘦弱的动物，妊娠后期的动物，未断奶的幼畜，体温升高者或疑似患病动物

均不应该接种疫苗，可注射免疫血清，禽可注射高免卵黄抗体。对这类未接种的动物应过后及时补种。

（二）疫苗的稀释

生产厂家对各种疫苗是否需要稀释，以及使用的稀释液、稀释倍数和稀释方法都有明确规定，必须严格地按照使用说明书操作。稀释疫苗用器械必须是无菌的，以防疫苗受到污染。

1. 注射用疫苗的稀释

用70％酒精棉球擦拭消毒疫苗和稀释液的瓶盖，然后用带有针头的灭菌注射器吸取少量稀释液注入疫苗瓶中，充分震荡溶解后，吸取注入盛放疫苗液的空瓶中，反复冲洗疫苗瓶2～3次，使疫苗充分转入疫苗液瓶中，补足所需稀释液，摇匀备用。

2. 饮水用疫苗的稀释

饮水（或喷雾）免疫时，疫苗最好用蒸馏水或无离子水稀释，也可用洁净的深井水或泉水稀释，不能用自来水，因为自来水中的消毒剂会把疫苗中活的微生物杀死，使疫苗失效。稀释前先用酒精棉球消毒疫苗的瓶盖，然后用灭菌注射器吸取少量的稀释液注入疫苗瓶中，充分振荡溶解后，抽取溶解的疫苗放入干净的容器中，再用稀释液把疫苗瓶冲洗几次，使全部疫苗转入容器中。然后按一定剂量补足所需稀释液。

（三）免疫接种的方法

根据不同兽医生物制品的使用要求采用相应的接种方法。

1. 皮下注射法

牛、马等大动物采用颈侧部位；猪在耳根后；羊在股内侧、肘后及耳根处；家禽在颈部或大腿内侧；兔在耳后或股内侧。根据药液浓度及畜禽大小，一般用16～20号针头。注射时，左手拇指与食指捏取皮肤成皱褶，右手持注射针管，在皱褶底部稍倾斜快速刺入皮肤与肌肉间，缓缓推药。注射完毕，将针拔出，立即以药棉揉擦，使药液散开。

2. 皮内注射法

接种部位马在颈侧；牛、羊除在颈侧外还可在尾根皮肤皱褶及肩胛中央；猪在耳根后；鸡在肉髯部。注射部位剪毛消毒，左手拇指与食指捏取皮肤成皱褶，右手持注射器使针头几乎与皮肤面平行刺入真皮内，缓慢注入疫苗，如感到药液注入困难，同时有一小泡，证明注射正确，然后用酒精棉球消毒针孔及其周围。

3. 肌内注射法

牛、马、猪、羊一律采用颈部肌肉或臀部肌肉注射；禽多在胸部肌肉注射。一般用14～20号针头。注射时，左手固定注射部位，右手持注射器，针头垂直刺入肌内，然后左手固定注射器，右手将针芯回抽一下，如无回血，将疫苗慢慢注入。若发现有回血，应变更位置。如动物不安或皮厚不易刺入，可将注射针头取下，右手拇指、食指和中指紧持针尾，对准注射部位迅速刺入肌内，然后针尾与注射器连接可靠后，注入疫苗。

4. 皮肤刺种法

家禽在翅膀内侧无血管处，消毒皮肤后，用刺种针或钢笔尖蘸取疫苗刺入皮下。为可靠起见，最好重复一次。刺种部位过一段时间如出现红肿、结痂反应，说明操作正确，如无反应，说明操作失败，应予补种。

5. 经口免疫法

将可供口服的疫苗混入饮水中，动物通过饮水而获得免疫，称为饮水免疫。将可供口服的疫苗用冷水稀释后拌入饲料，动物通过摄食而获得免疫，称为喂食免疫。经口免疫时，应按动物头数和每头动物平均饮水量或摄食量，准确计算需用的疫苗剂量，以保证每一个体都能获取一定量的疫苗。免疫前应停止供水或供食一段时间，增加动物的饮欲或食欲，一般夏季停水 4h，冬季停水 6h。混合疫苗用水应纯净，不能含有消毒药，器皿清洁无污染。混合疫苗用水和饲料的温度不宜超过室温。已经混合好的饮水和饲料，进入动物体内的时间越短效果越好，不能停放。免疫时应多设一些供料、供水点，保证有 2/3 的动物能同时饮水或吃食，避免动物因争抢饮食而导致摄入疫苗量过多或过少。本法具有省时省力的特点，适用于大群免疫。

6. 滴鼻、点眼法

用细滴管吸取疫苗（0.03～0.04mL）滴于鼻孔或眼内 1～2 滴（小鸡 1 滴，大鸡 2 滴）。滴鼻（眼）时，使鸡头平放，一侧鼻孔在上，一侧鼻孔在下，用手指堵住在下的一侧鼻孔，将疫苗滴入在上的鼻孔后，要稍停片刻，待疫苗吸入后再松开，防止鸡因摇头将疫苗洒落。

7. 气雾免疫法

将稀释的疫苗用雾化发生器喷射出去，使疫苗形成 5～10μm 的雾化粒子，均匀地浮游在空气之中，通过呼吸道吸入肺内，以达到免疫的目的。适用于大群免疫。

（四）兽医生物制品的保存和运送

1. 兽医生物制品的保存

应保存于低温、阴暗及干燥的场所。细菌性疫苗、类毒素、免疫血清、免疫卵黄抗体等应保存在 2～15℃，防止冻结，油乳剂灭活疫苗应室温保存；病毒性疫苗应放在 0℃以下冻结保存。在不同的温度条件下保存，不得超过所规定的期限。

2. 兽医生物制品的运送

要求包装完善，防止碰坏瓶子和散播活的病原微生物。运送途中避免日光直射和

高温，并尽快送到保存地点或预防接种场所。弱毒苗应在低温条件下运送，大量运送应用冷藏车，少量运送可装在放有冰块的广口瓶内，以免疫苗降低或丧失性能。

（五）兽医生物制品使用注意事项

(1) 工作人员应加强个人防护，需穿工作服、胶靴，戴工作帽，必要时戴口罩。工作前后应洗手消毒，工作中要认真细致、规范操作，抓取或保定动物不粗暴，不在工作时间吸烟或吃东西。

(2) 接种时应严格执行消毒、无菌操作。注射器、针头、镊子应高压或煮沸消毒。注射时最好每注射一头动物更换一个针头。在针头不足时可每吸液一次更换一个针头，但每注射一头后，应用酒精棉球将针头拭净消毒后再用。注射部位皮肤用5%的碘酊消毒，皮内注射及皮肤刺种用70%酒精消毒，被毛较长的应剪毛后再消毒。

(3) 吸取疫苗时，先除去封口上的火漆或石蜡，用酒精棉球消毒瓶塞。瓶塞上固定一个消毒的针头专供吸取药液，吸液后不拔出，用酒精棉球包好，以便再次吸取。给动物注射用过的针头不能吸液，以免污染疫苗。

(4) 疫苗使用前必须充分振荡，使其混合均匀后才能使用。免疫血清则不应振荡，沉淀不应吸取，并随吸随注射。需经稀释后才能使用的疫苗，应按说明书的要求进行稀释。已经打开瓶塞或稀释过的疫苗，必须当天用完，未用完的处理后弃去。

(5) 针筒排气溢出的药液，应吸集于酒精棉球上，并将其收集于专用的瓶内。用过的酒精棉球、碘酊棉球和未用完的药液都放入专用瓶内，集中销毁。接种工作完成后，所有用具清洗消毒处理。

(6) 动物接种前后一周内，不要在饲料及饮水中添加抗生素或消毒药物，以免杀死疫苗中活的微生物。动物接种后，应注意观察7～10d，加强护理，如有不良反应，可根据情况及时处理，不良反应要记载到免疫登记册或免疫卡上。

复习思考题

(1) 如何做好生物制品的运送、保存？

(2) 简述疫苗、血清使用时的注意事项。

(3) 分析免疫失败的原因及制定相应的预防措施。

项目十六 常用兽医生物制品使用说明

【学习目标】

（1）掌握疫苗的使用方法。

（2）掌握诊断用生物制品的使用方法。

（3）掌握治疗用生物制品的使用方法。

【技能目标】

（1）能够使用疫苗进行免疫预防。

（2）会用诊断用生物制品进行诊断。

（3）会用治疗用生物制品进行预防和治疗。

任务一 禽用生物制品

一、预防用生物制品

1. 禽多杀性巴氏杆菌病活疫苗（禽霍乱）

【主要成分】本品含禽多杀性巴氏杆菌（G190E40株），鸡不少于2×10^7CFU/羽份，鸭不少于6×10^7CFU/羽份，鹅不少于10^8CFU/羽份。

【性状】淡褐色海绵状疏松团块，加稀释液后迅速溶解。

【作用与用途】用于预防3月龄以上的鸡、鸭、鹅多杀性巴氏杆菌病，免疫期为105d。

【用法与用量】按瓶签上注明的羽份，用20%灭菌铝胶生理盐水稀释为0.5mL含1羽份，肌肉注射0.5mL。每羽份含活菌数：鸡2000万个、鸭6000万个、鹅1亿个。

【注意事项】对纯种鸭群进行大面积免疫接种时，应先进行小群试验，证明安全后再进行大群免疫注射；病、弱禽类不宜注射，稀释后应在4h内用完；接种疫苗后敏感禽有一定反应，影响产蛋率下降两周左右；疫苗使用前3d及注射疫苗后1d内不能使用抗菌药物；用过的疫苗瓶，应消毒处理。

【贮藏】2～8℃避光保存，有效期为1年。

2. 鸡大肠埃希氏菌病灭活疫苗

【主要成分】疫苗中含有灭活的鸡大肠埃希氏菌，灭活前的细菌含量至少为15×10^{8}/mL。

【性状】静置后，上层为淡黄色澄明液体，下层为少量灰白色沉淀物，摇匀后呈均匀混悬液。

【作用与用途】用于预防鸡大肠埃希氏菌病，1月龄以上的鸡免疫期为4个月。

【用法与用量】用时充分摇匀，颈背侧皮下注射0.5mL。

【贮藏】2～8℃避光保存，有效期为1年。

3. 鸡传染性鼻炎灭活疫苗

【主要成分】疫苗中含有灭活的副鸡嗜血杆菌（A型C-Hpg-8株），灭活前的细菌含量至少为50×10^{8}/mL。

【性状】为乳白色乳剂，久置后下层有少量水。

【作用与用途】用于预防鸡传染性鼻炎。注射疫苗后14d产生免疫力，42日龄以下首免的鸡，免疫期为3个月；42日龄以上首免的为6个月；42日龄首免、120日龄二免的鸡，免疫期为19个月。

【用法与用量】用时充分摇匀，胸背部或颈部皮下注射，42日龄以下鸡每只0.25mL，42日龄以上鸡0.5mL。

【注意事项】严禁冻结。

【贮藏】在2～8℃，有效期为1年。

4. 鸡毒支原体活疫苗（MG）

【主要成分】菌种为鸡毒支原体弱毒株，冻干制品。

【性状】微黄色海绵状疏松团块，加稀释液后迅速溶解。

【作用与用途】用于5日龄以上健康鸡群，预防各品种鸡MG临床症状的发生。

【用法与用量】点眼接种。以8～60日龄时使用为佳，按瓶签注明羽份，用生理盐水或注射用水稀释成20～30羽份/mL后进行接种。

【注意事项】稀释后置阴凉处，限4h内用完。接种前2～4d、接种后至少20d内应停用治疗鸡毒支原体病的药物。不要与鸡新城疫、鸡传染性支气管炎活疫苗同时使用，两者使用间隔应在5d左右。用过的疫苗瓶、器具和未用完的疫苗等进行消毒处理。

【贮藏】－15℃保存，有效期为1年。2～8℃保存，有效期6个月。

5. 鸡新城疫活疫苗（Ⅰ系）

【主要成分】本品含鸡新城疫病毒（Mukteswar株）至少$10^{5.0}$ ELD_{50}/羽份。

【性状】为微黄色海绵状疏松团块，加稀释液后迅速溶解。

【作用与用途】用于预防鸡新城疫，专供用于经鸡新城疫低毒力活疫苗免疫过的2个月龄以上的鸡使用。接种3d后，即可产生坚强的免疫力，免疫期为1年。

【用法与用量】按标签注明羽份，用灭菌生理盐水或适宜的稀释液稀释，皮下或胸肌注射1mL羽份，点眼为0.05～0.1mL，也可刺种和饮水免疫。

【注意事项】本疫苗专供已经用鸡新城疫低毒力株免疫过的2个月龄以上的鸡使用，不得用于初生雏鸡。对纯种鸡免疫后反应较强，产蛋鸡在接种后2周内产蛋可能减少或产软壳蛋，因此最好在产蛋前进行免疫。对未经低毒力活疫苗免疫过的2个月龄以上的土种鸡可以使用，但有时亦可引起少数鸡减食和个别鸡神经麻痹或死亡。成鸡和雏鸡的饲养场，使用疫苗应注意隔离消毒，避免疫苗毒的传播，引起雏鸡死亡。疫苗加水稀释后，应放冷暗处，必须在4h内用完。用过的疫苗瓶，应消毒处理。

【贮藏】－15℃以下保存，有效期为2年；2～8℃为6个月。

6. 鸡新城疫低毒力活疫苗（La Sota株、Clone 30株）

【主要成分】本品含鸡新城疫病毒（La Sota株、Clone 30株）至少$10^{6.0}$ EID_{50}/羽份。

【性状】微黄色海绵状疏松团块，加稀释液后迅速溶解。

【作用与用途】用于不同日龄各品种鸡的预防免疫和紧急免疫接种，以预防鸡新城疫。

【用法与用量】疫苗按瓶签注明羽份，用灭菌生理盐水或适宜稀释液稀释。滴鼻、点眼或加倍量饮水、喷雾免疫均可。

滴鼻、点眼免疫：每千羽疫苗加稀释液30mL，每只鸡1～2滴（约0.03mL）。

饮水免疫：剂量加倍。饮水量：1～2周龄雏鸡每只5～10mL；3～4周龄雏鸡每只10～15mL；8周龄每只20mL；再大的鸡每只40mL。饮水时加5%脱脂乳做保护剂。

喷雾免疫剂量加倍。喷雾器距离鸡高度控制在30～40cm：雾滴大小：雏鸡控制在50～100μm：大鸡控制在10～50μm：用水量：雏鸡每1000只用水250～500mL，大鸡每1000只用水500～1000mL。

【注意事项】有鸡支原体感染的鸡群，禁用喷雾法；饮水免疫忌用金属容器，饮水前鸡群要停水4h，饮水前后3～5d不宜饮高锰酸钾水；稀释疫苗切忌用热水、温水及含氯等消毒剂；加水稀释后，应放在冷暗处，必须4h内用完；对纯种鸡群免疫时，应先作小范围试验，再进行大群免疫，以防止由于鸡群敏感造成损失。

【贮藏】－15℃以下保存，有效期为2年。

7. 鸡新城疫灭活疫苗

【主要成分】含灭活鸡新城疫病毒（La Sota株），灭活前的滴度至少为$10^{8.0}$ EID_{50}/0.1mL。

【性状】乳白色的乳剂。

【作用与用途】预防鸡新城疫。可用于任何年龄的鸡。

【用法与用量】 2周龄内雏鸡颈部皮下或肌肉注射0.2mL，同时用弱毒疫苗滴鼻或点眼免疫，免疫期可达120d。2月龄以上鸡注射0.5mL，免疫期可达10个月。用弱毒活疫苗免疫过的母鸡，在开产前2～3周注射0.5mL可保护整个产蛋期。

【注意事项】 使用前将疫苗回升至室温。免疫用注射器确保消毒。疫苗保存应注意避光、勿冻结。使用前和使用过程中，应将疫苗轻轻充分摇匀。

【贮藏】 在2～8℃，有效期为1年。

8. 鸡新城疫、传染性支气管炎二联活疫苗

【主要成分】 毒种为新城疫病毒弱毒株C30株和传染性支气管炎弱毒株H120，冻干制品。

【性状】 微黄色海绵状疏松团块，加稀释液后迅速溶解。

【作用与用途】 用于预防新城疫和传染性支气管炎，适用于各品种鸡群的预防接种和紧急免疫接种。

【用法与用量】 滴鼻、饮水、喷雾。疫苗按瓶签注明羽份，用灭菌生理盐水或适宜稀释液稀释。

滴鼻免疫　每千羽疫苗加稀释液30mL，每只鸡1～2滴（约0.03mL）。

饮水免疫　剂量加倍。饮水量：1～2周每只鸡4～10mL；3～4周龄每只鸡10～15mL。

喷雾免疫　剂量加倍。喷雾器距离鸡高度控制在30～40cm；雾滴一般控制在50～100μm；用水量：每1000只鸡用水250～500mL。

【注意事项】 疫苗稀释后，应放冷暗处，须在1～2h内用完。饮水免疫忌用金属容器，饮水前停水2～4h。喷雾免疫使用专用免疫工具。用过的疫苗瓶、剩余疫苗、器具等污染物必须消毒处理或深埋。感染支原体的鸡群，禁用喷雾免疫。

【贮藏】 －15℃以下保存，有效期为1年。

9. 鸡新城疫、传染性支气管炎二联活疫苗

【主要成分】 本品含鸡新城疫病毒（La Sota株）至少$10^{6.0}$ EID_{50}/羽份和鸡传染性支气管炎病毒（H52株）至少$10^{3.5}$ EID_{50}/羽份。

【性状】 微黄色或微红色海绵状疏松团块，加稀释液后迅速溶解。

【作用与用途】 用于预防鸡新城疫和鸡传染性支气管炎，适用于21日龄以上初生雏鸡。

【用法与用量】 按瓶签注明羽份，用生理盐水、蒸馏水或水质良好的冷开水稀释疫苗。

滴鼻方法：每只鸡滴鼻1滴（0.03mL）

饮水方法：剂量加倍，其饮水量，根据鸡龄大小而定，20～30日龄，每只10～20mL；成鸡20～30mL.

【注意事项】 疫苗稀释后，必须在4h内用完。饮水免疫时忌用金属容器，饮用疫苗前至少停水4h。用过的疫苗瓶，应消毒处理。

【贮藏】 －15℃以下保存，有效期为18个月。

10. 鸡传染性法氏囊病三价活疫苗

【主要成分】是采用传染性法氏囊病传统型、特拉华和GLS变异株血清型病毒经培养后，与稳定剂冻干制成。

【性状】淡红色海绵状疏松团块，加入稀释液后迅速溶解。

【作用与用途】用于预防鸡传染性法氏囊病。

【用法与用量】使用时，按瓶签注明羽份，用生理盐水或适宜稀释液稀释。

饮水免疫。将疫苗加入不含氯离子、消毒剂及其他药物的清洁冷却的饮水中充分溶解，如能加入1%～2%脱脂鲜牛奶或0.1%～0.2%脱脂奶粉，免疫效果更佳。饮水免疫剂量加倍。

点眼、滴口、滴鼻免疫。按瓶签注明羽份，用适宜稀释液或灭菌生理盐水稀释每只鸡0.03mL。点眼、滴鼻后应停1～2s再放雏鸡，以确保药液进入。

【注意事项】仅供健康鸡群免疫接种。饮水器必须干净，不宜用金属器皿饮苗。饮水前一般停水2～4h，并在短时间内饮完，饮完后经1～2h再正常给水。未用完的疫苗及疫苗瓶应消毒处理。

【贮藏】2～8℃保存，有效期为12个月；－15℃以下为18个月。

11. 鸡新城疫、鸡减蛋综合征二联灭活疫苗

【主要成分】含灭活的鸡新城疫病毒（La Sota株）（灭活前的滴度至少为$10^{8.0}$ EID_{50}/0.1mL）和减蛋综合征病毒（京911株）（灭活前的滴度至少为$10^{7.0}$ $TCID_{50}$/mL）。

【性状】乳白色油乳剂。

【作用与用途】用于健康种鸡和蛋鸡群免疫接种，预防鸡减蛋综合征及鸡新城疫。

【用法与用量】颈部皮下或胸部肌肉注射，在鸡群开产前2～4周进行免疫，注射剂量为每只0.5mL。

【注意事项】疫苗严禁冻结。使用前将疫苗回升至室温。免疫用注射器确保消毒。使用过程中将疫苗充分摇匀。如将疫苗误注入人体内，应请医生诊治。

【贮藏】2～8℃保存，有效期为1年。

12. 鸡痘活疫苗

【主要成分】本品含鸡痘病毒（鹌鹑化弱毒株）至少$10^{3.0}$ EID_{50}/羽份。

【性状】淡红色或淡黄色疏松团块，加稀释液后迅速溶解。

【作用与用途】用于预防鸡痘。刺种后3～4d产生免疫力，成鸡免疫期5个月，初生雏鸡为2个月。后备种鸡可于雏鸡免疫60d后再免疫1次。

【用法与用量】按标明的羽份，加入灭菌生理盐水将疫苗稀释后，用消毒的刺种针蘸取疫苗，于鸡翅内侧无血管处皮下刺种。1个月以上的鸡刺种2针（约0.1mL）；20～30日龄刺种1针。刺种3～4d，刺种部位微现红肿、结痂，2～3周痂块脱落。

【注意事项】被刺种的鸡群一定要健康。疫苗稀释后限4h内用完。刺种用具等用前要彻底消毒。用过的疫苗瓶、剩余疫苗、器具等污染物必须消毒处理或深埋。鸡群

刺种后一周应逐个检查，刺种部位无反应者应重新补刺。

【贮藏】 −15℃保存，有效期为18个月。

13. 鸡传染性喉气管炎活疫苗

【主要成分】 本品含鸡传染性喉气管炎病毒（K317株）至少$10^{2.7}EID_{50}$/羽份。

【性状】 淡红色疏松团块，加稀释液后迅速溶解。

【作用与用途】 用于预防鸡喉气管炎，适用于5周龄以上的各种鸡。接种后4～7d可产生免疫力，免疫期6个月。

【用法与用量】 按标明的羽份用灭菌生理盐水稀释，采用滴眼法接种疫苗，每只鸡1滴（0.03mL）。蛋鸡在5周龄第一次接种后，在产蛋前再接种1次。

【注意事项】 只限于在疫区使用。接种后可能引起眼结膜炎，个别鸡会引起眼红肿，但不引起全身反应。鸡群有慢性呼吸道病、球虫病和其他寄生虫病时不宜使用。对纯种鸡免疫，应先作小范围试验，再进行大群免疫。疫苗稀释后应在3h内用完。

【贮藏】 −15℃保存，有效期为12个月。

14. 鸡马立克氏病双价活疫苗

【主要成分】 毒种鸡马立克氏病血清Ⅱ型自然弱毒株与火鸡疱疹病毒FC_{126}株，液体制品。

【性状】 淡红色细胞悬液。

【作用与用途】 用于预防鸡马立克氏病，1日龄雏鸡接种，1周后产生免疫力。

【用法与用量】 按标签注明的羽份，用专用稀释液稀释，颈部皮下或肌肉注射0.2mL（含1500个PFU）。

【注意事项】 疫苗必须在液氮中保存与运输。从液氮中取出疫苗安瓿，应迅速放于37～38℃温水中，待完全融化后再取出，加稀释液稀释，否则影响疫苗效力。稀释后的疫苗应放在低温、避光并在1h内用完。注射时应随时振荡摇匀。剩余的疫苗及空瓶须经加热或消毒灭菌后方可废弃。

【贮藏】 液氮冷冻保存，有效期1年。

15. 禽流感二价灭活疫苗

【主要成分】 疫苗中含灭活的重组禽流感病毒H5N2株和H9N2株。

【性状】 乳白色乳剂。

【作用与用途】 用于预防由H5和H9亚型禽流感病毒引起的禽流感，免疫期为4个月。

【用法与用量】 胸部肌肉或颈部皮下注射。2～5周龄鸡，每只0.3mL；5周龄以上鸡，每只0.5mL。

【注意事项】 用于接种健康鸡。本品严禁冻结。疫苗若出现破损、异物或破乳分层等异常现象，切勿使用。使用前应将疫苗恢复至常温，并充分摇匀。接种时应使用灭菌器械，及时更换针头，最好1只鸡1个针头。疫苗启封后，限当日用完。

【贮藏】2～8℃保存，有效期1年。

16. 鸡新城疫、禽流感二联灭活疫苗

【主要成分】疫苗中含灭活的鸡新城疫病毒La Sota株和A型禽流感病毒H9亚型。

【性状】乳白色乳状液。

【作用与用途】用于预防鸡新城疫和由H9亚型禽流感病毒引起的禽流感。

【用法与用量】肌肉或颈部皮下注射。无母源抗体或1日龄母源抗体≤1∶32的雏鸡，在7～14日龄时首免，每只接种疫苗0.2mL，免疫期为2个月；母源抗体>1∶32的雏鸡，在2周龄后首免，每只接种疫苗0.5mL，免疫期为4个月；母鸡在开产前2～3周免疫，每只0.5mL，免疫期为6个月。

【注意事项】用于接种健康鸡。疫苗严禁冻结。疫苗若出现破损、异物或破乳分层等异常现象，切勿使用。使用前应将疫苗恢复至常温，并充分摇匀。注射器具用前需经消毒，注射部位应用5%碘酒消毒。疫苗启封后，限当日用完。

【贮藏】2～8℃保存，有效期1年。

17. 鸭瘟活疫苗

【主要成分】毒种为鸭瘟鸡胚化弱毒株，冻干制品。

【性状】淡红或淡黄色疏松团块，加稀释液后迅速溶解。

【作用与用途】用于预防鸭瘟，适用于2个月龄以上的鸭，也可用于初生鸭。接种后3～4d可产生免疫力，2个月龄以上鸭免疫期9个月；初生鸭免疫期1个月。

【用法与用量】按标明的羽份，用灭菌生理盐水稀释，成鸭胸肌注射1mL；雏鸭腿部肌肉注射0.25mL，均含1羽份。

【注意事项】对初生鸭在2个月后加强免疫1次。疫苗稀释后在4h内用完。

【贮藏】－15℃保存，有效期2年。

18. 鸭病毒性肝炎活疫苗

【主要成分】毒种为鸭病毒性肝炎鸡胚化弱毒株，冻干制品。

【性状】呈乳白色海绵状疏松团块，加稀释液后迅速溶解。

【作用与用途】用于预防鸭病毒性肝炎。1日龄雏鸭免疫期约为1个月，种鸭免疫接种后，可使其后代雏鸭获得坚强的免疫力。

【用法与用量】按标明的羽份，用灭菌生理盐水稀释，1月龄以下雏鸭肌注0.2mL，1月龄以上雏鸭肌注0.5mL，种鸭可在产蛋前10～14d，胸部肌肉注射每只0.5mL，3～4个月后重复注射一次，可使雏鸭通过被动免疫获得对雏鸭肝炎的抵抗力。

【贮藏】－15℃以下保存，有效期2年。

19. 小鹅瘟活疫苗

【主要成分】本品含小鹅瘟病毒（GD株）至少$10^{3.0}$ ELD_{50}/羽份。

【性状】微黄色疏松海绵状团块，加稀释液后迅速溶解。

【作用与用途】用于预防小鹅瘟。

【用法与用量】肌肉注射，按标签标明的羽份，用灭菌生理盐水稀释，在母鹅产蛋前20～30d，每只1mL，含1羽份。

【注意事项】本疫苗雏鹅禁用。疫苗稀释后应放冷暗处，须在4h内用完。

【贮藏】－15℃以下保存，有效期1年。

二、诊断用生物制品

1. 鸡毒支原体平板凝集试验抗原及阳性血清

【主要成分】抗原系采用抗原性好的鸡毒支原体菌株，接种液体培养基培养，经离心浓缩收集菌体，裂解、着色而成。

【性状】紫色的均匀悬浮液体，静置后，菌体下沉，上部澄清，振摇后又呈均匀悬液。

【作用与用途】用于检测鸡群中鸡毒支原体感染的血清平板凝集试验，阴、阳性血清用于试验对照。

【用法与判定】在洁净玻璃板上，分别滴抗原和待检血清各2滴，用牙签或火柴杆使其充分混合，摇匀玻板，2min时判定结果。有明显凝集块，背景清亮者判为阳性；无凝集块者判为阴性；介于二者之间判为可疑，同时设阴、阳性血清对照，应分别呈阴阳性结果。

【注意事项】使用前将抗原和血清从冰箱取出，待其温度接近室温时再作试验，使用前将抗原充分摇匀。每次检测须作阳性、阴性血清及盐水对照检测。鸡毒支原体血清平板凝集反应在22℃以上进行。抗原污染细菌或霉菌，出现自凝颗粒或霉团时应废弃。如抗原1次使用不完，应将使用剂量无菌吸出，剩余部分放回冰箱保存。只能用被检鸡血清进行反应，不能用鸡全血进行反应。

【贮藏】抗原2～8℃保存，有效期3年。血清冻干制品在－15℃下保存，有效期5年。

2. 鸡马立克氏病琼脂扩散试验抗原及阳性血清

【主要成分】抗原及阳性血清系经过标定后，经冻干制成。

【性状】乳白色或微黄色固体。

【作用与用途】供诊断鸡马立克氏病用。

【用法与判定】

1）琼脂板的制备

优质琼脂粉1～1.2g，放入含0.01％硫柳汞的磷酸缓冲生理盐水或硼酸缓冲液100mL中。溶化后以两层纱布夹一层薄脱脂棉过滤。将干净的直径90～100mm的平皿放在水平台上，每个平皿倒入融化好的琼脂液18～20mL，厚度约3.0mm。冷凝后加盖倒置平皿。防止水分蒸发，在普通冰箱中保存一周左右。

2）打孔

琼脂板孔要现用现打。打孔器为4mm及6mm直径的薄壁圆形金属管，把坐标纸放在带有琼脂板的平皿或玻璃板下面，照图案在固定位置用金属管打孔，用小镊子将切下的琼脂取出。孔径 4mm，孔间距离 3mm。

3）加样

抗原和阳性血清用 0.01M pH7.2 的 PBS 液分别稀释 1mL，振荡均匀后使用。以抗原检被检血清，既中间孔加抗原，3、5 孔加阳性血清作对照。周围各孔加被检血清。以阳性血清检病毒，即中间孔加入阳性血清，3、5 孔加抗原，周围各孔加入被检物。滴加抗原、血清及被检液时，应注意将孔加满，但不能外溢。然后置 37℃温箱中，待孔中抗原，血清等吸收至半量时将其倒置。逐日观察到 96h。

4）判定

当已知阳性血清或抗原与已知抗原或阳性血清对照孔间出现明显沉淀线时，被检材料与已知抗原或阳性血清孔间也形成沉淀线者，判此被检材料为阳性。如果对照孔间出现明显沉淀线，而被检材料孔与已知抗原或阳性血清孔间出现不太明显的沉淀线者，判为弱阳性。对照孔间出现明显沉淀线，而被检材料与已知抗原或阳性血清孔间不出现沉淀线时，判为阴性。

【注意事项】抗原或阳性血清稀释后应尽快用完。4℃保存时不得超过 3d。如以阳性血清检羽髓时，应选被检鸡的大羽，将含有羽髓的羽根剪于小试管中，加入约等量的生理盐水，用玻璃棒将羽髓压出混匀，吸取上清液作为被检样品。试验时如对照孔间不出现沉淀线时，则此次试验不成立，应重检。

【贮藏】4℃保存，有效期为 1 年。

3. 鸡减蛋综合征血凝抑制试验血凝素及阳性血清

【主要成分】抗原为鸡减蛋综合征病毒接种易感鸭胚，收获其含毒胚液，经灭活后进行效价滴定后加稳定剂冻干制成。

阳性血清为经提纯浓缩抗原，多次免疫健康鸡，经测定效价合格后冻干制成。

【性状】乳黄色或黄褐色疏松海绵状团块，加稀释液后可迅速溶解。

【作用与用途】供鸡减蛋综合征诊断和疫苗免疫效果监测。

【用法与判定】方法同血凝抑制试验。以能够完全抑制鸡红细胞凝集的血清最高稀释倍数为被检血清的血凝抑制滴度。被检血清血凝抑制价在 4 倍以内者判为阴性，8 倍为可疑，16 倍及以上为阳性。每次测定必须设已知滴度的标准阳性血清作对照，已知对照符合要求标准，则本次试验成立，否则应重作或不能予以确定结果。

【注意事项】试验用待检血清必须新鲜，腐败者不能使用。在 H1 试验前必须先测定抗原血凝效价，稀释后的抗原限当日用完，不能过夜。每次试验必须设立阳性血清对照。

【贮藏】－15℃以下保存，有效期为 1 年。

4. 禽流感琼脂扩散试验抗原及阳性血清

【主要成分】抗原以禽流感标准毒株接种 SPF 鸡胚后，将收获的感染鸡胚尿囊液或绒毛尿囊膜进行提纯、灭活、裂解、浓缩后冻干制成。阳性血清以禽流感标准毒株的提纯抗原，高免 SPF 鸡以后，采集血清，经灭活后冻干制成。

【作用与用途】供检测禽流感感染鸡群。

【用法与判定】方法同琼脂扩散试验。标准阳性血清孔与抗原孔之间应出现一条清晰的白色沉淀线，试验成立。若没有沉淀线或沉淀线不明显，试验应重做。

阳性反应：当1孔和4孔标准阳性血清孔与抗原孔之间形成沉淀线，且被检血清孔与中心孔之间也出现沉淀线，并与阳性沉淀线末端相融合。

弱阳性反应：被检血清孔与抗原孔不出现沉淀线，但阳性沉淀线的末端弯向被检血清孔。判为弱阳性的被检血清应重复试验一次。

阴性反应：被检血清孔与抗原孔不出现沉淀线，标准阳性沉淀线末端直向被检血清孔。

非特异性反应：被检血清孔与抗原孔之间沉淀线粗而混浊，与标准阳性血清的沉淀线末端交叉并直伸。被检血清为非特异性反应时应重做，若仍出现非特异性反应则判为阴性。

【注意事项】被检血清应无溶血、无杂菌污染，保存于4℃。标准阳性血清避免反复冻融，以防效价降低影响试验效果。

【贮藏】4℃保存1年，－20℃以下保存2年。

5. 禽流感血凝抑制试验血凝素（H9、H5亚型）及阳性血清

【主要成分】抗原系用禽流感标准毒株，接种鸡胚，收获含毒尿囊液，经冻干制成。阳性血清系用禽流感标准毒株提纯抗原，高免SPF鸡采集的血清，经灭活后冻干制成。

【性状】乳白色或乳黄色疏松固体。

【作用与用途】供检测H9、H5亚型禽流感病毒株感染鸡群的血清定型和监测鸡的免疫状态。

【用法与判定】方法同血凝抑制试验。以完全抑制红细胞凝集的血清最大稀释度作为该血清的血凝抑制价。

【贮藏】4℃保存1年，－20℃以下保存2年。

三、治疗用生物制品

1. 鸡传染性法氏囊卵黄抗体

【性状】略带棕色或淡黄色液体。久置后瓶底有微量白色沉淀，对疗效无影响。

【作用与用途】用于紧急预防和治疗鸡传染性法氏囊病。保护期为7～10d。

【用法与用量】皮下或肌肉注射。预防剂量：每只鸡注射1.0mL；治疗剂量：15d以下每只1.5mL，15d以上每只1.5～2.5mL，必要时可以重复注射2～3次。

【注意事项】注射量不宜过大。注射量过大的不仅起不到作用，反而会造成不良后果，严重时可导致大批死亡。不宜和疫苗同时使用。疫苗与高免卵黄抗体发生中和，会降低高免卵黄抗体的效价。使用高免卵黄后，应间隔12d再接种相应的疫苗；接种疫苗后应间隔5d才能使用相应的高免卵黄。

不宜用于平时预防。高免卵黄抗体进入鸡体后的免疫有效期仅为14d左右。所以，

利用高免卵黄抗体防病必须每隔 14d 进行一次接种，这样既增加了养鸡成本，也易加重鸡的应激。不宜用于种鸡。在制作高免卵黄的过程中虽然加入了抗生素和防腐剂，但它们对病毒的杀灭作用甚微。一旦接种带有某种病毒的高免卵黄，种鸡极易患病并会将该病垂直传播给雏鸡。

【贮藏】 2～8℃保存，有效期为 6 个月，精制抗体有效期为 18 个月。

2. 小鹅瘟抗血清

【性状】 橙黄色或略带棕红色澄明液体、久置后有少量白色沉淀。

【作用与用途】 用于紧急预防和治疗小鹅瘟。被动免疫保护期为 7～10d。

【用法与用量】 皮下或肌肉注射。治疗剂量：5～10 日龄注射 1.0mL，10～15 日龄注射 2.0mL，15～25 日龄 3.0mL，30 日龄以上 4.0mL，多于注射后 2h 显效。必要时可以重复注射 1 次。

【注意事项】 不应在注射疫苗 48h 之内或同时应用疫苗和抗血清；在注射抗血清数天之内也不应用活疫苗注射。对发病初期的雏鹅，使用血清后可治愈 40％～50％；对潜伏期雏鹅，注射血清后能制止 80％～90％已被感染的雏鹅发病。因此，小鹅瘟血清的注射要做到及时准确，才能取得良好的免疫和治疗效果。

【贮藏】 2～8℃保存，有效期为 2 年。

任务二 猪用生物制品

一、预防用生物制品

1. 猪丹毒活疫苗

【主要成分】 系用猪丹毒杆菌弱毒 GC42 或 G4T10 株，经培养基培养，经冷冻真空干燥制成。活菌数至少 7×10^{8}CFU/头份或 5×10^{8}CFU/头份。

【性状】 淡褐色海绵状疏松团块，易与瓶壁脱离，加稀释液后迅速溶解。

【作用与用途】 用于预防猪丹毒。供断奶后的猪使用，免疫期 6 个月。

【用法与用量】 按瓶签注明头份，加入 20％铝胶生理盐水稀释。每头猪皮下注射 1mL。GC42 疫苗亦可用于口服，剂量加倍。

【注意事项】 稀释后应保存在阴暗处，限 4h 用完；口服时，在免疫前应停食 4h，将冷水稀释好的疫苗，拌入少量新鲜凉饲料中，经猪自由采食。

【贮藏】 －15℃以下保存，有效期为 1 年；2～8℃保存，有效期为 9 个月。

2. 猪多杀性巴氏杆菌病活疫苗

【主要成分】 本品含多杀性巴氏杆菌活疫苗（679-230 株）至少 3×10^{8}CFU/头份或含多杀性巴氏杆菌（EO630 株）至少 3×10^{8}CFU/头份或含多杀性巴氏杆菌（C20 株）至少 5×10^{8}CFU/头份。

【性状】灰白色海绵状疏松团块，易与瓶壁脱离，加稀释液后，迅速溶解。

【作用与用途】用于预防猪多杀性巴氏杆菌病（猪肺疫），猪多杀性巴氏杆菌活疫苗（679-230株）免疫期为10个月；猪多杀性巴氏杆菌活疫苗（EO630株）、猪多杀性巴氏杆菌活疫苗（C20株），免疫期均为6个月。

【用法与用量】猪多杀性巴氏杆菌活疫苗（EO630株）皮下或肌肉注射。按瓶签注明的头份，用20%氢氧化铝胶生理盐水稀释，每头1mL（含1头份）。

猪多杀性巴氏杆菌病活疫苗（679-230株）、猪多杀性巴氏杆菌病活疫苗（C20株），按瓶签注明头份，将疫苗用冷开水稀释，混于少量的饲料内，使其自服，不论大小猪只，一律口服1头份。

【注意事项】稀释后限4h内用完；注射时，应作局部消毒处理；用过的疫苗瓶、器具和未用完疫苗等应进行消毒处理。

【贮藏】猪多杀性巴氏杆菌病活疫苗（679-230株）和猪多杀性巴氏杆菌病活疫苗（C20株）2～8℃保存，有效期为12个月。猪多杀性巴氏杆菌病活疫苗（EO630株）－15℃以下保存，有效期为1年，2～8℃保存，有效期为6个月。

3. 猪瘟、猪丹毒、猪多杀性巴氏杆菌病三联活疫苗

【主要成分】疫苗中含有猪瘟病毒（兔化弱毒株）细胞培养液至少0.015mL/头份、猪丹毒杆菌（G4T10株）至少5×10^8CFU/头份、猪源多杀性巴氏杆菌（EO630株）至少3×10^8CFU/头份。

【性状】淡褐色海绵状疏松团块，易与瓶壁脱离，加稀释液后迅速溶解。

【作用与用途】用于预防猪瘟、猪丹毒、猪肺疫。猪瘟免疫期为12个月，猪丹毒和猪肺疫免疫期为6个月。

【用法与用量】肌肉注射。断奶半个月以上猪，按瓶签注明头份，不论猪只大小，每头1mL。断奶半个月以前仔猪可以注射，但必须在断奶两个月左右再注苗一次。

【注意事项】初生仔猪、体弱、有病猪均不应注射联苗。免疫前后7日内均不应使用任何抗生素。注射本品后可能有少量猪出现减食或体温升高等反应，一般1～2d即可恢复。有少数品系的猪出现过敏反应，故应在免疫前备有抗过敏药物。稀释后的疫苗应放冷暗处限4h内用完。接种后剩余疫苗、空瓶、稀释和接种用具等应消毒处理。

【贮藏】在－15℃以下保存，有效期为12个月；2～8℃保存，有效期为6个月。

4. 仔猪副伤寒活疫苗

【主要成分】本品含猪霍乱沙门氏菌（C500弱毒株）活菌至少30×10^8CFU/头份。

【性状】灰白色海绵状疏松团块，易与瓶壁脱离，加稀释液后迅速溶解。

【作用与用途】用于预防仔猪副伤寒。适用于1月龄以上哺乳或断奶健康仔猪。

【用法与用量】口服或耳后浅层肌肉注射。

口服法：按瓶签注明头份，临用前用冷开水稀释，每头份5～10mL，给猪灌服或稀释后均匀地拌入少量新鲜冷饲料中，让猪自行采食。

注射法：按瓶签注明头份，用20%铝胶生理盐水稀释，在猪耳后浅层肌肉注

射 1mL。

【注意事项】体弱有病的猪不宜使用。在该病流行猪场，可在断奶前后各注射 1 次，间隔 21～28d。注射后，有的仔猪会出现体温升高、发抖、呕吐和减食等症状，一般 1～2d 后可自行恢复，重者可注射肾上腺素。口服后无上述反应或反应轻微。瓶签注明限于口服者不得注射。口服时最好在喂食前服，以使每头猪都能吃到。

【贮藏】在－15℃以下，有效期为 1 年；2～8℃，有效期为 9 个月。

5. 猪瘟组织活疫苗

【主要成分】含猪瘟兔化弱毒。每头份脾淋苗含组织毒不少于 0.01g。每头份乳兔苗含组织毒不少于 0.015g。

【性状】淡红色海绵状疏松团块，易与瓶壁脱离，加稀释液后迅速溶解。

【作用与用途】用于预防猪瘟。注射疫苗 4d 后，即可产生坚强的免疫力。断奶后无母源抗体仔猪的免疫期，脾淋苗为 18 个月，乳兔苗为 12 个月。

【用法与用量】肌肉或皮下注射。按瓶签注明头份加生理盐水稀释，大小猪均 1mL。在没有猪瘟流行地区，断奶后无母源抗体的仔猪，注射 1 次即可。有疫情威胁时，仔猪可在 21～30 日龄和 65 日龄左右各注射 1 次。断奶前仔猪可接种 4 头剂疫苗，以防母源抗体干扰。

【注意事项】注苗后应注意观察，如出现过敏反应，应及时注射抗过敏药物。使用单位收到冷藏包装的疫苗后，如保存环境超过 8℃而在 25℃以下时，从接到疫苗时算起，在 10d 内用完。稀释后的疫苗应放冷暗处限 4h 内用完。

【贮藏】－15℃以下保存，有效期为 12 个月。

6. 猪瘟细胞活疫苗

【主要成分】本品含猪瘟病毒（兔化弱毒株），每头份含细胞毒液不少于 0.015mL。

【性状】乳白色海绵状疏松团块，易与瓶壁脱离，加稀释液后迅速溶解。

【作用与用途】供预防猪瘟用，注射后 4d 可产生坚强免疫力，断奶后无母源抗体仔猪的免疫期为 12 个月。

【用法与用量】按瓶签注明的头份用生理盐水或专用稀释液稀释，大小猪均肌肉或皮下注射 1mL。在没有猪瘟流行的地区，断奶后无母源抗体的仔猪，注射一次即可。有疫情威胁时，仔猪可于生后 21～30 日龄和 65 日龄左右各注射一次。可用于发病期间健康猪只紧急注射治疗。如与猪用转移因子一起注射效果更佳。

【注意事项】注苗后，个别仔猪可能发生过敏反应，须注意观察。对于瘦肉型及纯种猪只进行免疫时，应注意预防猪的应激反应综合征，如猪只接种后出现呕吐、后肢僵硬、振颤、体温升高、黏膜发绀等症状时，及时注射肾上腺素等缓解药物，一般用药后 30min 即可缓解。使用单位收到冷藏包装的疫苗后，如保存环境超过 8℃而在 25℃以下时，从接到疫苗时算起，在 10d 内用完。稀释后疫苗应放冷暗处限 4h 内用完。用过的疫苗瓶、器具等应消毒处理。

【贮藏】－15℃保存，有效期为 18 个月。

7. 高致病性猪繁殖与呼吸综合征活疫苗

【主要成分】本品系用高致病性猪繁殖与呼吸综合征病毒 HuN4 株经细胞传代致弱的 HuN4-F112 株接种 Marc-145 细胞，经培养后，收获感染细胞培养液，加入适量明胶蔗糖冻干保护剂，经冷冻真空干燥制成。每头份疫苗病毒含量应不低于 $10^{4.5}$ $TCID_{50}$。

【性状】微黄色海绵状疏松团块，易与瓶壁分离，加稀释液后迅速溶解。

【作用与用途】用于预防高致病性猪繁殖与呼吸综合征（即：高致病性猪蓝耳病），接种后 14d 产生免疫力。免疫持续期为 4 个月。

【用法与用量】颈部肌肉注射。按瓶签注明头份，用无菌生理盐水将疫苗稀释成每头份 1mL，每头接种 1mL。

【注意事项】本品只用于接种 3 周龄以上健康猪，阴性猪群、种猪和怀孕母猪禁用；接种后，个别猪偶尔可能出现过敏现象，可使用抗过敏药物进行治疗；本品与猪瘟疫苗应相隔至少 1 周使用；疫苗稀释后应避免高温，限 1h 用完。接种用器具应无菌，注射部位应严格消毒；剩余疫苗、疫苗瓶及使用过的注射器具等应进行消毒处理。

【贮藏】－20℃以下保存，有效期为 18 个月。

8. 猪伪狂犬病基因缺失活疫苗

【主要成分】含伪狂犬病病毒 TK/gG 双基因缺失株，每头份病毒含量不低于 $10^{5.0}$ $TCID_{50}$。

【性状】乳白色或浅黄色海绵状疏松团块，加生理盐水或稀释液后迅速溶解。

【作用与用途】用于预防猪伪狂犬病。

【用法与用量】按瓶标签注明头份，用灭菌生理盐水或稀释液（PBS）稀释，每 1mL 1 头份。滴鼻或肌内注射免疫，乳猪第一次注射免疫为 0.5mL，其他猪注射免疫或滴鼻免疫为 1mL。

伪狂犬抗体阴性仔猪，在出生后 1 周内滴鼻免疫或肌内注射免疫；具有伪狂犬母源抗体的仔猪，在断奶时肌内注射免疫。经产母猪每 4 个月免疫一次。后备母猪 6 月龄时肌内注射一次，间隔 1 个月后加强免疫一次，产前 1 个月左右再免疫一次。种公猪每 4 个月免疫一次。

【贮藏】－20℃以下，有效期为 18 个月，在 2～8℃为 9 个月。

9. 猪乙型脑炎活疫苗

【主要成分】每头份含猪流行性乙型脑炎弱毒株至少 750RID，为冻干制品。

【性状】乳白色海绵状疏松团块，加稀释液后迅速溶解。

【用途】用于预防猪乙型脑炎病毒感染所致的母猪流产、死产、木乃伊胎和公猪睾丸炎。

【用法用量】肌内注射。在本病流行前 1～2 个月，按瓶标签注明的头份，加专用稀释液稀释，配种的母猪和公猪每头肌内注射 2mL，含 1 头份；采用间隔 3～4 周作第二次免疫注射；后备母猪、种公猪可在配种前 1 个月强化免疫 1 次。

【注意事项】疫苗须冷藏保存与运输。疫苗应现用现配，稀释液使用前最好置2～8℃预冷。疫苗接种最好选择在4～5月份（蚊蝇孳生季节前）。接种猪要求健康无病，注射器具要严格消毒。

【贮藏】－15℃以下保存，有效期为18个月。

10. 猪传染性胃肠炎、猪流行性腹泻二联灭活疫苗

【主要成分】本品含猪传染性胃肠炎病（华毒株）和猪流行性腹泻病毒（CV777株），灭活前病毒含量均不少于$1.0\times10^{7.0}TCID_{50}/mL$。

【作用与用途】用于预防由猪传染性胃肠炎病毒和猪流行性腹泻病毒引起的仔猪腹泻病。主动免疫接种后7d产生免疫力，免疫期为6个月。仔猪被动免疫的免疫期至断奶后7d。

【用法与用量】按瓶签注明的头份用无菌生理盐水（3mL）稀释成每1.5mL含1头份。后海穴位（尾根与肛门中间凹陷的小窝部位）注射。妊娠母猪于产仔前20～30d每头注射1.5mL；其所生仔猪于断奶后7～10d每头注射0.5mL。未免疫母猪所产3日龄以内仔猪每头注射0.2mL。体重25～50kg育成猪每头注射1mL，体重50kg以上成猪每头注射1.5mL。

【注意事项】妊娠母猪接种疫苗时要进行适当保定，以避免引起机械性流产；疫苗稀释后限1h内用完；接种时针头保持与脊柱平行或稍偏上，以免将疫苗注入直肠内。

【贮藏】－20℃以下保存，有效期为2年；在2～8℃保存，有效期为1年。

11. 猪链球菌病2型灭活疫苗

【主要成分】含有灭活的猪链球菌2型HA9801菌株培养物，每头份含有2×10^{9}CFU。

【性状】静置后上层为淡黄色或无色澄明液体，下层为灰白色或灰褐色沉淀，振摇后呈均匀混悬液。

【作用与用途】用于预防由猪链球菌2型引起的猪链球菌病，免疫期暂定为4个月。

【用法与用量】肌肉注射，猪只不论大小，每头接种2mL。妊娠母猪可于产前4周进行接种；仔猪分别于30日龄和45日龄各接种1次；后备母猪于配种前接种1次。

【注意事项】本品严禁冻结。仅用于接种健康猪。紧急预防应先在疫区周围使用，再到疫区使用。疫苗使用前应充分摇匀。疫苗开封后，限4h内用完。注射该疫苗时，个别猪可能出现过敏现象，应及时注射脱敏药物。个别猪体温略有升高，属正常反应。

【贮藏】2～8℃保存，有效期为12个月。

12. 仔猪大肠杆菌病三价灭活疫苗

【主要成分】疫苗是用分别带有K88、K99、987P纤毛抗原的大肠埃希氏菌，每1mL成品苗中应含有K88 100个抗原单位、K99 50个抗原单位、987P 50个抗原单位、菌数≤200亿个。

【性状】 静置后上层为白色的澄明液体，下层为乳白色沉淀物，振摇后呈均匀混悬液。

【作用与用途】 用于免疫妊娠母猪，新生仔猪通过初乳而获得被动免疫，用于预防仔猪大肠杆菌病，即仔猪黄痢。

【用法与用量】 妊娠母猪于分娩前40日和15日各肌肉注射5mL。

【贮藏】 2～8℃，有效期为12个月。

13. 仔猪大肠杆菌病K88、K99二价基因工程灭活疫苗

【主要成分】 疫苗是采用基因工程技术构建的菌株接种适宜培养基，收获含K88、K99菌毛抗原培养物，灭活后冻干制成。

【性状】 淡黄色海绵状疏松团块，易与瓶壁脱离，加稀释液后迅速溶解。

【作用与用途】 用于免疫妊娠母猪，新生仔猪通过吸吮母猪的初乳获得被动免疫，用于预防仔猪大肠杆菌病，即仔猪黄痢。

【用法与用量】 妊娠母猪于分娩前21d左右耳根深部皮下注射1次即可。

【贮藏】 2～8℃，有效期为12个月。

14. 猪水肿病多价灭活疫苗

【主要成分】 为猪致病性大肠杆菌优势致病性分离株O8、O138、O139、O48，分别接种适宜培养基，收获培养物，灭活后冻干后制成。

【性状】 静置后上层为淡蓝色澄明液体，下层为灰白色沉淀物，振摇后呈均匀混悬液。

【作用与用途】 用于预防致病性大肠杆菌引起的猪水肿病。

【用法与用量】 14～18日龄仔猪肌肉注射1mL。

【贮藏】 2～8℃，有效期为12个月。

15. 猪传染性萎缩性鼻炎二联灭活疫苗

【主要成分】 含有灭活的猪支气管败血博代氏菌（Ⅰ相菌A50-4株）和产毒素多杀巴氏杆菌。

【性状】 乳白色乳剂，久置后表面可能有透明油层，振摇后成均匀乳剂。

【作用与用途】 预防由支气管败血波氏杆菌和产毒素多杀巴氏杆菌感染引起的猪传染性萎缩性鼻炎。

【用法与用量】 颈部皮下注射。母猪于产前4周注射2mL；新引进未经免疫接种的后备母猪应立即接种1mL；仔猪生后1周龄注射0.2mL（未免疫母猪所生），4周龄时注射0.5mL，8周龄时注射0.5mL；种公猪每年接种2次，每次注射2mL。

【注意事项】 严禁冻结。用前应使疫苗达到室温，并充分摇匀。在注射部位有时产生可触摸到的皮下硬肿，短期内可消退。

【贮藏】 在2～8℃保存，有效期1年。

16. 猪传染性胸膜肺炎三价灭活疫苗

【主要成分】含灭活的血清1型、2型和7型胸膜肺炎放线杆菌。

【性状】乳白色乳剂。

【作用与用途】用于预防1型、2型和7型胸膜肺炎放线杆菌引起的猪传染性胸膜肺炎。免疫期为6个月。

【用法与用量】颈部肌肉注射，每头份2mL。仔猪35～40日龄进行第1次免疫接种，首免后4周加强免疫1次。母猪在产前6周和2周各注射1次，以后每6个月免疫1次。

【注意事项】适用于接种健康猪；疫苗注射后，个别猪可能会出现体温升高、减食、注射部位红肿等不正常反应，一般很快自行恢复。个别猪可能出现过敏反应，可用肾上腺素进行治疗，同时采用适当的辅助治疗措施；对于爆发该病的猪场，应选用敏感药物拌料、饮水或注射，疫情控制后再全部注射疫苗。

【贮藏】在2～8℃保存，有效期1年。

17. 猪繁殖与呼吸综合征灭活疫苗

【主要成分】疫苗中含有猪繁殖与呼吸综合征病毒（NVDC-JXA1）株，灭活前每毫升病毒含量≥$10^{6.0}$ $TCID_{50}$

【性状】乳白色的乳剂。

【作用与用途】用于预防猪繁殖与呼吸综合征（即猪蓝耳病），免疫期为6个月。

【用法与用量】耳后部肌肉注射。3周龄及以上仔猪每头2mL。根据当地疫病流行情况，可在首免后28d加强免疫1次。母猪配种前接种4mL；种公猪每隔6个月接种1次，每次4mL。

【注意事项】疫苗接种后，有少数猪出现体温升高、减食等反应，一般在2d内自行恢复；如发现有严重过敏反应应立即注射肾上腺素抢救对妊娠母猪进行接种时，要注意保定，避免引起机械性流产。

【贮藏】2～8℃避光保存，有效期暂定为12个月。

18. 猪细小病毒病和猪伪狂犬病二联灭活疫苗

【主要成分】含灭活的猪细小病毒和猪伪狂犬病病毒，加油佐剂乳化制成。

【性状】乳白色的乳剂。

【作用与用途】用于预防猪细小病毒病和猪伪狂犬病。免疫期为6个月。

【用法与用量】深部肌肉注射。每头2mL。

【注意事项】疫苗切忌冻结。

【贮藏】2～8℃保存，有效期为1年。

19. 猪口蹄疫O型灭活疫苗

【主要成分】含灭活的O型口蹄疫病毒，加矿物油佐剂乳化制成。凡有“206”标

记的疫苗是指用法国 SEPPIC 公司进口的 Mon-tanide ISA206 佐剂配制而成的高效油乳剂疫苗。

【性状】乳白色或淡红色，略带黏滞性的均匀乳状液，久置后，上层有少量油析出，底部有微量水析出，振摇后呈均匀乳剂。

【作用与用途】用于预防猪 O 型口蹄疫。注射后 15d 产生免疫力，免疫期为 6 个月。

【用法与用量】耳根后肌内注射。体重 10～25kg 的猪，每头 1mL；体重 25kg 以上的猪，每头 2mL。

【注意事项】首次使用本疫苗的地区，应选择一定的数量（约 30 头）猪进行小范围试用观察 3～6d，确认无严重不良反应后，方可扩大接种面。注射部位肿胀，体温升高，减食或停食 1～2d。随着时间的延长，反应逐渐减轻、消失。

【贮藏】2～8℃保存，有效期为 1 年。

二、诊断用生物制品

1. 猪瘟荧光抗体

【主要成分】系提纯猪瘟血清抗体，与异硫氰酸荧光素（FITC）结合而制成。

【性状】蓝绿色澄明液体。

【作用与用途】用于诊断猪瘟。

【用法与判定】将待检病猪的扁桃体、肾脏等组织冰冻切片或待检的细胞培养片，经丙酮固定后，滴加猪瘟荧光抗体覆盖于切片或细胞片表面，置 37℃作用 30min。然后用 PBS 液洗涤，用碳酸盐缓冲甘油（pH 9.0～9.5，0.5mol/L）封片，置荧光显微镜下观察，见切片或细胞培养物（细胞盖片）中有胞浆荧光，并由抑制试验证明为特异的荧光，判猪瘟阳性；无荧光，判为阴性。必要时设立抑制试验染色片，以鉴定荧光的特异性。

【贮藏】2～8℃，有效期为 2 年。

2. 猪瘟酶标记抗体

【主要成分】系用过碘酸钠氧化法将猪瘟病毒抗体（IgG）与辣根过氧化物酶结合而制成。

【性状】淡黄色澄明液体。

【作用与用途】用于诊断猪瘟。

【用法与判定】将被检材料（扁桃体或肾脏）在干净的玻片上制成横切触片，用丙酮固定，再经叠氮钠处理。控干后，加工作浓度的猪瘟酶标记抗体，在 37℃作用 30min。将触片洗净后，浸泡在相应底物溶液（含 3,3′-二氨基联苯二胺盐酸盐和过氧化氢的缓冲液）中 10～15min。用蒸馏水将触片洗净后，即可判定。在被检触片中，出现细胞质被染成棕黄色的细胞时，判为阳性反应；未出现细胞质被染成棕黄色的细胞时，判为阴性反应。

【贮藏】2～8℃，有效期为 8 个月。

3. 猪支气管败血波氏杆菌凝集试验抗原、阳性血清与阴性血清

【主要成分】抗原系用猪源支气管败血症波氏杆菌Ⅰ相菌接种于适宜培养基培养，收获培养物，经甲醛溶液灭活后，离心、浓缩制成。

阳性血清系用灭活抗原免疫猪，采血分离血清制成；阴性血清系用健康猪，采血分离血清制成。供诊断猪传染性萎缩性鼻炎对照用。

【性状】抗原为乳白色均匀混悬液。久置后，菌体下沉，上部澄清，振摇后仍为均匀的混悬液。阴、阳性血清为淡黄色澄明液体。

【作用与用途】用于检测猪支气管败血症波氏杆菌K凝集抗体的凝集试验。

【用法与判定】方法同试管凝集试验或平板凝集试验。确定每份血清的试管凝集价时，以出现“++”以上凝集的最高稀释度为标准。1∶10“++”以上则判定为阳性；确定每份血清的平板凝集价时，出现“+++”或“++++”反应，为阳性；出现“++”反应，为可疑；出现“+”或“－”反应，为阴性。

【贮藏】2～8℃保存，有效期抗原和阳性血清为12个月，阴性血清为24个月。

4. 猪胸膜肺炎放线杆菌酶联免疫吸附试验抗原、阳性血清与阴性血清

【主要成分】抗原系用猪胸膜肺炎放线杆菌（APP）1～10型国际标准株菌接种适宜培养基培养，收获培养物，经热处理、浓度标定等制定。

阳性血清系用灭活抗原接种猪，采血分离血清制成；阴性血清系健康猪，采血分离血清制成。用于酶联免疫吸附试验对照。

【性状】抗原为无色澄明液体。阴、阳性血清为橙黄或淡棕黄色液体。

【作用与用途】用于酶联免疫吸附试验诊断猪胸膜肺炎放线杆菌。

【用法与判定】方法同酶联免疫吸附试验。每份血清1∶200稀释时：P/N≥4，判为阳性；P/N≤3.5，判为阴性；P/N大于3.5但小于4，判为可疑。

【注意事项】本抗原应为无色透明液体，如出现混浊或沉淀，应停止使用。

【贮藏】2～8℃保存，有效期抗原为5个月，阴、阳性血清为6个月。

三、治疗用生物制品

1. 猪瘟抗血清

【主要成分】本品系用猪瘟活疫苗对猪进行基础接种，再用猪瘟病毒强毒加强接种，采血，分离血清，加适当防腐剂制成。

【性状】略带棕红色的澄明液体，久置后有少量灰白色沉淀。

【作用与用途】用于预防及治疗猪瘟。发病早期使用抗猪瘟血清具有良好的治疗效果。

【用法与用量】预防剂量：体重20kg以下的猪，每1kg体重皮下或肌肉注射0.25～1.0mL；体重20kg以上的猪，每1kg体重注射1.0mL。

治疗剂量：为预防量的2倍，必要时可以重复注射1次。

【注意事项】如出现过敏反应，立即注射肾上腺素。

【贮藏】2～8℃保存，有效期为3年。

2. 猪丹毒抗血清

【主要成分】本品系用马经猪丹毒活疫苗基础免疫后，再用猪丹毒杆菌高度免疫，采血、分离血清，加适当防腐剂制成。

【性状】略带棕红色的澄明液体，久置后有少量灰白色沉淀。

【作用与用途】用于预防及治疗猪丹毒。

【用法与用量】预防剂量：仔猪3～5mL；体重50kg以下猪，皮下或肌肉注射5～10mL；体重50kg以上猪，注射10～20mL。

治疗剂量：仔猪5～10mL；体重50kg以下猪，皮下或肌肉注射30～50mL；体重50kg以上猪，注射50～75mL。

【注意事项】如出现过敏反应，立即注射肾上腺素。

【贮藏】2～8℃保存，有效期为3年。

任务三　多种动物共用兽用生物制品

一、预防用生物制品

1. 无毒炭疽芽孢疫苗

【主要成分】含无荚膜炭疽杆菌弱毒菌株，加30%甘油蒸馏水或铝胶蒸馏水制成，使每1mL含活芽孢1500万～2500万CFU（铝胶苗为2500万～3500万CFU）。

【性状】甘油苗静置时为透明液体，瓶底有灰白色沉淀，振摇呈均匀混悬液。铝胶苗静置时上层为透明液体，下层为灰白色沉淀，振摇呈均匀混悬液。

【作用与用途】用于预防马、牛、绵羊和猪的炭疽病。免疫期为1年。

【用法与用量】马、牛1岁以上皮下注射1mL，1岁以下皮下注射0.5mL。猪和绵羊皮下注射0.5mL。

【注意事项】用前充分振摇。本品宜秋季使用，在牲畜春乏或气候骤变时，不应使用。山羊忌用，马慎用本疫苗。用过的器具、芽孢苗空瓶和剩余的苗，都必须经过消毒处理。预防注射的家畜经过14d后方可屠宰。如家畜注苗后14d内死亡，尸体不得食用。

【贮藏】2～8℃保存，有效期为2年。

2. 布氏杆菌病活疫苗（M5株）

【主要成分】本品系用羊种布氏杆菌M5株或M5-90株接适宜培养基培养，加保护剂冷冻干燥制成。

【性状】呈白色或淡黄色的疏松海绵状，加稀释液后迅速呈均匀悬浮液。

【作用与用途】用于预防山羊、绵羊、牛布氏杆菌病，免疫期为3年。

【用法与用量】按疫苗标签注明的活菌数加入稀释液，皮下注射、滴鼻或口服免疫。

皮下注射牛每头为250亿CFU活菌，羊每只为10亿CFU活菌。口服羊每只250亿CFU活菌。滴鼻羊每只10亿CFU。

【注意事项】怀孕畜群、种公畜及检疫呈阳性反应的畜群不能使用本疫苗预防接种。只对3～8月龄奶牛接种，成年奶牛一般不接种。

【贮藏】2～8℃冷暗干燥处，有效期为1年。

3. 肉毒梭菌中毒症灭活疫苗（C型）

【主要成分】含灭活的C型肉毒梭菌，加氢氧化铝胶制成。

【性状】静置后，上部为橙色澄清液体，下部为灰白色沉淀，振摇后为均匀混悬液。

【作用与用途】用于预防牛、羊、骆驼和水貂豹的肉毒梭菌中毒症。免疫期为1年。

【用法与用量】皮下注射。牛10mL、羊4mL、骆驼20mL、水貂2mL。

【注意事项】疫苗严禁冻结。使用前要充分摇匀。

【贮藏】2～8℃保存，有效期3年。

4. 牛口蹄疫双价灭活疫苗（O型、A型）

【主要成分】含灭活的牛口蹄疫O型、A型病毒。

【性状】乳白色或淡红色黏滞性均匀乳状液。

【作用于用途】用于预防牛、羊O型、A型口蹄疫。

【用法与用量】肌肉注射。6月龄以上牛，每头4mL；6月龄以下牛和1岁以上羊，每头2mL；1岁以下羊，每只1mL。

【注意事项】患病、瘦弱或临产畜不予注射。非疫区的牛、羊，接种疫苗21d后方可移动或调运。接种疫苗后出现注射部位肿胀，体温升高，减食1～2d。随着时间的延长，反应逐渐减轻，直至消失。少数牛、羊可能出现急性过敏反应，如焦躁不安、呼吸加快、肌肉震颤、口角出现白沫、鼻腔出血等，甚至因抢救不及时而死亡，部分妊娠母畜可能出现流产。建议及时使用肾上腺素等药物治疗，同时采用适当的辅助治疗措施，以减少损失。注射器具和注射部位应严格消毒，每注射一头（只）牛（羊），应更换一个针头。注射时，进针应达到适当的深度（肌肉内），以免影响免疫效果。

【贮藏】2～8℃保存，有效期为12个月。

5. 兽用狂犬病活疫苗（ERA株）

【主要成分】系用狂犬病ERA弱毒株接种BHK21细胞培养，将细胞培养液加保护剂冻干制成。

【性状】黄白色疏松固体，加稀释液后迅速溶解。

【作用与用途】用于预防各种动物的狂犬病，免疫期为1年。

【用法与用量】肌肉注射。2 月龄以上犬不论大小，一律 1mL、猪和羊每只 2mL、马和牛 5mL。其他动物视体重酌量注射。动物被咬伤时，立即紧急预防注射 1～2 次，间隔 3～5d。

【注意事项】疫苗稀释后限 8h 用完。病弱动物、临产或产后母畜及幼龄动物不宜注射本苗。注射器及注射部位应严格消毒。用过的器具、疫苗瓶、剩余疫苗需消毒处理或深埋。

【贮藏】－20℃保存，有效期为 18 个月。

二、诊断用生物制品

1. 提纯结核菌素

【主要成分】用牛型或禽型结核菌株，经培养、灭活、滤过、提纯或浓缩制成。

【性状】冻干提纯结核菌素为乳白色或黄白色疏松固体，加稀释液后迅速溶解。液体提纯结核菌素为无色或黄白色的澄明液体。老结核菌素为褐色澄明液体。

【作用与用途】供动物结核病变态反应诊断用。

诊断牛结核病，用牛型结核菌素。诊断禽结核病，用禽型结核菌素。诊断马、绵羊、山羊、猪结核病，用牛、禽两种结核菌素。

【用法与判定】

1）诊断牛结核病

用牛型结核菌素。将冻干菌素用注射用水或生理盐水稀释成每 1mL 含 10 万 IU 后使用。不论大小牛只，一律于颈中部上 1/3 处，皮内注射 0.1mL，三个月以内的犊牛，可在肩胛部做试验。注射菌素前，用卡尺测量术部中央皮皱厚度，作好记录。注射后 72h 判定，观察局部有无热、痛、肿胀等炎性反应，用卡尺测量术部皮皱厚度，作好详细记录。如有可能，对阴性和可疑牛，于注射后 96h 和 120h 再分别判定一次，以防个别牛出现迟发型变态反应。

判定标准：

阳性反应（＋）：局部有明显炎性反应，皮厚差≥4mm。

可疑反应（±）：局部炎性反应较轻，皮厚差在 2.1～3.9mm。只要有一定炎性反应，即使皮厚差在 2mm 以下，仍判为可疑。

阴性反应（－）：局部无明显的炎性反应，皮厚差≤2mm。

2）诊断鸡结核病

用禽型结核菌素，将冻干菌素用注射用水或生理盐水稀释成每 1mL 含 25000IU 后使用，液体制品直接使用。于肉髯皮内注射 0.1mL，经 24h 判定。鸡的肉髯增厚、下垂、发热呈弥漫性水肿者为阳性反应；肿胀不明显为疑似反应；无变化者为阴性反应。

3）诊断猪结核病

同时用牛、禽两种菌素，一侧耳根外侧皮内注射牛型结核菌素 0.1mL，含 10000IU。另一侧耳根外侧皮内注射禽型结核菌素 0.1mL，含 2500IU，注射后 72h 判定，判断标准同牛。

4）诊断马、绵羊、山羊的结核病

同时用牛、禽两种菌素的 1∶4 稀释液，分别皮内注射 0.1mL。马与牛相同；绵羊在耳根外侧；山羊在肩胛部。判断标准同牛。

5）禽型结核菌素也可用作诊断牛、羊副结核病的变应原

皮内注射 0.1mL，含 2500IU，注射部位和判定标准与诊断牛羊结核病相同。羊也可在尾根和颈部皮内注射。

【贮藏】 2～8℃保存，有效期冻干提纯结核菌素为 10 年，液体提纯结核菌素为 2 年，老结核菌素为 5 年。

2. 布鲁氏菌病平板凝集试验抗原

【主要成分】 用抗原性良好的布鲁氏菌菌株，经培养、灭活、离心后，加煌绿和结晶紫染料制成。

【性状】 蓝色悬浮液。久置后为透明清亮液体，底部有少量蓝色菌体沉淀。

【作用与用途】 供诊断动物布鲁氏菌病的平板凝集试验用。

【用法与判定】 备用一块方型洁净玻璃板，划成 25 个方格，横纵各 5 格，第一纵行各格写上被检血清号，横列各格注明所加血清量。根据被检血清份数的多少，适当增加列数。

吸取每份被检血清，按 0.08mL、0.04mL、0.02mL、0.01mL 量分别加在第一横列的四个格内，照此加完每份被检血清。在大规模检疫时亦可用两个血清量试验，牛、马和骆驼用 0.04mL、0.02mL 量；猪、绵羊、山羊和狗用 0.08mL、0.04mL 量。

试验时需用阴、阳性血清作对照。

在加入血清的各格中，分别加入平板凝集抗原 0.03mL。用牙签分别将血清和抗原混匀，经 5～8min 内，按凝集反应强度，记录每份被检血清结果，试验最好在 25～30℃进行。

结果判定：牛、马、鹿和骆驼血清 0.02mL 出现“＋＋”以上凝集，为阳性反应；0.04mL 血清出现“＋＋”凝集，为可疑反应。

羊、猪、犬血清 0.04mL 出现“＋＋”以上凝集，为阳性反应；0.08mL 血清出现“＋＋”凝集，为可疑反应。

可疑反应动物经 2～3 周后重新检查，仍为可疑者判为阳性。

【注意事项】 使用前将抗原置于室温中，使其温度达到 20℃左右用时充分摇匀，如有摇不散的凝块时不得使用。被检血清必须是新鲜的，没有溶血现象和腐败现象。不适用于粗糙型布鲁氏菌感染的诊断。

【贮藏】 2～8℃保存，有效期为 2 年。

3. 布鲁氏菌病水解素

【主要成分】 用抗原性良好的牛种布鲁氏菌菌株培养物染色后加热灭活、酸化水解，标化制成。

【性状】 液体水解素为淡黄色澄明液体；冻干水解素为白色疏松团块或粉末，加稀

释液后迅速溶解。

【作用与用途】供诊断动物布鲁氏菌病的变态反应试验用。

【用法与判定】水解素 0.2mL 注射于绵羊的尾根皱褶或肘关节无毛处皮内，在注射部位应形成绿豆大小的小包。注射后 24h，用肉眼观察和触诊检查注射部位反应，48h 再检查 1 次。

注射部位出现明显的水肿、略潮红。凭肉眼无须触诊即能察出者，判为阳性，水肿不明显，通常要触诊注射部位，并与另一侧比较方便能觉察者，判为可疑；无反应者判为阴性。注射部位无水肿，不潮红，仅出现一个小硬结，不能认为是特异性反应。可疑反应者，经 30d 后复检，如复检仍为可疑反应者，判定为阳性。

4. 炭疽沉淀素血清

【主要成分】用炭疽杆菌弱毒株培养物为抗原，免疫健康马，采血分离血清制成。

【性状】橙黄色澄明液体。久置后底部有微量沉淀。

【作用与用途】供诊断炭疽的沉淀反应用。

【用法与用量】用毛细管吸取制备好的待检抗原滤液，置于尖底小试管中，用另一根毛细管吸取炭疽沉淀素血清，插入管底徐徐放出血清，与抗原滤液形成整齐的接触面。在规定时间内观察结果，如接触面出现白色沉淀环，即为炭疽阳性。

【贮藏】2～8℃保存，有效期 3 年。

5. 口蹄疫病毒感染相关抗原

【主要成分】用 A 型（或 O 型）口蹄疫细胞毒接种 IBRS2 细胞培养，收获细胞培养液，经浓缩提纯制成。

【性状】淡褐色澄明液体。

【作用与用途】用于检测牛、羊、猪、鹿、骆驼等动物血清中的口蹄疫感染相关（VIA）抗体。

【用法与判定】被检血清和口蹄疫标准阳性血清均在 56℃灭能 30min。方法同琼脂扩散试验。当 1 孔和 4 孔标准阳性血清与中心抗原孔之间形成沉淀线时，若被检血清孔与中心孔之间也出沉淀线，并与阳性沉淀线末端相融合，则被检血清判为阳性。被检血清孔与中心孔之间虽不出现沉淀线，但阳性沉淀线的末端向内弯向被检血清孔，则被检血清判为弱阳性；如被检血清孔与中心孔之间不出现沉淀线，且阳性沉淀线直向被检血清孔，则被检血清判为阴性。

【贮藏】2～8℃保存，有效期为 10 个月。

6. 伪狂犬病胶乳凝集试验试剂盒

【主要成分】由伪狂犬病胶乳凝集试验抗原、阳性血清、阴性血清、稀释液及其他配套材料等组成。用于胶乳凝集试验检测伪狂犬病抗体。

【性状】胶乳抗原为乳白色均匀混悬液；阳性血清和阴性血清为橙黄或淡棕黄色液体；稀释液为透明无色液体。

【作用与用途】 胶乳抗原：用于检测伪狂犬病病毒抗体的胶乳凝集试验。

阳性血清：用于伪狂犬病胶乳凝集试验抗原效价测定和胶乳凝集试验对照。

阴性血清：用于伪狂犬病胶乳凝集试验对照。

稀释液：用于待检血清的稀释。

【用法与判定】 定性试验：取被测样品（血清或全血）、阳性血清、阴性血清、稀释液各1滴（约20μL），分别置于玻片上，各加等量胶乳抗原1滴，混匀，搅拌并摇动1～2min，在3～5min内观察，判定结果。

定量试验：先将被测样品在微量反应管或EP管内用稀释液作2倍系列稀释，各取1滴（约20μL）依次滴加于玻片上，同时设阳性血清和阴性血清对照，随后各加胶乳抗原1滴，如上搅拌并摇动，判定。达到阳性凝集反应的血清最高稀释度，即为血清的抗体效价。

结果判断：出现“++”以上凝集判为阳性。凝集反应强度标准“++++”全部胶乳凝集，颗粒聚于液滴边缘，液体完全透明。“+++”大部分胶乳凝集，颗粒明显，液体稍混浊。“++”约50%胶乳凝集，但颗粒较细，液体较混浊。“+”有少许凝集，液体呈混浊。“—”液滴呈原有的均匀乳状。

阳性对照：将阳性血清进行2倍系列稀释，取20μL与等量胶乳抗原进行胶乳凝集试验。胶乳抗原与1∶64稀释的阳性血清应出现“++”凝集反应。

阴性对照：阴性血清加抗原，应不发生凝集反应。

稀释液对照：抗原加稀释液混合后，应不发生凝集反应。

【贮藏】 2～8℃，有效期为1年。

三、治疗用生物制品

1. 炭疽抗血清

【主要成分】 系用炭疽弱毒芽孢苗免疫健康马，采血分离血清制成。

【性状】 淡黄色或浅褐色澄明液体。久置后瓶底有微量白色沉淀。

【作用与用途】 用于预防和治疗各种动物炭疽病。

【用法与用量】 皮下注射。治疗时作静脉注射，并可增量或重复注射。

马、牛预防量为每头注射30～40mL，治疗量为150～250mL；猪、羊预防量为每头注射16～20mL，治疗量为50～120mL。

【注意事项】 治疗时，采用静脉注射疗效较好。如肌内注射剂量大，可分点注射。

个别动物注射本品后可能发生过敏反应，因此最好先少量注射，观察20～30min后，如无反应，再大量注射。发生严重过敏反应时，可皮下或静脉注射0.1%肾上腺素2～4mL。安瓿打开后应一次用完。

【贮藏】 2～8℃保存。有效期为3年。

2. 破伤风抗毒素

【主要成分】 系用马经免疫后，分离血清制成。

【性状】 未精致的抗毒素为微带乳光橙色或茶色澄明液体。精致的抗毒素为无色清

亮液体。长期贮存后，有微量能摇散的灰白色或白色沉淀。

【作用与用途】用于预防和治疗家畜破伤风。

【用法与用量】皮下、肌肉或静脉注射。羊、猪、犬预防用量为1200～3000IU，治疗用量为5000～20000IU；3岁以上大动物预防量为6000～12000IU，治疗量为60000～300000IU；3岁以下大动物预防用量为3000～6000IU，治疗用量为50000～100000IU。

【注意事项】应防止冻结。如有沉淀，用前应摇匀。用前应准备好肾上腺素注射液，以便对过敏的家畜及时进行抢救注射。

【贮藏】在2～8℃保存，有效期为2年。

任务四　其他动物用生物制品

一、牛羊用生物制品

1. 牛多杀性巴氏杆菌病灭活疫苗

【主要成分】疫苗中含有灭活的荚膜B群多杀性巴氏杆菌（C45-2、C46-2、C47-2株），灭活前的细菌含量至少为150×10^8CFU/头份。

【性状】静置后，上层为黄色透明液体，下层为灰白色沉淀，振摇后为均匀混悬液。

【作用与用途】用于预防牛多杀性巴氏杆菌病，注射后21d产生免疫力，免疫期为9个月。

【用法与用量】体重100kg以下的牛，皮下或肌肉注射4mL；体重100kg以上注射6mL。

【注意事项】不健康或怀孕的牛，不宜注射。注射后，有个别可能发生过敏反应，须特别注意。牛的过敏反应症状为注射后1～2h，呼吸促迫、腹部膨胀、喘气、流涎、呕吐、哀鸣等，一般经过1～2h即逐渐恢复。如症状严重，卧地不起，呼吸微弱，应皮下注射0.1%肾上腺素4～8mL急救。

【贮藏】2～8℃保存，有效期1年。

2. 奶牛乳房炎灭活疫苗

【主要成分】含灭活的金黄色葡萄球菌、无乳链球菌、停乳链球菌、乳房链球菌和大肠杆菌。

【性状】灰白色混悬液。静置后，上层呈淡红色。

【作用与用途】用于预防牛乳房炎。适用于奶牛。

【用法与用量】怀孕母牛产前2个月第1次免疫，间隔30d第2次免疫，产后2h内第3次免疫。每次颈部或胸部皮下注射3mL；正常泌乳牛间隔21d连续3次免疫，每次颈部或胸部皮下注射3mL。

【注意事项】使用前摇匀，使疫苗的温度恢复到室温。切勿冻结。

【贮藏】2～8℃保存，有效期1年。

3. 牛口蹄疫O型灭活疫苗

【主要成分】系用O型口蹄疫病毒牛源毒株OA/58接种细胞培养，灭活后加矿物油佐剂乳化制成。

【性状】乳白色或淡粉红色均匀乳状液。

【作用与用途】用于预防牛O型口蹄疫。

【用法与用量】肌肉注射。成年牛，每头3mL；1岁以下小牛，每头2mL。

【注意事项】本品严禁冻结，使用前应充分摇匀。病畜、临产母畜不宜注射。注射器械和注射部位应严格消毒。

【贮藏】2～8℃保存，有效期为12个月。

4. 羊快疫、猝狙（或羔羊痢疾）、肠毒血症三联灭活苗

【主要成分】含灭活的腐败梭菌和C（或B型）、D型产气荚膜梭菌。

【性状】静置时上层为黄色透明液体，下层为灰白色沉淀，振摇后为均匀混悬液。

【作用与用途】预防羊快疫、猝狙（或羔羊痢疾）、肠毒血症。注射后14d产生免疫力，羊快疫、羔羊痢疾、猝狙免疫期1年，肠毒血症为6个月。

【用法与用量】不论羊只年龄大小，一律皮下或肌肉注射5mL。

【注意事项】疫苗严禁冻结。使用前要充分摇匀。病弱羊不宜注射。

【贮藏】2～8℃保存，有效期为2年。

5. 羊败血性链球菌病灭活疫苗

【主要成分】疫苗中含有兽疫亚种羊源链球菌弱毒F60株，注射用苗，每头份活菌数不少于2×10^6CFU；气雾用苗，每头份活菌数不少于3×10^7CFU。

【性状】静置时上部为茶褐色透明液体，下部为黄白色沉淀，振摇后呈均混悬液。

【作用与用途】预防绵羊和山羊败血性链球菌病，免疫期为6个月。

【用法与用量】绵羊及山羊不论大小，一律皮下注射5mL。

【注意事项】使用时疫苗要充分摇均。疫苗切忌冻结。

【贮藏】2～8℃保存，有效期为18个月。

6. 山羊痘活疫苗

【主要成分】本品含山羊痘病毒至少$10^{3.5}$ $TCID_{50}$/头份。

【性状】淡黄色海绵状疏松团块，加稀释液后迅速溶解。

【作用与用途】用于预防山羊痘及绵羊痘，接种疫苗后4d产生免疫力，免疫期为1年。

【用法与用量】按瓶签标明头份，用生理盐水稀释为每头份0.5mL。大小绵羊一律在尾根内侧或股内侧皮内注射0.5mL。

【注意事项】可用于不同品系和不同年龄的绵羊及山羊，也可用于孕羊，孕羊在接

种时应防止机械性流产。稀释的疫苗须当日用完。在羊痘流行羊群中，可用本疫苗给未发痘羊紧急接种。

【贮藏】－15℃以下保存，有效期为2年；2～8℃为18个月。

7. 羔羊痢疾抗血清

【主要成分】系用B型产气荚膜梭菌的类毒素、毒素和强毒菌液，多次免疫动物，采血分离血清制成。

【性状】黄色或浅褐色澄明液体，久置后瓶底有微量白色沉淀。

【作用与用途】用于预防及早期治疗产气荚膜梭菌所引起的羔羊痢疾。

【用法与用量】在羔羊痢疾流行地区，1～5日龄羔羊皮下或肌内注射1mL，对已患羔羊痢疾的病羔，静脉或肌内注射3～5mL，必要时于4～5h后再重复注射1次。

【注意事项】如出现过敏反应，立即注射肾上腺素。

【贮藏】在2～8℃，有效期为5年。

二、犬用生物制品

1. 狂犬病活疫苗

【主要成分】本品含有狂犬病病毒（Flury株），鸡胚低代毒，每头份至少含病毒液0.2mL，按Reed-Muench法计算，$LD_{50} \geqslant 10^{4.0}$/0.03mL。

【性状】淡黄色疏松团块，加稀释液后迅速溶解。

【作用与用途】用于预防犬的狂犬病，其他动物不用，免疫期为1年。

【用法与用量】按瓶签注明头份，每头份加1mL灭菌注射用水或pH7.4的磷酸盐缓冲液稀释，3个月以上的犬每只一律肌肉或皮下注射1mL。

【注意事项】注射疫苗后个别犬在注射局部发生肿胀，但很快即消失。接种用的注射器，不能用化学药品消毒。疫苗冷藏保存，避免高温及阳光照射。

【贮藏】－15℃保存，有效期为1年；2～8℃为6个月。

2. 犬瘟热活疫苗

【主要成分】本品系用免疫原性强的犬瘟热弱毒株，易感细胞培养的冻结苗。

【性状】冰冻时呈橙色，融化后液体透明呈樱红色。

【作用与用途】预防犬瘟热病，可用于水貂、狐、犬、小熊猫等犬瘟热病的免疫预防和紧急接种。用于预防狐、貉及各种犬的犬瘟热。

【用法与用量】置室温融化后，按瓶签说明每次肌肉注射1个免疫剂量。无犬瘟热传染危险的犬群可待犬瘟热母原抗体基本消失的10～12周进行第一次免疫，2～3周后再重复免疫一次；对犬瘟热传染威胁的犬，则从离乳开始以2～3周的间隔，连续免疫3次。

【注意事项】应防热、避光，避免反复冻融，在冰冻条件下运输。

【贮藏】－15℃的冷暗处保存，有效期为6个月。

3. 犬细小病毒病活疫苗

【主要成分】 犬细小病毒弱毒株，经犬肾原代细胞培养，加保护剂冻干而成。

【性状】 灰白色海绵状疏松团块，易与瓶壁脱离，加稀释液后迅速溶解成粉红色液体。

【作用与用途】 预防犬细小病毒肠炎和心肌炎。

【用法与用量】 皮下注射 1mL，免疫 2 次，间隔 2～3 周。妊娠犬产前 20d 免疫一次，免疫期一年。

【注意事项】 只能用于健康犬的预防注射，不能用于犬细小病毒病的紧急预防和治疗。本苗受母源抗体的干扰，非疫区可待犬瘟热母原抗体基本消失后再注射。使用过犬细小病毒高免血清的犬须过 2 周后再注射本疫苗。

【贮藏】 －15℃以下保存，有效期为 1 年。

4. 犬狂犬病、犬瘟热、犬副流感、犬腺病毒病和犬细小病毒病五联活疫苗

【主要成分】 含致弱的犬狂犬病病毒、犬瘟热病毒、犬副流感病毒、犬腺病毒和犬细小病毒，按比例混合后加适宜稳定剂，经冻干制成。

【性状】 微黄白色海绵状疏松团块，易与瓶壁脱离，加稀释液后迅速溶解。

【作用与用途】 用于预防犬狂犬病、犬瘟热、犬副流感、犬腺病毒病与犬细小病毒病。免疫期为 1 年。

【用法与用量】 肌内注射。用注射用水稀释成 2mL（含 1 头份）。断奶幼犬以 21d 的间隔，连续免疫 3 次，每次 2mL；成年犬每年免疫 2 次，首免与二免间隔 21d，每次 2mL。

【注意事项】 本品只能用于非食用犬的预防注射，不能用于已发生疫情时的紧急预防与治疗。孕犬禁用。使用过免疫血清的犬，需隔 7～14d 后才能使用本疫苗。注射本疫苗后如发生过敏反应，应立即肌内注射盐酸肾上腺素注射液 0.5～1mL。注射期间应避免调教、运输和饲养管理条件骤变，并禁止与病犬接触。注射器具需经煮沸消毒。本品溶解后，应立即注射。

【贮藏】 在－20℃以下，有效期为 1 年；在 2～8℃为 9 个月。

三、貂狐用生物制品

1. 水貂犬瘟热活疫苗

【主要成分】 疫苗中含有水貂犬瘟热 CDV3 株病毒，为冻结苗。

【性状】 淡黄色，解冻后为粉红色透明液体。

【作用与用途】 预防犬瘟热，可用于紧急接种。免疫期为 6 个月。

【用法与用量】 皮下注射。每年免疫 2 次，间隔 6 个月，仔兽断乳后 2～3 周接种。狐、貉无论大小均为 3mL，芬兰狐为 4mL，水貂为 1mL。

【注意事项】 本品应防热，避光，在冷冻条件下运输。注射前须将本品在室温下解冻并摇匀。本品解冻后限当日内用完。

【贮藏】－20℃以下保存，有效期为1年。

2. 水貂病毒性肠炎灭活疫苗

【主要成分】本品系用SMPV-11毒株经细胞培养增殖，以BEI灭活，制成灭活疫苗。

【性状】冰冻时呈橙色，解冻后为粉红色透明液体。

【作用与用途】预防细小病毒引起的腹泻，尤其适用于皮兽（非种用），发病兽群也可进行紧急接种。接种后2周产生免疫力，免疫期6个月。

【用法与用量】皮下注射。每年免疫2次，间隔6个月，仔兽断乳后2～3周接种。狐、貉无论大小均为3mL，芬兰狐为4mL，水貂为1mL。

【注意事项】本疫苗切忌冻结，用时应充分振荡。

【贮藏】2～10℃保存，有效期为6个月。

3. 狐狸脑炎活疫苗

【主要成分】本疫苗以CAV-2弱毒为种毒，接种犬肾传代细胞培育而成。

【性状】冰冻时呈橙色，融化后液体透明呈樱红色。

【作用与用途】预防腺病毒引起的狐脑炎。

【用法与用量】皮下注射。每年免疫2次，间隔6个月，仔兽断乳后2～3周接种。无论大小狐均为1mL。

【注意事项】本疫苗应防热、避光，在冰冻条件下运输。每瓶解冻后一次性用完。

【贮藏】－15℃保存，有效期为10个月。

四、兔用生物制品

1. 兔病毒性出血症灭活疫苗

【主要成分】兔病毒性出血症病毒接种易感家兔，制备的组织灭活苗。

【性状】为灰褐色均匀混悬液，静置后瓶底有部分沉淀。

【作用与用途】预防兔病毒性出血症（即兔瘟），免疫期为6个月。

【用法与用量】皮下注射。2月龄以上家兔每只1mL。成龄兔每年春秋两季进行免疫；未断奶乳兔亦可使用，每只1mL，但断奶后应再注射1次。

【注意事项】避免阳光直射与高温。

【贮藏】2～8℃保存，有效期为18个月。

2. 兔病毒性出血症、兔多巴氏杆菌病、兔产气荚膜梭菌病三联灭活疫苗

【主要成分】系用兔魏氏梭菌培养物经甲醛溶液灭活后，加入氢氧化铝胶制成。

【性状】静置时上部为橙色透明液体，下部为灰白色沉淀，振摇后呈均匀混悬液。

【作用与用途】预防兔的魏氏梭菌病，免疫期为5个月。

【用法与用量】1kg以上的家兔，第1次肌肉注射1mL，间隔14d后，再肌肉注射1mL。

【注意事项】病弱兔不宜注射，疫苗严防冻结，使用前需充分摇匀。

【贮藏】2～10℃冷暗干燥处保存，有效期为6个月。

复习思考题

(1) 举例说明规模养殖鸡场免疫过程中的禽用疫苗的特点及使用时应注意的问题。

(2) 举例说明鸡的诊断制剂及使用方法。

(3) 在临床中使用传染性法氏囊病高免卵黄抗体时需要注意哪些事项？

(4) 猪瘟疫苗有哪几种类型？免疫接种时应注意哪些事项？

(5) 说出高致病性猪繁殖与呼吸综合征活疫苗的使用方法。

(6) 举例简述猪的诊断制剂及其使用方法和判定标准。

(7) 简述牛口蹄疫双价灭活疫苗的使用方法。

(8) 破伤风抗毒素的作用及其用法和用量是什么？使用中应注意什么事项？

(9) 举例简述用于预防牛羊传染病的生物制品及其特点。

(10) 如何使用犬用生物制品的单苗和联苗？

(11) 简述几种用于预防貂狐传染病的生物制品及其使用方法。

主要参考文献

杜念兴. 1997. 兽医免疫学. 北京：中国农业出版社.

冯忠武. 2007. 动物生物疫苗. 北京：化学工业出版社.

姜平. 2003. 兽医生物制品学. 北京：中国农业出版社.

陆桂平. 2010. 动物防疫技术. 北京：中国农业出版社.

鲁改儒. 2009. 动物微生物学. 北京：中国农业出版社.

马兴树. 2006. 禽传染病实验诊断技术. 北京：中国农业出版社.

任平. 2007. 兽用生物制品技术. 北京：中国农业出版社.

王雅华，邢钊. 2009. 兽用生物制品技术. 北京：中国农业出版社.

王明俊. 1997. 兽医生物制品学. 北京：中国农业出版社.

杨慧芳. 2007. 畜牧兽医综合技能. 北京：中国农业出版社.

中国兽药典编委会. 2010. 中华人民共和国兽药典第三部. 北京：中国农业出版社.

张学军，马季. 2006. 兽用生物制品使用手册. 银川：宁夏人民出版社.

朱善元. 2006. 兽医生物制品生产与检验. 北京：中国环境科学出版社.